新时代新理念职业教育教材·土木建筑类
职业教育校企合作开发教材

建筑材料实务

（修订本）

主　编　王　彪　李向光
副主编　赵娟芳　黄春梅　章玲玲　袁紫金
　　　　王美榕　胡胜荣　杨　杨
主　审　徐海龙　张长稳　王立军

北京交通大学出版社
·北京·

内 容 简 介

本书根据高等职业院校土建类专业教学标准，紧扣土建类试验检测岗位需求，以"岗课赛证"融通为理念，基于在线开放课程数智资源，融"教学做思拓"为一体，产教融合临摹真实案例编写而成。全书共设 3 个模块 10 个项目 71 个任务及 3 个综合实训案例。

本书可供高职、中职院校建筑工程技术等土建类专业教学使用，也可作为工程技术人员参考读物或上岗培训资料。

版权所有，侵权必究。

图书在版编目（CIP）数据

建筑材料实务 / 王彪，李向光主编. —北京：北京交通大学出版社，2023.12（2025.6 重印）
新时代新理念职业教育教材. 土木建筑类
ISBN 978-7-5121-5136-9

Ⅰ. ① 建… Ⅱ. ① 王… ②李… Ⅲ. ① 建筑材料–职业教育–教材
Ⅳ. ① TU5

中国国家版本馆 CIP 数据核字（2023）第 230694 号

建筑材料实务
JIANZHU CAILIAO SHIWU

责任编辑：陈跃琴　　助理编辑：安秀静
出版发行：北京交通大学出版社　　　　　电话：010-51686414　　http://www.bjtup.com.cn
地　　址：北京市海淀区高粱桥斜街 44 号　邮编：100044
印 刷 者：北京华宇信诺印刷有限公司
经　　销：全国新华书店
开　　本：185 mm×260 mm　　印张：23.5　　字数：583 千字
版 印 次：2023 年 12 月第 1 版　　2025 年 6 月第 1 次修订　　2025 年 6 月第 2 次印刷
定　　价：69.00 元

本书如有质量问题，请向北京交通大学出版社质监组反映。对您的意见和批评，我们表示欢迎和感谢。
投诉电话：010-51686043，51686008；传真：010-62225406；E-mail：press@bjtu.edu.cn。

前　　言

建筑材料是构成建筑实体的物质基础，也是工程质量的物质保障，正确合理地选用建筑材料能有效保障建筑工程质量、降低工程造价。深入了解材料的性能，掌握材料质量检测技能，合理选用材料以最大限度发挥其效能，是土建类专业技能人才必备的基础能力。

为此，在进行土建类试验检测岗位调研之后，以习近平新时代中国特色社会主义思想为指导，以岗课赛证融通为理念，以理论突出岗位实践为原则，以现有省级精品在线开放课程资源进行数智赋能，参照"四新"技术发展成果，将教材内容重构为模块、项目、任务三层次，并将党的二十大精神中的有关内容细化到各个学习任务中，兼顾相关专业、不同地域特点及不同学习者的需求，校企双元联合编写了土建类专业《建筑材料实务》新形态活页式融媒体教材。具体特点如下：

1. 思政引领，德技并修育人

为加快推进党的二十大精神进教材、进课堂、进头脑，将《开辟马克思主义中国化时代化新境界》中的"守正创新"，《新时代新征程中国共产党的使命任务》中的"以人民为中心"，《实施科教兴国战略，强化现代化建设人才支撑》中的"引导广大人才爱党报国、敬业奉献、服务人民"，《推进文化自信自强，铸就社会主义文化新辉煌》中的"讲好中国故事"等思政元素内容融入专业技能培育中。如在教材项目导入环节引入一条思政主线，学习任务描述中点出思政主题，实践环节中融入思政元素，在培育技能的同时，系统培育坚定不移听党话、跟党走，怀抱梦想又脚踏实地，敢想敢为又善作善成，立志做有理想、敢担当、能吃苦、肯奋斗的新时代好青年。

2. 产教融合，双元合作编审

理论源于实践，本书的编审人员都有土建类施工或试验检测工作的实践经历，有长期从事施工与试验检测领域研究的双师型教师，有施工企业的资深项目总工，校企双元合作双编审。书中大量的试验检测用表、综合实训案例就是来自企业实践的总结和提炼，紧跟企业岗位实际。

3. 内容重构，岗课赛证融通

为深入融通岗课赛证，根据岗位需求、1+X 职业技能等级标准、检测人员职业资格考试内容、技能大赛技术规范，并结合"四新"要求，由简入繁依次将教材内容重构为基础性材料性能检验、复合型材料配制与检验、功能性材料性能检测三个模块，并分设水泥、混凝土、墙体材料等诸多独立的常见项目，每个项目又分为不同的学习任务，每一个学习任务都是试验检测岗位的完整工作内容。

4. 理论够用，岗位实践突出

全书共设有 13 个认知学习任务，为后续实践任务学习奠定必需、够用的基础理论，且基础理论由浅入深，阐述了相关建筑材料的概念、组成、性能、应用等内容；技能方面选编了58 个相关试验实践学习任务，加强了实践教学与岗位对接。弱化了理论知识的深度、广度、难度，增加了试验项目内容，既注重了理论性与实践性的兼顾，又突出了课中岗位实践的重要性。

5. 任务驱动，工学结合并举

依据试验检测人员岗位能力要求，精选出典型的学习任务，确定每个学习任务的教学目标、实施内容、考评标准。具体落实到每个学习任务的任务描述、任务实施、学习评价等内容中，不仅方便教师开展项目化、任务驱动教学，还有利于激发学生学习兴趣，达到工学并举的效果。

6. 数智赋能，随学随练随测

与本书配套的在线课程"建筑材料实务"被评为了省级精品在线开放课程。该在线开放课程创建了包括微课视频、实操视频、演示动画、思政专题、"四新"技术、职业资格考试等数字资源。本书附有该在线开放课程二维码，扫码即可使用在线资源，能有效实现教材、课堂、在线资源有机融合，让教学活动不受时间和空间限制，可以实现随学、随练、随测，方便学习者自主学习，达到"能学、辅教、促改"的效果。

7. 因材施教，二次灵活重构

本书为新形态活页式教材，针对相关专业、不同地域特点及不同学习者的需求，可以拆分、重组教学项目，也可以按需对学习任务进行菜单式选取，实现二次灵活重构，并在每个学习任务实施结束后备有拓展思考题，体现了因材施教、按需施教的教学理念。

本书由江西交通职业技术学院王彪、浙江交工集团股份有限公司铁路分公司李向光担任主编，由南昌市政远大建筑工业有限公司徐海龙、江西京航工程检测有限公司张长稳、江西交通职业技术学院王立军担任主审。具体编写分工如下：江西交通职业技术学院黄春梅编写模块 1 的项目 1 和项目 2；江西交通职业技术学院王彪编写模块 1 的项目 3 和项目 4；江西交通职业技术学院赵娟芳编写模块 2 的项目 5 和项目 7；江西交通职业技术学院章玲玲编写模块 2 的项目 6；江西交通职业技术学院袁紫金编写模块 3；广州地铁工程咨询有限公司王美榕编写综合实训案例的案例 1，并负责全书排版与文字校核；中交第二航务工程局有限公司杨杨编写综合实训案例的案例 2；江西交院工程技术有限公司胡胜荣编写综合实训案例的案例 3；王彪负责全书统稿。

本次主要围绕《通用硅酸盐水泥》（GB 175—2023）等新修订的规范进行教材内容修订。

在编写及修订本书的过程中，我们参考、引用和改编了国内外出版物中的相关资料、网络资源及工程项目数据等信息，在此对这些资料的作者表示深深的谢意！由于编者水平和能力有限，教材中仍可能存在不足之处，敬请读者批评指正，以期进一步完善。

编 者
2025 年 4 月

可扫描二维码，选择"免费学习"报名该课程，获取相应学习资料。

目　　录

模块 1　基础性材料性能检验

模块 2　复合型材料配制与检验

模块 3　功能性材料性能检测

模块1 基础性材料性能检验

项目 1　集料性能检验

项目概述

　　我国南方某沿海城市公寓楼项目总建筑面积为 3 462.08 m²，一层占地面积为 330.0 m²；建筑层数为地下一层、地上十一层；建筑标高为 373.80 m，总建筑高度为 33.75 m（含室内外高差）。本工程建筑设计使用年限类别为 3 类，主体结构使用年限为 50 年；地下建筑耐火等级为一级，地上建筑为二级；上部结构体系为剪力墙结构体系；抗震设防烈度为 6 度。

　　通过查阅结构施工图得知，该项目现浇墙体混凝土等级为 C30，无抗冻、抗渗要求，该项目砂石原料由当地一家建材供应商提供。

项目学习导图

	任务1.1　集料认知	绿色环保意识
	任务1.2　试样制备	高效规范意识
	任务1.3　细集料筛分试验	科学严谨态度
	任务1.4　细集料含泥量和泥块含量试验	质量安全意识
	任务1.5　细集料表观密度试验	脚踏实地习惯
项目1　集料性能检验	任务1.6　机制砂的亚甲蓝值测定	精益求精态度
	任务1.7　粗集料筛分试验	崇尚劳模意识
	任务1.8　粗集料含泥量和泥块含量试验	开拓创新意识
	任务1.9　粗集料针、片状颗粒含量试验	恪尽职守素养
	任务1.10　粗集料压碎值试验	培养爱国情怀
	任务1.11　粗集料表观密度试验（液体比重天平法）	发扬工匠精神
	任务1.12　粗集料堆积密度与空隙率试验	激发奋斗激情

项目学习目标

　　能描述集料的定义与种类；能阐述集料的主要质量指标及意义；能规范进行试样制备；能按规程完成集料性能检验相关试验；能规范填写原始记录表并编制检测报告；养成科学严

谨、高效规范、节能环保的工程思维。

项目学习评价

本项目学习评价总分为 100 分，学习完之后，请按照表 1-1 对本项目学习情况进行总评。

表 1-1　项目学习评价表

任务序号	学习任务名称	学习任务评价总得分	权重（%）	项目学习评价总分
项目 1　集料性能检验				
任务 1.1	集料认知		5	
任务 1.2	试样制备		5	
任务 1.3	细集料筛分试验		10	
任务 1.4	细集料含泥量和泥块含量试验		10	
任务 1.5	细集料表观密度试验		10	
任务 1.6	机制砂的亚甲蓝值测定		10	
任务 1.7	粗集料筛分试验		10	
任务 1.8	粗集料含泥量和泥块含量试验		10	
任务 1.9	粗集料针、片状颗粒含量试验		10	
任务 1.10	粗集料压碎值试验		10	
任务 1.11	粗集料表观密度试验（液体比重天平法）		5	
任务 1.12	粗集料堆积密度与空隙率试验		5	

思政贴士

春秋战国时代鲁国人鲁班，受茅草边缘密密小细齿的启发而发明了锯子，这种思维突破主要源于细致的观察。在日常工作中，埋头干活的同时不要忘记抬头思考，保持独立的思考和不断的创新，也许会带来意想不到的收获。

任务 1.1　集料认知

任务书

小黄和小袁是新入职的试验检测人员，为考察他们的专业能力和责任心，领导安排他们完成本项目的砂石材料性能检验项目。为了能够顺利完成任务，他们首先需要了解集料的基础知识，包括但不限于：集料的定义及分类；粗集料、细集料的质量指标及技术性能；集料的现状和发展。

课前学习测验

1. 集料在气候、环境变化或其他物理因素作用下，抵抗破裂的能力称为（　　）。
   A. 耐久性　　　　　B. 硬度　　　　　C. 坚固性　　　　　D. 强度

2. 细集料一般为天然砂,包括湖砂和（　　　）。

    A. 山砂　　　　　　B. 经净化的海砂　　C. 河砂　　　　　　D. 机制砂

3. 中砂的细度模数为_____。

4. 碎石、卵石的压碎值越大,其抵抗压碎的能力越_____。

5. 粗集料是指粒径大于_____的颗粒。

📖 课中任务准备

1. 阅读任务书,熟悉将要学习的主要内容。

2. 收集并查阅《建设用砂》（GB/T 14684—2022）、《建设用卵石、碎石》（GB/T 14685—2022）、《混凝土质量控制标准》（GB 50164—2011）、《普通混凝土用砂、石质量及检验方法标准》（JGJ 52—2006）等规范标准。

课中任务实施 ▌▌▌▌

引导实施 1：阐述集料的定义及分类。

引导实施 2：细集料的主要质量指标有哪几项？

引导实施 3：阐述砂的颗粒级配。

引导实施 4：根据《建设用砂》（GB/T 14684—2022）规定,砂的粗细程度如何判定？

引导实施 5：简述砂石材料中的含泥量及泥块含量对混凝土制品的影响。

引导实施 6：砂石材料中的有害物质有哪些？对混凝土性能有何影响？

引导实施 7：阐述砂的坚固性定义。

引导实施 8：材料的含水率与吸水率有何区别？

引导实施 9：何为针、片状颗粒及不规则颗粒？

引导实施 10：为节约砂石资源、保护生态环境,请提出几条可行的建议。

📖 课后拓展思考

1. 砂石材料出场时,厂家提供的产品质量合格证书应包括哪些内容？

2. 卵石、碎石出厂检验项目有哪些？

3. 出现哪些情况时应对材料进行型式检验？

⬡ 课后自我反思

_____

_____

_____

📖 任务学习评价

待以上学习任务全部完成后,由学生自己、学生之间、学校教师、企业导师根据学生课前、课中、课后学习完成情况对每个学生进行综合评价,并将结果填入表 A–1 中。

相关知识

集料是混凝土的主要组成材料之一，占混凝土总体积的 70%～80%，在混凝土中起骨架和填充作用，因此也称为骨料。集料的质量对混凝土制品的强度、耐久、变形等性能影响很大。

1. 集料的定义及分类

集料按颗粒大小分为粗集料和细集料。粒径在 150 μm～4.75 mm 的称为细集料，粒径大于 4.75 mm 的称为粗集料。

细集料按其产源不同可以分为天然砂、机制砂、混合砂。天然砂是指在自然条件作用下岩石产生破碎、风化、分选、运移、堆/沉积，形成的粒径小于 4.75 mm 的岩石颗粒，包括河砂、湖砂、山砂、经过净化后的海砂，但不包括软质、风化的颗粒；机制砂是以岩石、卵石、矿山废石和尾矿等为原料，经除土处理，再由机械破碎、整形、筛分、粉控等工艺制作而成的，级配、粒形和石粉含量满足要求且粒径小于 4.75 mm 的颗粒，其不包括软质风化的颗粒，颗粒富有棱角，比较洁净；混合砂由天然砂和机制砂按一定比例混合而成。

常用的粗集料有卵石和碎石，卵石是指在自然条件作用下岩石产生破碎、风化、分选、运移、堆/沉积，形成的粒径大于 4.75 mm 的岩石颗粒；碎石是岩石、卵石、矿山废石和尾矿经机械破碎、筛分制成的，粒径大于 4.75 mm 的岩石颗粒。

2. 细集料的质量指标及技术性能

根据《建设用砂》（GB/T 14684—2022）的规定，建设用砂按照颗粒级配、含泥量（石粉含量）、泥块含量、亚甲蓝值（MB 值）、坚固性、压碎值、有害物质、片状颗粒含量等技术指标分为Ⅰ类、Ⅱ类和Ⅲ类。

1）颗粒级配

砂的颗粒级配（粒度级配）是指不同粒径的颗粒互相搭配组合的情况。由不间断的各级粒度所组成的称连续级配；只由某几级粒度所组成的称间断级配。级配良好的砂其大小颗粒含量适当，砂的总表面积及空隙率均较小，因此拌制混凝土时填充空隙用的水泥浆更少，可以达到节约水泥和提高强度的效果。

砂的粗细程度是指不同粒径的砂混合在一起后平均的粗细程度，可以用细度模数（M_x）表示。砂按细度模数可以分为粗砂、中砂、细砂和特细砂。

砂的粗细程度和颗粒级配通过砂的筛分试验来测定。将样品除 9.5 mm 以上颗粒后烘干，取 500 g 放入套筛中进行筛分，然后称取各筛上筛余的颗粒质量，简称筛余量 m_x，再分别计算筛余百分率 a_x%，最后累加得到累计筛余百分率 A_x%，计算过程见表 1-2。

表 1-2 筛余百分率与累计筛余百分率计算

筛孔尺寸/mm	筛余量/g	筛余百分率/%	累计筛余百分率/%
4.75	m_1	$a_1=m_1/500$	$A_1=a_1$
2.36	m_2	$a_2=m_2/500$	$A_2=a_1+a_2$
1.18	m_3	$a_3=m_3/500$	$A_3=a_1+a_2+a_3$
0.60	m_4	$a_4=m_4/500$	$A_4=a_1+a_2+a_3+a_4$
0.30	m_5	$a_5=m_5/500$	$A_5=a_1+a_2+a_3+a_4+a_5$
0.15	m_6	$a_6=m_6/500$	$A_6=a_1+a_2+a_3+a_4+a_5+a_6$

砂的细度模数应按式（1-1）计算，并精确至 0.01。

$$M_x = \frac{(A_2 + A_3 + A_4 + A_5 + A_6) - 5A_1}{100 - A_1}$$（1-1）

式中：M_x——细度模数；

A_1、A_2、A_3、A_4、A_5、A_6——4.75 mm、2.36 mm、1.18 mm、0.60 mm、0.30 mm、0.15 mm 筛的累计筛余百分率。

细度模数越大，砂越粗。细度模数为 3.7～3.1 的是粗砂；3.0～2.3 的是中砂；2.2～1.6 的是细砂；1.5～0.7 的是特细砂。Ⅰ级砂细度模数应为 2.3～3.2。

砂的颗粒级配用级配区表示，根据《建设用砂》（GB/T 14684—2022）的规定，将级配区划分为 1 区、2 区、3 区，见表 1-3。Ⅰ类砂的累计筛余应符合表 1-3 中 2 区的规定，分计筛余要符合表 1-4 要求；Ⅱ类和Ⅲ类砂的累计筛余应符合表 1-3 规定。

表 1-3　累计筛余

砂的分类	天然砂			机制砂、混合砂		
级配区	1 区	2 区	3 区	1 区	2 区	3 区
筛孔尺寸/mm	累计筛余/%					
4.75	10～0	10～0	10～0	5～0	5～0	5～0
2.36	35～5	25～0	15～0	35～5	25～5	15～0
1.18	65～35	50～10	25～0	65～35	50～10	25～0
0.60	85～71	70～41	40～16	85～71	70～41	40～16
0.30	95～80	92～70	85～55	95～80	92～70	85～55
0.15	100～90	100～90	100～90	97～85	94～80	94～75

表 1-4　分计筛余

筛孔尺寸/mm	4.75[a]	2.36	1.18	0.60	0.30	0.15[b]	筛底[c]
分计筛余	0～10	10～15	10～25	20～31	20～30	5～15	0～20

[a]　对于机制砂，4.75 mm 筛的分计筛余不应大于 5%。

[b]　对于 MB＞1.4 的机制砂，0.15 mm 筛和筛底的分计筛余之和不应大于 25%。

[c]　对于天然砂，筛底的分计筛余不应大于 10%。

2）含泥量（石粉含量）、泥块含量和亚甲蓝值

砂的含泥量是指天然砂中粒径小于 75 μm 的颗粒含量，石粉含量是针对机制砂中粒径小于 75 μm 的颗粒含量，应满足表 1-5 要求。泥块含量是指砂中原粒径大于 1.18 mm，经水浸泡、淘洗等处理后小于 600 μm 的颗粒含量。

亚甲蓝溶液可以检验机制砂中是否含有膨胀性黏土矿物，并确定其含量，该含量值称为亚甲蓝值（MB 值），用于判定机制砂的吸附性能，应满足表 1-5 要求。

3）坚固性、压碎值

坚固性是指砂在外界物理化学因素作用下抵抗破裂的能力。采用硫酸钠溶液法对天然砂进行坚固性检测时，样品在经历 5 次浸泡、烘干循环后，质量损失应符合表 1-5 要求。

机制砂还应检测压碎值指标，将机制砂按规定分好粒级，各粒级砂经压碎后的质量损失率为压碎值，机制砂单级压碎值应满足表 1-5 要求。

4）有害物质

有害物质包括有机物、硫化物和硫酸盐，这些物质对水泥有腐蚀作用。特别是处于潮湿环境中的混凝土，其中的硫化物或硫酸盐会逐渐分解并使其体积膨胀，造成混凝土破坏。砂的有害物质含量应满足表1-5要求。

5）片状颗粒含量

机制砂中粒径1.18 mm以上的机制砂颗粒中最小一维尺寸小于该颗粒所属粒级的平均粒径0.45倍的颗粒即为片状颗粒。Ⅰ类机制砂中片状颗粒含量不应超过10%。

表1-5 细集料的主要质量指标

天然砂的含泥量			
类别	Ⅰ类	Ⅱ类	Ⅲ类
含泥量（质量分数）/%	≤1.0	≤3.0	≤5.0

机制砂的石粉含量		
类别	亚甲蓝值（MB值）	石粉含量（质量分数）/%
Ⅰ类	MB≤0.5	≤15.0
	0.5<MB≤1.0	≤10.0
	1.0<MB≤1.4 或快速试验合格	≤5.0
	MB>1.4 或快速试验不合格	≤1.0ᵃ
Ⅱ类	MB≤1.0	≤15.0
	1.0<MB≤1.4 或快速试验合格	≤10.0
	MB>1.4 或快速试验不合格	≤3.0ᵃ
Ⅲ类	MB≤1.4 或快速试验合格	≤15.0
	MB>1.4 或快速试验不合格	≤5.0ᵃ

注：砂浆用砂的石粉含量不做限制。

a 根据使用环境和用途，经试验验证，由供需双方协商确定，Ⅰ类砂石粉含量可放宽至不大于3.0%，Ⅱ类砂石粉含量可放宽至不大于5.0%，Ⅲ类砂石粉含量可放宽至不大于7.0%。

泥块含量			
类别	Ⅰ类	Ⅱ类	Ⅲ类
泥块含量（质量分数）/%	≤0.2	≤1.0	≤2.0

有害物质含量			
类别	Ⅰ类	Ⅱ类	Ⅲ类
云母（质量分数）/%	≤1.0	≤2.0	
轻物质（质量分数）ᵇ/%	≤1.0		
有机物	合格		
硫化物及硫酸盐（按SO₃质量计）/%	≤0.5		
氯化物（以氯离子质量计）/%	≤0.01	≤0.02	≤0.06ᶜ
贝壳（质量分数）ᵈ/%	≤3.0	≤5.0	≤8.0

b 天然砂中如含有浮石、火山渣等天然轻骨料，经试验验证后，该指标可不做要求。
c 对于钢筋混凝土用净化处理的海砂，其氯化物含量应小于等于0.02%。
d 该指标仅适用于净化处理的海砂，其他砂种不做要求。

坚固性指标			
类别	Ⅰ类	Ⅱ类	Ⅲ类
质量损失率/%	≤8		≤10

机制砂压碎指标			
类别	Ⅰ类	Ⅱ类	Ⅲ类
单级最大压碎指标/%	≤20	≤25	≤30

3. 粗集料的质量指标及技术性能

根据《建设用卵石、碎石》（GB/T 14685—2022）规定，粗集料按照颗粒级配，含泥量（泥粉含量），泥块含量，硫化物及硫酸盐含量，针、片状颗粒含量，不规则颗粒含量，坚固性，压碎指标，连续级配松散堆积空隙率，吸水率技术指标分为Ⅰ类、Ⅱ类和Ⅲ类。下面对部分指标进行介绍。

1）颗粒级配

卵石、碎石的颗粒级配应符合表 1-6 规定。

表 1-6　卵石、碎石的颗粒级配

公称粒级/mm		累计筛余/%											
		方孔筛孔径/mm											
		2.36	4.75	9.50	16.0	19.0	26.5	31.5	37.5	53.0	63.0	75.0	90.0
连续粒级	5~16	95~100	85~100	30~60	0~10	0	—	—	—	—	—	—	—
	5~20	95~100	90~100	40~80	—	0~10	0	—	—	—	—	—	—
	5~25	95~100	90~100	—	30~70	—	0~5	0	—	—	—	—	—
	5~31.5	95~100	90~100	70~90	—	15~45	—	0~5	0	—	—	—	—
	5~40	—	95~100	70~90	—	30~65	—	—	0~5	0	—	—	—
单粒粒级	5~10	95~100	80~100	0~15	0	—	—	—	—	—	—	—	—
	10~16	—	95~100	80~100	0~15	0	—	—	—	—	—	—	—
	10~20	—	95~100	85~100	—	0~15	0	—	—	—	—	—	—
	16~25	—	—	95~100	55~70	25~40	0~10	0	—	—	—	—	—
	16~31.5	—	95~100	—	85~100	—	—	0~10	0	—	—	—	—
	20~40	—	—	95~100	—	80~100	—	—	0~10	0	—	—	—
	25~31.5	—	—	95~100	—	80~100	—	0~10	0	—	—	—	—
	40~80	—	—	—	—	95~100	—	—	70~100	—	30~60	0~10	0

注："—"表示该孔径累计筛余不做要求；"0"表示该孔径累计筛余为 0。
公称粒级指集料能全部通过或有少量不通过（一般容许筛余不超过 10%）的最小标准筛筛孔尺寸，通常比集料最大粒径小一个粒级，以 mm 计。

2）含泥量（泥粉含量）、泥块含量

含泥量是指卵石中粒径小于 75 μm 的黏土颗粒含量；泥粉含量是指碎石中粒径小于 75 μm 的黏土和石粉颗粒含量；泥块含量是指卵石、碎石中原粒径大于 4.75 mm，经水浸泡、淘洗等处理后小于 2.36 mm 的颗粒含量。

3）针、片状颗粒含量和不规则颗粒含量

卵石、碎石颗粒的最大一维尺寸大于该颗粒所属粒级的平均粒径 2.4 倍者为针状颗粒；最小一维尺寸小于该颗粒所属粒级的平均粒径 0.4 倍者为片状颗粒；最小一维尺寸小于该颗粒所属粒级的平均粒径 0.5 倍者为不规则颗粒。卵石、碎石的针、片状颗粒含量应符合表 1-7

的规定，Ⅰ类卵石、碎石不规则颗粒含量不能超过 10%。

　　4）吸水率

　　卵石、碎石在常温常压下吸水饱和后，其含水率称为吸水率，质量吸水率按式（1-2）计算。

$$w_m = \frac{m_1 - m}{m} \times 100\% \qquad (1-2)$$

式中：w_m——材料的质量吸水率；

　　　　m_1——材料吸水饱和状态下表面干燥的质量，g；

　　　　m——材料在干燥状态下的质量，g。

　　根据《建设用卵石、碎石》（GB/T 14685—2022），卵石、碎石的技术要求应满足表 1-7 规定。

表 1-7　卵石、碎石的技术指标

类别		Ⅰ类	Ⅱ类	Ⅲ类
卵石含泥量（质量分数）/%		≤0.5	≤1.0	≤1.5
碎石泥粉含量（质量分数）/%		≤0.5	≤1.5	≤2.0
泥块含量（质量分数）/%		≤0.1	≤0.2	≤0.7
针、片状颗粒含量（质量分数）/%		≤5	≤8	≤15
有机物含量		合格	合格	合格
硫化物及硫酸盐含量（以 SO_3 质量计）/%		≤0.5	≤1.0	≤1.0
坚固性指标（质量损失率）/%		≤5	≤8	≤12
岩石抗压强度/MPa		岩浆岩≥80，变质岩≥60，沉积岩≥45		
压碎指标/%	碎石	≤10	≤20	≤30
	卵石	≤12	≤14	≤16
连续级配松散堆积空隙率/%		≤43	≤45	≤47
吸水率/%		≤1.0	≤2.0	≤2.5

4. 集料的现状和发展

　　中国基础设施建设对砂石资源的需求量巨大，年用量高达 200 亿 t。由于生态环境保护和建筑工程需求量持续增加等原因，优质天然资源逐渐短缺。为解决天然砂石资源面临枯竭的现实问题，大力发展机制砂石已成为新形势下砂石行业安全高质量发展必由之路，但建设用砂还存在以下 3 个主要问题：一是机制砂整体偏粗，细度模数一般在 3.2 以上，且级配不合理，两头多中间少；二是部分生产企业由于采用的工艺装备落后，导致机制砂颗粒形状不好；三是由于环境治理和砂石限采等原因，优质天然河砂资源紧缺，这些问题阻碍了砂石行业转型升级和绿色发展。

　　在国务院的重视和部署下，2019 年 11 月，工业和信息化部等十部门《关于推进机制砂石行业高质量发展的若干意见》出台，文件要求大幅度提升高品质骨料的产品比例；2020 年 3 月，国家发展改革委等十五部门和单位联合印发了《关于促进砂石行业健康有序发展的指导意见》，文件中也强调加快形成机制砂石优质产能，同时要求建立健全砂石工业标准体系，提升质量管控水平和力度。

任务 1.2 试样制备

任务书

小黄和小袁经过上一任务的学习，已经了解了集料的相关知识，也掌握了集料的主要质量指标，他们迫切地想要开始执行检测任务，可是来到工地现场看到堆积如山的集料，他们犯难了，因为试验的第一步是要进行试样制备，他们该如何取样呢？

课前学习测验

1. 从料堆上取样时，应从不同部位随机抽取大致等量的石子（　　）份，组成一组样品。
   A. 16　　　　　　　B. 32　　　　　　　C. 15　　　　　　　D. 30
2. 从皮带运输机上取样时，应全断面定时随机抽取大致等量的砂（　　）份，组成一组样品。
   A. 8　　　　　　　　B. 4　　　　　　　　C. 16　　　　　　　D. 12
3. 从火车、汽车、货船上取样时，应从不同部位和深度抽取大致等量的石子（　　）份，组成一组样品。
   A. 8　　　　　　　　B. 15　　　　　　　C. 20　　　　　　　D. 32
4. 粗集料堆积密度试验所用试样可不经缩分，拌匀后直接进行试验。　　　　　　（　　）
5. 若能保证试样经一项试验后不影响另一项试验的结果，则可用同一试样进行几项不同的试验。　　　　　　（　　）

课中任务准备

1. 阅读任务书，熟悉将要学习的主要内容。
2. 查阅并熟悉《建设用砂》（GB/T 14684—2022）7.1 部分、《建设用卵石、碎石》（GB/T 14685—2022）7.1 部分，《普通混凝土用砂、石质量及检验方法标准》（JGJ 52— 2006）相关部分。
3. 准备好集料试样。

课中任务实施

引导实施 1：阐述砂的试样处理方法。
引导实施 2：取样的目的和意义是什么？

课后拓展思考

1. 细心的同学已经发现《建设用卵石、碎石》（GB/T 14685—2022）和《普通混凝土用砂、石质量及检验方法标准》（JGJ 52—2006）中砂子的取样份数不一致，这种情况该怎么办？
2. 如果取样时发现各节车皮间及汽车、货船间所载的砂、石质量相差甚为悬殊，那么应该怎么处理？

课后自我反思

_____

_____

_____

任务学习评价

待以上学习任务全部完成后，由学生自己、学生之间、学校教师、企业导师根据学生课前、课中、课后学习完成情况对每个学生进行综合评价，并将结果填入表 A-1 中。

相关知识

1. 集料的取样规则

（1）在料堆上取样时，取样部位应均匀分布。取样前先将取样部位表层铲除，然后从料堆的顶部、中部和底部均匀分布的 15 个不同部位，随机抽取大致等量的砂 8 份、石子 15 份，各组成一组样品。

（2）从皮带运输机上取样时，应用接料器在皮带运输机机头的出料处用与皮带等宽的容器，全断面定时随机抽取大致等量的砂 4 份、石子 8 份，各组成一组样品。

（3）从火车、汽车、货船上取样时，从不同部位和深度抽取大致等量的砂 8 份、石子 15 份，各组成一组样品。

2. 试样的质量

砂的单项试验的最少取样质量应符合表 1-8 的规定。进行几项试验时，如能保证试样经一项试验后不致影响另一项试验的结果，可用同一试样进行几项不同的试验。

表 1-8 砂的单项试验取样质量

序号	试验项目	最少取样质量/kg	序号	试验项目	最少取样质量/kg
1	颗粒级配	4.4	10	贝壳含量	9.6
2	含泥量	4.4	11	坚固性	8.0
3	泥块含量	20.0	12	压碎指标	20.0
4	亚甲蓝值与石粉含量	6.0	13	片状颗粒含量	4.4
5	云母含量	0.6	14	表观密度	2.6
6	轻物质含量	3.2	15	松散堆积密度与空隙率	5.0
7	有机物含量	2.0	16	碱骨料反应	20.0
8	硫化物及硫酸盐含量	0.6	17	放射性	6.0
9	氯化物含量	4.4	18	含水率和饱和面干吸水率	4.4

卵石、碎石的单项试验的最少取样质量应符合表 1-9 的规定。若进行几项试验时，如能保证试样经一项试验后不致影响另一项试验的结果，可用同一试样进行几项不同的试验。

表1-9　卵石、碎石单项试验取样质量

序号	试验项目	最少取样质量/kg							
		最大粒径/mm							
		9.5	16.0	19.0	26.5	31.5	37.5	63.0	≥75.0
1	颗粒级配	9.5	16.0	19.0	25.0	31.5	37.5	63.0	80.0
2	卵石含泥量、碎石泥粉含量	8.0	8.0	24.0	24.0	40.0	40.0	80.0	80.0
3	泥块含量	8.0	8.0	24.0	24.0	40.0	40.0	80.0	80.0
4	针、片状颗粒含量	1.2	4.0	8.0	12.0	20.0	40.0	40.0	40.0
5	不规则颗粒含量	8.0	16.0	16.0	24.0	40.0	80.0	80.0	80.0
6	有机物含量	按试验要求的粒级和质量取样							
7	硫化物及硫酸盐含量								
8	坚固性								
9	岩石抗压强度	选取有代表性的完整石块，按试验要求锯切或钻取成试验用样品							
10	压碎指标	按试验要求的粒级和质量取样							
11	表观密度	8.0	8.0	8.0	8.0	12.0	16.0	24.0	24.0
12	堆积密度与空隙率	40.0	40.0	40.0	40.0	80.0	80.0	120.0	120.0
13	吸水率	8.0	8.0	16.0	16.0	16.0	24.0	24.0	32.0
14	碱骨料反应	20.0	20.0	20.0	20.0	20.0	20.0	20.0	20.0
15	放射性	10.0	10.0	10.0	10.0	10.0	10.0	10.0	10.0
16	含水率	16.0	16.0	16.0	16.0	16.0	16.0	16.0	16.0

3. 试样处理

1）砂的试样处理方法

（1）用分料器法：将样品在潮湿状态下拌和均匀，然后通过分料器，取接料斗中的其中一份再次通过分料器，重复上述过程，直至把样品缩分到试验所需量为止。

（2）人工四分法：将所取样品置于平板上，在潮湿状态下拌和均匀，并堆成厚度约为20 mm的圆饼，然后沿互相垂直的2条直径把圆饼平均分成4份，取其中对角线的2份重新拌匀，再堆成圆饼，如图1-1所示。重复上述过程，直至把样品缩分到试验所需量为止。

堆积密度、机制砂坚固性试验所用试样可不经缩分，在拌匀后直接进行试验。

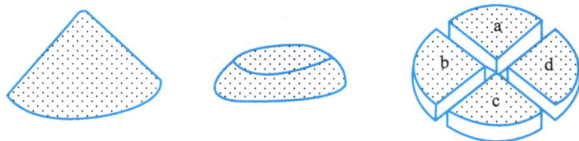

图1-1　人工四分法示意图

2）卵石、碎石试样处理方法

将所取卵石、碎石样品置于平板上，在自然状态下拌和均匀，并堆成堆体，然后沿互相垂直的2条直径把堆体平均分成4份，取其中对角线的2份重新拌匀，再堆成堆体。重复上述过程，直至把样品缩分到试验所需量为止。堆积密度试验所用试样可不经缩分，在拌匀后直接进行试验。

任务 1.3 细集料筛分试验

任务书

经过上一个任务，小黄和小袁掌握了试样的制备方法，现在可以开展第一个试验了。要想能顺利完成试验，他们就需要做充分的准备，需要了解试验适用范围，制备好试验所需试样，准备试验仪器，熟悉试验步骤。

课前学习测验

1. 细集料筛分试验最少取样量是（   ）。

   A. 4.5 kg   B. 4.4 kg   C. 6.0 kg   D. 5.0 kg

2. 当每号筛的筛余量与筛底的剩余量之和与原试样质量之差超过（   ）时，应重新试验。

   A. 1%   B. 2%   C. 5%   D. 4%

3. 当 2 次试验的细度模数之差超过（   ）时，应重新试验。

   A. 0.50   B. 0.10   C. 0.20   D. 0.40

4. 将数值 10.5002 修约到个位数得_____。

5. 将数值 60.28 按个位数的 0.5 单位修约得_____。

数值修约方法

课中任务准备

1. 阅读任务书，熟悉将要学习的主要内容。

2. 查阅并熟悉《建设用砂》（GB/T 14684—2022）7.3 部分、《数值修约规则与极限数值的表示和判定》（GB/T 8170—2008）。

3. 准备好试样和仪器设备。

课中任务实施

请按照要求完成筛分试验，并将原始数据等相关信息填入"细集料筛分试验检测记录表（干筛法）"中，填写原始记录表时一般用黑色签字笔填写，若需要修改时应采用划改，划改后原信息要依然清晰可辨。该记录表是试验过程中的观察和记录，一般不得事后誊抄，若确有必要，则应保留好对应的原始记录。再根据该检测记录表中的相关数据和信息，编制试验检测报告。

课后拓展思考

1. 试验中某号筛的筛余量超出规定值时，应该怎么处理？

2. 为保证试验结果更精确，有哪些需要注意的事项？

课后自我反思

_____

_____

_____

细集料筛分试验检测记录表（干筛法）

检测单位名称：　　　　　　　　　　　　　　　　　记录编号：

工程名称		工程部位/用途	
样品信息			
试验检测日期		试验条件	
检测依据		判定依据	
主要设备及编号			
集料产地		取样地点	

筛孔尺寸/mm	筛上筛余物质量/g		分计筛余/%		累计筛余/%		通过百分率/%		
	Ⅰ	Ⅱ	Ⅰ	Ⅱ	Ⅰ	Ⅱ	Ⅰ	Ⅱ	平均
9.5									
4.75									
2.36									
1.18									
0.6									
0.3									
0.15									
0.075									
底									

干燥试样总量 m_0/g		干筛后总量 $\sum m_i$/g		损耗 m_5/g		损耗率/%		扣除损耗后总量/g	
Ⅰ	Ⅱ	Ⅰ	Ⅱ	Ⅰ	Ⅱ	Ⅰ	Ⅱ	Ⅰ	Ⅱ

附加声明：

检测：　　　　　记录：　　　　　复核：　　　　　日期：　　年　　月　　日

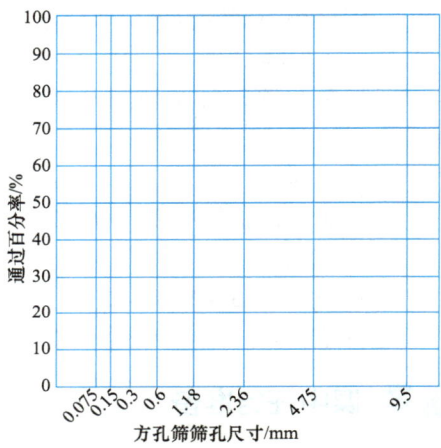

任务学习评价

待以上学习任务全部完成后，由学生自己、学生之间、学校教师、企业导师根据学生课前、课中、课后学习完成情况对每个学生进行综合评价，并将结果填入表 A–2 中。

相关知识

1. 适用范围

本试验方法引用标准《建设用砂》（GB/T 14684—2022），适用于测定建设工程中水泥混凝土及其制品和普通砂浆用砂的颗粒级配，试验环境温度保持在（20±5）℃。

2. 仪器设备

（1）烘箱：温度控制在（105±5）℃。

（2）天平：量程不小于 1 000 g，分度值不大于 1 g。

（3）试验筛：规格为 0.15 mm、0.30 mm、0.60 mm、1.18 mm、2.36 mm、4.75 mm 及 9.50 mm 的筛，并附有筛底和筛盖，并应符合《试验筛 技术要求和检验 第 1 部分：金属丝编织网试验筛》（GB/T 6003.1—2022）和《试验筛　技术要求和检验　第 2 部分：金属孔板试验筛》（GB/T 6003.2—2024）中方孔试验筛的规定。

（4）摇筛机。

3.　摇筛机使用方法

（1）将试样倒入套筛后，把套筛放到底盘上，随后旋紧顶盖手柄，以固定筛具。

（2）插上电源插头，扭动定时开关到所需的工作时间（10 min），按下控制按钮，摇筛机会自动在指定时间内往返运动。

（3）待定时器到达设定时间后，摇筛机就会自动停止工作。

（4）反时针方向旋转手柄，提起上盖，并固定在立杆上，取下筛具。

（5）初次工作时，如无上下震击，可能是因电机倒转，需将电源线头进行调换。

（6）自动停止或手动停止工作后，如长时间不用，须拔出插头，切断电源。

4.　试验步骤

（1）试样制备：按表 1-8 规定取样后，筛除粒径大于 9.50 mm 的颗粒，计算出其筛余百分率，并将试样缩分至约 1 100 g，放在烘箱中于（105±5）℃下烘干至恒重，待冷却至室温后，平均分为 2 份备用。

> **注**：恒重是指在相邻两次称量间隔不小于 3 h 的情况下，前后两次质量之差不大于该项试验所要求的称量精度。

（2）筛分：称取试样 500 g，精确至 1 g；将试样倒入按孔径大小从上到下组合的套筛（附筛底）上，将套筛置于摇筛机上，摇筛 10 min，取下套筛。

（3）手筛：按筛孔大小顺序再逐个用手筛，筛至每分钟通过量小于试样总量 0.1% 为止。通过的试样并入下一号筛中，并和下一号筛中的试样一起过筛，这样顺序进行，直至各号筛全部筛完为止。

（4）称筛余量：称出各号筛的筛余量，精确至 1 g。试样在各号筛上的筛余量（m_a）不应超过按式（1-3）计算出的值。

$$m_a = \frac{A \times \sqrt{d}}{200}$$ （1-3）

式中：m_a——在一个筛上的筛余量，g；

$\quad\quad A$——筛面面积，mm^2；

$\quad\quad d$——筛孔尺寸，mm；

$\quad\quad 200$——换算系数。

当超过按式（1-3）计算出的值时，应按下列方法之一进行处理：

① 将该粒级试样分成少于按式（1-3）计算出的量，分别筛分，并以筛余量之和作为该号筛的筛余量。

② 将该粒级及以下各粒级的筛余混合均匀，称出其质量，精确至 1 g。再用四分法缩分为 2 份，取其中 1 份，称出其质量，精确至 1 g，继续筛分。计算该粒级及以下各粒级的分计筛余量时应根据缩分比例进行修正。

5.　结果计算

（1）计算分计筛余百分率：各号筛的筛余量与试样总量之比，计算精确至 0.1%。

（2）计算累计筛余百分率：该号筛的分计筛余百分率加上该号筛以上各分计筛余百分率之和，精确至 0.1%。筛分后，当每号筛的筛余量与筛底的剩余量之和同原试样质量之差超过 1% 时，应重新试验。

（3）砂的细度模数应按式（1-1）计算，并精确至 0.01。

分计筛余、累计筛余百分率取 2 次试验结果的算术平均值，精确至 1%。细度模数取 2 次试验结果的算术平均值，精确至 0.1；当 2 次试验的细度模数之差超过 0.20 时，应重新试验。

任务 1.4　细集料含泥量和泥块含量试验

📖 任务书

上一个任务小黄和小袁完成得比较好，二人严格遵守试验规程，按照要求填写了原始数据记录表并编制了检测报告。有了上次的实操经验，他们信心满满，准备开展细集料含泥量和泥块含量试验。

📖 课前学习测验

1. 细集料含泥量试验最少取样量是（　　　）。
   A. 4.5 kg　　　　B. 4.4 kg　　　　C. 6.0 kg　　　　D. 5.0 kg
2. 细集料泥块含量试验最少取样量是（　　　）。
   A. 10.0 kg　　　B. 4.4 kg　　　　C. 20.0 kg　　　D. 15.0 kg
3. 细集料泥块含量试验试样需要浸泡（　　　）h。
   A. 24±0.5　　　B. 2　　　　　　C. 12±0.5　　　D. 48±0.5
4. 细集料含泥量试验用的试验筛是孔径为_____及_____的方孔筛。
5. 细集料泥块含量试验用的试验筛是孔径为_____及_____的方孔筛。

📖 课中任务准备

1. 阅读任务书，熟悉将要学习的主要内容。
2. 查阅并熟悉《建设用砂》（GB/T 14684—2022）7.4 及 7.6 部分。
3. 准备好试样。
4. 调节室温，准备仪器设备。

课中任务实施

请按照要求完成细集料含泥量和泥块含量试验，并将原始数据等相关信息填入"细集料含泥量和泥块含量试验检测记录表"中，再根据该检测记录表中的相关数据和信息，编制试验检测报告。

细集料含泥量和泥块含量试验检测记录表

检测单位名称：　　　　　　　　　　　　　　　　　　　　记录编号：

工程名称			
工程部位/用途			
样品信息			
试验检测日期		试验条件	
检测依据		判定依据	
主要设备及编号			

含泥量

试验次数	试验前烘干试样质量/g	试验后烘干试样质量/g	含泥量测值/%	含泥量平均值/%
1				
2				

泥块含量

试验次数	试验前存留 1.18 mm 筛上烘干试样质量/g	试验后烘干试样质量/g	泥块含量测值/%	泥块含量平均值/%
1				
2				

附加说明：

试验：　　　　记录：　　　　复核：　　　　日期：　　年　　月　　日

课后拓展思考

1. 细集料含泥量过高对混凝土性能有何影响？

2. 机制砂石粉含量测定方法同天然砂含泥量，但其结果需结合亚甲蓝值来判定，请简述其判定标准。

课后自我反思

_____

_____

_____

任务学习评价

待以上学习任务全部完成后，由学生自己、学生之间、学校教师、企业导师根据学生课前、课中、课后学习完成情况对每个学生进行综合评价，并将结果填入表 A–2 中。

📖 相关知识

1. 天然砂的含泥量试验

1）适用范围

本试验方法引用标准《建设用砂》（GB/T 14684—2022），适用于测定建设工程中水泥混凝土及其制品和普通砂浆用天然砂的含泥量，试验环境温度保持在（20±5）℃。

2）仪器设备

（1）烘箱：温度控制在（105±5）℃。

（2）天平：量程不小于 1 000 g，分度值不大于 0.1 g。

（3）试验筛：孔径为 75 μm 及 1.18 mm 的方孔筛。

（4）容器：深度大于 250 mm，以保证淘洗试样时试样不溅出。

3）试验步骤

（1）试样准备：按表 1-8 规定取样后，将试样缩分至约 1 100 g，放在烘箱中于（105±5）℃下烘干至恒重，待冷却至室温后，平均分为 2 份备用。

（2）浸泡：称取试样 500 g，精确至 0.1 g，记为 m_{a0}。将试样倒入淘洗容器中，注入清水，使水面高于试样面约 150 mm，充分搅拌均匀后，浸泡 2 h。

（3）淘洗：浸泡 2 h 后，用手在水中淘洗试样，使尘屑、淤泥和黏土与砂粒分离。将 1.18 mm 筛放在 75 μm 筛上面，把浑水缓缓倒入套中，滤去粒径小于 75 μm 的颗粒。再向容器中注入清水，重复上述操作，直至容器内的水目测清澈为止。注意，试验前筛子的两面应先用水润湿，在整个过程中应防止砂粒流失。

（4）烘干称重：用水淋洗剩余在筛上的细粒，并将 75 μm 筛放在水中，水面高出筛中砂粒的上表面，来回摇动，以充分洗掉粒径小于 75 μm 的颗粒。然后将 2 只筛的筛余颗粒和容器中已经洗净的试样一并倒入浅盘，放在烘箱中于（105±5）℃下烘干至恒重，待冷却至室温后，称出其质量（m_{a1}），精确至 0.1 g。

4）结果计算

含泥量应按式（1-4）计算，并精确至 0.1%。

$$Q_a = \frac{m_{a0} - m_{a1}}{m_{a0}} \times 100\% \qquad (1-4)$$

式中：Q_a——含泥量；

m_{a0}——试验前烘干试样的质量，g；

m_{a1}——试验后烘干试样的质量，g。

含泥量取 2 个试样的试验结果的算术平均值作为测定值，精确到 0.1%；当 2 次结果的差值超过 0.2% 时，应重新取样进行试验。

> **注：** 机制砂石粉含量测定方法同天然砂的含泥量测定。

2. 泥块含量试验

1）适用范围

本试验方法引用标准《建设用砂》（GBT/14684—2022），适用于测定建设工程中水泥混凝土及其制品和普通砂浆用天然砂的泥块含量，试验环境温度保持在（20±5）℃。

2）仪器设备

（1）烘箱：温度控制在（105±5）℃。

（2）天平：量程不小于 1 000 g，分度值不大于 0.1 g。

（3）试验筛：孔径为 0.60 mm 及 1.18 mm 的方孔筛。

（4）淘洗容器：深度应大于 250 mm，以保证淘洗试样时试样不溅出。

3）试验步骤

（1）试样准备：按表 1-8 规定取样后，将试样缩分至约 5 000 g，放在烘箱中于（105±5）℃下烘干至恒重。待冷却至室温后，用 1.18 mm 的筛手动筛分，取筛上物平均分为 2 份备用。

（2）第一次淘洗：将一份试样倒入淘洗容器中，注入清水进行第一次淘洗，水面应高于试样面，用玻璃棒适度搅拌后，将试样过 0.60 mm 的筛。

（3）烘干称重：将筛上试样全部取出，装入浅盘后，放在烘箱中于（105±5）℃下烘干至恒重，称出其质量（m_{b0}），精确至 0.1 g。

（4）第二次淘洗：将处理后的试样再次倒入淘洗容器中，注入清水进行第二次淘洗，水面应高于试样面，充分搅拌均匀后，浸泡（24±0.5）h。然后用手在水中捻碎泥块，再将试样放在 0.60 mm 的筛上，用水淘洗，直至容器内的水目测清澈为止。

（5）烘干称重：将保留下来的试样从筛中取出，装入浅盘后，放在烘箱中于（105±5）℃下烘干至恒重，待冷却到室温后，称出其质量（m_{b1}），精确至 0.1 g。

4）结果计算

泥块含量应按式（1-5）计算，并精确至 0.1%。

$$Q_b = \frac{m_{b0} - m_{b1}}{m_{b0}} \times 100\% \tag{1-5}$$

式中：Q_b——泥块含量；

m_{b0}——第一次淘洗后 0.60 mm 筛上试样烘干后的质量，g；

m_{b1}——第二次淘洗后 0.60 mm 筛上试样烘干后的质量，g。

泥块含量取 2 次试验结果的算术平均值，精确至 0.1%。

任务 1.5　细集料表观密度试验

📖 任务书

前两次的试验操作让小黄和小袁两人对此工作有了更加深刻的认识，两人的配合也越来越默契，工作正有条不紊地进行。这一次他们需要测定该批砂的表观密度，跟着他们一起来开展试验吧。

📖 课前学习测验

1. 在砂的表观密度试验中，从试样加水静置的最后 2 h 起直至试验结束，其温度相差不应超过（　　）℃。

　　A. 5　　　　　　　B. 1　　　　　　　C. 3　　　　　　　D. 2

2. 砂的表观密度试验，每次试验称取试样（　　）g，精确至 0.1 g。

    A. 500　　　　　　　B. 300　　　　　　　C. 330　　　　　　　D. 660

3. 在砂的表观密度试验中，如 2 次试验结果之差大于（　　）kg/m³，应重新试验。

    A. 5　　　　　　　　B. 10　　　　　　　　C. 15　　　　　　　　D. 20

4. 在砂的表观密度试验过程中，应测量并控制水的温度在_____范围内，试验的各项称量可在_____的温度范围内进行。

📖 课中任务准备

1. 阅读任务书，熟悉将要学习的主要内容。

2. 查阅并熟悉《建设用砂》（GB/T 14684—2022）7.16 部分，《数值修约规则与极限数值的表示和判定》（GB/T 8170—2008）。

3. 准备好试样。

4. 控制室温，准备仪器设备。

课中任务实施

请按照要求完成细集料表观密度试验，并将试验数据等相关信息填入"细集料表观密度检测记录表"中，再根据该检测记录表中的相关数据和信息，编制试验检测报告。

细集料表观密度检测记录表

检测单位名称：　　　　　　　　　　　　　　　　　　　　　　　记录编号：

工程名称			
工程部位/用途			
样品信息			
试验检测日期		试验条件	
检测依据		判定依据	
主要仪器设备名称及编号			
产地		集料种类	
试验时水的温度/℃		水温修正系数	
试验次数	1		2
试样的烘干质量/g			
瓶、水总质量/g			
瓶、水、试样总质量/g			
表观密度测值/（g/cm³）			
表观密度平均值/（g/cm³）			

附加声明：

检测：　　　　　记录：　　　　　复核：　　　　　日期：　　年　　月　　日

课后拓展思考

1. 材料的表观密度与绝对密度有何区别？
2. 每一批不同产源的砂进场都应该进行全面质量检测，其检测指标包括哪些？

课后自我反思

_____

_____

_____

任务学习评价

待以上学习任务全部完成后，由学生自己、学生之间、学校教师、企业导师根据学生课前、课中、课后学习完成情况对每个学生进行综合评价，并将结果填入表 A–2 中。

相关知识

1. 适用范围

本试验方法引用标准《建设用砂》（GB/T 14684—2022），适用于检测建设工程中水泥混凝土及其制品和普通砂浆用砂的表观密度。

试验环境要求：在试验过程中应测量并控制水的温度在 15 ～25 ℃范围内，试验的各项称量可在 15 ～25 ℃的温度范围内进行。从试样加水静置的最后 2 h 起直至试验结束，其温度相差不应超过 2 ℃。

2. 仪器设备

（1）烘箱：温度控制在（105±5）℃。

（2）天平：量程不小于 1 000 g，分度值不大于 0.1 g。

（3）容量瓶：500 mL。

（4）浅盘、滴管、毛刷、温度计等。

3. 试验步骤

（1）试验制备：按表 1–8 规定取样，并将试样缩分至约 660 g，放在烘箱中于（105±5）℃下烘干至恒重，待冷却至室温后，平均分为 2 份备用。

（2）装瓶静置：称取试样 300 g，精确至 0.1 g，记为 m_{i0}；将试样装入容量瓶，注水至接近 500 mL 的刻度处，用手旋转摇动容量瓶，使砂样被充分摇动，排除气泡，塞紧瓶盖，静置 24 h。

（3）第一次称重：用滴管加水至容量瓶 500 mL 刻度处，塞紧瓶塞，擦干瓶外水分，称出其质量（m_{i1}），精确至 0.1 g。

（4）第二次称重：倒出瓶内水和试样，洗净容量瓶，再向容量瓶内注水至 500 mL 刻度处，塞紧瓶塞，擦干瓶外水分，称出其质量（m_{i2}），精确至 0.1 g。

4. 结果处理

砂的表观密度应按式（1–6）计算，并精确至 $10\ \text{kg/m}^3$。

$$\rho_0 = \left(\frac{m_{i0}}{m_{i0} + m_{i2} - m_{i1}} - \alpha_t \right) \times \rho_\text{w} \tag{1-6}$$

式中：ρ_0 ——表观密度，kg/m^3；

$\quad\quad\ m_{i0}$——烘干试样的质量，g；

$\quad\quad\ m_{i2}$——水及容量瓶的总质量，g；

$\quad\quad\ m_{i1}$——试样、水及容量瓶的总质量，g；

$\quad\quad\ \alpha_t$——水温对表观密度影响的修正系数，见表 1–10；

$\quad\quad\ \rho_\text{w}$——水的密度，取 $1\ 000\ \text{kg/m}^3$。

表 1–10　不同水温对砂的表观密度影响的修正系数

水温/℃	15	16	17	18	19	20	21	22	23	24	25
α_t	0.002	0.003	0.003	0.004	0.004	0.005	0.005	0.006	0.006	0.007	0.008

表观密度取 2 次试验结果的算术平均值，精确至 $10\ \text{kg/m}^3$；如 2 次试验结果之差大于 $20\ \text{kg/m}^3$，应重新试验。

任务 1.6　机制砂的亚甲蓝值测定

📖 任务书

机制砂中的粉状物质由泥土和石粉组成，泥土能够吸附亚甲蓝溶液，因此常采用亚甲蓝试剂来检测机制砂中的泥土含量。小黄和小袁需要结合亚甲蓝值来判断砂的质量，跟着他们一起来开展亚甲蓝值测定试验吧。

📖 课前学习测验

1. Ⅰ类机制砂石粉含量≤10%时，亚甲蓝值应在（　　）范围内。

　　A. 0.5＜MB＜1.0　　　　　　　　　　B. 0.5＜MB≤1.0

　　C. 0.5＜MB＜1.4　　　　　　　　　　D. MB＜1.4

2. 亚甲蓝溶液配制好后应放于阴凉处保存且保质期不应超过（　　）d。

　　A. 30　　　　　　　　　　　　　　　　B. 28

　　C. 15　　　　　　　　　　　　　　　　D. 20

3. 测定亚甲蓝值时，需记录色晕持续（　　）min 时所加入的亚甲蓝溶液总体积。

　　A. 1　　　　　　　　　　　　　　　　B. 2

C. 4　　　　　　　　　　　　　　　　　D. 5

4. 采用亚甲蓝快速试验法时，当沉淀物周围稳定出现 1 mm 以上明显色晕时，判定亚甲蓝快速试验合格。　　　　　　　　　　　　　　　　　　　　　　　　　　（　　　）

课中任务准备

1. 阅读任务书，熟悉将要学习的主要内容。
2. 收集并熟读《建设用砂》（GB/T 14684—2022）7.5 部分。
3. 准备好试样；控制室温，准备仪器设备。

课中任务实施

请按照要求完成机制砂的亚甲蓝值测定，并将试验数据等相关信息填入"机制砂的亚甲蓝值检测记录表"中，再根据该检测记录表中的相关数据和信息，编制试验检测报告。

机制砂的亚甲蓝值检测记录表

检测单位名称：　　　　　　　　　　　　　　　　　　　　记录编号：

工程名称					
工程部位/用途					
样品信息					
试验检测日期			试验条件		
检测依据			判定依据		
主要仪器设备名称及编号					
产地			集料种类		

亚甲蓝吸附量	试样质量/g	加入亚甲蓝总量/mL	MB/（g/kg）	亚甲蓝快速评价	是否出现色晕	评定

附加声明：

课后拓展思考

1. 简述检测机制砂亚甲蓝值的目的。
2. 简述亚甲蓝值快速试验方法。

课后自我反思

_____

_____

_____

任务学习评价

待以上学习任务全部完成后，由学生自己、学生之间、学校教师、企业导师根据学生课前、课中、课后学习完成情况对每个学生进行综合评价，并将结果填入表 A–2 中。

相关知识

1. 适用范围

本试验方法引用标准《建设用砂》（GB/T 14684—2022），适用于检测机制砂的亚甲蓝值。

注：亚甲蓝又称亚甲基蓝。

2. 试验准备

1）亚甲蓝溶液制备

（1）先进行亚甲蓝含水率测定：称量亚甲蓝约 5 g，精确到 0.01 g，记为 m_{w0}。在（100±5）℃下烘至恒重，置于干燥器中冷却。从干燥器中取出后立即称重，精确到 0.01 g，记为 m_{w1}，按式（1–7）计算含水率，精确到 0.1%。

$$w = \frac{m_{w0} - m_{w1}}{m_{w1}} \times 100\% \qquad (1-7)$$

式中：w——含水率；

$\qquad m_{w0}$——烘干前亚甲蓝质量，g；

$\qquad m_{w1}$——烘干后亚甲蓝质量，g。

（2）亚甲蓝溶液制备：称量未烘干的亚甲蓝 {[100×(1+w)/10] ±0.01} g，即干燥亚甲蓝（10.00±0.01）g，精确至 0.01 g；倒入盛有约 600 mL、水温 35 ～40 ℃蒸馏水的烧杯中，用玻璃棒持续搅拌至亚甲蓝完全溶解，冷却至 20 ℃；将溶液倒入 1 L 容量瓶中，用蒸馏水淋洗烧杯等，使所有亚甲蓝溶液全部移入容量瓶，容量瓶和溶液的温度应保持在（20±1）℃，加蒸馏水至容量瓶 1 L 刻度；振荡容量瓶以保证亚甲蓝完全溶解，将容量瓶中溶液移入深色储藏瓶中，标明制备日期和失效日期，并置于阴暗处保存。

注：亚甲蓝溶液保质期不应超过 28 d。

（3）滤纸：应选用快速定量滤纸。

2）仪器设备

（1）烘箱：温度控制在（105±5）℃。

（2）天平：量程不小于 1 000 g 且分度值不大于 0.1 g，量程不小于 100 g 且分度值不大于

0.01 g。

（3）试验筛：孔径为 2.36 mm。

（4）容器：深度大于 250 mm，以保证淘洗试样时试样不溅出。

（5）移液管：5 mL、2 mL。

（6）叶轮搅拌器：转速可调，最高达（600±60）r/min，直径（75±10）mm。

（7）定时装置：分度值 1 s。

（8）玻璃容量瓶：1 L。

3. 试验步骤

（1）按表 1-8 规定取样，并将试样缩分至约 400 g，放在烘箱中于（105±5）℃下烘干至恒重，待冷却至室温后，筛除粒径大于 2.36 mm 的颗粒备用。

（2）称取试样 200 g，精确至 0.1 g，记为 m_0，将试样倒入盛有（500±5）mL 蒸馏水的烧杯中，用叶轮搅拌机以（600±60）r/min 转速搅拌 5 min，使其成悬浮液，然后持续以（400±40）r/min 转速搅拌，直至试验结束。

（3）悬浮液中加入 5 mL 亚甲蓝溶液，以（400±40）r/min 转速搅拌至少 1 min 后，用玻璃棒蘸取一滴悬浮液。所取悬浮液滴应使沉淀物直径在 8～12 mm 内，滴于滤纸上，同时滤纸应置于空烧杯或其他支撑物上，以使滤纸表面不与任何固体或液体接触。若沉淀物周围未出现色晕，再加入 5 mL 亚甲蓝溶液，继续搅拌 1 min，再用玻璃棒蘸取一滴悬浮液，滴于滤纸上。若沉淀物周围仍未出现色晕，重复上述步骤，直至沉淀物周围出现约 1 mm 的稳定浅蓝色色晕。此时，应继续搅拌，不加亚甲蓝溶液，每 1 min 进行一次沾染试验。若色晕在 4 min 内消失，再加入 5 mL 亚甲蓝溶液；若色晕在第 5 min 消失，再加入 2 mL 亚甲蓝溶液。2 种情况下，均应继续进行搅拌和沾染试验，直至色晕可持续 5 min。

（4）记录色晕持续 5 min 时所加入的亚甲蓝溶液总体积（V），精确至 1 mL。

4. 结果计算

亚甲蓝值应按式（1-8）计算，并精确至 0.1。

$$MB = \frac{V}{m_0} \times 10 \qquad\qquad (1-8)$$

式中：MB——亚甲蓝值，g/kg；

　　　V——所加入的亚甲蓝溶液的总量，mL；

　　　m_0——试样质量，g；

　　　10——每千克试样消耗的亚甲蓝溶液体积换算成亚甲蓝质量。

任务 1.7　粗集料筛分试验

任务书

细集料相关试验已经顺利完成，领导对小黄和小袁的工作比较满意，认为他们工作认真负责，已经具备检测员的基本素养，决定再安排他们负责检测粗集料的技术指标。他们第一个要测定的就是粗集料的颗粒级配，与细集料的筛分试验有何不同呢？跟着他们一起来开展试验吧。

课前学习测验

1. 进行粗集料筛分试验时，每号筛的筛余量与筛底的筛余量之和同原试样质量之差超过（　　）时，应重新试验。

  A. 1%   B. 5%   C. 2%   D. 0.1%

2. 进行粗集料筛分试验时，从摇筛机上取下套筛后，再按筛孔大小顺序再逐个用手筛，筛至每分钟通过量小于试样总量的（　　）为止。

  A. 1%   B. 5%   C. 2%   D. 0.1%

3. 累计筛余百分率是该号筛及以上各筛的分计筛余百分率之和，精确至0.1%。（　　）

4. 进行粗集料筛分试验时，将试样倒入按孔径大小从下到上组合的套筛（附筛底）上，然后进行筛分。（　　）

5. 手筛时，当筛余颗粒的粒径大于19.0 mm时，允许用手指拨动颗粒。（　　）

课中任务准备

1. 阅读任务书，熟悉将要学习的主要内容。
2. 收集并查阅《建设用卵石、碎石》（GB/T 14685—2022）7.3部分。
3. 制备好试验所需试样。
4. 准备并检查好所需的仪器设备。
5. 调节好试验环境温度。

课中任务实施

请按照要求完成粗集料筛分试验，并将试验数据等相关信息填入"粗集料筛分试验检测记录表（干筛法）"中，再根据该检测记录表中的相关数据和信息，编制试验检测报告。

粗集料筛分试验

课后拓展思考

1. 粗集料的颗粒级配对混凝土性能有何影响？
2. 良好的颗粒级配具备什么特点？

课后自我反思

_____

_____

_____

粗集料筛分试验检测记录表（干筛法）

检测单位名称：　　　　　　　　　　　　　　　　　　　　　记录编号：

工程名称								
工程部位/用途								
样品信息								
试验检测日期						试验条件		
检测依据						判定依据		
主要设备名称及编号								
取样地点						集料产地		

筛孔尺寸/mm	第 1 组干燥试样总量/g						第 2 组干燥试样总量/g	
	筛上筛余物质量/g		分计筛余/%		累计筛余/%		平均/%	
	1	2	1	2	1	2		
37.5								
31.5								
26.5								
19.0								
16.0								
9.5								
4.75								
2.36								
筛底								
筛后总量/g								
损耗/g								
损耗率/%								

附加声明：

检测：　　　　　记录：　　　　　复核：　　　　　日期：　　年　　月　　日

📖 **任务学习评价**

待以上学习任务全部完成后，由学生自己、学生之间、学校教师、企业导师根据学生课前、课中、课后学习完成情况对每个学生进行综合评价，并将结果填入表 A–2 中。

📖 **相关知识**

1. 适用范围

本试验方法引用标准《建设用卵石、碎石》（GB/T 14675—2022），适用于测定除水工建筑物外的建设工程水泥混凝土及其制品用卵石、碎石的颗粒级配，试验室的温度应保持在（20±5）℃。

2. 仪器设备

（1）烘箱：温度控制在（105±5）℃。

（2）天平：分度值不大于最少试样质量的 0.1%。

（3）试验筛：孔径为 2.36 mm、4.75 mm、9.50 mm、16.0 mm、19.0 mm、26.5 mm、31.5 mm、37.5 mm、53.0 mm、63.0 mm、75.0 mm 及 90.0 mm 的方孔筛，并附有筛底和筛盖，筛框内径为 300 mm。试验用筛应满足《试验筛 技术要求和检验 第 1 部分：金属丝编织网试验筛》（GB/T 6003.1—2022）和《试验筛 技术要求和检验 第 2 部分：金属孔板试验筛》（GB/T 6003.2—2024）中方孔筛的规定，筛孔大于 4.00 mm 的试验筛采用穿孔板试验筛。

（4）摇筛机。

（5）浅盘。

3. 试验步骤

（1）试样准备：按表 1-9 规定取样，并将试样缩分至不小于表 1-11 规定的质量，烘干或风干后备用。

表 1-11　颗粒级配试验所需最少试样质量

最大粒径/mm	9.5	16.0	19.0	26.5	31.5	37.5	63.0	≥75.0
最少试样质量/kg	1.9	3.2	3.8	5.0	6.3	7.5	12.6	16.0

（2）筛分：按表 1-11 的规定称取试样。将试样倒入按孔径大小从上到下组合的套筛（附筛底）上，然后进行筛分。将套筛置于摇筛机上，摇筛 10 min，取下套筛。

（3）手筛：按筛孔大小顺序再逐个用手筛，筛至每分钟通过量小于试样总量的 0.1% 为止。通过的颗粒并入下一号筛中，并和下一号筛中的试样一起过筛，这样顺序进行，直至各号筛全部筛完为止。当筛余颗粒的粒径大于 19.0 mm 时，在筛分过程中，允许用手指拨动颗粒。

（4）称筛余量：称出各号筛的筛余量。

4. 结果处理

（1）计算分计筛余百分率：各号筛的筛余量与试样总质量之比，应精确至 0.1%。

（2）计算累计筛余百分率：该号筛及以上各筛的分计筛余百分率之和，应精确至 1%。筛分后，如每号筛的筛余量及筛底的筛余量之和与筛分前试样质量之差超过 1%，则应重新试验。

根据各号筛的累计筛余百分率评定该试样的颗粒级配。

任务 1.8　粗集料含泥量和泥块含量试验

📖 任务书

粗集料与细集料的含泥量和泥块含量试验有哪些不同呢？小黄和小袁查阅了规范，对比发现，两个试验项目都是先浸泡和淘洗试样，将泥和泥块洗净后再进行称重，但具体操作中还有一些细节不一致，让我们一起操练起来吧。

📖 课前学习测验

1. 进行粗集料含泥量试验时，将试样放入淘洗容器中，充分搅拌均匀后，需浸泡（　　）h。

    A. 2　　　　　　　　B. 24　　　　　　　　C. 12　　　　　　　　D. 6

2. 卵石、碎石中的含泥量是指粒径（　　）的颗粒含量。

  A. ＜75 μm   B. ≤75 μm   C. ＜1.18 mm   D. ＜0.6 mm

  3.《建设用卵石、碎石》(GB/T 14685—2022)中规定Ⅰ类卵石、碎石中泥块含量应( )。

    A. ≤0.1%   B. ≤0.2%   C. ≤0.5%   D. 0

  4. 粗集料泥块含量试验中,将试样倒入淘洗容器中充分搅拌均匀后,需浸泡( )h。

    A. 2   B. 24   C. 12   D. 6

  5. 粗集料泥块含量试验,淘洗时用手在水中捻碎泥块,再把试样放在_____mm 筛上,用水淘洗,直至容器内的水_____为止。

📖 课中任务准备

  1. 阅读任务书,熟悉将要学习的主要内容。

  2. 收集并查阅《建设用卵石、碎石》(GB/T 14685—2022)7.4 和 7.5 部分。

  3. 制备好试验所需试样。

  4. 准备并检查好所需的仪器设备。

  5. 调节好试验环境温度。

课中任务实施

  请按照要求完成粗集料含泥量和泥块含量试验,并将试验数据等相关信息填入"粗集料含泥量和泥块含量试验检测记录表"中,再根据相关数据和信息,编制试验检测报告。

粗集料含泥量试验 粗集料泥块含量试验

粗集料含泥量和泥块含量试验检测记录表

检测单位名称: 记录编号:

工程名称				
工程部位/用途				
样品信息				
试验检测日期		试验条件		
检测依据		判定依据		
主要设备名称及编号				
取样地点		集料产地		
含泥量	试验前烘干试样质量/g	试验后烘干试样质量/g	含泥量/%	平均/%
泥块含量	4.75 mm 筛筛余量/g	试验后烘干试样质量/g	泥块含量/%	平均/%

附加声明:

检测: 记录: 复核: 日期: 年 月 日

📖 课后拓展思考

1. 为什么要控制集料中的含泥量和泥块含量？
2. 粗集料含泥量试验中为保证结果准确，有哪些事项需要注意？

⬡ 课后自我反思

_____

_____

_____

📖 任务学习评价

待以上学习任务全部完成后，由学生自己、学生之间、学校教师、企业导师根据学生课前、课中、课后学习完成情况对每个学生进行综合评价，并将结果填入表 A-2 中。

📖 相关知识

1. 适用范围

本试验方法引用标准《建设用卵石、碎石》（GB/T 14685—2022），适用于测定除水工建筑物外的建设工程水泥混凝土及其制品用卵石、碎石的含泥量（泥粉含量）和泥块含量，试验室的温度应保持在（20±5）℃。

2. 卵石含泥量、碎石泥粉含量试验

1）仪器设备

（1）烘箱：温度控制在（105±5）℃。

（2）天平：分度值不大于最少试样质量的 0.1%。

（3）试验筛：孔径为 75 μm 及 1.18 mm 的方孔筛。

（4）容器：淘洗试样时，可保证试样不溅出。

（5）浅盘：瓷质或金属质。

2）试验步骤

（1）试样制备：按表 1-9 规定取样后，将试样缩分至不小于表 1-12 规定的 2 倍质量，放在烘箱中于（105±5）℃下烘干至恒重，待冷却至室温后，平均分为 2 份备用。

表 1-12　卵石含泥量、碎石泥粉含量试验所需最少试样质量

最大粒径/mm	9.5	16.0	19.0	26.5	31.5	37.5	≥63.0
最少试样质量/kg	2.0	2.0	6.0	6.0	10.0	10.0	20.0

（2）浸泡试样：称取一份烘干试样（m_{a1}）。将试样放入淘洗容器中，注入清水，水面高于试样上表面 150 mm，充分搅拌均匀后，浸泡 2 h±10 min。

（3）淘洗试样：浸泡 2 h±10 min 后，用手在水中淘洗试样，使尘屑、淤泥和黏土与石子

颗粒分离。将试验筛的两面先用水润湿，然后把浑水缓缓倒入 1.18 mm 及 75 μm 的套筛上（1.18 mm 筛放在 75 μm 筛上面），滤去粒径小于 75 μm 的颗粒。再向容器中注入清水，重复上述操作，直至容器内的水目测清澈为止。注意，在整个试验过程中应防止粒径大于 75 μm 颗粒流失。

（4）烘干称重：用水淋洗剩余在筛上的细粒，并将 75 μm 筛放在水中，同时使水面略高出筛中石子颗粒的上表面来回摇动，以充分洗掉粒径小于 75 μm 的颗粒。然后将两只筛上筛余的颗粒和清洗容器中已经洗净的试样一并倒入浅盘中，置于烘箱中于（105±5）℃下烘干至恒重，待冷却至室温后，称出其质量（m_{a2}）。

3）结果处理

卵石含泥量、碎石泥粉含量应按式（1-9）计算，并精确至 0.1%。

$$Q_a = \frac{m_{a1} - m_{a2}}{m_{a1}} \times 100\%　　　　　　　　　(1-9)$$

式中：Q_a——卵石含泥量或碎石泥粉含量；

m_{a1}——试验前烘干试样的质量，g；

m_{a2}——试验后烘干试样的质量，g。

卵石含泥量、碎石泥粉含量应取 2 次试验结果的算术平均值，并精确至 0.1%；2 次结果的差值超过 0.2% 时，应重新取样进行试验。

3. 卵石、碎石泥块含量试验

1）仪器设备

（1）烘箱：温度控制在（105±5）℃。

（2）天平：分度值不大于最少试样质量的 0.1%。

（3）试验筛：孔径为 2.36 mm 及 4.75 mm 的方孔筛。

（4）容器：淘洗试样时，可保证试样不溅出。

（5）浅盘：瓷质或金属质。

2）试验步骤

5～10 mm 单粒级应按照任务 1.4 的方法进行，其他粒级按以下步骤进行。

（1）试验准备：按表 1-9 规定取样后，将试样缩分至不小于表 1-12 规定的 2 倍质量，放在烘箱中于（105±5）℃下烘干至恒重，待冷却至室温后，筛除小于 4.75 mm 的颗粒，平均分为 2 份备用。

（2）浸泡淘洗：称取一份试样（m_{b1}），将试样倒入淘洗容器中，注入清水，使水面高于试样上表面，充分搅拌均匀后，浸泡（24±0.5）h，然后在水中用手将泥块捻碎，再把试样放在 2.36 mm 筛上，用水淘洗，直至容器内的水目测清澈为止。

（3）保留下来的试样从筛中全部取出，装入浅盘后，放在烘箱中于（105±5）℃下烘干至恒重，待冷却至室温后，称出其质量（m_{b2}）。

3）结果处理

泥块含量按式（1-10）计算，精确至 0.01%。

$$Q_b = \frac{m_{b1} - m_{b2}}{m_{b1}} \times 100\%　　　　　　　　　(1-10)$$

式中：Q_b——泥块含量；

m_{b1}——淘洗前烘干试样的质量（4.75 mm 筛筛余），g；

m_{b2}——淘洗后烘干试样的质量，g。

泥块含量取 2 次试验结果的算术平均值，精确至 0.1%。

任务 1.9　粗集料针、片状颗粒含量试验

📖 任务书

粗集料检测试验进展顺利，小黄和小袁二人紧接着又开始准备针、片状颗粒含量试验，他们现在需要掌握针、片状颗粒的定义，学习试验操作流程。

📖 课前学习测验

1. 卵石、碎石颗粒的最大一维尺寸大于该颗粒所属粒级的平均粒径（　　　）倍者为针状颗粒。

  A. 2　　　　　　　B. 2.4　　　　　　　C. 3　　　　　　　D. 5

2. 卵石、碎石颗粒的最小一维尺寸小于该颗粒所属粒级的平均粒径（　　　）倍者为片状颗粒。

  A. 2　　　　　　　B. 0.4　　　　　　　C. 0.2　　　　　　　D. 1

3. 《建设用卵石、碎石》（GB/T 14685—2022）中规定Ⅰ类卵石、碎石中针、片状颗粒含量（　　　）。

  A. ≤5%　　　　　　B. <5%　　　　　　C. ≤1%　　　　　　D. 0

4. 石子粒径大于 37.5 mm 的碎石或卵石可用游标卡尺检验针、片状颗粒。　　　　（　　　）

5. 石子粒径在 4.75～9.5 mm 时，片状规准仪对应孔宽是____mm，针状规准仪对应间距是____mm。

📖 课中任务准备

1. 阅读任务书，熟悉将要学习的主要内容。
2. 收集并查阅《建设用卵石、碎石》（GB/T 14685—2022）7.6 部分。
3. 制备好试验所需试样。
4. 准备并检查好所需的仪器设备。
5. 调节好试验环境温度。

课中任务实施 ▌▌▌▌

请按照要求完成粗集料针、片状颗粒含量试验，并将试验数据等相关信息填入"粗集料针、片状颗粒含量试验检测记录表"中，再根据相关数据和信息，编制试验检测报告。

粗集料针、片状
颗粒含量试验

粗集料针、片状颗粒含量试验检测记录表

检测单位名称：　　　　　　　　　　　　　　　　　　　　记录编号：

工程名称				
工程部位/用途				
样品信息				
试验检测日期		试验条件		
检测依据		判定依据		
主要设备名称及编号				
取样地点		集料产地		

序号	试样总质量/g	针、片颗粒质量/g	针、片状颗粒含量/%	平均/%

附加声明：

检测：　　　　记录：　　　　复核：　　　　　　日期：　　年　　月　　日

课后拓展思考

1. 为什么要控制针、片状颗粒含量？
2. 简述不规则颗粒含量的检测方法。

课后自我反思

任务学习评价

待以上学习任务全部完成后，由学生自己、学生之间、学校教师、企业导师根据学生课前、课中、课后学习完成情况对每个学生进行综合评价，并将结果填入表 A-2 中。

相关知识

1. 适用范围

本试验方法引用标准为《建设用卵石、碎石》（GB/T 14685—2022），适用于测定除水工建筑物外的建设工程水泥混凝土及其制品用卵石、碎石的针、片状颗粒含量，试验室的温度应保持在（20±5）℃。

2. 仪器设备

（1）针状规准仪与片状规准仪：示意图分别如图 1-2 和图 1-3 所示。

单位：mm

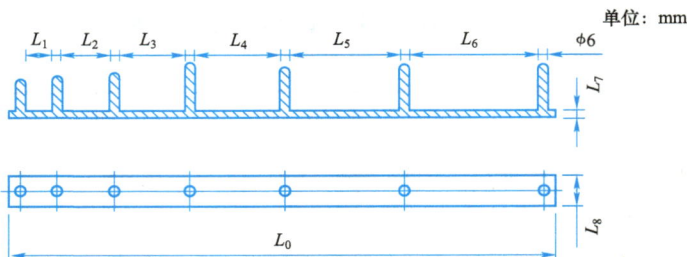

L_0	L_1	L_2	L_3	L_4	L_5	L_6	L_7	L_8
348.7	17.1	30.6	42.0	54.6	69.6	82.8	5.0	20.0

图 1-2　针状规准仪示意图

单位：mm

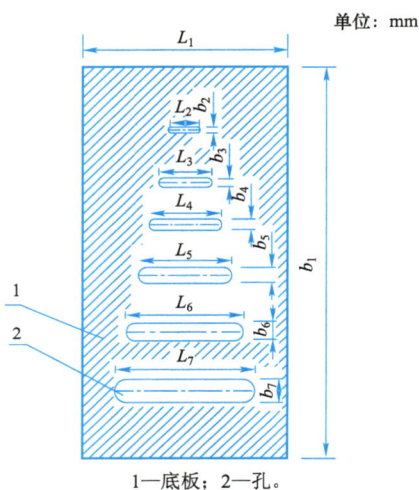

1—底板；2—孔。

L_1	b_1	L_2	b_2	L_3	b_3	L_4	b_4	L_5	b_5	L_6	b_6	L_7	b_7
120	240	17.1	2.8	30.6	5.1	42.0	7.0	54.6	9.1	69.6	11.6	82.8	13.8

图 1-3　片状规准仪示意图

（2）天平：分度值不大于最少试样质量的 0.1%。

（3）试验筛：孔径为 4.75 mm、9.50 mm、16.0 mm、19.0 mm、26.5 mm、31.5 mm、37.5 mm、53.0 mm、63.0 mm、75.0 mm 及 90.0 mm 的方孔筛。

（4）游标卡尺。

3. 试验步骤

（1）试样制备：按表 1-9 规定取样，并将试样缩分不小于表 1-13 规定的质量，烘干或风干后备用。

表 1-13　针、片状颗粒含量试验所需最少试样质量

最大粒径/mm	9.5	16.0	19.0	26.5	31.5	≥37.5
最少试样质量/kg	0.3	1.0	2.0	3.0	5.0	10.0

（2）筛分：按表 1-13 的规定称取试样（m_{c1}），然后按任务 1.7 方法进行筛分，将试样分成不同粒级。

（3）逐粒检验：对表 1-14 规定的粒级分别用规准仪逐粒检验，最大一维尺寸大于针状规准仪上相应间距者，为针状颗粒；最小一维尺寸小于片状规准仪上相应孔宽者，为片状颗粒。

表 1-14　针、片状颗粒含量试验的粒级划分及其相应的规准仪孔宽或间距　　单位：mm

石子粒级	4.75～9.50	9.50～16.0	16.0～19.0	19.0～26.5	26.5～31.5	31.5～37.5
片状规准仪相对应孔宽	2.8	5.1	7.0	9.1	11.6	13.8
针状规准仪相对应间距	17.1	30.6	42.0	54.6	69.6	82.8

对粒径大于 37.5 mm 的石子可用游标卡尺逐粒检验，游标卡尺卡口的设定宽度应符合表 1-15 的规定，最大一维尺寸大于针状卡口相应宽度者，为针状颗粒；最小一维尺寸小于片状卡口相应宽度者，为片状颗粒。

表 1-15　大于 37.5 mm 颗粒的针、片状颗粒含量试验的粒级划分及其相应的游标卡尺卡口设定宽度　　单位：mm

石子粒级	37.5～53.0	53.0～63.0	63.0～75.0	75.0～90.0
检验片状颗粒的游标卡尺卡口设定宽度	18.1	23.2	27.6	33.0
检验针状颗粒的游标卡尺卡口设定宽度	108.6	139.2	165.6	198.0

（4）称重：称出检出的针、片状颗粒总质量（m_{c2}）。

4. 结果处理

针、片状颗粒含量应按式（1-11）计算，并精确至 1%。

$$Q_c = \frac{m_{c2}}{m_{c1}} \times 100\% \qquad (1-11)$$

式中：Q_c——针、片状颗粒含量；

　　　m_{c2}——试样中所含针、片状颗粒的总质量，g；

　　　m_{c1}——试样质量，g。

任务 1.10　粗集料压碎值试验

📖 任务书

小黄和小袁取了上一个任务的试样，准备开展粗集料压碎值试验，在开始试验前，他们需要掌握试样的制备要求、压力机的使用方法，并熟悉所有试验步骤。

📖 课前学习测验

1. 根据《建设用卵石、碎石》（GB/T 14685—2022）规定，Ⅰ类卵石压碎指标应小于等于（　　）。

    A. 10%　　　　　B. 15%　　　　　C. 20%　　　　　D. 5%

  2. 根据《建设用卵石、碎石》（GB/T 14685—2022）规定，Ⅰ类碎石压碎指标应小于等于（　　）。

    A. 14%　　　　　B. 15%　　　　　C. 12%　　　　　D. 16%

  3. 进行压碎值试验时，试样风干后筛除粒径大于_____mm 及小于____mm 的颗粒。

  4. 进行压碎值试验时，应将试样分____层装入圆模内，每装完一层试样后，在底盘下面垫放一直径为 10 mm 的圆钢，将筒按住，左右交替颠击地面各____下。

  5. 压碎指标取_____次试验结果的算术平均值，精确至_____。

📖 课中任务准备

  1. 阅读任务书，熟悉将要学习的主要内容。

  2. 收集并查阅《建设用卵石、碎石》（GB/T 14685—2022）7.12 部分。

  3. 制备好试验所需试样。

  4. 准备并检查好所需的仪器设备。

  5. 调节好试验环境温度。

课中任务实施

  请按照要求完成粗集料压碎值试验，并将试验数据等相关信息填入"粗集料压碎值试验检测记录表"中，再根据该检测记录表中的相关数据和信息，编制试验检测报告。

粗集料压碎值试验

粗集料压碎值试验检测记录表

检测单位名称：　　　　　　　　　　　　　　　　　　　记录编号：

工程名称				
工程部位/用途				
样品信息				
试验检测日期		试验条件		
检测依据		判定依据		
主要设备名称及编号				
集料产地		取样地点		
序号	试验前试样质量/g	试验后通过 2.36 mm 筛孔的细料质量/g	压碎值测值/%	平均压碎值/%
1				
2				

附加声明：

检测：　　　　　记录：　　　　　复核：　　　　　日期：　　年　　月　　日

📖 **课后拓展思考**

1. 简述粗集料的坚固性定义。
2. 阐述粗集料的坚固性可以通过哪些试验来测定。

⬡ **课后自我反思**

_____

_____

_____

📖 **任务学习评价**

待以上学习任务全部完成后，由学生自己、学生之间、学校教师、企业导师根据学生课前、课中、课后学习完成情况对每个学生进行综合评价，并将结果填入表 A–2 中。

📖 **相关知识**

1. 适用范围

本试验方法引用标准《建设用卵石、碎石》（GB/T 14685—2022），适用于测定除水工建筑物外的建设工程水泥混凝土及其制品用卵石、碎石的压碎值，试验室的温度应保持在（20±5）℃。

2. 仪器设备

（1）压力试验机：量程不小于 300 kN，精度不大于 1%。

（2）天平：量程不小于 5 kg，分度值不大于 5 g；量程不小于 1 kg，分度值不大于 1 g。

（3）压碎指标测定仪：示意图如图 1–4 所示。

（4）试验筛：孔径为 2.36 mm、9.50 mm 及 19.0 mm 的方孔筛。

（5）垫棒：ϕ10 mm，长 500 mm 圆钢。

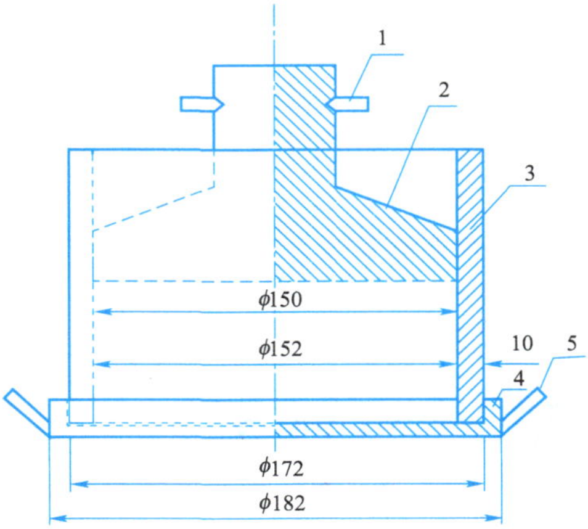

单位：mm

1—把手；2—加压头；3—圆模；4—底盘；5—手把

图 1–4 压碎指标测定仪示意图

3. 试验步骤

（1）试样制备：按表 1–9 规定取样，风干或烘干后筛除大于 19.0 mm 及小于 9.50 mm 的颗粒，平均分为 3 份备用，每份约 3 000 g。

（2）装模：取一份试样，将试样分 2 层装入圆模（置于底盘上）内。每装完一层试样后，在底盘下面放置垫棒。将筒按住，左右交替颠击地面各 25 下，2 层颠实后，整平模内试样表面，盖上压头。当圆模装不下 3 000 g 试样时，以装至距圆模上口 10 mm 为准。

（3）加压：把装有试样的圆模置于压力试验机上，开动压力试验机，按 1 kN/s 速度均匀加荷至 200 kN 并稳荷 5 s，然后卸荷。取下加压头，倒出试样，并称其质量（m_{g1}）；用孔径

2.36 mm 的方孔筛筛除被压碎的细粒，称出留在筛上的试样质量（m_{g2}）。

4. 结果处理

压碎值指标应按式（1-12）计算，并精确至 0.1%。

$$Q_g = \frac{m_{g1} - m_{g2}}{m_{g0}} \times 100\% \qquad (1-12)$$

式中：Q_g——压碎值指标；

m_{g1}——试样的质量，g；

m_{g2}——压碎试验后筛余的试样质量，g；

压碎值指标应取 3 次试验结果的算术平均值，并精确至 1%。

任务 1.11　粗集料表观密度试验（液体比重天平法）

任务书

小黄和小袁在准备集料表观密度试验时，了解到检测方法有液体比重天平法和广口瓶法两种，两人商量之后决定采用液体比重天平法，接下来一起开启本次试验吧。

课前学习测验

1. 表观密度取 2 次试验结果的算术平均值，如 2 次试验结果之差大于（　　）kg/m³，则应重新试验。

A. 10　　　　　　B. 15　　　　　　C. 20　　　　　　D. 5

2. 采用液体比重天平法检测粗集料表观密度时，从试样加水静止的 2 h 起至试验结束，其温度变化不应超过（　　）℃。

A. 2　　　　　　B. 1　　　　　　C. 1　　　　　　D. 5

3. 对颗粒材质不均匀的试样，如 2 次试验结果之差超过 20 kg/m³，则可取 4 次试验结果的算术平均值。　　　　　　　　（　　）

4. 采用液体比重天平法检测粗集料表观密度时，各项称量可在（　　）℃范围内进行。

课中任务准备

1. 阅读任务书，熟悉将要学习的主要内容。
2. 收集并查阅《建设用卵石、碎石》（GB/T 14685—2022）7.13 部分。
3. 制备好试验所需试样。
4. 准备并检查好所需的仪器设备。
5. 调节好试验环境温度。

课中任务实施

请按照要求完成粗集料表观密度试验，并将相关试验数据等相关信息填入"粗集料表观密度试验检测记录表（液体比重天平法）"中，再根据相关数据和信息，编制试验检测报告。

粗集料表观密度试验（液体比重天平法）

粗集料表观密度试验检测记录表（液体比重天平法）

检测单位名称：　　　　　　　　　　　　　　　　　　　　　记录编号：

工程名称							
工程部位/用途							
样品信息							
试验检测日期				试验条件			
检测依据				判定依据			
主要设备名称及编号							
取样地点				集料产地			
序号	集料的烘干质量/g	集料的水中质量/g	集料的表干质量/g	试验时水的温度/℃	水温修正系数	表观密度/（g/cm³）	平均值/（g/cm³）
1							
2							

附加声明：

检测：　　　　　记录：　　　　　复核：　　　　　日期：　　年　　月　　日

课后拓展思考

1. 试验过程中有哪些注意事项？
2. 简述广口瓶法检测粗集料表观密度的具体步骤。

课后自我反思

_____

_____

_____

任务学习评价

待以上学习任务全部完成后，由学生自己、学生之间、学校教师、企业导师根据学生课前、课中、课后学习完成情况对每个学生进行综合评价，并将结果填入表 A-2 中。

相关知识

1. 适用范围

本试验方法引用标准《建设用卵石、碎石》（GB/T 14685—2022），适用于测定除水工建筑物外的建设工程水泥混凝土及其制品用卵石、碎石的表观密度，试验时各项称量可在 15～25 ℃范围内进行，但从试样加水静止的 2 h 起至试验结束，其温度变化不应超过 2 ℃。

2. 仪器设备

（1）烘箱：温度控制在（105±5）℃。

（2）天平：量程不小于 10 kg，分度值不大于 5 g，其型号及尺寸应能允许在臂上悬挂盛试样的吊篮，并能将吊篮放在水中称量。

（3）吊篮：直径和高度均为 150 mm，由孔径为 1～2 mm 的筛网或钻有 2～3 mm 孔洞的耐锈蚀金属板制成。

（4）试验筛：孔径为 4.75 mm 的方孔筛。

（5）盛水容器：有溢流孔。

（6）温度计、浅盘、毛巾等。

3. 试验步骤

（1）试样制备：按表 1-9 规定取样，并缩分至不小于表 1-16 规定的质量，风干后筛除小于 4.75 mm 的颗粒，然后洗刷干净，平均分为 2 份备用。

表 1-16　表观密度试验所需最少试样质量

最大粒径/mm	<26.5	31.5	37.5	63.0	75.0
最少试样质量/kg	2.0	3.0	4.0	6.0	6.0

（2）浸泡排气：取试样一份装入吊篮，并浸入盛水的容器中，水面至少高出试样 50 mm；浸泡（24±1）h 后，移放到称量用的盛水容器中，并用上下升降吊篮的方法排除气泡，试样不得露出水面；吊篮每升降一次约 1 s，升降高度为 30～50 mm。

（3）称吊篮及试样重：测定水温后，此时吊篮应全浸在水中，称出吊篮及试样在水中的质量（m_{h2}）；称量时盛水容器中水面的高度由容器的溢流孔控制。

（4）烘干试样称重：提起吊篮，将试样倒入浅盘，放在烘箱中于（105±5）℃下烘干至恒重，待冷却至室温后，称出其质量（m_{h1}）。

（5）称吊篮重：称出吊篮在同样温度的水中的质量（m_{h3}）；称量时盛水容器的水面高度仍由溢流孔控制。

4. 结果处理

表观密度应按式（1-13）计算，并精确至 10 kg/m³。

$$\rho_0 = \left(\frac{m_{h1}}{m_{h1} + m_{h3} - m_{h2}} - a_t \right) \times \rho_水 \qquad (1-13)$$

式中：ρ_0——表观密度，kg/m³；

　　　　m_{h1}——烘干后试样的质量，g；

　　　　m_{h3}——吊篮在水中的质量，g；

　　　　m_{h2}——吊篮及试样在水中的质量，g；

　　　　a_t——水温对表观密度影响的修正系数，见表 1-17；

　　　　$\rho_水$——1 000 kg/m³。

表 1-17 　不同水温对卵石、碎石的表观密度影响的修正系数

水温/℃	15	16	17	18	19	20	21	22	23	24	25
a_t	0.002	0.003	0.003	0.004	0.004	0.005	0.005	0.006	0.006	0.007	0.008

表观密度应取 2 次试验结果的算术平均值，如 2 次试验结果之差大于 20 kg/m³，则应重新试验。对颗粒材质不均匀的试样，如 2 次试验结果之差超过 20 kg/m³，则可取 4 次试验结果的算术平均值。

任务 1.12 　粗集料堆积密度与空隙率试验

任务书

这是集料性能检测的最后一项任务了，小黄和小袁已经积累了一定的实践经验，这次的试验又该如何开展呢？二人打算撸起袖子一鼓作气完成试验。

课前学习测验

1.《建设用卵石、碎石》（GB/T 14685—2022）规定Ⅰ类卵石、碎石的空隙率应小于等于（　　）。

　　A. 42　　　　　　　B. 43　　　　　　　C. 45　　　　　　　D. 47

2. 测定紧密堆积密度，试样一份分_____次装入容量筒。装完第一层后，在筒底垫放一根直径为___的圆钢，将筒按住，左右交替颠击地面各_____次。

3. 堆积密度应取_____次试验结果的算术平均值并精确至_____kg/m³。

课中任务准备

1. 阅读任务书，熟悉将要学习的主要内容。
2. 收集并查阅《建设用卵石、碎石》（GB/T 14685—2022）7.14 部分。
3. 制备好试验所需试样。
4. 准备并检查好所需的仪器设备。
5. 调节好试验环境温度。

课中任务实施

请按照要求完成粗集料积密度与空隙率试验，并将试验数据等相关信息填入"粗集料堆积密度与空隙率试验检测记录表"中，再根据该检测记录表中的相关数据和信息，编制试验检测报告。

粗集料堆积密度
与空隙率试验

粗集料堆积密度与空隙率试验检测记录表

检测单位名称：　　　　　　　　　　　　　　　　　　记录编号：

工程名称					
工程部位/用途					
样品信息					
试验检测日期			试验条件		
检测依据			判定依据		
主要设备名称及编号					
取样地点			集料产地		
序号	筒与试样的总质量/kg	筒质量/kg	筒容积/L	松散堆积密度/（kg/m³）	平均值/（kg/m³）
1					
2					
空隙率/%					

附加声明：

检测：　　　　记录：　　　　复核：　　　　日期：　年　月　日

📖 课后拓展思考

1. 孔隙率与空隙率定义有何区别？
2. 思考哪一类材料需要考虑堆积密度？

⬡ 课后自我反思

_____

_____

_____

📖 任务学习评价

待以上学习任务全部完成后，由学生自己、学生之间、学校教师、企业导师根据学生课前、课中、课后学习完成情况对每个学生进行综合评价，并将结果填入表 A–2 中。

📖 相关知识

1. 适用范围

本试验方法引用标准《建设用卵石、碎石》（GB/T 14685—2022），适用于测定除水工建筑物外的建设工程水泥混凝土及其制品用卵石、碎石的堆积密度与空隙率，试验室的温度应保持在（20±5）℃。

2. 仪器设备

（1）天平：分度值不大于试样质量的 0.1%。

（2）容量筒：金属质，规格见表 1-18。

（3）垫棒：ϕ16 mm、长 600 mm 的圆钢。

（4）直尺、小铲等。

表 1-18　容量筒的规格要求

最大粒径/mm	容量筒容积/L	容量筒规格		
		内径/mm	净高/mm	壁厚/mm
9.5,16.0,19.0,26.5	10	208	294	2
31.5,37.5	20	294	294	3
53.0,63.0,75.0	30	360	294	4

3. 试验步骤

（1）试样制备：按表 1-9 规定取样，烘干或风干后，拌匀并把试样平均分为 2 份备用。

（2）测定松散堆积密度：取试样一份，用小铲将试样从容量筒口中心上方 50 mm 处缓慢倒入，让试样以自由落体落下；当容量筒上部试样呈堆体，且容量筒四周溢满时，即停止加料；除去凸出筒口表面的颗粒，并以合适的颗粒填入凹陷部分，使表面稍凸起部分和凹陷部分的体积相等，试验过程应防止触动容量筒，称出试样和容量筒总质量（m_{i1}）。

（3）测定紧密堆积密度：取试样一份，分 3 次装入容量筒。装完第一层后，在筒底垫放一根直径为 16 mm 的圆钢；将筒按住，左右交替颠击地面各 25 次，再装入第二层；第二层装满后用同样方法颠实（但筒底所垫钢筋的方向与第一层时的方向垂直），然后装入第三层；第三层装满后用同样方法颠实，操作时筒底所垫钢筋的方向与第一层时的方向平行；试样装填完毕，再加试样直至超过筒口，用钢尺沿筒口边缘刮去高出的试样，并用适合的颗粒填平凹陷部分，使表面稍凸起部分与凹陷部分的体积相等；称取试样和容量筒的总质量（m_{i2}）。

4. 结果处理

松散堆积密度、紧密堆积密度应分别按式（1-14）和式（1-15）计算，并精确至 10 kg/m³。

$$\rho_L = \frac{m_{i1} - m_{i2}}{V_i} \qquad (1-14)$$

$$\rho_c = \frac{m_{i2} - m_{i0}}{V_i} \qquad (1-15)$$

式中：ρ_L——松散堆积密度，kg/m³；

　　　m_{i1}——松散堆积时容量筒和试样的总质量，g；

　　　m_{i0}——容量筒的质量，g；

　　　V_i——容量筒的容积，L；

　　　ρ_c——紧密堆积密度，kg/m³；

　　　m_{i2}——紧密堆积时容量筒和试样的总质量，g。

松散堆积空隙率、紧密堆积空隙率应分别按式（1-16）和式（1-17）计算，并精确至 1%。

$$P_L = \left(1 - \frac{\rho_L}{\rho_0}\right) \times 100\% \qquad (1\text{-}16)$$

$$P_c = \left(1 - \frac{\rho_c}{\rho_0}\right) \times 100\% \qquad (1\text{-}17)$$

式中：P_L——松散堆积空隙率；

ρ_0——表观密度，kg/m^3；

P_c——紧密堆积空隙率。

堆积密度应取 2 次试验结果的算术平均值，并精确至 $10\ kg/m^3$。空隙率应取 2 次试验结果的算术平均值，精确至 1%。

项目 2　水泥性能检验

◆ 项目概述

　　某住宅楼项目位于我国中部地区城市，总建筑面积为 800 m²，地上六层，总建筑高度为 22.8 m，采用框架结构，结构安全等级为二级，设计使用年限为 50 年，耐火等级要求二级，各类构件的截面尺寸及钢筋混凝土构件的钢筋保护层厚度应符合耐火等级要求。

　　项目所处的环境类别为一类环境及二 a 类环境，处于一类环境时要求水灰比≤0.65，水泥用量＞225 kg/m³，氢离子含量≤1.0%；处于二 a 类环境时要求水灰比≤0.60，水泥用量＞250 kg/m³，氯离子含量≤0.3%，碱含量≤3.0 kg/m³。

◆ 项目学习导图

	任务2.1　水泥认知	锤炼品格
	任务2.2　水泥细度试验（负压筛析法）	技术自信
	任务2.3　水泥比表面积测定试验（勃氏法）	奉献意识
项目2　水泥性能检验	任务2.4　水泥标准稠度用水量、凝结时间、安定性试验	爱国精神
	任务2.5　水泥胶砂强度试验（ISO法）	文化自信
	任务2.6　水泥胶砂流动度试验	坚守初心

📖 项目学习目标

　　能描述水泥的矿物组成及生产过程；能阐述水泥的主要质量指标及意义；能规范进行试样制备；能按规程完成水泥性能检验相关试验；能规范填写原始记录表并编制检测报告；弘扬爱国精神，树立以技术技能报国之志。

📖 项目学习评价

　　本项目学习评价总分为 100 分，学习完之后，请按照表 2-1 对本项目学习情况进行总评。

表2-1　项目学习评价表

项目2　水泥性能检验				
任务序号	学习任务名称	学习任务评价总得分	权重（%）	项目学习评价总分
任务2.1	水泥认知		20	
任务2.2	水泥细度试验（负压筛析法）		10	
任务2.3	水泥比表面积测定试验（勃氏法）		20	
任务2.4	水泥标准稠度用水量、凝结时间、安定性试验		20	
任务2.5	水泥胶砂强度试验（ISO法）		20	
任务2.6	水泥胶砂流动度试验		10	

📖 思政贴士

　　茅以升是中国土木工程学家、桥梁专家，先后在美国获得了硕士学位和博士学位，学成回国后，他说："回顾我的读书生活，这14年的努力，好比造桥，为我一生的事业建造了坚实的桥墩。"1937年，由他主持建造的钱塘江大桥通车，这是中国第一座自行设计和建造的双层铁路公路两用桥。可通车不久，茅以升便接到命令：炸掉大桥，不让日军占用！茅以升心如刀割般地执行了命令。抗战胜利后，他带着精心保护的14箱资料回到杭州，克服重重困难将钱塘江大桥修复完成。1957年，在茅以升的努力下，我国第一座跨越长江的大桥——武汉长江大桥建成，它衔接起了京汉铁路和粤汉铁路，成为我国贯穿南北的交通大动脉。茅以升一生学桥、造桥、写桥，在中外报刊发表文章200余篇。主持编写了《中国古桥技术史》《中国桥梁——古代至今代》《钱塘江桥》等，为我国桥梁工程事业作出了杰出贡献。确立一个奋斗目标，择一业而终，茅以升用一生坚守了他的理想信念。

任务2.1　水泥认知

📖 任务书

　　小黄和小袁高质量完成了集料的性能检测任务，领导对二人的工作比较满意，他们顺利通过了公司的考核成为了正式职工。很快他们又接到了新的工作任务——对项目上采购的一批水泥进行质量验收，他们开始这项工作之前做足了准备工作，一起跟着他们来学习水泥的基本知识吧。

📖 课前学习测验

　　1.《通用硅酸盐水泥》（GB 175—2023）规定，硅酸盐水泥初凝时间不应小于____min，终凝时间不应大于____min。

　　2.《水泥胶砂强度检验方法（ISO法）》（GB 17671—2021）规定，标准试件的水泥、标准砂及水按_____比例配制。

3. 水泥净浆达到标准稠度时所需的拌和水量称为_____。

4. 细度是指水泥颗粒的粗细程度，细度越大，凝结硬化速度越慢，早期强度越高。(　　)

5. 水泥的安定性是指水泥在凝结硬化过程中体积保持不变的特性。　　　　　　(　　)

课中任务准备

1. 阅读任务书，熟悉将要学习的主要内容。

2. 收集并查阅《通用硅酸盐水泥》(GB 175—2023)、《水泥包装袋》(GB/T 9774—2020)、《水泥取样方法》(GB/T 12573—2008) 等规范标准。

课中任务实施

引导实施 1：阐述硅酸盐水泥熟料的矿物组成。

引导实施 2：阐述硅酸盐水泥熟料各矿物成分的特性。

引导实施 3：简述硅酸盐水泥的生产流程。

引导实施 4：通用硅酸盐水泥有哪些？各自具备什么特点？

引导实施 5：通用硅酸盐水泥有哪些主要技术指标？

引导实施 6：水泥细度有哪些表示方法？

引导实施 7：从施工角度而言，测定水泥的凝结时间有何意义？

引导实施 8：水泥出厂前有哪些检验项目？

引导实施 9：水泥包装应标明哪些基本信息？

引导实施 10：当买卖双方对水泥质量存在争议时，应如何处理？

课后拓展思考

1. 引起水泥安定性不良的因素有哪些？如何处理安定性不良的水泥？

2. 厚大体积的混凝土应该优先选用什么水泥？请说明原因。

3. 硅酸盐水泥熟料矿物相对含量的变化对水泥性能有什么影响？举例说明。

课后自我反思

_____

_____

_____

任务学习评价

待以上学习任务全部完成后，由学生自己、学生之间、学校教师、企业导师根据学生课前、课中、课后学习完成情况对每个学生进行综合评价，并将结果填入表 A-1 中。

相关知识

1. 水泥的分类

水泥是一种水硬性胶凝材料，在常温下经物理化学作用，可由可塑性浆体逐渐凝结硬化成坚硬的石状体。水泥不仅能在空气中凝结硬化，还能在水中凝结硬化并保持和发展强度。水泥是重要的建筑材料之一，广泛应用于工业、农业、国防、水利、交通、城市建设等的基础建设。

水泥是以石灰石、黏土、铁矿粉为原材料，按一定比例混合磨细制成生料，再经高温煅烧制成熟料，最后再加入一定比例的石膏或其他混合材料制成的。水泥的凝结和硬化是一个复杂的物理–化学过程，其原因在于水泥熟料的矿物遇水后会发生水解或水化反应而变成水化物，而这些水化物会按照一定的方式互相联结形成具备一定强度的水泥石。硅酸盐水泥熟料的矿物组成及特性见表 2-2。

表 2-2 水泥熟料的矿物组成及特性

矿物名称		硅酸三钙	硅酸二钙	铝酸三钙	铁铝酸四钙
化学式		$3CaO \cdot SiO_2$（C_3S）	$2CaO \cdot SiO_2$（C_2S）	$3CaO \cdot Al_2O_3$（C_3A）	$4CaO \cdot Al_2O_3 \cdot Fe_2O_3$（$C_4AF$）
含量/%		36～60	15～37	7～15	10～18
特性	与水反应速度	快	慢	最快	中
	水化放热量	高	低	最高	中
	对强度的作用 早期	高	低	低	中	对抗折强度有利
	对强度的作用 后期	高	高	低	低
	耐化学腐蚀性	较好	一般	差	好
	干缩性	中	小	大	小

水泥按其化学成分可分为硅酸盐类水泥、铝酸盐类水泥、硫铝酸盐类水泥、铁铝酸盐类水泥、氟铝酸盐类水泥等；按用途和性能可分为通用水泥、专用水泥和特性水泥。

通用水泥是指土木建筑工程中大量使用的具有一般用途的水泥，即硅酸盐水泥、普通硅酸盐水泥、矿渣硅酸盐水泥、火山灰质硅酸盐水泥、粉煤灰硅酸盐水泥和复合硅酸盐水泥，各品种的组分和代号规定见表 2-3；专用水泥则是指具有专门用途的水泥，如道路硅酸盐水泥、油井水泥、大坝水泥等；特性水泥是指某种性能比较突出的水泥，如快硬硅酸盐水泥、膨胀水泥、抗硫酸盐硅酸盐水泥等。

表 2-3 通用水泥组分及适用范围 单位：%

品种	代号	组分					主要特点	适用范围
		熟料+石膏	粒化高炉矿渣	火山灰质混合材料	粉煤灰	石灰石		
硅酸盐水泥	P·Ⅰ	100	—	—	—	—	1. 早强快硬 2. 水化热高 3. 耐冻性好 4. 耐热性、耐腐蚀性差	1. 快硬早强工程； 2. 配制高强度混凝土
	P·Ⅱ	95～100	0～<5	—	—	—		
			—	—	—	0～<5		
普通硅酸盐水泥	P·O	80～<94	6～<20			—	同硅酸盐水泥	1. 快硬早强工程； 2. 地上、地下及水中混凝土； 3. 配制建筑砂浆

续表

品种	代号	组分					主要特点	适用范围
		熟料+石膏	粒化高炉矿渣	火山灰质混合材料	粉煤灰	石灰石		
矿渣硅酸盐水泥	P·S·A	50~<79	21~<50	—	—	—	1. 早期强度低; 2. 水化热低; 3. 耐热、抗硫酸侵蚀性好; 4. 抗冻性差、干缩性大	1. 大体积工程; 2. 耐热混凝土; 3. 蒸汽养护构件; 4. 一般混凝土结构; 5. 配制建筑砂浆
	P·S·B	30~<49	51~<70	—	—	—		
火山灰质硅酸盐水泥	P·P	60~<79	—	21~<40	—	—	1. 早期强度低; 2. 水化热低; 3. 抗渗性好、抗硫酸侵蚀性好; 4. 耐热性差、抗冻性差、干缩性大	1. 大体积工程; 2. 有抗渗要求的工程; 3. 一般混凝土结构; 4. 配制建筑砂浆
粉煤灰硅酸盐水泥	P·F	60~<79	—	—	21~<40	—	1. 早期强度低; 2. 水化热低; 3. 干缩性小、抗硫酸侵蚀性好; 4. 耐热性差、抗冻性差	1. 大体积工程; 2. 有抗渗要求的工程; 3. 一般混凝土结构; 4. 配制建筑砂浆
复合硅酸盐水泥	P·C	50~<79	21~<50				—	—

2. 通用硅酸盐水泥的主要技术指标

通用硅酸盐水泥的主要技术指标可以分为化学指标和物理指标。化学指标包括不溶物、三氧化硫、氧化镁、氯离子、碱等含量及烧失量;物理指标是指细度、凝结时间、安定性、强度等。

1)细度

细度是指水泥颗粒的粗细程度。细度越大,水泥凝结硬化速度越快,早期强度就越高。一般认为,水泥颗粒粒径小于 40 μm 时才具有较大的活性。但水泥颗粒太细,会增大水泥在空气中的硬化收缩程度,进而增加混凝土发生裂缝的可能性;此外,水泥颗粒太细也会导致粉磨能耗增加,生产成本提高。因此,为充分发挥水泥熟料的活性,改善水泥性能,同时考虑能耗的节约,需要合理控制水泥细度。水泥细度可用以下两种方法表示。

(1)筛析法:以 45 μm 方孔筛和 80 μm 方孔筛上的筛余量百分率表示。筛析法有负压筛析法、水筛法、手工筛析法 3 种,鉴定结果发生争议时,以负压筛析法为准。

(2)比表面积法:以每千克水泥所具有的总表面积表示。比表面积采用勃氏法测定。

注:在测定水泥的凝结时间和安定性时,为使其测定结果具有可比性,必须采用标准稠度的水泥净浆进行测定。水泥净浆达到标准稠度时所需的拌和水量称为标准稠度用水量。

2）凝结时间

凝结时间是指水泥从加水开始至水泥浆失去可塑性所需的时间。凝结时间分初凝时间和终凝时间，用凝结时间测定仪在标准温度、湿度下对标准稠度的水泥浆进行测定确定。

初凝时间是从水泥加水开始至水泥浆开始失去可塑性所经历的时间；终凝时间是从水泥加水开始至水泥浆完全失去可塑性所经历的时间。

水泥的初凝时间不宜过短，以便在施工过程中有足够的时间对混凝土进行搅拌、运输、浇筑和振捣等操作；终凝时间不宜过长，以使混凝土能尽快硬化，提高模具周转率，加快施工进度。《通用硅酸盐水泥》（GB 175—2023）规定：硅酸盐水泥初凝时间不应小于 45 min，终凝时间不应大于 390 min；普通硅酸盐水泥初凝时间不应小于 45 min，终凝时间不应大于 600 min。

3）安定性

水泥的安定性是指水泥在凝结硬化过程中体积变化的均匀程度。安定性不良的水泥在凝结硬化过程中或硬化后，会产生不均匀的体积膨胀、开裂，甚至会引起工程事故。

熟料中含有过量的游离 CaO、MgO、SO_3，或掺入的石膏过多都会导致水泥安定性不良，国家标准《通用硅酸盐水泥》（GB 175—2023）规定：硅酸盐水泥安定性的沸煮法或压蒸法检验必须合格。如果水泥的安定性不良，则该水泥必须作为废品处理，不得用于任何工程。

4）强度

强度是水泥技术要求中最基本的指标，其直接反映了水泥的质量水平和使用价值。水泥的强度越高，其胶结能力也越大。硅酸盐水泥的强度主要取决于熟料的矿物组成和水泥细度，此外还与水胶比、试验方法、试验条件、养护龄期等因素有关。

《水泥胶砂强度检验方法（ISO 法）》（GB/T 17671—2021）规定：将水泥、标准砂及水按规定的 1∶3∶0.5 的比例，用规定方法制成 40 mm×40 mm×160 mm 的标准试件，在标准条件下养护，测其 3 d 和 28 d 的抗折强度和抗压强度。具体操作方法见任务 2.5。

3. 水泥的出厂检验

水泥出厂前需要检查其各项技术指标及包装质量是否符合要求，确认符合要求后才可出厂。出厂检验项目包括组分指标、化学指标和物理指标，出厂检验项目均符合要求时为合格品，其中任一项不符合要求则为不合格品。

水泥可以散装或袋装，袋装水泥每袋净含量一般为 50 kg 或 25 kg，且应不少于标志质量的 99%；随机抽取 20 袋，总质量（含包装袋）应不少于 1 000 kg 或 500 kg。包装袋应符合《水泥包装袋》（GB/T 9774—2020）的规定，其包装袋上应清楚标明：品牌和注册商标图形、贮有条件执行标准、品种、代号、强度等级、生产企业名称和地址、生产许可证标志（QS）及编号、出厂编号、包装日期、净含量。包装袋侧面应根据水泥的品种采用不同的颜色印刷水泥产品名称和水泥强度等级，硅酸盐水泥和普通硅酸盐水泥采用红色，矿渣硅酸盐水泥采用绿色，火山灰质硅酸盐水泥、粉煤灰硅酸盐水泥和复合硅酸盐水泥采用黑色或蓝色。散装发运时应提交与袋装标志相同内容的卡片。

交货时水泥的质量验收，可抽取实物试样以其检验结果为依据，也可以生产者同编号水泥的检验报告为依据。采取何种方法验收由买卖双方商定，并在合同或协议中注明。当无书面合同或协议，或未在合同、协议中注明验收方法时，卖方应在发货票上注明"以本厂同编号水泥的检验报告为验收依据"字样。

以抽取实物试样的检验结果为验收依据时，买卖双方应在发货前或交货时共同取样和签封。取样方法按《水泥取样方法》（GB/T 12573—2008）进行，取样 20 kg，缩分为二等份，一份由卖方保存 40 d，一份由买方按标准规定的项目和方法进行检验。

在 40 d 以内，买方检验后认为产品质量不符合本标准要求，而卖方又有异议时，双方应将卖方保存的另一份试样送省级或省级以上国家认可的水泥质量监督检验机构进行仲裁检验。水泥安定性仲裁检验时，应在取样之日起 10 d 以内完成。

以生产者同编号水泥的检验报告为验收依据时，在发货前或交货时买方在同编号水泥中取样，双方共同签封后由卖方保存 90 d，或认可卖方自行取样，签封并保存 90 d 的同编号水泥的封存样。签封 90 d 内，若买方对水泥质量有疑问，则买卖双方应将共同认可的试样送省级或省级以上国家认可的水泥质量监督检验机构进行仲裁检验。

任务 2.2 水泥细度试验（负压筛析法）

📖 任务书

掌握了水泥的基本知识之后，小黄和小袁开始了水泥性能检测，首先做的是水泥细度试验，他们需要做哪些准备？一起来开展试验吧。

📖 课前学习测验

1. 筛分试验时，80 µm 筛析试验称取试样____g，45 µm 筛析试验称取试样____g。

2. 测定水泥细度时，若负压筛析法、水筛法和手工筛析法测定结果发生争议，则以负压筛析法为准。　　　　　　　　　　　　　　　　　　　　　　　　　（　　）

3. 采用负压筛析法测定水泥细度时，筛析时如有试样附着在筛盖上，可轻轻地敲击筛盖使试样落下。　　　　　　　　　　　　　　　　　　　　　　　　　　（　　）

📖 课中任务准备

1. 阅读任务书，熟悉将要学习的主要内容。

2. 收集并查阅《水泥取样方法》（GB/T 12573—2008）和《水泥细度检验方法 筛析法》（GB/T 1345—2005）。

3. 准备并检查好所需的仪器设备。

4. 制备好水泥细度试验所需试样。

5. 调节好试验环境温度。

课中任务实施

请按照要求开展水泥细度试验，并将试验数据等相关信息填入"水泥细度试验检测记录表（负压筛析法）"中，再根据相关数据和信息，编制试验检测报告。

水泥细度试验（负压筛析法）

51

水泥细度试验检测记录表（负压筛析法）

检测单位名称：　　　　　　　　　　　　　　　　　　　　记录编号：

工程名称						
工程部位/用途						
样品信息						
试验检测日期				试验条件		
检测依据				判定依据		
主要设备名称及编号						
品种强度等级				出厂编号		
序号	试样质量/g	筛余物质量/g	筛余百分数/%	修正系数	修正后筛余百分数/%	平均值/%
1						
2						

附加声明：

检测：　　　　　记录：　　　　　复核：　　　　　日期：　　年　　月　　日

📖 课后拓展思考

1. 水泥细度不同对混凝土性能有何影响？
2. 水泥细度测定方法还有哪些？

⬡ 课后自我反思

_____

_____

_____

📖 任务学习评价

待以上学习任务全部完成后，由学生自己、学生之间、学校教师、企业导师根据学生课前、课中、课后学习完成情况对每个学生进行综合评价，并将结果填入表 A-2 中。

📖 相关知识

1. 适用范围

本方法适用于硅酸盐水泥、普通硅酸盐水泥、矿渣硅酸盐水泥、火山灰质硅酸盐水泥、粉煤灰硅酸盐水泥、复合硅酸盐水泥及指定或采用本方法的其他品种水泥和粉状物料。

本方法采用 45 μm 方孔筛或 80 μm 方孔筛对水泥试样进行筛析试验，用筛上筛余物的质量百分数来表示水泥样品的细度。为保持筛孔的标准度，试验筛应用已知筛余的标准样品来标定。

2. 试验设备

（1）试验筛：0.9 mm 及 80 μm 或 45 μm 的方孔筛。

（2）负压筛析仪：负压可调范围为 4 000 ～6 000 Pa。

（3）天平：最小分度值不大于 0.01 g。

3. 试样准备

根据《水泥取样方法》（GB/T 12573—2008）规定，水泥取样应在有最代表性部位进行，一般是在水泥输送管路中、袋装水泥堆场、散装水泥卸料处或水泥运输机具上。

手工取样散装水泥时，当取样深度不超过 2 m 时，每个编号内采用散装水泥取样器随机取样，通过转动取样器内的控制开关，在适当位置插入水泥一定深度，关闭取样器后小心抽出，将样品放入符合要求的密闭容器中。每 1/10 编号在 5 min 内取至少 6 kg，每次抽取的单样量尽量保持一致。

手工取样袋装水泥时，应在每一个编号内随机抽取不少于 20 袋，用袋装水泥取样器沿对角线方向插入水泥包装袋中，用大拇指按住气孔，小心抽取取样管，将样品放入符合要求的密闭容器中。每 1/10 编号从一袋中取至少 6 kg。

取样后，将每一编号所取水泥单样通过 0.9 mm 方孔筛后充分混匀，一次或多次将样品缩分到相关标准要求的定量，均分为试验样和封存样。由负责取样人员填写取样单，取样单应包含水泥编号、水泥品种、强度等级、取样日期、取样地点、取样人等信息。

4. 试验步骤

（1）仪器检查：将负压筛放在筛座上，盖上筛盖，接通电源，检查控制系统，调节负压至 4 000 ～6 000 Pa 范围内。

（2）称取试样：根据试验筛规格称取试样，80 μm 筛析试验称取试样 25 g，45 μm 筛析试验称取试样 10 g，精确至 0.01 g。

（3）筛析：将试样置于洁净的负压筛中，放在筛座上，盖上筛盖，接通电源，开动筛析仪连续筛析 2 min，在此期间如有试样附着在筛盖上，可轻轻地敲击筛盖使试样落下。

（4）称重：筛毕，用天平称量全部筛余物。

5. 结果处理

水泥试样筛余百分数按式（2-1）计算。

$$F = \frac{R_t}{W} \times 100\% \qquad\qquad (2\text{-}1)$$

式中：F ——水泥试样的筛余百分数；

$\quad\quad R_t$ ——水泥筛余物的质量，g；

$\quad\quad W$ ——水泥试样的质量，g。

结果计算至 0.1%。

6. 筛余结果的修正

试验筛的筛网会在试验中磨损，因此筛析结果应进行修正，修正系数按式（2-2）计算。

$$C = \frac{F_s}{F_t} \qquad\qquad (2\text{-}2)$$

式中： C ——试验筛修正系数，计算至 0.01；

F_s ——标准样品的筛余标准值；

F_t ——标准样品在试验筛上的筛余值。

7. 修正系数合格判定

当 C 值在 0.80～1.20 范围内时，试验筛可继续使用，C 可作为结果修正系数。

当 C 值超出 0.80～1.20 范围时，试验筛应予以淘汰。

任务 2.3 水泥比表面积测定试验（勃氏法）

任务书

小黄和小袁了解到水泥的细度还可以用比表面积来表示，于是他们准备开展水泥比表面积测定试验，一起来开展试验吧。

课前学习测验

1. 水泥比表面积应由 2 次透气试验结果的平均值确定。如 2 次试验结果相差（　　）% 以上，应重新试验。

    A. 1　　　　　　　　B. 5　　　　　　　　C. 2　　　　　　　　D. 10

2. 勃氏法适用于测定水泥的比表面积及适合采用本方法的比表面积在_____ cm²/g 到 _____ cm²/g 范围的其他各种粉状物料，不适用于测定_____物料。

3. 勃氏比表面积透气仪的校准周期为一年，若使用频繁则应半年进行一次；仪器设备维修后也要重新标定。　　　　　　　　　　　　　　　　　　　　　　　　　　　　（　　）

4. 当同一水泥用手动勃氏透气仪测定的结果与自动勃氏透气仪测定的结果有争议时，以自动勃氏透气仪测定结果为准。　　　　　　　　　　　　　　　　　　　　　　　（　　）

课中任务准备

1. 阅读任务书，熟悉将要学习的主要内容。

2. 收集并查阅《水泥密度测定方法》（GB/T 208—2014）和《水泥比表面积测定方法　勃氏法》（GB/T 8074—2008）。

3. 准备并检查好所需的仪器设备。

4. 制备好试验所需试样。

5. 调节好试验环境温度。

课中任务实施

请按照要求开展水泥比表面积测定试验，并将试验数据等相关信息填入"水泥比表面积测定试验检测记录表（勃氏法）"中，再根据检测记录表中的相关数据和信息，编制试验检测报告。

水泥比表面积测定试验（勃氏法）

水泥比表面积测定试验检测记录表（勃氏法）

检测单位名称：　　　　　　　　　　　　　　　　　　　记录编号：

工程名称						
工程部位/用途						
样品信息						
试验检测日期				试验条件		
检测依据				判定依据		
主要设备名称及编号						
品种强度等级				出厂编号		
试样密度/（kg/m³）		试样空隙率		标准试样密度/（kg/m³）		标准试样空隙率
试料层体积/cm³		试样质量/g		校准时温度/℃		试验时温度/℃

序号	标准试样比表面积/（m²/kg）	被测试样液面降落时间/s	标准试样液面降落时间/s	被测试样试验温度下的空气黏度/（μPa·s）	标准试样试验温度下的空气黏度/（μPa·s）	被测试样的比表面积/（m²/kg）	平均值/（m²/kg）
1							
2							

附加声明：

检测：　　　　　记录：　　　　　复核：　　　　　日期：　　年　　月　　日

📖 课后拓展思考

1. 简述勃氏法测定水泥比表面积的基本原理。
2. 勃氏法透气仪漏气检查时，如何判断仪器是否漏气？

⬡ 课后自我反思

_____

_____

_____

📖 任务学习评价

待以上学习任务全部完成后，由学生自己、学生之间、学校教师、企业导师根据学生课前、课中、课后学习完成情况对每个学生进行综合评价，并将结果填入表 A-2 中。

📖 相关知识

1. 适用范围

本方法适用于测定水泥的比表面积及适合采用本方法的比表面积在 2 000 cm²/g 到 6 000 cm²/g 范围的其他各种粉状物料，不适用于测定多孔材料及超细粉状物料。试验时要求试验室相对湿度不大于 50%。

2. 仪器设备及试验材料准备

（1）勃氏比表面积透气仪：有手动和自动两种，均应符合《勃氏透气仪》（JC/T 956—2014）的要求；仪器校准按《勃氏透气仪》（JC/T 956—2014）进行，至少每年进行一次，仪器设备若使用频繁则应半年进行一次，仪器设备维修后也要重新标定。

（2）烘干箱：控制温度灵敏度±1 ℃。

（3）分析天平：分度值为 0.001 g。

（4）秒表：精确至 0.5 s。

（5）水泥样品：按任务 2.2 方法取样后，先通过 0.9 mm 方孔筛，再在（110±5）℃下烘干 1 h，并在干燥器中冷却至室温。

（6）基准材料：《水泥细度和比表面积标准样品》（GSB 14-1511-F05—2022）或相同等级的标准物质，有争议时以前者为准。

（7）压力计液体：采用带有颜色的蒸馏水或直接采用无色蒸馏水。

（8）滤纸：采用符合《化学分析滤纸》（GB/T 1914—2017）的中速定量滤纸。

（9）汞：分析纯汞。

3. 试验步骤

1）测定水泥密度（ρ）

按《水泥密度测定方法》（GB/T 208—2014）测定水泥密度。

2）漏气检查

将透气圆筒上口用橡皮塞塞紧，接到压力计上，用抽气装置从压力计一臂中抽出部分气体，然后关闭阀门，观察是否漏气。如发现漏气，可用活塞油脂加以密封。

3）空隙率（ε）的确定

P·Ⅰ、P·Ⅱ型水泥的空隙率采用 0.500±0.005，其他水泥或粉料的空隙率选用 0.530±0.005。当采用上述空隙率不能将试样压至规定的位置时，则允许改变空隙率。空隙率的调整以 2 000 g 砝码将试样压实至规定的位置为准。

4）确定试样量

试样量按式（2-3）计算。

$$m = \rho V(1-\varepsilon) \tag{2-3}$$

式中：m——需要的试样量，g；

$\quad\rho$——试样密度，g/cm³；

$\quad V$——试料层体积，按《勃氏透气仪》（JC/T 956—2014）测定，cm³；

$\quad\varepsilon$——试料层空隙率，参见表 2-4。

表 2-4　水泥层空隙率值

空隙率值 ε	$\sqrt{\varepsilon^3}$	空隙率值 ε	$\sqrt{\varepsilon^3}$
0.495	0.348	0.515	0.369
0.496	0.349	0.520	0.374
0.497	0.350	0.525	0.380
0.498	0.351	0.526	0.381
0.499	0.352	0.527	0.383
0.500	0.354	0.528	0.384
0.501	0.355	0.529	0.385
0.502	0.356	0.530	0.386
0.503	0.357	0.531	0.387
0.504	0.358	0.532	0.388
0.505	0.359	0.533	0.389
0.506	0.360	0.534	0.390
0.507	0.361	0.535	0.391
0.508	0.362	0.540	0.397
0.509	0.363	0.545	0.402
0.510	0.364	0.550	0.408

5）试料层制备

先将穿孔板放入透气圆筒的突缘上，用捣棒把一片滤纸放到穿孔板上，边缘放平并压紧，再称取试样量，精确到 0.001 g，倒入圆筒。轻敲圆筒的边，使水泥层表面平坦。然后放入一片滤纸，用捣器均匀捣实试料直至捣器的支持环与圆筒顶边接触，并旋转 1～2 圈，慢慢取出捣器。

穿孔板上的滤纸为 ϕ12.7 mm 边缘光滑的圆形滤纸片。每次测定需用新的滤纸片。

6）透气试验

在装有试料层的透气圆筒下锥面涂一薄层活塞油脂，然后把它插入压力计顶端锥型磨口处，旋转 1～2 圈。要保证紧密连接不致漏气，并不可振动所制备的试料层。

打开微型电磁泵慢慢从压力计一臂中抽出空气，当压力计内液面上升到扩大部下端时关闭阀门。当压力计内液体的凹月面下降到第一条刻线时开始计时，下降到第二条刻线时停止计时，记录液面从第一条刻度线到第二条刻度线所经历的时间。以秒记录，并记录下试验时的温度（℃）。每次透气试验，应重新制备试料层。

4. 结果处理

结果计算分为以下 3 种情况。

（1）当被测试样的密度、试料层中空隙率与标准样品相同，试验时的温度与校准温度之差≤3 ℃时，可按式（2-4）计算。

$$S = \frac{S_s \sqrt{t}}{\sqrt{t_s}} \qquad (2\text{-}4)$$

如试验时温度与校准温度之差>3 ℃，则按式（2-5）计算。

$$S = \frac{S_s\sqrt{\eta_s}\sqrt{t}}{\sqrt{\eta}\sqrt{t_s}} \qquad (2\text{--}5)$$

式中：S——被测试样的比表面积，cm^2/g；

$\quad\quad S_s$——标准样品的比表面积，cm^2/g；

$\quad\quad t$——被测试样试验时，压力计中液面降落测得的时间，s；

$\quad\quad t_s$——标准样品试验时，压力计中液面降落测得的时间，s；

$\quad\quad \eta$——被测试样试验温度下的空气黏度，$\mu Pa\cdot s$，参见表2--5；

$\quad\quad \eta_s$——标准样品试验温度下的空气黏度，$\mu Pa\cdot s$。

（2）当被测试样的试料层中的空隙率与标准样品试料层中空隙率不同，试验时的温度与校准温度之差≤3 ℃时，可按式（2--6）计算。

$$S = \frac{S_s\sqrt{t}(1-\varepsilon_s)\sqrt{\varepsilon^3}}{\sqrt{t_s}(1-\varepsilon)\sqrt{\varepsilon_s^3}} \qquad (2\text{--}6)$$

如试验时的温度与校准温度之差>3 ℃，可按式（2--7）计算。

$$S = \frac{S_s\sqrt{\eta_s}\sqrt{t}(1-\varepsilon_s)\sqrt{\varepsilon^3}}{\sqrt{\eta}\sqrt{t_s}(1-\varepsilon)\sqrt{\varepsilon_s^3}} \qquad (2\text{--}7)$$

式中：ε——被测试样试料层中的空隙率；

$\quad\quad \varepsilon_s$——标准样品试料层中的空隙率。

（3）当被测试样的密度和空隙率均与标准样品不同，试验时的温度与校准温度之差≤3 ℃时，可按式（2--8）计算。

$$S = \frac{S_s\rho_s\sqrt{t}(1-\varepsilon_s)\sqrt{\varepsilon^3}}{\rho\sqrt{t_s}(1-\varepsilon)\sqrt{\varepsilon_s^3}} \qquad (2\text{--}8)$$

如试验时的温度与校准温度之差>3 ℃时，可按式（2--9）计算。

$$S = \frac{S_s\rho_s\sqrt{\eta_s}\sqrt{t}(1-\varepsilon_s)\sqrt{\varepsilon^3}}{\rho\sqrt{\eta}\sqrt{t_s}(1-\varepsilon)\sqrt{\varepsilon_s^3}} \qquad (2\text{--}9)$$

式中：ρ——被测试样品的密度，g/cm^3；

$\quad\quad \rho_s$——标准样品的密度，g/cm^3。

表2--5　在不同温度下汞密度、空气黏度η和$\sqrt{\eta}$

室温/℃	汞密度/（g/cm³）	空气黏度η/（$\mu Pa\cdot s$）	$\sqrt{\eta}$
8	13.58	17.49	4.18
10	13.57	17.59	4.19
12	13.57	17.68	4.20
14	13.56	17.78	4.22
16	13.56	17.88	4.23
18	13.55	17.98	4.24

续表

室温/℃	汞密度/（g/cm³）	空气黏度 η/（μPa·s）	$\sqrt{\eta}$
20	13.55	18.08	4.25
22	13.54	18.18	4.26
24	13.54	18.28	4.28
26	13.53	18.37	4.29
28	13.53	18.47	4.30
30	13.52	18.57	4.31
32	13.52	18.67	4.32
34	13.51	18.76	4.33

水泥比表面积应由 2 次透气试验结果的平均值确定。如 2 次试验结果相差 2%以上，应重新试验。计算结果保留至 10 cm²/g。

注：当同一水泥用手动勃氏透气仪测定的结果与自动勃氏透气仪测定的结果有争议时，以手动勃氏透气仪测定结果为准。

任务 2.4　水泥标准稠度用水量、凝结时间、安定性试验

任务书

本次任务需要先检测水泥的标准稠度用水量，确定好标准稠度后再制备凝结时间及安定性试验所需的净浆，试验步骤多，时间长，对小黄和小袁是一个新的挑战，一起来开展试验吧！

课前学习测验

1. 试杆沉入净浆并距底板（　　）的水泥净浆为标准稠度净浆。
   A.（6±1）mm　　B.（4±1）mm　　C.（5±1）mm　　D.（10±1）mm
2. 在水泥初凝时间测定中，当试针沉至距底板（　　）时，为水泥达到初凝状态。
   A.（6±1）mm　　B.（4±1）mm　　C.（5±1）mm　　D.（10±1）mm
3. 养护水泥试件时，要求湿气养护箱的温度为_____，相对湿度不低于_____。
4. 水泥到达初凝时应立即重复测一次，当 2 次结论相同时才能确定到达初凝状态。（　　）
5. 水泥安定性检测不合格时，该水泥必须作为废品处理。　　　　　　　　　　（　　）

课中任务准备

1. 阅读任务书，熟悉将要学习的主要内容。
2. 收集并查阅《水泥标准稠度用水量、凝结时间、安定性检验方法》（GB/T 1346—2011）。
3. 准备并检查好所需的仪器设备。
4. 制备好水泥标准稠度用水量、凝结时间、安定性试验所需试样。

5. 调节好试验环境温度和湿度。

课中任务实施

请按照要求开展水泥标准稠度用水量、凝结时间、安定性试验，并将试验数据等相关信息填入"水泥标准稠度用水量、凝结时间、安定性试验检测记录表"中，再根据相关数据和信息，编制试验检测报告。

水泥标准稠度用水量、凝结时间、安定性试验检测记录表

检测单位名称：　　　　　　　　　　　　　　　　　　　　记录编号：

工程名称							
工程部位/用途							
样品信息							
试验检测日期				试验条件			
检测依据				判定依据			
主要设备名称及编号							
品种强度等级				出厂编号			

标准稠度用水量			凝结时间				
试样质量/g	拌和水量/mL	标准稠度用水量/%	起始时间	初凝状态时间	终凝状态时间	初凝时间/min	终凝时间/min

安定性			
沸煮前 A/mm	沸煮后 C/mm	$C–A$/mm	平均 $C–A$/mm

附加声明：

检测：　　　　　记录：　　　　　复核：　　　　　日期：　　年　　月　　日

课后拓展思考

1. 使用安定性不良的水泥会对工程有什么影响？
2. 从施工角度来看，测定水泥的初凝和终凝时间的意义是什么？

课后自我反思

任务学习评价

待以上学习任务全部完成后，由学生自己、学生之间、学校教师、企业导师根据学生课前、课中、课后学习完成情况对每个学生进行综合评价，并将结果填入表 A–2 中。

相关知识

1. 适用范围

本方法适用于硅酸盐水泥、普通硅酸盐水泥、矿渣硅酸盐水泥、粉煤灰硅酸盐水泥、火山灰质硅酸盐水泥、复合硅酸盐水泥及指定采用本方法的其他品种水泥。

试验室温度为（20±2）℃，相对湿度应不低于 50%；湿气养护箱的温度为（20±1）℃，相对湿度不低于 90%；水泥试样、拌和水、仪器和用具的温度应与试验室一致；试验用水应是洁净的饮用水，如有争议时应以蒸馏水为准。

2. 仪器设备

（1）水泥净浆搅拌机：符合《水泥净浆搅拌机》（JC/T 729—2005）的要求。

（2）标准法维卡仪：由标准稠度试杆、初凝用试针、终凝用试针、盛装水泥净浆的试模、平板玻璃底板或金属底板等组成。

（3）雷氏夹：当一根指针的根部先悬挂在一根金属丝或尼龙丝上，另一根指针的根部再挂上 300 g 的砝码时，两根指针针尖的距离增加应在（17.5±2.5）mm 范围内，当去掉砝码后针尖的距离能恢复至挂砝码前的状态。

（4）沸煮箱：符合《水泥安定性试验用沸煮箱》（JC/T 955—2005）的要求。

（5）雷氏夹膨胀测定仪：标尺最小刻度为 0.5 mm。

（6）量筒或滴定管：精度±0.5 mL。

（7）天平：最大称量不小于 1 000 g，分度值不大于 1 g。

3. 标准稠度用水量测定方法（标准法）

1）试验前准备工作

确保维卡仪的滑动杆能自由滑动。试模和玻璃底板用湿布擦拭，将试模放在底板上。将试杆调整至试杆接触玻璃底板时指针对准零点。检查搅拌机运行是否正常。

2）水泥净浆的拌制

搅拌锅和搅拌叶片先用湿布擦过，将拌和水倒入搅拌锅内，然后在 5～10 s 内小心将称好的 500 g 水泥加入水中，防止水和水泥溅出。

拌和时，先将锅放在搅拌机的锅座上，升至搅拌位置，启动搅拌机，低速搅拌 120 s，停 15 s，同时将叶片和锅壁上的水泥浆刮入锅中间，接着高速搅拌 120 s 停机。

3）标准稠度用水量的测定

拌和结束后，立即取适量水泥净浆将其一次性装入已置于玻璃底板上的试模中，浆体超过试模上端，用宽约 25 mm 的直边刀轻轻拍打超出试模部分的浆体 5 次以排除浆体中的孔隙，然后在试模上表面约 1/3 处，略倾斜于试模分别向外轻轻锯掉多余净浆，再从试模边沿轻抹顶部一次，使净浆表面光滑。在锯掉多余净浆和抹平的操作过程中，注意不要压实净浆；抹平后迅速将试模和底板移到维卡仪上，并将其中心定在试杆下，降低试杆直至与水泥净浆表面接触，拧紧螺丝 1～2 s 后，突然放松，使试杆垂直自由地沉入水泥净浆中。

在试杆停止沉入或释放试杆 30 s 时记录试杆距底板之间的距离，升起试杆后，立即擦净；整个操作应在搅拌后 1.5 min 内完成，以试杆沉入净浆并距底板（6±1）mm 的水泥净浆为标准稠度净浆。此时的拌和水量为该水泥的标准稠度用水量，按水泥质量的百分比计。

4. 凝结时间测定方法

1）试验前准备工作

调整凝结时间测定仪的试针，当其接触玻璃板时指针应对准零点。

2）试件的制备

以标准稠度用水量按水泥净浆的拌制方法制成标准稠度净浆，按标准稠度用水量的测定步骤装模和抹平后，立即放入湿气养护箱中。记录水泥全部加入水中的时间作为凝结时间的起始时间。

（1）初凝时间的测定。

试件在湿气养护箱中养护至加水后 30 min 时进行第一次测定，测定时，从湿气养护箱中取出试模放到试针下，降低试针使其与水泥净浆表面接触。拧紧螺丝 1～2 s 后，突然放松，试针垂直自由地沉入水泥净浆。观察试针停止下沉或释放试针 30 s 时指针的读数。当试针沉至距底板（4±1）mm 时，为水泥达到初凝状态。临近初凝时间时每隔 5 min（或更短时间）测定一次，到达初凝时应立即重复测一次，当 2 次结论相同时才能确定到达初凝状态。

水泥全部加入水中至初凝状态的时间为水泥的初凝时间，用 min 来表示。

（2）终凝时间的测定。

为了准确观测试针沉入的状况，在终凝针上安装了一个环形附件。在完成初凝时间测定后，立即将试模连同浆体以平移的方式从玻璃底板上取下，翻转 180°，直径大端向上、小端向下放在玻璃底板上，再放入湿气养护箱中继续养护。临近终凝时间时每隔 15 min（或更短时间）测定一次，当试针沉入试件 0.5 mm 时，即环形附件开始不能在试件上留下痕迹时，为水泥达到终凝状态。到达终凝时，需要在试件另外 2 个不同点测试，结论相同时才能确定到达终凝状态。

水泥全部加入水中至终凝状态的时间为水泥的终凝时间，用 min 来表示。

3）测定注意事项

测定时应注意，在最初测定时应轻轻扶持金属柱，使其徐徐下降，以防试针撞弯，但结果以自由下落为准；在整个测试过程中试针沉入的位置至少要距试模内壁 10 mm。每次测定不能让试针落入原针孔，每次测试完毕须将试针擦净并将试模放回湿气养护箱内，整个测试过程要防止试模受振。

5. 安定性测定方法（标准法）

1）试验前准备工作

每个试样需成型 2 个试件，每个雷氏夹需配备 2 个边长或直径约 80 mm、厚度 4～5 mm 的玻璃板，凡与水泥净浆接触的玻璃板和雷氏夹内表面都要稍稍涂上一层油，不影响凝结时间的矿物油比较合适。

2）雷氏夹试件的成型

将预先准备好的雷氏夹放在已稍涂油的玻璃板上，并立即将已制好的标准稠度净浆一次性装满雷氏夹，装浆时一只手轻轻扶持雷氏夹，另一只手用宽约 25 mm 的直边刀在浆体表面轻轻插捣 3 次，然后抹平，盖上稍涂油的玻璃板，接着立即将试件移至湿气养护箱内养护（24±2）h。

3）沸煮

调整好沸煮箱内的水位，使水位能在整个沸煮过程中都超过试件，不需中途添补试验用水，同时又能在（30±5）min 内加热至沸腾。

脱去玻璃板取下试件，先测量雷氏夹指针尖端间的距离（A），精确到 0.5 mm；接着将试件放入沸煮箱水中的试件架上，指针朝上，然后在（30±5）min 内加热至沸腾并恒沸（180±5）min。

4）结果判别

沸煮结束后，立即放掉沸煮箱中的热水，打开箱盖，待箱体冷却至室温后，取出试件进行判别。测量雷氏夹指针尖端的距离（C），精确至 0.5 mm。

当 2 个试件煮后增加距离（C-A）的平均值不大于 5.0 mm 时，即认为该水泥安定性合格，当 2 个试件煮后增加距离（C-A）的平均值大于 5.0 mm 时，应用同一样品立即重做一次试验。以复检结果为准。

任务 2.5 水泥胶砂强度试验（ISO 法）

📖 任务书

小黄和小袁顺利完成了上一个任务，操作技能和默契度都有了极大的提升，这一次需要检测水泥胶砂强度，做好前期准备工作后，二人胸有成竹地开展起了试验。

📖 课前学习测验

1. 当采用 ISO 法测定水泥胶砂强度时，试件标准尺寸为（　　　）。

　　A. 40 mm×40 mm×160 mm　　　　　　B. 100 mm×100 mm×100 mm

　　C. 150 mm×150 mm×150 mm

2. 测定水泥胶砂强度时，水泥、标准砂和水的质量配合比应为（　　　）。

　　A. 1∶2∶1　　　　B. 1∶3∶1　　　　C. 1∶3∶0.5　　　　D. 1∶2∶3

3. 水泥胶砂强度试验要求：试验室温度为＿＿＿＿，相对湿度应不低于＿＿＿；养护箱的温度为＿＿＿，相对湿度不低于＿＿＿。

4. 同一养护池可以养护不同类型的水泥试件。　　　　　　　　　　　　　　（　　　）

5. 计算胶砂抗折强度时，当 3 个强度值中有 1 个超出平均值±10%时，应剔除后再取平均值作为抗折强度试验结果。　　　　　　　　　　　　　　　　　　　　　（　　　）

📖 课中任务准备

1. 阅读任务书，熟悉即将要学习的主要内容。

2. 收集并查阅《水泥胶砂强度检验方法（ISO 法）》（GB/T 17671—2021）。

3. 准备并检查好所需的仪器设备，制备好水泥胶砂强度试验所需试样，调节好试验环境温度和湿度。

课中任务实施 ▮▮▮▮

请按照要求开展水泥胶砂强度试验，并将试验数据等相关信息填入"水泥胶砂强度试验检测记录表（ISO 法）"中，再根据相关数据和信息，编制试验检测报告。

水泥胶砂强度
试验（ISO 法）

水泥胶砂强度试验检测记录表（ISO 法）

检测单位名称：　　　　　　　　　　　　　　　　　　　　　记录编号：

工程名称											
工程部位/用途											
样品信息											
试验检测日期					试验条件						
检测依据					判定依据						
主要设备及编号											

试件编号	成型日期	试验日期	试件龄期/d	抗折试验					抗压试验			
				破坏荷载/N	支点间距/mm	试件截面边长/mm	抗折强度/MPa		破坏荷载/N	受压面积/mm²	抗压强度/MPa	
							单值	平均			单值	平均
1												
2												
3												

附加声明：

检测：　　　　　记录：　　　　　复核：　　　　　日期：　　年　　月　　日

📖 课后拓展思考

1. 当水泥胶砂采用振动台成型时，应如何操作？
2. 中国 ISO 标准砂有哪些验收要求？

⬡ 课后自我反思

_____

_____

_____

📖 任务学习评价

待以上学习任务全部完成后，由学生自己、学生之间、学校教师、企业导师根据学生课前、课中、课后学习完成情况对每个学生进行综合评价，并将结果填入表 A–2 中。

📖 **相关知识**

1. 适用范围

本方法适用于通用硅酸盐水泥、石灰石硅酸盐水泥胶砂抗折和抗压强度检验，其他水泥和材料可参考使用，但对初凝时间很短的水泥胶砂强度检验不适用。

试验室的温度应保持在（20±2）℃，相对湿度不应低于 50%，试验室温度和相对湿度在工作期间每天至少记录 1 次。

2. 仪器设备

（1）养护箱：带模养护试件养护箱的温度应保持在（20±1）℃，相对湿度不低于 90%；养护箱的使用性能和结构应符合《水泥胶砂试体养护箱》（JC/T 959—2005）的要求；养护箱的温度和湿度在工作期间至少每 4 h 记录 1 次，在自动控制的情况下记录次数可以酌情减至每天 2 次。

（2）养护水池：养护水池（带篦子）的材料不应与水泥发生反应；试件养护水池的温度应保持在（20±1）℃；试件养护水池的温度在工作期间每天至少记录 1 次。

（3）试验筛：金属丝网试验筛，应符合《试验筛 技术要求和检验 第 1 部分：金属丝编织网试验筛》（GB/T 6003.1—2022）的要求。

（4）行星式搅拌机：应符合《行星式水泥胶砂搅拌机》（JC/T 681—2022）的要求。

（5）试模：应符合《水泥胶砂试模》（JC/T 726—2005）的要求。

（6）振实台：基准成型设备，应符合《水泥胶砂试体成型振实台》（JC/T 682—2022）的要求。

（7）抗折强度试验机：应符合《水泥胶砂电动抗折试验机》（JC/T 724—2005）的要求。

（8）抗压强度试验机：应符合《水泥胶砂强度自动压力试验机》（JC/T 960—2022）的要求。

（9）抗压夹具：应符合《40 mm×40 mm 水泥抗压夹具》（JC/T 683—2005）的要求。当需要使用抗压夹具时，应将其放在压力机的上下压板之间并与压力机处于同一轴线，以便将压力机的荷载传递至胶砂试件表面。

（10）天平：分度值不大于±1 g。

（11）计时器：分度值不大于±1 s。

（12）加水器：分度值不大于±1 mL。

3. 试验步骤

1）胶砂的制备

水泥、中国 ISO 标准砂、水按 13∶0.5 的比例 ［即每锅材料需（450±2）g 水泥、（1 350±5）g 砂子和（225±1）mL 或（225±1）g 水］。准备好材料后，先把水加入锅里，再加入水泥，把锅固定在固定架上，上升至工作位置；立即开动机器，先低速搅拌（30±1）s，在第二个（30±1）s 开始的同时均匀地将砂子加入。把搅拌机调至高速再搅拌（30±1）s；停拌 90 s，在开始停拌的（15±1）s 内，将搅拌锅放下，用刮刀将叶片、锅壁和锅底上的胶砂刮入锅中；再在高速下继续搅拌（60±1）s。一锅胶砂成型 3 个试件。

2）试件的制备

试件的尺寸为 40 mm×40 mm×160 mm。

胶砂制备后立即进行成型。将空试模和模套固定在振实台上，用料勺将锅壁上的胶砂清理到锅内并进行翻转搅拌使其更加均匀，成型时将胶砂分 2 层装入试模。装第一层时，每个槽里约放 300 g 胶砂，先用料勺沿试模长度方向划动胶砂以布满模槽，再用大布料器垂直架在模套顶部沿每个模槽来回一次将料层布平，接着振实 60 次。接着装入第二层胶砂，用料勺沿试模长度方向划动胶砂以布满模槽，但不能接触已振实胶砂，再用小布料器布平，振实 60 次。每次振实时可将一块用水湿过拧干、比模套尺寸稍大的棉纱布盖在模套上以防止振实时胶砂飞溅。

移走模套，从振实台上取下试模，用一金属直边尺以近似 90° 的角度（但向刮平方向稍斜）架在试模模顶的一端，然后沿试模长度方向以横向锯割动作慢慢向另一端移动，将超过试模部分的胶砂刮去。锯割动作的多少和直尺角度的大小取决于胶砂的稀稠程度，较稠的胶砂需要多次锯割，锯割动作要慢以防止拉动已振实的胶砂。用拧干的湿毛巾将试模端板顶部的胶砂擦拭干净，再用同一直边尺以近乎水平的角度将试件表面抹平，抹平的次数要尽量少，总次数不应超过 3 次。

最后将试模周边的胶砂擦除干净。用毛笔或其他方法对试件进行编号。2 个龄期以上的试件，在编号时应将同一试模中的 3 个试件分在 2 个以上龄期内。

3）试件的养护

（1）脱模前的处理和养护。

在试模上盖一块玻璃板，盖板不应与水泥胶砂接触，盖板与试模之间的距离应控制在 2～3 mm 之间。为了安全，玻璃板应有磨边。然后立即将做好标记的试模放入养护室或湿箱的水平架子上养护，湿空气应能与试模各边接触。养护时不应将试模放在其他试模上。一直养护到规定的脱模时间时取出脱模。脱模时可以用橡皮锤或脱模器。

（2）脱模。

对于 24 h 龄期的，应在试验前 20 min 内脱模。对于 24 h 以上龄期的，应在成型后 20～24 h 内脱模。

如经 24 h 养护，会因脱模对强度造成损害时，可以延迟至 24 h 以后脱模，但在试验报告中应予以说明。

已确定作为 24 h 龄期试验（或其他不下水直接做试验）的已脱模试件，应用湿布覆盖至试验为止。对于胶砂搅拌或振实台的对比，建议称量每个模型中试件的总量。

（3）水中养护。

脱模后将做好标记的试件立即水平或竖直放在（20±1）℃的水中养护，水平放置时刮平面应朝上，并彼此间保持一定间距，让水与试件的 6 个面接触。

养护期间试件之间的间隔或试件上表面的水深不应小于 5 mm。每个养护池只养护同类型的水泥试件。最初用自来水装满养护池（或容器），随后随时加水保持适当的水位。在养护期间，可以更换不超过 50% 的水。

（4）强度试验试件的龄期。

除 24 h 龄期或延迟至 48 h 脱模的试件外，任何到达龄期的试件应在试验（破型）前提前从水中取出。揩去试件表面沉积物，并用湿布覆盖至试验为止。试件龄期是从水泥加水搅拌时算起。不同龄期强度试验在下列时间里进行：

——24 h±15 min；

——48 h±30 min；

——72 h±45 min；

——7 d±2 h；

——28 d±8 h。

4）抗折强度测定

将试件的一个侧面放在试验机支撑圆柱上，试件长轴垂直于支撑圆柱，通过加荷圆柱以（50±10）N/s 的速率均匀地将荷载垂直地施加在棱柱体的相对侧面上，直至折断。

保持 2 个半截棱柱体处于潮湿状态直至抗压试验。

抗折强度按式（2-10）进行计算。

$$R_f = \frac{1.5 F_f L}{b^3} \qquad (2\text{-}10)$$

式中：R_f——抗折强度，MPa；

　　　F_f——试件折断时施加于棱柱体中部的荷载，N；

　　　L——支撑圆柱之间的距离，mm；

　　　b——棱柱体正方形截面的边长，mm。

以一组 3 个棱柱体抗折结果的平均值作为试验结果，当 3 个强度值中有 1 个超出平均值的±10%时，应剔除后再取平均值作为抗折强度试验结果；当 3 个强度值中有 2 个超出平均值的±10%时，则以剩余 1 个作为抗折强度结果。单个抗折强度结果精确至 0.1 MPa，算术平均值精确至 0.1 MPa。

5）抗压强度测定

抗折强度试验完成后，取出 2 个半截试件，进行抗压强度试验。抗压强度试验通过符合规定的仪器，在半截棱柱体的侧面上进行。半截棱柱体中心与压力机压板受压中心的偏差应在±0.5 mm 内，棱柱体露在压板外的部分约有 10 mm。在整个加荷过程中以（2 400±200）N/s 的速率均匀地加荷直至试件破坏。

抗压强度按式（2-11）进行计算，受压面积计为 1 600 mm²。

$$R_c = \frac{F_c}{A} \qquad (2\text{-}11)$$

式中：R_c——抗压强度，MPa；

　　　F_c——试件破坏时的最大荷载，N；

　　　A——受压面积，mm²。

以一组 3 个棱柱体上得到的 6 个抗压强度测定值的平均值为试验结果。当 6 个测定值中有一个超出平均值的±10%时，剔除这个结果，再以剩下 5 个的平均值作为结果。当 5 个测定值中再有超过平均值的±10%时，则此组结果作废。当 6 个测定值中同时有 2 个或 2 个以上超出平均值的±10%时，则此组结果作废。单个抗压强度结果精确至 0.1 MPa，算术平均值精确至 0.1 MPa。

任务 2.6　水泥胶砂流动度试验

📖 任务书

本次任务是检测水泥胶砂流动度，小黄和小袁掌握了试验步骤，做好了充分的试验准备，这是水泥性能检测项目的最后一个试验，二人期待能够圆满完成此次试验，下面开始试验吧！

课前学习测验

1. 若水泥胶砂流动度仪在（　　）内未被使用，先空跳一个周期 25 次。

    A. 12 h   B. 24 h   C. 48 h   D. 18 h

2. 水泥胶砂流动度试验，从胶砂加水开始到测量扩散直径结束，应在（　　）min 内完成。

    A. 6   B. 12   C. 20   D. 5

3. 水泥胶砂流动度取胶砂底面互相垂直的 2 个方向直径的算术平均值。（　　）

4. 装胶砂和捣压时，可以用手扶稳试模防止其移动。（　　）

课中任务准备

1. 阅读任务书，熟悉将要学习的主要内容。
2. 收集并查阅《水泥胶砂流动度测定方法》（GB/T 2419—2005）。
3. 准备并检查好所需的仪器设备。
4. 制备好水泥胶砂流动度测定试验所需试样。
5. 调节好试验环境的温度和湿度。

课中任务实施

水泥胶砂流动度试验

请按照要求完成水泥胶砂流动度测定试验，并将试验数据等相关信息填入"水泥胶砂流动度试验检测记录表"中，再根据相关数据和信息，编制试验检测报告。

水泥胶砂流动度试验检测记录表

检测单位名称：   记录编号：

工程名称			
工程部位/用途			
样品信息			
试验检测日期		试验条件	
检测依据		判定依据	
主要设备名称及编号			
品种强度等级		出厂编号	

序号	扩散直径/mm	垂直直径/mm	流动度/mm	流动度平均值/mm
1				
2				

附加声明：

检测：   记录：   复核：   日期：   年   月   日

课后拓展思考

1. 检测水泥胶砂流动度的意义是什么？
2. 影响水泥胶砂流动度的因素有哪些？

课后自我反思

_____

_____

_____

任务学习评价

待以上学习任务全部完成后，由学生自己、学生之间、学校教师、企业导师根据学生课前、课中、课后学习完成情况对每个学生进行综合评价，并将结果填入表 A–2 中。

相关知识

1. 适用范围

本方法引用标准《水泥胶砂流动度测定方法》（GB/T 2419—2005），适用于水泥胶砂流动度的测定。

2. 仪器和设备

（1）水泥胶砂流动度测定仪（简称跳桌）。

（2）水泥胶砂搅拌机：符合《行星式水泥胶砂搅拌机》（JC/T 681—2022）的要求。

（3）试模：由截锥圆模和模套组成；金属材料制成，内表面加工光滑。

（4）捣棒：金属材料制成，直径为（20±0.5）mm，长度约为 200 mm。捣棒底面与侧面成直角，其下部光滑，上部手柄滚花。

（5）卡尺：量程不小于 300 mm，分度值不大于 0.5 mm。

（6）小刀：刀口平直，长度大于 80 mm。

（7）天平：量程不小于 1 000 g，分度值不大于 1 g。

3. 试验条件及材料

试验条件及试件制备同任务 2.5。

4. 试验方法

如跳桌在 24 h 内未被使用，先空跳一个周期 25 次。在制备胶砂的同时，用潮湿棉布擦拭跳桌台面、试模内壁、捣棒及与胶砂接触的用具，将试模放在跳桌台面中央并用潮湿棉布覆盖。

将拌好的胶砂分 2 层迅速装入试模，第一层装至截锥圆模高度约三分之二处，用小刀在相互垂直的 2 个方向各划 5 次，用捣棒由边缘至中心均匀捣压 15 次，捣压位置如图 2-1 所示；随后，装第二层胶砂，装至高出截锥圆模约 20 mm，用小刀在相互垂直的 2 个方向各划 5 次，再用捣棒由边缘至中心均匀捣压 10 次，捣压位置如图 2-2 所示。捣压后胶砂应略高于试模。捣压深度，第一层捣至胶砂高度的二分之一，第二层捣实不超过已捣实底层表面。装胶砂和捣压时，用手扶稳试模，不要使其移动。

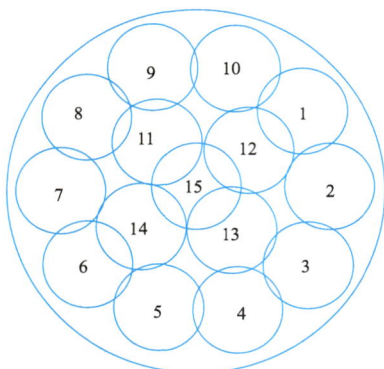

图 2-1　第一层捣压位置示意图　　　　图 2-2　第二层捣压位置示意图

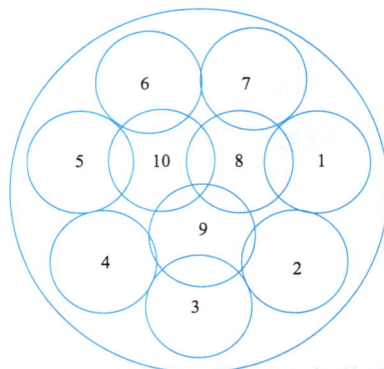

捣压完毕，取下模套，将小刀倾斜，从中间向边缘分 2 次以近水平的角度抹去高出截锥圆模的胶砂，并擦去落在桌面上的胶砂。将截锥圆模垂直向上轻轻提起。

立刻开动跳桌，以每秒钟一次的频率在（25±1）s 内完成 25 次跳动。跳动完毕，用尺卡测量胶砂底面互相垂直的 2 个方向的直径。从胶砂加水开始到测量扩散直径结束，试验应在 6 min 内完成。

5. 结果计算

计算 2 个方向直径的算术平均值，取整数，单位为 mm。该平均值即为该水量的水泥胶砂流动度。

项目 3 沥青性能检验

项目概述

气候分区为 1-4-1（夏炎热冬温湿区）的某地区的某高档小区，拟在小区内土方路基的基础上铺设 6 cm 水稳层+4 cm AC-16 沥青路面结构层，从筑路材料的角度来看，除集料以外，沥青成了必不可少的原材料之一。只有在了解沥青到底是种什么样的物质、在道路铺筑过程中主要用到哪几种沥青、其有哪些主要技术指标、有哪些检验手段可以用来判定其是否符合筑路标准的情况下，才能完成沥青的选材任务和使用过程中的检验工作。

项目学习导图

项目3 沥青性能检验	任务3.1 石油沥青认知	探究精神
	任务3.2 沥青取样方法	安全意识
	任务3.3 热沥青试样制备	防范意识
	任务3.4 沥青针入度试验	团队精神
	任务3.5 沥青软化点试验（环球法）	规范意识
	任务3.6 沥青延度试验	创新意识
	任务3.7 沥青与粗集料黏附性试验	换位意识
	任务3.8 乳化沥青认知	科创精神
	任务3.9 乳化沥青试样制备	环保意识
	任务3.10 乳化沥青蒸发残留物含量试验	卓越意识
	任务3.11 乳化沥青微粒离子电荷试验	本质思维
	任务3.12 乳化沥青储存稳定性试验	工匠精神

项目学习目标

能阐述沥青的主要技术指标、相关试验的目的与适用范围；能进行相关试验的操作、数据采集和数据处理；能规范进行原始记录的填写和试验报告的编制。

项目学习评价

本项目学习评价总分为 100 分，学习完之后，请按照表 3-1 对本项目学习情况进行总评。

表 3-1　项目学习评价表

项目 3　沥青性能检验				
任务序号	学习任务名称	学习任务评价总得分	权重（%）	项目学习评价总分
任务 3.1	石油沥青认知		10	
任务 3.2	沥青取样方法		5	
任务 3.3	热沥青试样制备		10	
任务 3.4	沥青针入度试验		10	
任务 3.5	沥青软化点试验（环球法）		10	
任务 3.6	沥青延度试验		10	
任务 3.7	沥青与粗集料黏附性试验		10	
任务 3.8	乳化沥青认知		10	
任务 3.9	乳化沥青试样制备		5	
任务 3.10	乳化沥青蒸发残留物含量试验		10	
任务 3.11	乳化沥青微粒离子电荷试验		5	
任务 3.12	乳化沥青储存稳定性试验		5	

思政贴士

我国自 1998 年开始道路建设的跨越式发展以来，进口沥青在我国沥青市场上一直占据着较大份额，为了进一步提高国产沥青的产品竞争力，我国某公司针对沥青延度的问题开展了一系列研究，最终试验证明，改进后的沥青延度远远高于市场通用标准，大大提高了沥青的路用性能。

任务 3.1　石油沥青认知

任务书

小王、小李、大李、小张是毕业于某高职院校的学生，今年刚参加工作，小王的工作岗位是样品管理岗，小李、大李二人的工作岗位是沥青试验岗，小张的工作岗位是资料编制岗。现在接到任务：小王需对意向采购的几个品牌沥青取样并进行盲样管理；小李、大李二人对盲样开展相关技术指标的试验检测；小张负责根据小李、大李二人的原始记录编制试验检测报告，检测结果由试验室主任反馈给采购部门进行采购决策用。但由于建材课程结课已经有一段时间了，小李、大李二人对石油沥青的基础知识有些生疏，需要对石油沥青再次进行认知学习。那么石油沥青的基础知识有哪些呢？

课前学习测验

1. 规定形态的沥青试样，在规定温度下以一定速度受拉伸至断开时的长度，以 cm 表示。该定义所指的石油沥青的技术指标是（　　）。

　　A. 针入度　　　　　B. 延度　　　　　C. 软化点　　　　D. 闪点

2. 利用三组分分析法，可将石油沥青分离为油分、（　　）3 个组分。因我国富产石蜡基和中间基沥青，在油分中往往含有蜡，故在分析时还应将油蜡分离。

　　A. 树脂　　　　　B. 沥青质　　　　　C. 饱和分　　　　　D. 极性芳香分

3. 利用四组分分析法，可将石油沥青分离为沥青质、_____、环烷芳香烃、_____ 4 个组分。

4. 石油沥青的三大指标是针入度、软化点、延度。　　　　　　　　　　　　（　　）

课中任务准备

1. 阅读任务书，熟悉将要学习的主要内容。
2. 收集并查阅《建筑石油沥青》（GB/T 494—2010）等规范标准。

课中任务实施

引导实施 1：什么是沥青？一般呈现什么样的形态？

引导实施 2：沥青可以分为哪几类？

引导实施 3：石油沥青含有哪些化学组分？

引导实施 4：石油沥青的组分分析法有哪几种？各组分之间有什么样的联系？

引导实施 5：石油沥青的胶体结构有哪几种？

引导实施 6：石油沥青主要有哪些技术指标？

引导实施 7：石油沥青的三大指标指的是（　　）。

　　A. 针入度　　　B. 软化点　　　C. 延度　　　　D. 黏度

　　E. 闪点　　　　F. 溶解度

课后拓展思考

石油沥青对人体有害吗？在使用过程中，应注意哪些事项？

课后自我反思

_____

_____

_____

任务学习评价

待以上学习任务全部完成后，由学生自己、学生之间、学校教师、企业导师根据学生课前、课中、课后学习完成情况对每个学生进行综合评价，并将结果填入表 A-1 中。

相关知识

沥青是由多种碳氢化合物及其非金属（氧、硫、氮）衍生物组成的混合物，多以液体或半固体的形态存在。

图 3-1 沥青分类

沥青可分为地沥青和焦油沥青两大类，如图 3-1 所示。地沥青又分为天然沥青和石油沥青，天然沥青是石油渗出地表经长期暴露和蒸发后的残留物；石油沥青是精制加工石油所残余的渣油，经适当的工艺处理后得到的产品。焦油沥青是由煤、木材等有机物干馏加工所得的焦油经再加工得到的产品。

1. 石油沥青的化学组分

石油沥青的化学组成主要是碳（80%～87%）、氢（10%～15%）；其次是非烃元素，如氧、硫、氮等（<3%）；此外，还含有一些微量的金属元素，如镍、钒、铁、锰、镁、钠等。

为了研究石油沥青的化学组成与使用性能之间的联系，从工程角度出发，将沥青所含烃类化合物中化学性质相近的成分归类分析，从而划分为若干组，称为"沥青化学组分"，简称"组分"，主要有以下 2 种组分分析法，如图 3-2 所示。

1）三组分分析法

将石油沥青分离为油分、树脂、沥青质 3 个组分。因我国富产石蜡基和中间基沥青，油分中往往含有蜡，故在分析时还应将油蜡分离。

2）四组分分析法

将石油沥青分离为沥青质、饱和分、环烷芳香烃、极性芳香分 4 个组分。

（1）沥青质：沥青中不溶于正庚烷而溶于甲苯的物质。

（2）饱和分：亦称饱和烃，沥青中溶于正庚烷，吸附于 Al_2O_3 谱柱下，能为正庚烷或石油醚溶解脱附的物质。

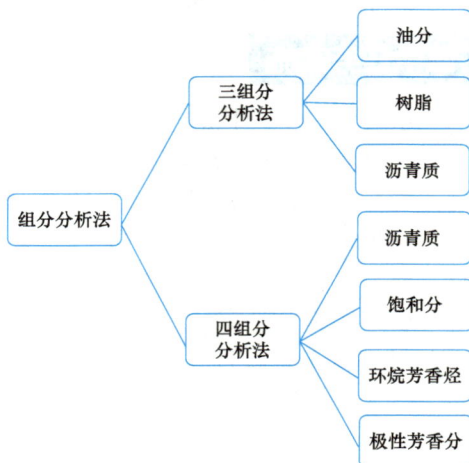

图 3-2 组分分析法

（3）环烷芳香烃：亦称芳香烃，沥青经上一步骤处理后，为甲苯所溶解脱附的物质。

（4）极性芳香分：亦称胶质，沥青经上一步骤处理后能为苯-乙醇或苯-甲醇所溶解脱附的物质。

对于多蜡沥青，还可将饱和分和环烷芳香分用丁酮-苯混合溶液冷冻分离出蜡。

沥青的化学组分与沥青的物理、力学性质有着密切的关系，主要表现为沥青组分及其含量的不同将引起沥青性质趋向性的变化。一般认为：油分使沥青具有流动性；树脂使沥青具有塑性，树脂中含有少量的酸性树脂（即地沥青酸和地沥青酸酐），是一种表面活性物质，能增强沥青与矿质材料表面的吸附性；沥青质能提高沥青的粘结性和热稳定性。

2. 石油沥青的胶体结构

沥青的组分并不能全面地反映沥青材料的性质，沥青的性质还与沥青的胶体结构有着密切的联系。根据沥青中各组分的化学组成和相对含量的不同，可以形成不同的胶体结构。石油沥青的胶体结构可分为下列 3 种类型，如图 3-3 所示。

（1）溶胶型结构：沥青质含量较少（<10%），油分及树脂含量较多，胶团外薄膜较厚，胶团相对运动较自由；这种结构的沥青黏滞性小，流动性大，塑性好，开裂后自行愈合能力强，但温度稳定性较差，具有液体沥青结构的特征。

（2）溶-凝胶型结构：当沥青质含量适当（15%～25%），又含适量的油分及树脂时，胶团的浓度增加，胶团间具有一定的吸引力，其大小介于溶胶型结构和凝胶型结构之间，故称为溶-凝胶型结构；这类沥青高温时的温度稳定性好，低温时的变形能力也较好，现代高级路面所用的沥青，大多属于这类胶体结构类型。

（3）凝胶型结构：油分及树脂含量较少，沥青质含量较多（>30%），胶团外膜较薄，胶团靠近团聚，胶团间的吸引力较大，相互移动困难；这种结构的沥青的特点是弹性和黏性较高，温度敏感性较小，流动性、塑性较低。

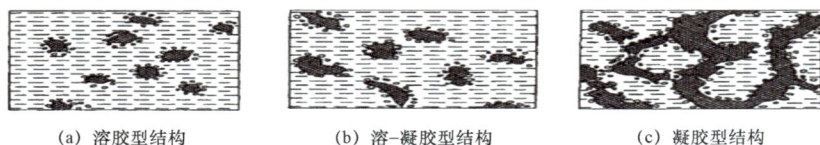

（a）溶胶型结构　　　　　　（b）溶-凝胶型结构　　　　　　（c）凝胶型结构

图 3-3　石油沥青胶体结构示意图

沥青的胶体结构与其路用性能有着密切的关系。为工程使用方便，通常采用针入度指数法划分其胶体结构类型，具体见表 3-2。

表 3-2　沥青的针入度指数和胶体结构类型

沥青的针入度指数	沥青胶体结构类型	沥青的针入度指数	沥青胶体结构类型	沥青的针入度指数	沥青胶体结构类型
<-2	溶胶	-2～+2	溶-凝胶	>+2	凝胶

3. 石油沥青的主要技术指标

石油沥青的主要技术指标有以下 11 种，其中针入度、软化点、延度为石油沥青的三大指标。

（1）密度：沥青试样在规定温度下单位体积所具有的质量，以 t/m³ 计。

（2）相对密度：在规定温度下，沥青质量与同体积水的质量的比值。

（3）针入度：在规定温度和时间内，附加一定质量的标准针垂直贯入沥青试样的深度，以 0.1 mm 表示。

（4）针入度指数：一种沥青结合料的温度感应性指标，反映针入度随温度变化的程度，由不同温度的针入度按规定方法计算得到。

（5）延度：规定形态的沥青试样，在规定温度下以一定速度受拉伸至断开时的长度，以 cm 表示。

（6）软化点：沥青试样在规定尺寸的金属环内，上置规定尺寸和质量的金属钢球，放于水或甘油中，以规定的速度加热，钢球下沉到规定距离时的温度，以℃表示。

（7）溶解度：沥青试样在规定溶剂中可溶物的含量，以质量百分率表示。

（8）蒸发损失：沥青试样在内径 55 mm、深 35 mm 的盛样皿中，在 163 ℃温度条件下加热并保持 5 h 后质量的损失，以百分率表示。

（9）闪点：沥青试样在规定的盛样器内按规定的升温速度受热时所蒸发的气体以规定的方法与试焰接触，初次发生一瞬即燃时的试样温度，以℃表示。盛样器对黏稠沥青是克利夫兰开口杯（简称COC），对液体沥青是泰格开口杯（简称TOC）。

（10）弗拉斯脆点：涂于金属片上的沥青试样薄膜在规定条件下，因被冷却和弯曲而出现裂纹时的温度，以℃表示。

（11）黏度：沥青试样在规定条件下流动时形成的抵抗力或内部阻力的度量，也称黏滞度。

我国天然沥青很少，但石油资源丰富，因此，石油沥青是使用量最大的一种沥青材料。在土木工程中，其不仅应用于屋面、地面、地下结构的防水，木材、钢材的防腐；还用作路面结构的胶结材料，其与不同组成的矿质材料按比例配合后可以形成不同结构的沥青路面。

任务 3.2　沥青取样方法

📖 任务书

为了尽快确定沥青供货单位，采购部门与几家意向供货单位约好了沥青取样的时间和地点，试验室主任按照事先安排，计划明天带领小王前往取样，小王很想把这项工作做好，所以需要提前熟悉沥青取样的方式方法、注意事项及签封要求。那么沥青取样该如何开展呢？

📖 课前学习测验

1. 在无搅拌设备的储油罐中取样时，当储罐过深，可在流出口按不同流出深度分（　　　）次取样。

　　A. 2　　　　　　　　B. 3　　　　　　　　C. 4　　　　　　　　D. 5

2. 在装料或卸料过程中取样时，要按时间间隔均匀地取至少（　　　）个规定数量样品，然后将这些样品充分混合后再取规定数量样品作为试样，样品也可分别进行检验。

　　A. 1　　　　　　　　B. 3　　　　　　　　C. 5　　　　　　　　D. 7

3. 盛样器应根据沥青的品种选择：液体或黏稠沥青采用带密封盖的广口____；乳化沥青也可使用带密封盖的广口____；固体沥青可用____也可用____，但需有外包装，以便携运。

4. 沥青取样方法适用于在生产、贮存或交货验收地点为检查沥青产品质量而对各种沥青材料样品的采集。　　　　　　　　　　　　　　　　　　　　　　　　　　　（　　　）

5. 对供质量仲裁用的沥青试样，应采用未使用过的新容器存放，且由供需双方人员共同取样，取样后双方在密封条上签字盖章。　　　　　　　　　　　　　　　　　　（　　　）

📖 课中任务准备

1. 阅读任务书，熟悉将要学习的主要内容。

2. 收集并查阅《沥青取样法》（GB/T 11147—2010）等规范标准。

课中任务实施 ▮▮▮▮

引导实施1：沥青取样的数量是如何规定的？

引导实施 2：沥青取样的数量如何确定？

引导实施 3：对于需要进行质量仲裁的沥青，取样时应注意哪些事项？

引导实施 4：简述从储油罐中取样的步骤。

引导实施 5：简述从槽车、罐车、沥青洒布车中取样的步骤。

引导实施 6：简述从沥青桶中取样的数量规定。

引导实施 7：固体沥青应如何取样？

引导实施 8：沥青样品应如何保护存放？

📖 课后拓展思考

储油罐中存储的沥青是否需要恒温保存？如果需要，对温度有何要求？

⬡ 课后自我反思

_____

_____

_____

📖 任务学习评价

待以上学习任务全部完成后，由学生自己、学生之间、学校教师、企业导师根据学生课前、课中、课后学习完成情况对每个学生进行综合评价，并将结果填入表 A-1 中。

📖 相关知识

不同种类和不同级别的沥青材料经常被交替装运、贮存在同一个容器中，导致容器可能被残渣、沉积物、清洗溶剂所污染，另外，取样时还存在着许多会导致样品不能严格代表材料性质或转移中被污染的情况，因此要求沥青生产者、运输者、用户和取样者在取样和处理时必须十分注意，防止样品被污染。取样者应严格按照本取样法取样，使得取得的样品能代表材料的真实性质和情况，尽可能地代表所取材料的平均性能，从而有效避免由于取样原因造成的质量纠纷。

1. 目的与适用范围

（1）本方法适用于在生产、贮存或交货地点的取样。

（2）样品选择。为检查沥青质量，装运前在生产厂或贮存地取样；当不能在生产厂或贮存地取样时，在交货地点当时取样。

（3）样品数量。液体沥青样品量：常规检验取样量为 1 L（乳化沥青 4 L），从贮罐中取样为 4 L，从桶中取样为 1 L。固体或半固体样品量：取样量为 1～2 kg。

2. 仪器设备

1）盛样器

（1）盛样器的种类：液体沥青（不包括乳化沥青）或半固体沥青盛样器宜为具有密封盖的广口金属容器，如图 3-4（a）所示；乳化沥青盛样器宜为具有密封盖的广口塑料容器，如图 3-4（b）所示；碎沥青或粉末沥青盛样器宜为具有密封盖的广口金属容器，也可以用塑料袋，此塑料袋应有可靠的外包装。

（a）具有密封盖的广口金属容器 （b）具有密封盖的广口塑料容器

图 3-4 沥青盛样器

（2）盛样器的大小：根据取样量多少选择合适的盛样器。

2）沥青取样器

金属制，带塞，塞上有金属长柄提手，如图 3-5 所示。

3. 取样准备

检查取样器和盛样器是否干净、干燥，盖子是否配合严密。使用过的取样器或金属桶等盛样容器必须洗净、干燥后才可使用。对供质量仲裁用的沥青试样，应采用未使用过的新容器存放，且由供需双方人员共同取样，取样后双方在密封条上签字盖章。

单位：mm

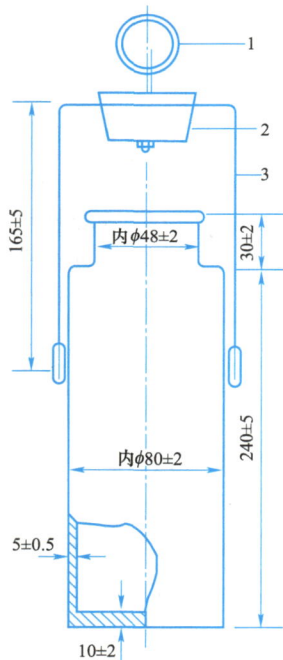

1—吊环；2—聚四氟乙烯塞；3—手柄。

（a）构造图 （b）示例

图 3-5 沥青取样器

4. 取样步骤

1）从沥青贮罐中取样

（1）从无搅拌设备的贮罐中取样（沥青为流体或经加热可变成流体）。

应先关闭进料阀和出料阀，然后再取样。

① 取样阀法。贮罐允许安装取样阀（图3-6）取样，阀门要有简单、安全的入口，安装在贮罐的一侧。贮罐按高度三等分，第一个取样阀安装在贮罐的上三分之一处，但距贮罐顶不得小于1 m；第二个取样阀安装在贮罐中部的三分之一处；第三个取样阀安装在贮罐的下三分之一处，且距罐底不得低于1.1 m。

依次从上、中、下取样阀取样，每个取样阀至少要放掉4 L沥青后方可取1～4 L样品。从贮罐中取出的上、中、下3个样品充分混合均匀后，再取1～4 L进行所要求的检验。

② 底部进样取样器法（不适用于黏稠沥青）。在贮罐中投入底部进样取样器（图3-7），依次按贮罐中实际液面高度的上、中、下位置各取样1～4 L，取样器在每次取样后要尽量倒净。从贮罐中取出的上、中、下3个样品充分混合均匀后，再取1～4 L进行所要求的检验。

③ 上部进样取样器法。在贮罐中投入上部进样取样器（图3-8），依次按贮罐中实际液面高度的上、中、下位置各取样1～4 L，取样器在每次取样后要尽量倒净。从贮罐中取出的上、中、下3个样品充分混合均匀后，再取1～4 L进行所要求的检验。

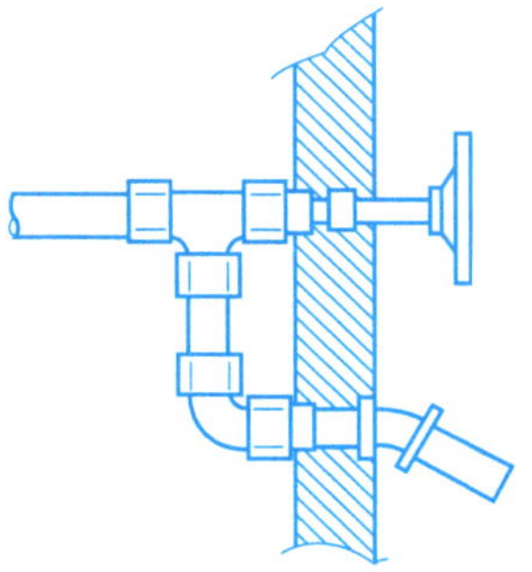

图3-6 取样阀

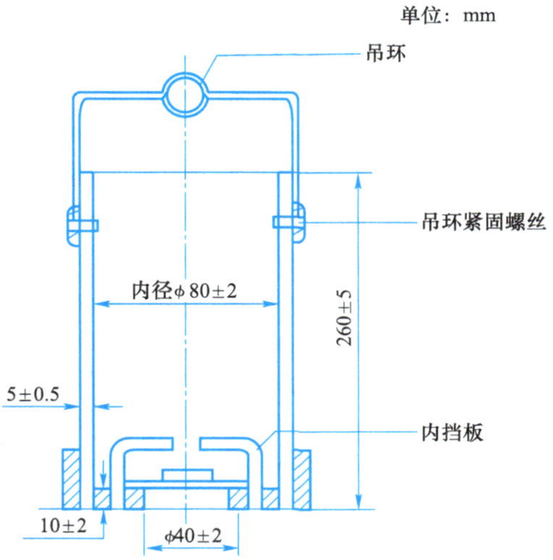

图3-7 底部进样取样器

（2）从有搅拌设备的贮罐中取样（沥青为流体或经加热可变成流体）。

先将沥青充分搅拌均匀，再选择取样阀法、底部进样取样器法、上部进样取样器法中的任意一种方法从罐中部取1～4 L样品进行所要求的检验。

2）从槽车、罐车、沥青洒布车中取样

（1）当车上设有取样阀、顶盖、出料阀时，可从取样阀、顶盖、出料阀处取样。从取样阀取样要先放掉4 L沥青再取样；从顶盖处取样时，用取样器从该容器中部取样；从出料阀取样时，应在出料至约二分之一时取样。

（2）也可以在出料线上安装一种如图3-9所示的可拆卸式在线取样装置，使用这种取样

装置取样时要先放掉 4L 沥青。

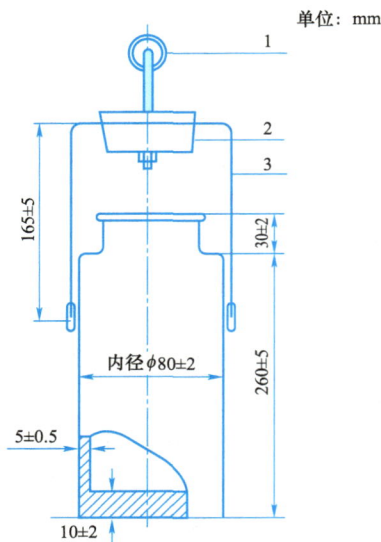

单位：mm

1—吊环；2—聚四氟乙烯塞；3—手柄。

图 3-8　上部进样取样器

图 3-9　沥青在线取样装置

3）从油轮和驳船中取样

（1）卸料前取样。

对于流体沥青（包括经加热可变成流体的轻质沥青）在卸料前取样时，可以采用底部进样取样器法、上部进样取样器法取样。

（2）装卸料时管线中取样。

① 装卸料时可通过在泵的出口线上或在沥青靠重力流出的管线上加装一个在线取样装置以便取样。取样装置伸入管线部分的管的直径要小于管线直径的八分之一，开口应面向沥青流向，通过安装一个阀门或旋塞控制取样。根据装卸料需要的时间，间隔均匀地取至少 3 个 4L 样品。装卸料结束后将所取样品充分混合均匀后再从中取出 4L 样品进行所要求的检验。

② 对于容量 4 000 m³ 或稍小的油轮、驳船可在出口线直接取样，在整个装、卸料过程中，按装、卸料时间间隔均匀地取至少 5 个 4L 样品，容量大于 4 000 m³ 时，至少要取 10 个 4L 样品，装卸料结束后将这些样品充分混合均匀后再从中取出 4L 样品进行所要求的检验。

4）半固体或未破碎的固体沥青的取样

（1）取样方式。

从桶、袋、箱中取样时，应在样品表面以下及容器侧面以内至少 75 mm 处采取。若沥青是可以打碎的，则用干净锤头打碎后取样，若沥青是软的，则用干净的适宜工具切割取样。

（2）取样数量。

① 同批产品的取样数量。当能确认是同一批生产的产品时，随机取一件按前述"取样方式"规定取 4 kg 供检验用。

② 非同批产品的取样数量。当不能确认是同一批生产的产品或按同批产品要求取出的样品经检验不符合规范要求时，则应按随机取样原则选出若干件再按前述"取样方式"规定取

样，其件数等于总件的立方根。表 3–3 给出了不同装载件数所要取出的样品件数。当取样件数超过一件，每个样品重量应不少于 0.1 kg，这样取出的样品，经充分混合均匀后再取出 4 kg 供检验用。

当不是一批产品且批次可以明显分出时，从每一批次中取出 4 kg 样品供检验。

表 3–3　不同装载件数所要取出的样品件数

装载件数	取样件数	装载件数	取样件数
2～8	2	217～343	7
9～27	3	344～512	8
28～64	4	513～729	9
65～125	5	730～1 000	10
126～216	6	1 001～1 331	11

5）从桶中取样

按"半固体或未破碎的固体沥青的取样"中的随机取样要求，从充分混合均匀后的桶中用取样器取 1 L 液体沥青。

6）碎块或粉末状沥青的取样

（1）散装贮存的沥青。

散装贮存的碎块或粉末状固体沥青取样，应按《固体和半固体石油产品取样法》（SH/T 0229—1992）规定的从散装不熔性固体石油产品中采取试样的方法操作。总样量应不少于 25 kg，再从中取出 1～2 kg 供检验用。

（2）桶、袋、箱装贮存的沥青。

装在桶、袋、箱中的碎块或粉末状固体沥青，按"半固体或未破碎的固体沥青的取样"所述随机取样原则挑选出若干件，从每一件接近中心处取至少 0.5 kg 样品，这样采集的总样量应不少于 25 kg，然后按《固体和半固体石油产品取样法》（SH/T 0229—1992）规定的从散装不熔性固体石油产品中采取试样的方法执行四分法操作，从中取出 1～2 kg 供检验用。

7）在交货地点取样

（1）到达目的地、贮存地、使用地或卸货时应尽快取样。

（2）每次交货都要取足需要数量的沥青样品。

（3）取样可以在卸料前按"从沥青贮罐中取样"的规定取样，也可以通过在运输贮罐的中间三分之一处加取样阀或其他取样装置取样。

（4）所取样品中的一部分用于验收试验，其他样品留存以备第一次样品未通过检验时复查。

5. 样品的保护与存放

（1）盛样器应洁净、干燥，盖子配合严密。使用过的旧容器应洗刷干净，并满足上述要求，才可重复使用。

（2）注意防止污染样品，装好样品后的盛样器应立即封口。

（3）盛满样品的容器不能浸入溶剂中，也不能用浸透了溶剂的布擦拭，如果须清洁要用洁净的干布擦拭。

（4）要妥善包装以防止乳化沥青冻结，盛样器要盛满以避免空气和乳液的接触面结皮。

（5）当须将样品从一个容器移入另一容器时，应符合本取样法要求。

（6）盛样器装完样品、密封好并擦拭干净后，应用适宜的标记笔在盛样器上（不得在盖上）做出标识。如果用标签牢固地贴在盛样器上做标识，要保证转移中不丢失，标签不能贴在盛样器的盖子上。所有标识材料应能在 200 ℃以上温度下保存完好。

（7）对于质量仲裁用的沥青样品，由供需双方共同取样，取样后双方在密封上签字盖章，一份用于检验，一份留存备用。

任务 3.3　热沥青试样制备

任务书

小王在试验室主任的带领下，顺利取回了样品并进行了盲样管理。为了尽快给试验室主任提交检测结果，小李、大李二人按照程序要求领取了样品准备开展相关性能检测，但开展检测工作之前，需要将领出来的样品分别制备成针入度、软化点、延度与粗集料黏附性等试验所需的试样。那么，这些样品该如何制备呢？

课前学习测验

1. 热沥青试样制备，要求烘箱的加热温度能达到（　　）℃，并装有温度控制调节器。

　　A. 50　　　　　　　B. 100　　　　　　C. 150　　　　　　　D. 200

2. 在热沥青试样制备过程中，使用的滤筛孔径为（　　）mm。

　　A. 0.3　　　　　　B. 0.6　　　　　　C. 1.18　　　　　　D. 2.36

3. 制备热沥青试样时，需要用到的主要仪器设备有（　　）等。

　　A. 烘箱　　　　　B. 加热炉具　　　C. 滤筛　　　　　　D. 沥青盛样器皿

4. 热沥青试样制备方法适用于黏稠道路石油沥青、煤沥青、聚合物改性沥青等需要加热后才能进行试验的沥青试样，按本方法准备的沥青试样供立即在试验室进行各项试验使用。

（　　）

5. 在沥青灌模过程中，为避免混进气泡，在沥青灌模时不得反复搅动沥青。　（　　）

课中任务准备

1. 阅读任务书，熟悉《公路工程沥青及沥青混合料试验规程》（JTG E20—2011）中 T 0602—2011 试验方法。

2. 准备并检查好所需的仪器设备。

课中任务实施

引导实施 1：阐述本方法的适用范围。

引导实施 2：热沥青试样制备所需的仪器设备有哪些？对设备参数有何要求？

引导实施 3：当石油沥青试样中含有水分时，该如何加热？

引导实施 4：当石油沥青试样中无水分时，该如何加热？

引导实施 5：加热好的沥青，在灌模之前是否需要过筛？如果需要，应如何操作？

引导实施 6：在灌模过程中，若沥青温度有所下降，该如何处理？

引导实施 7：在沥青加热过程中，用玻璃棒轻轻搅拌的目的是什么？

引导实施 8：在灌模的过程中，是否可以反复搅动沥青？为什么？

课后拓展思考

1. 灌模剩余的沥青该如何处理？
2. 对粘有沥青的容器等器具，应如何进行清洁？

课后自我反思

_____

_____

_____

任务学习评价

待以上学习任务全部完成后，由学生自己、学生之间、学校教师、企业导师根据学生课前、课中、课后学习完成情况对每个学生进行综合评价，并将结果填入表 A–1 中。

相关知识

1. 目的与适用范围

（1）本方法规定了试验前沥青试样的准备方法。

（2）本方法适用于黏稠道路石油沥青、煤沥青、聚合物改性沥青等需要加热后才能进行试验的沥青试样，按本方法准备的沥青试样供立即在试验室进行各项试验使用。

2. 仪器设备

（1）烘箱：200 ℃，装有温度控制调节器，如图 3–10 所示。

（2）加热炉具：电炉或燃气炉（丙烷石油气、天然气），如图 3–11 所示。

（3）石棉垫：不小于炉具上面积，如图 3–12 所示。

图 3–10　烘箱

图 3–11　电炉

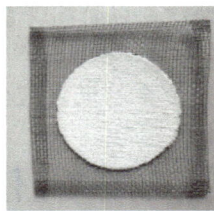
图 3–12　石棉垫

（4）滤筛：筛孔孔径 0.6 mm，如图 3–13 所示。

（5）沥青盛样器皿：金属锅或瓷坩埚。

（6）烧杯：1 000 mL。

（7）温度计：量程 0～100 ℃ 及 200 ℃，分度值为 0.1 ℃。

（8）天平或电子秤：量程 2 000 g，分度值不大于 1 g；量程 100 g，分度值不大于 0.1 g，如图 3-14 所示。

（9）其他：玻璃棒、溶剂、棉纱等。

图 3-13　滤筛

图 3-14　电子秤

3. 试样制备步骤

（1）将装有试样的盛样器带盖放入恒温烘箱中，当石油沥青试样中含有水分时，烘箱温度 80 ℃ 左右，加热至沥青全部熔化后供脱水用。当石油沥青中无水分时，烘箱温度宜为软化点温度以上 90 ℃，通常为 135 ℃ 左右。对取来的沥青试样不得直接采用电炉或燃气炉明火加热。沥青加热流程图如图 3-15 所示。

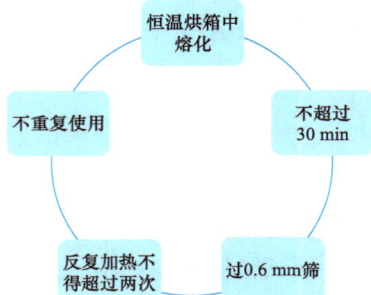

图 3-15　沥青加热流程图

（2）当石油沥青试样中含有水分时，将盛样器皿放在可控温的砂浴、油浴、电热套上加热脱水，当不得已采用电炉、燃气炉加热脱水时必须加放石棉垫。加热时间不超过 30 min，并用玻璃棒轻轻搅拌，防止局部过热。在沥青温度不超过 100 ℃ 的条件下，仔细脱水至无泡沫为止，最后的加热温度不宜超过软化点温度以上 100 ℃（石油沥青）或 50 ℃（煤沥青）。

（3）将盛样器中的沥青通过 0.6 mm 的滤筛过滤，不等冷却立即一次性灌入各项试验的模具中。当温度下降太多时，宜适当加热再灌模。根据需要也可将试样分装入擦拭干净并干燥的一个或数个沥青盛样器皿中，数量应满足一批试验项目所需的沥青样品。

（4）在沥青灌模过程中，如温度下降可放入烘箱中适当加热，试样冷却后反复加热的次数不得超过两次，以防沥青老化影响试验结果。为避免混进气泡，在沥青灌模时不得反复搅动沥青。

（5）灌模剩余的沥青应立即清洗干净，不得重复使用。

任务 3.4　沥青针入度试验

📖 任务书

通过样品流转单上的信息，小李、大李二人得知制备的热沥青试样是 70 号道路石油沥青，拟用于某大型小区沥青混合料路面摊铺，且该小区所处区域的气候分区为 1-4-1（夏炎热冬温潮湿区）。现准备对该批样品开展针入度试验，以判定该指标是否符合使用要求。小李、大李、小张三人怕出现差错，需要再次复习有关针入度试验的相关知识。主要包括哪些内容呢？

课前学习测验

1. 将沥青试样注入盛样皿中，试样高度应超过预计针入度值（　　　）mm，并盖上盛样皿。

　　A. 5　　　　　　　　B. 10　　　　　　　C. 15　　　　　　　D. 20

2. 为提高测试精度，针入度试验宜采用能够自动计时的针入度仪进行测定，要求针和针连杆必须在无明显摩擦的情况下垂直运动，针的贯入深度必须精确至 0.1 mm。　　　　（　　　）

课中任务准备

1. 阅读任务书，熟悉将要学习的主要内容。

2. 收集并阅读《沥青针入度测定法》（GB/T 4509—2010）、《公路工程沥青及沥青混合料试验规程》（JTG E20—2011）等标准规范。

3. 准备并检查好所需的仪器设备，取出已制备好的试样并调节好水浴温度。

课中任务实施

请按照要求完成沥青针入度试验，并将原始数据等相关信息填入"沥青针入度试验检测记录表"中，再根据相关数据和信息，编制试验检测报告。

沥青针入度试验

沥青针入度试验检测记录表

检测单位名称：　　　　　　　　　　　　　　　　　　　　记录编号：

工程名称						
工程部位/用途						
样品信息						
试验检测日期			试验条件			
检测依据			判定依据			
主要设备名称及编号						
取样地点/沥青产地			沥青种类及标号			
试样编号	试验温度	第一次测值	第二次测值	第三次测值	针入度	针入度指数

附加声明：

检测：　　　　　　记录：　　　　　　复核：　　　　　　日期：　　年　　月　　日

📖 **课后拓展思考**

1. 《沥青试验检测报告》中对应试验项目的技术指标从哪里可以获得？

2. 在沥青针入度试验的过程中，每一步都要细致认真，尤其是针尖与沥青表面接触临界点的判定是否准确会直接关系到检测结果的准确性，那么你是如何操作的？

⬡ **课后自我反思**

_____

_____

_____

📖 **任务学习评价**

待以上学习任务全部完成后，由学生自己、学生之间、学校教师、企业导师根据学生课前、课中、课后学习完成情况对每个学生进行综合评价，并将结果填入表 A-2 中。

📖 **相关知识**

1. 试验目的与适用范围

本方法规定了针入度范围为 0～500（0.1 mm）的标准针、试样皿和其他试验条件。

本方法适用于测定针入度范围为 0～500（0.1 mm）的固体和半固体沥青材料的针入度。

注：用于本方法中的乳化沥青残留物样品的制备和试验，可以参考《乳化沥青蒸发残留物含量测定法》（SH/T 0099.4—2005）试验方法。

沥青的针入度以标准针在一定的荷载、时间及温度条件下垂直穿入沥青试样的深度表示，单位为 0.1 mm。除非另行规定，标准针、针连杆与附加砝码的总质量为（100±0.05）g，温度为（25±0.1）℃，时间为 5 s。特定试验可采用的其他条件见表 3-4，特定试验应在报告中注明试验条件。

表 3-4　特定试验条件

温度/℃	荷载/g	时间/s
0	200	60
4	200	60
46	50	5

图 3-16　针入度试验仪

2. 仪器设备

（1）针入度仪：如图 3-16 所示。

① 宜采用能够自动计时的针入度仪，要求针和针连杆必须在无明显摩擦的情况下垂直运动，针的贯入深度必须精确至 0.1 mm。

② 针和针连杆组合件总质量为（50±0.05）g，另附（50±0.05）g和（100±0.05）g 砝码各一个，可以组成（100±0.05）g 和（200±0.05）g 的荷载以满足试验所需的荷载条件。

③ 仪器应设有放置平底玻璃保温皿的平台，并有调节水平的装置，针连杆应与平台相垂直。应有针连杆制动按钮，紧压按钮可使针连杆自由落下。

④ 针连杆应易于装拆，以便检查其质量。

⑤ 仪器还应设有可自由转动与调节距离的悬臂，其端部有一面小镜或聚光灯泡，借以观察针尖与试样表面接触情况。

⑥ 应对装置的准确性经常校验。

当采用其他试验条件时，应在试验结果中注明。

（2）标准针：如图 3-17 所示。

① 标准针应由硬化回火的不锈钢制造，钢号为 440-C 或等同的材料，洛氏硬度为 54～60 HRC，针长约 50 mm，长针长约 60 mm，所有针的直径为 1.00～1.02 mm。

② 针的一端应磨成 8.7°～9.7° 的锥形。

③ 锥形应与针体同轴，圆锥表面和针体表面交界线的轴向最大偏差不大于 0.2 mm，切平的圆锥端直径应在 0.14～0.16 mm 之间，与针轴所成角度不超过 2°。

④ 切平的圆锥面的周边应锋利没有毛刺。

⑤ 圆锥表面粗糙度 Ra 的算术平均值应为 0.2～0.3 μm，针应装在一个黄铜或不锈钢的金属箍中。

⑥ 金属箍的直径为（3.20±0.05）mm，长度为（38±1）mm，针应牢固地装在箍里。

⑦ 针尖及针的任何其余部分均不得偏离箍轴 1 mm 以上。针箍及其附件总质量为（2.50±0.05）g。

⑧ 可以在针箍的一端打孔或将其边缘磨平，以控制质量。

⑨ 每个针箍上打印单独的标志号码。

⑩ 试验中所使用的每根针必须附有计量部门的检验单，并定期进行检验。

（3）盛样皿：如图 3-18 所示，应使用最小尺寸符合表 3-5 要求的金属或玻璃的圆柱型平底容器。

表 3-5　盛样皿尺寸

针入度范围/0.1 mm	直径/mm	深度/mm
小于 40	33～55	8～16
小于 200	55	35
200～350	55～75	45～70
350～500	55	70

图 3-17　针入度试验用标准针

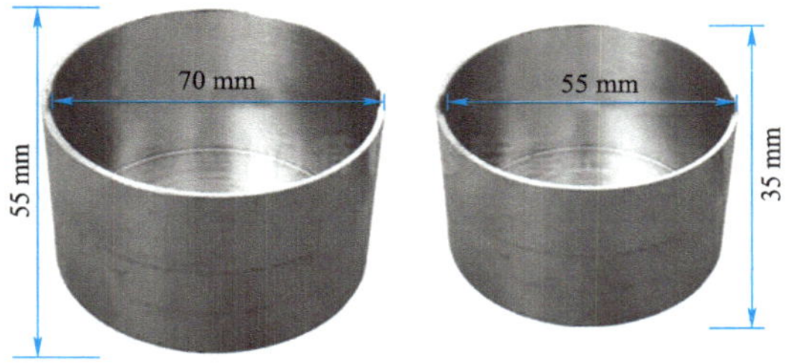

图 3-18　针入度试验用盛样皿

（4）恒温水槽：容量不少于 10 L，能保持温度在试验温度下控制在±0.1 ℃范围内的水浴。水浴中距水底部 50 mm 处有一个带孔的支架，这一支架离水面至少有 100 mm。如果针入度测定在水浴中进行，支架应足够支撑针入度仪。在低温下测定针入度时，水浴中装入盐水。

> **注**：水浴时建议使用蒸馏水，小心不要让表面活性剂、隔离剂或其他化学试剂污染水，这些物质的存在会影响针入度的测定值。建议测量针入度的温度小于等于 0 ℃时，用盐调整水的凝固点，以满足水浴恒温的要求。

（5）平底玻璃皿：容量不小于 350 mL，深度要没过最大的试样皿。内设一个不锈钢三角支架，以保证试样皿稳定。

（6）温度计或温度传感器：液体玻璃温度计，刻度范围为 -8～55 ℃，分度值为 0.1 ℃。或满足此准确度、精度和灵敏度的其他测温装置。温度计或测温装置应定期按检验方法进行校正。

（7）计时器：分度值为 0.1 s。

（8）位移计或位移传感器：分度值为 0.1 mm。

（9）盛样皿盖：平板玻璃，直径不小于盛样皿开口尺寸。

（10）溶剂：三氧乙烯等。

（11）其他：电炉或砂浴、石棉网、金属锅或瓷把坩埚等。

3. 试验准备

（1）按任务 3.2 方法准备试样。

（2）按试验要求将恒温水槽调节到要求的试验温度 25 ℃，或 15 ℃、30 ℃（5 ℃），保持稳定。

（3）将试样倒入预先选好的试样皿中，试样深度应至少是预计锥入深度的 120%。如果试样皿的直径小于 65 mm，而预期针入度高于 200（0.1 mm），那么每个试验条件都要倒 3 个样品。如果样品足够，浇注的样品要达到盛样皿边缘。

（4）将盛样皿松松地盖住以防灰尘落入。在 15～30 ℃的室温下，小的盛样皿（直径 33 mm×深度 16 mm）中的样品冷却 45 min～1.5 h，中等盛样皿（直径 55 mm×深度 35 mm）中的样品冷却 1.0～1.5 h，较大的盛样皿中的样品冷却 1.5～2.0 h，冷却结束后将盛样皿和平底玻璃皿一起放入规定温度下的水浴中，水面应没过试样表面 10 mm 以上。在规定的试验温度下恒温，小盛样皿恒温 45 min～1.5 h，中等盛样皿恒温 1.0～1.5 h，更大盛样皿恒温 1.5～2.0 h。

（5）调节针入度仪的水平，检查针连杆和导轨，确保上面没有水和其他物质。如果预测针入度超过 350 应选择长针，否则用标准针。先用合适的溶剂将针擦干净，再用干净的布擦干，然后将针插入针连杆中固定。按试验条件选择合适的砝码并放好砝码。

4. 试验步骤

（1）如果测试时针入度仪是在水浴中，则直接将盛样皿放在浸在水中的支架上，使试样完全浸在水中。如果试验时针入度仪不在水浴中，将已恒温到试验温度的盛样皿放在平底玻璃皿中的三角支架上，用与水浴相同温度的水完全覆盖样品，将平底玻璃皿放置在针入度仪的平台上。慢慢放下针连杆，使针尖刚刚接触到试样的表面，必要时用放置在合适位置的光源观察针头位置使针尖与水中针头的投影刚刚接触。轻轻拉下活杆，使其与针连杆顶端相接触，调节针入度仪上的读数指零或归零。

（2）快速释放针连杆，开始试验，这时计时与试针落下贯入试样同时开始，至试验规定时间自动停止。

（3）读取锥入深度，精确至 0.1 mm。

（4）同一试样至少重复测定 3 次。每一试验点的距离和试验点与盛样皿边缘的距离都不得小于 10 mm。每次试验前都应将试样和平底玻璃皿放入恒温水浴中，每次测定都要用干净的针。当针入度小于 200 时可将针取下用合适的溶剂擦净后继续使用。当针入度超过 200 时，每个盛样皿中扎一针，3 个试样皿得到 3 个数据。或者每个试样至少用 3 根针，每次试验用的针留在试样中，直到 3 根针扎完时再将针从试样中取出。但是这样测得的针入度的最高值和最低值之差，不得超过重复性、再现性的规定。

5. 试验结果与允许误差

（1）同一试样 3 次平行试验结果的最大值和最小值之差在下列允许误差范围内时，计算 3 次试验结果的平均值，取整数作为针入度试验结果，以 0.1 mm 计。

针入度（0.1 mm）	允许误差（0.1 mm）
0～49	2
50～149	4
150～249	6
250～350	8
350～500	20

如果误差超过了以上允许误差范围，则利用"试验准备"中的第二个样品重复试验。

如果结果再次超过允许值，则取消所有的试验结果，重新进行试验。

（2）精密度。

① 重复性：同一操作者在同一试验室用同一台仪器对同一样品测得的 2 次结果不超过平均值的 4%。

② 再现性：不同操作者在不同试验室用同一类型的不同仪器对同一样品测得的 2 次结果不超过平均值的 11%。

> **注：** 因为试验测定值由试验方法进行定义，故本试验方法得到的数据没有偏差。

任务 3.5　沥青软化点试验（环球法）

📖 任务书

小李、大李二人在完成了沥青针入度试验后，接着准备采用环球法进行沥青软化点试验，小李、大李二人依然为了整个试验操作过程规范正确，小张仍旧担心报告编制过程中出现差错，三人需要再次复习有关沥青软化点试验（环球法）的相关知识。让我们一起来看看有哪些内容吧！

📖 课前学习测验

1. 沥青软化点试验仪金属支架的一侧立杆距环上面（　　　）mm 处刻有水高标记。

　　A. 50　　　　　　　　B. 51　　　　　　　　C. 52　　　　　　　　D. 53

2. 沥青软化点试验（环球法）使用的隔离剂，由甘油与滑石粉调制而成，其质量比为（   ）。

    A. 1:2   B. 2:1   C. 1:3   D. 3:1

3. 沥青软化点试验（环球法）使用的软化点试验仪，其金属支架的环下面距下层底板为（   ）mm，而下底板距烧杯底不小于（   ）mm，也不得大于（   ）mm。

    A. 25.4   B. 12.7   C. 19   D. 20

📖 课中任务准备

1. 阅读任务书，熟悉将要学习的主要内容。

2. 收集并熟读《沥青软化点测定法 环球法》（GB/T 4507—2014）、《公路工程沥青及沥青混合料试验规程》（JTG E20—2011）等规范标准。

3. 准备并检查好所需的仪器设备，取出已制备好的试样，调节好恒温水浴温度。

课中任务实施

请按照要求完成沥青软化点试验，并将原始数据等相关信息填入"沥青软化点试验检测记录表（环球法）"中，再根据相关数据和信息，编制试验检测报告。

沥青软化点试验（环球法）

沥青软化点试验检测记录表（环球法）

检测单位名称：   记录编号：

工程名称			
工程部位/用途			
样品信息			
试验检测日期		试验条件	
检测依据		判定依据	

主要设备名称及编号			
取样地点		沥青产地	
沥青种类		沥青标号	

试样编号	烧杯内液体名称	烧杯中液体每分钟末温度上升记录/℃		软化点/℃	
		开始 1 2 3 4 5 6 7 8 9 10 11 12 13 14 15 16		测值	平均值

附加声明：

检测：   记录：   复核：   日期： 年 月 日

📖 课后拓展思考

1. 对于沥青软化点试验，除了环球法以外还有哪些方法？

2. 现在市面上销售的自动软化点仪一般都配有磁极搅拌棒，该搅拌棒在试验过程中主要起什么作用？

课后自我反思

_____

_____

_____

任务学习评价

待以上学习任务全部完成后，由学生自己、学生之间、学校教师、企业导师根据学生课前、课中、课后学习完成情况对每个学生进行综合评价，并将结果填入表 A-2 中。

相关知识

1. 试验目的与适用范围

本方法适用于环球法测定沥青材料软化点（测定的软化点范围为 30～157 ℃）。

本方法适用的沥青材料包括石油沥青、煤焦油沥青、乳化沥青或改性乳化沥青残留物、改性沥青、在加热及不改变性质的情况下可以熔化为流体的天然沥青、特种沥青及沥青混合料回收得到的沥青材料等。

1）试验原理

置于肩或锥状黄铜环中 2 块水平沥青圆片，在加热介质中以一定速度加热，每块沥青片上置有一只钢球,所测得的软化点为当试样软化到使 2 个放在沥青上的钢球下落 25 mm 距离时温度的平均值。

2）意义和应用

沥青是没有严格熔点的黏性物质，随着温度升高，它们会逐渐变软，黏度降低。因此软化点应严格按照试验方法来测定，这样才能使结果有较好的重复性。软化点常用于沥青材料的分类，是沥青产品标准中的重要技术指标。

2. 仪器设备

（1）软化点试验仪：由下列部件组成。

① 钢球：直径 9.53 mm，质量（3.50 ±0.05）g。

② 试样环：黄铜或不锈钢等制成。

③ 钢球定位环：黄铜或不锈钢制成。

④ 金属支架：由两个主杆和三层平行的金属板组成。上层为一圆盘，直径略大于烧杯直径，中间有一圆孔，用以插放温度计。板上有两个孔，各放置金属环，中间有一小孔可支持温度计的测温端部。一侧立杆距环上面 51 mm 处刻有水高标记。环下面距下层底板为 25.4 mm，而下底板距烧杯底不小于 12.7 mm，也不得大于 19 mm。三层金属板和两个主杆由两螺母固定在一起。

⑤ 耐热玻璃烧杯：可以加热的玻璃容器，其内径不小于 85 mm，离加热底部的深度不小于 120 mm。

⑥ 温度计：量程 0～100 ℃，分度值 0.5 ℃。

（2）装有温度调节器的电炉或其他加热炉具（液化石油气、天然气等）。应采用带有振荡搅拌器的加热电炉，振荡子置于烧杯底部。

> **注：** 当采用自动软化点仪时，各项要求均同上，温度采用温度传感器测定，并能自动显示或记录，且应对自动装置的准确性经常校验。

（3）试样底板：金属板（表面粗糙度应达 $Ra0.8\,\mu m$）或玻璃板。

（4）恒温水槽：控温的准确度为 $\pm 0.5\,℃$。

（5）平直刮刀。

（6）甘油、滑石粉隔离剂（甘油与滑石粉的质量比为 2∶1），此隔离剂适合 $30\sim157\,℃$ 的沥青材料。

（7）加热介质：新煮沸过的蒸馏水或甘油。

（8）其他：如石棉网等。

3. 试验准备

（1）将试样环置于涂有甘油滑石粉隔离剂的试样底板上。按任务 3.3 中的规定方法制备沥青试样，并将试样徐徐注入试样环内至略高出环面为止。

如估计试样软化点在 $120\sim157\,℃$ 之间，则应将试样环和试样底板（不用玻璃板）预热至 $80\sim100\,℃$，然后将试样环放到涂有隔离剂的试样底板上。否则会出现沥青试样从铜环中完全脱落的现象。

如果样品为按照《乳化沥青蒸发残留物含量测定法》（SH/T 0099.4—2005）、《乳化沥青残留物含量测定法》（SH/T 0099.16—2005）、《低温蒸发回收乳化沥青残留物试验法》（NB/SH/T 0890—2014）方法得到的乳化沥青残留物或高聚物改性乳化沥青残留物，可将其热残留物搅拌均匀后直接注入试模中。如果重复试验，不能重新加热样品，应在干净的容器中用新鲜样品制备试样。

（2）让试件在室温下至少冷却 30 min。对于在室温下较软的样品，应将试件在低于预计软化点 10 ℃ 以上的环境中冷却 30 min。从开始倒试样至完成试验的时间不得超过 240 min。

（3）当试样冷却后，用稍加热的小刀或刮刀干净地刮去多余的沥青，使得每一个圆片饱满且和环的顶部齐平。

4. 试验步骤

（1）选择下列一种加热介质和适合预计软化点的温度计或测温设备。

① 新煮沸过的蒸馏水适于软化点为 $30\sim80\,℃$ 的沥青，起始加热介质的温度应为（5 ± 1）℃。

② 甘油适于软化点为 $80\sim157\,℃$ 的沥青，起始加热介质的温度应为（30 ± 1）℃。

③ 为了进行仲裁，所有软化点低于 80 ℃ 的沥青应在水浴中测定，而软化点在 $80\sim157\,℃$ 的沥青材料在甘油浴中测定。仲裁时采用标准中规定的相应的温度计。或者上述内容由买卖双方共同决定。

（2）把仪器放在通风橱内并配置两个样品环、钢球定位环，并将温度计插入合适的位置，浴槽装满加热介质，并使各仪器处于适当位置。用镊子将钢球置于浴槽底部，使其同支架的其他部位达到相同的起始温度。

（3）如果有必要，将浴槽置于冰水中，或小心加热并维持适当的起始浴温达 15 min，并使仪器处于适当位置，注意不要玷污浴液。

（4）再次用镊子从浴槽底部将钢球夹住并置于定位器中。

（5）从浴槽底部加热使温度以恒定的速率 5 ℃/min 上升。为避免通风的影响有必要时可用保护装置。试验期间不能取加热速率的平均值，但在 3 min 后，升温速度应达到（5±0.5）℃/min，若温度上升速率超过此限定范围，则此次试验失败。

（6）当包着沥青的钢球触及下支撑板时，分别记录温度计所显示的温度。无需对温度计的浸没部分进行校正。取 2 个温度的平均值作为沥青材料的软化点。当软化点在 30～157 ℃时，如果 2 个温度的差值超过 1 ℃，则重新试验。

5. 试验结果与允许误差

（1）因为软化点的测定是条件性的试验方法，对于给定的沥青试样，当软化点略高于 80 ℃时，水浴中测定的软化点低于甘油浴中测定的软化点。

（2）软化点高于 80 ℃时，从水浴变成甘油浴时的变化是不连续的。在甘油浴中所测得的石油沥青软化点最低可能为 84.5 ℃，而煤焦油沥青的软化点最低可能为 82 ℃。当甘油浴中软化点低于这些值时，应转变为水浴中的软化点，并在报告中注明。

（3）将甘油浴软化点转化为水浴软化点时，石油沥青的校正值为 −4.5 ℃，煤焦油沥青的为 −2.0 ℃。采用此校正值只能粗略地表示出软化点的高低，欲得到准确的软化点应在水浴中重复试验。

（4）无论在任何情况下，如果甘油浴中所测得的石油沥青软化点的平均值为 80.0 ℃或更低，煤焦油沥青软化点的平均值为 77.5 ℃或更低，则应在水浴中重复试验。

（5）将水浴中略高于 80 ℃的软化点转化成甘油浴中的软化点时，石油沥青的校正值为 +4.5 ℃，煤焦油沥青的为 +2.0 ℃。采用此校正值只能粗略地表示出软化点的高低，欲得到准确的软化点应在甘油浴中重复试验。

在任何情况下，如果水浴中 2 次测定温度的平均值为 85.0 ℃或更高，则应在甘油浴中重复试验。

（6）报告：取 2 个结果的平均值作为试验结果；报告试验结果时同时报告浴槽中所使用的加热介质的种类。

（7）精密度（95%置信区间）。

① 重复性：在同一试验室，由同一操作者使用相同的设备，按照相同的测试方法，并在短时间内对同一被测对象相互进行独立测试获得的 2 个试验结果的绝对差值不超过表 3−6 中的值。

② 再现性：在不同试验室，由不同的操作者使用不同的设备，按照相同的测试方法，对同一被测对象相互进行独立测试获得的 2 个试验结果的绝对差值不超过表 3−6 中的值。

表 3−6　精密度要求数据表

加热介质	沥青材料类型	软化点范围/℃	重复性（最大绝对误差）/℃	再现性（最大绝对误差）/℃
水	石油沥青、乳化沥青残留物、焦油沥青	30～80	1.2	2.0
水	聚合物改性沥青、乳化改性沥青残留物	30～80	1.5	3.5
甘油	建筑石油沥青、特种沥青等石油沥青	80～157	1.5	5.5
甘油	聚合物改性沥青、乳化改性沥青残留物等改性沥青产品	80～157	1.5	5.5

任务 3.6 沥青延度试验

任务书

小李、大李二人在完成了沥青软化点试验（环球法）之后，接着准备开展沥青延度试验，小李、大李二人想在该试验操作过程继续做到规范正确，小张想保持报告编制过程中零差错的成绩，三人打算继续借此机会复习，那么有关沥青延度试验的相关知识有哪些呢？

课前学习测验

1. 延度仪的测量长度不宜大于（   ）cm，仪器应有自动控温、控速系统。

   A. 100　　　　　　B. 150　　　　　　C. 200　　　　　　D. 250

2. 将沥青延度试模连同底板放入试验规定温度的水槽中保温（   ）min。

   A. 75～80　　　　B. 75～85　　　　C. 85～90　　　　D. 85～95

3. 在沥青延度试验中，当发现沥青细丝浮于水面或沉入槽底时，应在水中加入_____或_____，调整水的密度至与试件相近后，重新试验。

4. 将延度仪注水，并保温至试验温度±0.1 ℃。   （   ）

课中任务准备

1. 阅读任务书，熟悉将要学习的主要内容。

2. 收集并熟读《沥青延度测定法》（GB/T 4508—2010）、《公路工程沥青及沥青混合料试验规程》（JTG E20—2011）等规范标准。

3. 准备并检查好所需的仪器设备，取出已制备好的试样、调节好延度仪中试验溶液温度。

课中任务实施

请按照要求完成沥青延度试验，并将原始数据等相关信息填入"沥青延度试验检测记录表"中，再根据相关数据和信息，编制试验检测报告。

沥青延度试验

沥青延度试验检测记录表

检测单位名称：　　　　　　　　　　　　　　　　　　　　记录编号：

工程名称						
工程部位/用途						
样品信息						
试验检测日期			试验条件			
检测依据			判定依据			
主要设备名称及编号						
取样地点/沥青产地			沥青种类及标号			
试样编号	试验温度	延伸速度	试件 1 测值	试件 2 测值	试件 3 测值	平均值

免责声明：

检测：　　　　　记录：　　　　　复核：　　　　　日期：　　年　　月　　日

课后拓展思考

什么是沥青材料测力延度试验？

课后自我反思

_____

_____

_____

任务学习评价

待以上学习任务全部完成后，由学生自己、学生之间、学校教师、企业导师根据学生课前、课中、课后学习完成情况对每个学生进行综合评价，并将结果填入表 A–2 中。

相关知识

1. 试验目的与适用范围

（1）本方法适用于测定道路石油沥青、聚合物改性沥青、液体石油沥青蒸馏残留物和乳化沥青蒸发残留物等材料的延度。

（2）沥青延度的试验温度与拉伸速率可根据要求采用，通常采用的试验温度为 25 ℃、15 ℃、10 ℃或 5 ℃，拉伸速为（5±0.25）cm/min。当低温采用（1±0.5）cm/min 拉伸速度时，应在报告中注明。

（3）本任务介绍的是"试验温度为（25±0.5）℃，拉伸速度为（5±0.25）cm/min"条件下的试验方法。

2. 仪器设备

（1）延度仪：延度仪的测量长度不宜大于 150 cm，仪器应有自动控温、控速系统；应满足试件浸没于水中，能保持规定的试验温度及规定的拉伸速度拉伸试件，且试验时应无明显振动。

（2）试模：黄铜制，由两个弧形端模和两个侧模组成，试模内侧表面粗糙度 $Ra0.2\ \mu m$。

（3）试模底板：与试模同材质，由黄铜制成，一面磨光至表面粗糙度 $Ra0.63\ \mu m$）。

（4）恒温水槽：容量不少于 10 L，控制温度的准确度为 0.1 ℃；水槽中应设有带孔搁架，搁架距水槽底不得小于 50 mm；试件浸入水中深度不小于 100 mm。

（5）温度计：量程 0～50 ℃，分度值为 0.1 ℃和 0.5 ℃的各一支。

（6）砂浴或其他加热炉具。

（7）甘油滑石粉隔离剂：甘油与滑石粉的质量比 2∶1。

（8）其他：平直刮刀、石棉网、酒精、食盐等。

3. 试验准备

（1）将隔离剂拌和均匀，涂于清洁干燥的试模底板和两个侧模的内侧表面，并将试模在试模底板上水平安放好。

（2）按规定的方法准备试样，然后将试样呈细流状自试模的一端至另一端往返数次缓缓注入模中，最后略高出试模。灌模时不得使气泡混入。

（3）试件在室温中冷却 30～40 min，然后放在规定温度的水浴中保持 30 min 后取出，用热刮刀刮除高出试模的沥青，使沥青面与试模面齐平。沥青的刮除应自试模的中间刮向两端，且表面应刮得平滑。

（4）恒温：再将试件、试模连同底板放入试验规定温度的水槽中保温 85～95 min。

（5）检查延度仪拉伸速度是否符合规定要求，然后移动滑板使其指针正对标尺的零点。将延度仪注水，并保温至试验温度±0.5 ℃。

4. 试验步骤

（1）将恒温后的试件连同底板移入延度仪的水槽中，然后将盛有试件的试模自试模底板上取下，将试模两端的孔分别套在滑板及槽端固定板的金属柱上，并取下侧模。水面距试件表面应不小于 25 mm。

（2）开动延度仪，并注意观察试件的延伸情况。此时应注意，在试验过程中，水温应始终保持在试验规定温度范围内，且仪器不得有振动，水面不得有晃动，当水槽采用循环水时，应暂时中断循环，停止水流。在试验中，当发现沥青细丝浮于水面或沉入槽底时，应在水中加入酒精或食盐，调整水的密度至与试件相近后，重新试验。

（3）试件拉断时，读取指针所指标尺上的读数，以 cm 计。在正常情况下，试件延伸时应成锥尖状，拉断时实际断面接近于零。如不能得到这种结果，则应在报告中注明。

5. 试验结果与精密度

（1）若 3 个试件测定值在其平均值的 5%内，取平行测定 3 个结果的平均值作为测定结果。若 3 个试件测定值不在其平均值的 5%以内，但其中 2 个较高值在平均值的 5%之内，则弃去最低测定值，取 2 个较高值的平均值作为测定结果，否则重新测定。

（2）精密度。

① 重复性：同一操作者在同一试验室使用同一试验仪器在不同时间对同一样品进行试验得到的结果不超过平均值的 10%（置信度 95%）。

② 再现性：不同操作者在不同试验室用相同类型的仪器对同一样品进行试验得到的结果不超过平均值的 20%（置信度 95%）。

任务 3.7　沥青与粗集料的黏附性试验

任务书

小李、大李二人在完成了沥青延度试验之后，因时间太晚计划第二天开展沥青与粗集料的黏附性试验，因这个试验相对比较复杂，而且试验规程要求"由两名以上经验丰富的试验人员分别评定后，取平均等级作为试验结果"，于是他们连夜对该试验内容进行了系统复习，并邀请了试验室主任和质量负责人第二天一同参与试验；小张又是个积极上进的人，也仔细认真地复习了沥青与粗集料黏附性试验的有关内容。

📖 课前学习测验

1. 采用水煮法进行沥青与粗集料的黏附性试验时，将集料逐个用细线在中部系牢，再置温度为（105±5）℃的烘箱内（　　）h。

　　A. 0.5　　　　　　B. 1　　　　　　C. 1.5　　　　　　D. 2

2. 当采用水煮法进行沥青与粗集料的黏附性试验时，将裹覆沥青的集料颗粒悬挂于试验架上，下面垫一张纸，使多余的沥青流掉，并在室温下冷却（　　）min。

　　A. 5　　　　　　B. 10　　　　　　C. 15　　　　　　D. 30

3. 沥青与粗集料的黏附性试验规定：对于最大粒径大于 13.2 mm 的集料应用____进行试验，对最大粒径小于等于 13.2 mm 的集料应用____进行试验。

4. 当采用水煮法进行沥青与粗集料的黏附性试验时，待集料颗粒冷却后，逐个用线提起，浸入盛有煮沸水的大烧杯中央，调整加热炉，使烧杯中的水保持微沸状态，但不允许有沸开的泡沫。　　　　　　　　　　　　　　　　　　　　　　（　　）

5. 当采用水煮法进行沥青与粗集料的黏附性试验时，同一试样应平行试验 5 个集料颗粒，并由 2 名以上经验丰富的试验人员分别评定后，取平均等级作为试验结果。（　　）

📖 课中任务准备

1. 阅读任务书，熟悉将要学习的主要内容。

2. 阅读《公路工程沥青及沥青混合料试验规程》（JTG E20—2011）中的 T 0616—1993 试验方法。

3. 准备并检查好所需的仪器设备。

4. 取出已制备好的试样。

5. 调节好容器中的水温。

课中任务实施

请按照要求完成沥青与粗集料的黏附性试验，并将原始数据等相关信息填入"沥青与粗集料的黏附性试验检测记录表"中，再根据相关数据和信息，编制试验检测报告。

沥青与粗集料的黏附性试验

沥青与粗集料的黏附性试验检测记录表

检测单位名称：　　　　　　　　　　　　　　　　　　　记录编号：

工程名称		工程部位/用途	
样品信息			
试验检测日期		试验条件	
检测依据		判定依据	
主要设备名称及编号			

续表

取样地点			沥青产地		沥青种类及标号	
集料产地及名称			试验方法		代表数量	

试样编号	集料粒径/mm	集料温度/℃	沥青温度/℃	集料在沥青中时间/s	裹覆沥青的集料冷却时间/min	浸煮时间/min	试验后集料表面上沥青膜剥落情况	黏附性等级	综合评定

附加声明：

检测：　　　　记录：　　　　复核：　　　　日期：　　年　　月　　日

课后拓展思考

本试验的微沸状态是非定量因素，你认为微沸状态的定量温度为多少更具参考性？

课后自我反思

_____

_____

_____

任务学习评价

待以上学习任务全部完成后，由学生自己、学生之间、学校教师、企业导师根据学生课前、课中、课后学习完成情况对每个学生进行综合评价，并将结果填入表 A–2 中。

相关知识

1. 试验目的与适用范围

本方法适用于检验沥青与粗集料表面的黏附性及评定粗集料的抗水剥离能力。

对于最大粒径大于 13.2 mm 的集料应用水煮法进行试验，对最大粒径小于等于 13.2 mm 的集料应用水浸法进行试验。

当同一种料源集料最大粒径既有大于又有小于 13.2 mm 的集料时，以粒径大于 13.2 mm 集料的水煮法试验为标准；对细粒式沥青混合料应以水浸法试验为标准。

2. 仪器设备

（1）天平：称量 500 g，分度值不大于 0.01 g。

（2）恒温水槽：能保持温度（80±1）℃。

（3）拌和用小型容器：500 mL。

（4）烧杯：1 000 mL。

（5）试验架：悬挂试样用。

（6）细线：尼龙线或棉线、铜丝线。

（7）铁丝网。

（8）标准筛：9.5 mm、13.2 mm、19 mm 的方孔筛各 1 个。

（9）烘箱：装有自动温度调节器。

（10）电炉、燃气炉。

（11）玻璃板：200 mm×200 mm 左右。

（12）搪瓷盘：300 mm×400 mm 左右。

（13）其他：拌和铲、石棉网、纱布、手套等。

3. 水煮法试验

1）试验准备

（1）将集料过 13.2 mm、19 mm 筛，取粒径 13.2～19 mm 形状接近立方体的规则集料 5 个，用纯净水洗净，置温度为（105±5）℃的烘箱中烘干，然后放在干燥器中备用。

（2）大烧杯中盛水，并置于加热炉的石棉网上煮沸。

2）试验步骤

（1）将集料逐个用细线在中部系牢，再置温度为（105±5）℃的烘箱内 1 h。按任务 3.3 的方法准备沥青试样。

（2）逐个用线提起加热的矿料颗粒，没入预先加热的沥青（石油沥青 130～150 ℃）中 45 s 后，轻轻拿出，使集料颗粒完全为沥青膜所裹覆。

（3）将裹覆沥青的集料颗粒悬挂于试验架上，下面垫一张纸，使多余的沥青流掉，并在室温下冷却 15 min。

（4）待集料颗粒冷却后，逐个用线提起，浸入盛有煮沸水的大烧杯中央，调整加热炉，使烧杯中的水保持微沸状态，如图 3-19（b）、（c）所示，但不允许有沸开的泡沫，如图 3-19（a）所示。

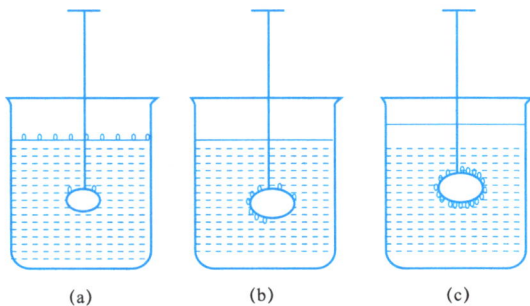

（a）　　　　　（b）　　　　　（c）

图 3-19　水煮法试验示意图

（5）浸煮 3 min 后，将集料从水中取出，适当冷却，然后放入一个盛有常温水的纸杯等容器中，在水中观察矿料颗粒上沥青膜的剥落程度，并按表 3-7 评定其黏附性等级。

表 3-7　沥青与粗集料的黏附性等级

试验后集料表面上沥青膜剥落情况	黏附性等级
沥青膜完全保存，剥离面积百分率接近于 0	5
沥青膜少部分为水所移动，厚度不均匀，剥离面积百分率小于 10%	4
沥青膜局部明显地为水所移动，基本保留在集料表面上，剥离面积百分率小于 30%	3
沥青膜大部分为水所移动，局部保留在集料表面上，剥离面积百分奉大于 30%	2
沥青膜完全为水所移动，集料基本裸露，沥青全浮于水面上	1

（6）同一试样应平行试验 5 个集料颗粒，并由 2 名以上经验丰富的试验人员分别评定后，取平均等级作为试验结果。

4. 水浸法试验

1）试验准备

（1）将集料过 9.5 mm、13.2 mm 筛，取粒径 9.5～13.2 mm 形状规则的集料 200 g，用洁净水洗净，并置温度为（105±5）℃的烘箱中烘干，然后放在干燥器中备用。

（2）按任务 3.3 准备沥青试样，加热至要求的拌和温度。

（3）将煮沸过的热水注入恒温水槽中，并维持温度（80±1）℃。

2）试验步骤

（1）按四分法称取集料颗粒 100 g 置搪瓷盘中，连同搪瓷盘一起放入已升温至沥青拌和温度以上 5 ℃的烘箱中持续加热 1 h。

（2）按每 100 g 集料加入沥青（5.5 ±0.2）g 的比例称取沥青，精确至 0.1 g，放入小型拌和容器中，一起置入同一烘箱中加热 15 min。

（3）将搪瓷盘中的集料倒入拌和容器的沥青中后，从烘箱中取出拌和容器，立即用金属铲均匀拌和 1～1.5 min，使集料完全被沥青薄膜裹覆；然后，立即将裹有沥青的集料取 20 个，用小铲移至玻璃板上摊开，并置室温下冷却 1 h。

（4）将放有集料的玻璃板浸入温度为（80±1）℃的恒温水槽中，保持 30 min，并将剥离及浮于水面的沥青用纸片捞出。

（5）由水中小心取出玻璃板，浸入水槽内的冷水中，仔细观察裹覆集料的沥青薄膜的剥落情况。由 2 名以上经验丰富的试验人员分别目测，评定剥离面积的百分率，评定后取平均值。

注：为使估计的剥离面积百分率较为正确，宜先制取若干个不同剥离率的样本，用比照法目测评定。不同剥离率的样本，可用加不同比例抗剥离剂的改性沥青与酸性集料拌和后浸水得到，也可由同一种沥青与不同集料品种拌和后浸水得到，逐个仔细计算得出样本的剥离面积百分率。

（6）由剥离面积百分率按表 3-7 评定沥青与集料的黏附性等级。

任务 3.8　乳化沥青认知

任务书

小张把有采购意向的几个品牌的石油沥青试验检测报告分别找小李、质量负责人、技术负责人签好字，盖好试验室报告专用章，提交给了试验室主任后正准备离开，又被试验室主任安排了新任务。

因本项目的小区道路在施工过程中，需要在基层和面层之间洒布透层油，该透层油选择的是阳离子型乳化沥青。采购部门已经联系好了几家供应商，现在的任务是尽快对这几家供应商的乳化沥青进行取样检测，并将检测结果反馈给采购部门进行采购决策用。

此次任务分工依然是：小王对意向采购的几家供应商的乳化沥青取样并进行盲样管理，小李、大李二人对盲样开展相关技术指标试验检测，小张负责根据小李的原始记录编制试验检测报告，检测结果由试验室主任反馈给采购部门进行采购决策用。但由于在校学习期间，关于乳化沥青的内容学得比较浅，几人对乳化沥青的相关知识有些生疏，需要对乳化沥青再次进行认知学习。那么乳化沥青的基本知识有哪些呢？

课前学习测验

1.（　　　）是乳化沥青组成的主要材料，占 55%～70%，其性质将直接决定乳化沥青的成膜性能和路用性质。

　　A. 沥青　　　　　　　B. 乳化沥青　　　　　C. 稳定剂　　　　　　D. 隔离剂

2. 为防止已经分散的乳化沥青在贮存期彼此凝聚，并在施工喷洒或拌和机械作用下有良好的稳定性，必要时可加入适量的（　　　）。

　　A. 沥青　　　　　　　B. 乳化沥青　　　　　C. 稳定剂　　　　　　D. 隔离剂

3. 乳化剂按其亲水基在水中是否电离而分为离子型和非离子型两大类，而离子型乳化剂又可以继续分为（　　　）三小类。

　　A. 阳离子型　　　　B. 阴离子型　　　　　C. 两性离子型　　　　D. 非离子型

4. 水在乳化沥青中起着（　　　）及化学反应的作用。

　　A. 润湿　　　　　　　B. 润滑　　　　　　　C. 溶解　　　　　　　　D. 粘结

5. 乳化沥青不仅适用于铺筑路面，而且在路堤边坡保护、层面防水、金属材料表面防腐等工程中得到广泛应用。　　　　　　　　　　　　　　　　　　　　　　　　　　　　（　　　）

6. 乳化沥青用于修筑路面，不论是阳离子型乳化沥青还是阴离子型乳化沥青，都有两种施工方法：一是洒布法，如透层、粘层、表面处治或贯入式沥青碎石路面；二是拌和法，如沥青碎石或沥青混合料路面。　　　　　　　　　　　　　　　　　　　　　　　　　（　　　）

课中任务准备

1. 阅读任务书，熟悉《公路工程沥青及沥青混合料试验规程》（JTG E20—2011）、《公路沥青路面施工技术规范》（JTG F40—2004）中关于本任务的主要内容。

2. 收集并查阅关于乳化沥青的其他规范标准。

课中任务实施

引导实施 1：阐述乳化沥青的含义。

引导实施 2：乳化沥青主要由哪几种材料组成？

引导实施 3：乳化剂在乳化沥青中主要起到什么作用？

引导实施 4：乳化剂有哪几种类型，各有哪些特点？

引导实施 5：稳定剂有哪几种？在乳化沥青中起到什么作用？

引导实施 6：请根据以下乳化剂结构示意图，辨别该乳化剂属于阴离子型还是阳离子型。

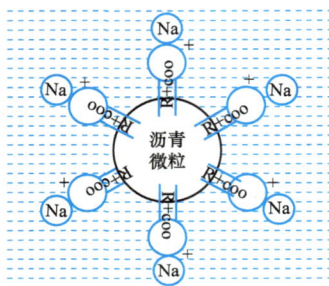

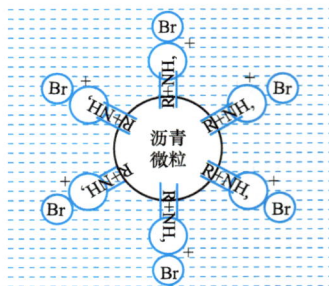

引导实施 7：在道路铺筑过程中，乳化沥青有哪几种施工方法？

课后拓展思考

1. 乳化沥青对人体有害吗？在使用过程中，应注意哪些事项？

2. 请阐述粘层油和透层油的区别。

课后自我反思

_____

_____

_____

任务学习评价

待以上学习任务全部完成后，由学生自己、学生之间、学校教师、企业导师根据学生课前、课中、课后学习完成情况对每个学生进行综合评价，并将结果填入表 A-1 中。

相关知识

乳化沥青是石油沥青与水在乳化剂、稳定剂等的作用下，生成水包油或油包水（取决于乳化剂的种类）的液态沥青，也称沥青乳液，其外观为茶褐色，在常温下具有较好的流动性。不仅适用于铺筑路面，而且在路堤边坡保护、层面防水、金属材料表面防腐等工程中得到了广泛应用。

1. 乳化沥青的组成材料

乳化沥青主要由沥青、乳化剂、稳定剂和水等组成。

1）沥青

沥青是乳化沥青组成的主要材料，占 55%～70%，沥青的性质将直接决定乳化沥青的成膜性能和路用性质。在选择乳化沥青用的沥青时，首先要考虑它的易乳化性。一般来说，相同油源和工艺的沥青，针入度较大者易于形成乳液，但针入度的选择，应根据乳化沥青在路面工程中的用途来决定。另外，沥青中活性组分的含量与沥青乳化的难易性有直接关系，通常认为对于沥青酸总量大于1%的沥青，采用通用乳化剂和一般工艺即可形成乳化沥青。

2）乳化剂

乳化沥青的性质极大程度上依赖于乳化剂的性能，乳化剂是乳化沥青形成的关键材料。沥青乳化剂是表面活性剂的一种，从化学结构上看，其是一种"两亲性"分子，分子的一部分具有亲水性质（亲水基），而另一部分具有亲油性质（亲油基），这两个基团具有使互不相溶的沥青与水连接起来的特殊功能。在沥青、水分散体系中，沥青微粒被乳化剂分子的亲油基吸引，此时以沥青微粒为固体核，乳化剂包裹在沥青颗粒表面形成吸附层；乳化剂的另一端与水分子吸引，形成一层水膜，可机械地阻碍颗粒的聚集。

乳化剂按其亲水基在水中是否电离而分为离子型和非离子型两大类，而离子型乳化剂又可以继续分为阳离子型、阴离子型、两性离子型三小类。

（1）阴离子型乳化剂：溶于水中时，能电离为离子或离子胶束，且与亲油基相连的亲水基团带有阴（或负）电荷的乳化剂，其结构如图 3-20（a）所示。

阴离子沥青乳化剂最主要的亲水基团有羟酸盐（如 $COONa$）、硫酸酯盐（如 OSO_3Na）、磺酸盐（如 SO_3Na）等3种。

（2）阳离子型乳化剂：溶于水中时，能电离为离子或离子胶束，且与亲油基相连接的亲水基团带有阳（或正）电荷的乳化剂，其结构如图 3-20（b）所示。

阳离子型沥青乳化剂按其化学结构，主要有季铵盐类、烷基胺类、酰胺类、咪唑啉类、环氧乙烷二胺类和胺化木质素类等。

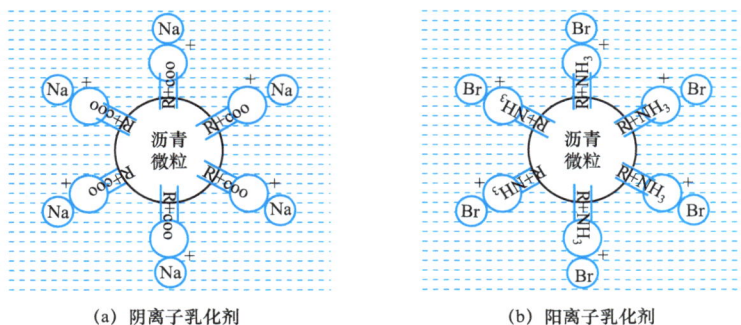

(a) 阴离子乳化剂　　(b) 阳离子乳化剂

图 3-20　阴离子和阳离子乳化剂结构示意图

（3）两性离子型乳化剂：在水中溶解时，电离成离子或离子胶束，且与亲油基相连接的亲水基团既带有阴电荷又带有阳电荷的乳化剂。

两性离子型沥青乳化剂按其两性离子的亲水基团的结构和特性，主要分为氨基酸型、甜菜型和咪唑啉型等。

（4）非离子型乳化剂：在水中溶解时，不能离解成离子或离子胶束，而是依赖分子所含的羟基（—OH）和醚链（—O—）等作为亲水基团的乳化剂。

非离子型乳化剂根据亲水基团的结构可分为醚基类、酯基类、酰胺类和杂环类等，但应用最多的为环氧乙烷缩合物和一元醇或多元醇的缩合物。

我国各种不同乳化剂类型见表 3-8。

表 3-8　我国各种不同乳化剂类型表

乳化剂类型	乳化剂名称
阴离子型	十二烷磺酸
阳离子型	十六烷基三甲基溴化铵
	十八烷基三甲基氯化铵
	十八叔胺二硝酸季氯盐
	十七烷基二甲基苄基氯化铵
两性离子型	氨基酸型两性乳化剂
非离子型	辛基酚聚氧乙烯醚

3）稳定剂

为防止已经分散的乳化沥青在贮存期彼此凝聚，并在施工喷洒或拌和机械作用下具有良好的稳定性，必要时可加入适量的稳定剂。稳定剂可分为以下两类。

（1）有机稳定剂：常用的有聚乙烯醇、聚丙烯酰胺、羟甲基纤维素纳、糊精、MF 废液等。这类稳定剂可提高乳液的贮存稳定性和施工稳定性。

（2）无机稳定剂：常用的有氯化钙、氯化镁、氯化铵和氯化铬等。这类稳定剂可提高乳液的贮存稳定性。

稳定剂对乳化剂的协同作用必须通过试验来确定，并且稳定剂的用量不宜过多，一般取乳化沥青的 0.1%～0.15%为宜。

4）水

水是乳化沥青的主要组成部分。水在乳化沥青中起着润湿、溶解及化学反应的作用。所以要求乳化沥青中的水应当纯净，不含其他杂质，一般要求每升洁净水中氧化钙含量不得超过 80 mg，否则将对乳化性能产生很大影响，并且会多消耗乳化剂。水的用量一般为乳化沥青的 30%～70%。

2. 乳化沥青品种与技术要求

乳化沥青在与砂、石骨料拌和成型后，会在空气中逐渐脱水，水膜变薄，使沥青微粒靠拢，将乳化剂薄膜挤裂而凝成连续的沥青粘结膜层。成膜后的乳化沥青具有一定的耐热性、粘结性、抗裂性、韧性及防水性。

乳化沥青品种及适用范围见表 3-9。

表 3-9　乳化沥青品种及适用范围

分类	品种及代号	适用范围
阳离子乳化沥青	PC-1	表处、贯入式路面及下封层用
	PC-2	透层油及基层养生用
	PC-3	粘层油用
	BC-4	稀浆封层或冷拌沥青混合料用
阴离子乳化沥青	PA-1	表处、贯入式路面及下封层用
	PA-2	透层油及基层养生用
	PA-3	粘层油用
	BA-1	稀浆封层或冷拌沥青混合料用
非离子乳化沥青	PN-2	透层油用
	BN-1	与水泥稳定集料同时使用（基层路拌或再生）

道路用乳化沥青技术要求见表 3-10。

表 3-10　道路用乳化沥青技术要求

试验项目		单位	品种及代号									
			阳离子				阴离子				非离子	
			喷洒用			拌和用	喷洒用			拌和用	喷洒用	拌和用
			PC-1	PC-2	PC-3	BC-1	PA-1	PA-2	PA-3	BA-1	PN-2	BN-1
破乳速度		—	快裂	慢裂	快裂或中裂	慢裂或中裂	快裂	慢裂	快裂或中裂	慢裂或中裂	慢裂	慢裂
粒子电荷		—	阳离子（+）				阴离子（−）				非离子	
筛上残留物（1.18 mm 筛），不大于		%	0.1				0.1				0.1	
黏度	恩格拉黏度计 E$_{25}$	—	2~10	1~6	1~6	2~30	2~10	1~6	1~6	2~30	1~6	2~30
	道路标准黏度计 C$_{25,3}$	S	10~25	8~20	8~20	10~60	10~25	8~20	8~20	10~60	8~20	10~60
蒸发残留物	残留分含量，不小于	%	50	50	50	55	50	50	50	55	50	55
	溶解度，不小于	%	97.5				97.5				97.5	
	针入度（25 ℃）	0.1 mm	50~200	50~300	45~150		50~200	50~300	45~150		50~300	60~300
	延度（15 ℃），不小于	cm	40				40				40	
与粗集料的黏附性，裹附面积，不大于		—	2/3			—	2/3			—	2/3	—
与粗、细粒式集料拌和试验		—	—			均匀	—			均匀	—	
水泥拌和试验的筛上剩余，不大于		%									—	3
常温贮存稳定性： 1 d，不大于 5 d，不大于		%	1 5				1 5				1 5	

3. 乳化沥青的应用

乳化沥青用于修筑路面，不论是阳离子型乳化沥青还是阴离子型乳化沥青，都有两种施工方法：一是洒布法，如透层、粘层、表面处治或贯入式沥青碎石路面；二是拌和法，如沥青碎石或沥青混合料路面。

任务 3.9　乳化沥青试样制备

📖 任务书

小王又一次在试验室主任的带领下，经过一整天的奔波，顺利取回了乳化沥青样品并进行了盲样管理。为了尽快给试验室主任提交检测结果，小李、大李二人按照程序要求领取了样品准备开展相关性能检测，但开展试验检测工作之前，需要将领出来的样品分别制备成乳化沥青蒸发残留物含量、微粒离子电荷、存储稳定性等试验所需的试样。那么，这些样品该如何制作呢？

📖 课前学习测验

1. 每个乳化沥青样品的数量根据试验需要决定，常规测定不宜少于（　　　）g。
   A. 300　　　　　　　B. 400　　　　　　　C. 500　　　　　　　D. 600
2. 制备乳化沥青试样时，需要用到的主要仪器设备有（　　　）等。
   A. 烘箱　　　　　　B. 滤筛　　　　　　C. 天平　　　　　　D. 压力机
3. 在制备乳化沥青试样时，将烧杯放到电炉上加热并不断搅拌，直到乳化剂完全溶解，当需调节 pH 值时可加入适量的外加剂，将溶液加热到 40～60 ℃。　　　　　　　（　　　）
4. 将预热的乳化剂倒入乳化机中，随即将预热的沥青徐徐倒入，待全部沥青在机中循环 1 min 后放出，进行各项试验或密封保存。　　　　　　　　　　　　　　　　　　（　　　）
5. 在倒入乳化沥青过程中，需随时观察乳化情况，如出现异常，应立即停止倒入乳化沥青，并把乳化机中的沥青乳化剂混合液放出。　　　　　　　　　　　　　　　　　　（　　　）

📖 课中任务准备

1. 阅读任务书，熟悉《公路工程沥青及沥青混合料试验规程》（JTG E20—2011）3.2 部分。
2. 准备并检查好所需的仪器设备。

课中任务实施 ▮▮▮▮

引导实施 1：乳化沥青试样制备主要需要用到哪些仪器设备？
引导实施 2：进行乳化沥青技术指标测试时，试样数量是如何规定的？
引导实施 3：简述乳化沥青非试验室自行配制时的试样制备步骤。
引导实施 4：乳化沥青在试验室自行配制时，热沥青试样按照什么方法准备？
引导实施 5：简述乳化沥青在试验室自行配制时的试样制备步骤。

课后拓展思考

乳化沥青在工程建设中应用广泛，您还知道可以应用在哪些领域吗？

课后自我反思

_____

_____

_____

任务学习评价

待以上学习任务全部完成后，由学生自己、学生之间、学校教师、企业导师根据学生课前、课中、课后学习完成情况对每个学生进行综合评价，并将结果填入表 A-1 中。

相关知识

1. 目的与适用范围

（1）本方法规定了乳化沥青试样在试验前的试样准备方法。

（2）本方法适用于对乳化沥青试样进行各项性能测试。每个样品的数量根据需要决定，常规测定不宜少于 600 g。

2. 仪器设备

（1）烘箱：200 ℃，装有温度控制调节器。

（2）加热炉具：电炉或燃气炉（丙烷石油气、天然气）。

（3）石棉垫：不小于炉具上面积。

（4）滤筛：筛孔孔径 0.6 mm。

（5）沥青盛样器皿：金属锅或瓷坩埚。

（6）烧杯：1 000 mL。

（7）温度计：量程 0～100 ℃及 200 ℃，分度值 0.1 ℃。

（8）天平：量程 2 000 g，分度值不大于 1 g；量程 100 g，分度值不大于 0.1 g。

（9）其他：玻璃棒、溶剂、棉纱等。

3. 试样制备步骤

1）乳化沥青非试验室自行配制

（1）将按任务 3.2 取样方法取有乳化沥青的盛样器适当晃动，使试样上下均匀。试样数量较少时，宜将盛样器上下倒置数次，使上下均匀。

（2）将试样倒出要求数量，装入盛样器皿或烧杯中，供试验使用。

2）乳化沥青在试验室自行配制

（1）按任务 3.3 的方法准备热沥青试样。

（2）根据所需制备的乳化沥青质量及沥青、乳化剂、水等的比例计算各种材料的数量。

① 沥青用量按式（3-1）计算。

$$m_b = m_E \times P_b \qquad\qquad (3-1)$$

式中：m_b——所需的沥青质量，g；

$\quad\quad m_E$——乳液总质量，g；

$\quad\quad P_b$——乳液中沥青含量。

② 乳化剂用量按式（3-2）计算。

$$m_e = m_E \times P_E / P_e \quad\quad\quad\quad\quad (3-2)$$

式中：m_e——乳化剂用量，g；

$\quad\quad P_E$——乳液中乳化剂的含量；

$\quad\quad P_e$——乳化剂浓度（乳化剂中有效成分含量）。

③ 水的用量按式（3-3）计算。

$$m_w = m_E - m_E \times P_b \quad\quad\quad\quad\quad (3-3)$$

式中：m_w——配制乳液所需水的质量，g。

（3）称取所需质量的乳化剂放入 1 000 mL 烧杯中。

（4）向盛有乳化剂的烧杯中加入所需的水（扣除乳化剂中所含水的质量）。

（5）将烧杯放到电炉上加热并不断搅拌，直到乳化剂完全溶解，当需调节 pH 值时可加入适量的外加剂，将溶液加热到 40～60 ℃。

（6）在容器中称取准备好的沥青并加热到 120～150 ℃。

（7）开动乳化机，先用热水把乳化机预热几分钟，然后把热水排尽。

（8）将预热的乳化剂倒入乳化机中，随即将预热的沥青徐徐倒入，待全部沥青在机中循环 1 min 后放出，进行各项试验或密封保存。

> 注：在倒入乳化沥青过程中，需随时观察乳化情况，如出现异常，应立即停止倒入乳化沥青，并把乳化机中的沥青乳化剂混合液放出。

任务 3.10 乳化沥青蒸发残留物含量试验

📖 任务书

通过样品流转单上的信息，小李、大李二人得知制备的乳化沥青试样是 PC-2 阳离子乳化沥青，准备在小区道路铺设沥青面层之前洒布在水稳基层上作透层油使用。现准备对该批样品开展乳化沥青蒸发残留物含量试验，以判定该指标是否符合使用要求。小李、大李二人为了在试验岗做出一番成绩，小张也为了在岗位上不断追求卓越，三人各自决定再次认真学习乳化沥青蒸发残留物含量试验有关知识。现在也该轮到我们来学习了。

📖 课前学习测验

1. 进行乳化沥青蒸发残留物含量试验时，同一试样至少平行试验（　　　）次，试验结果的差值不大于 0.4% 时，取其平均值作为试验结果。

A. 2　　　　　　　　B. 3　　　　　　　　C. 5　　　　　　　　D. 6

2. 进行乳化沥青蒸发残留物含量试验时，在试样容器内称取搅拌均匀的乳化沥青试样（　　　）备用，精确至 1 g。

A.（300±1）g　　　B.（300±0.5）g　　C.（400±1）g　　　D.（400±0.5）g

3. 进行乳化沥青蒸发残留物含量试验时，加热直至确认试样中的水分已完全蒸发（通常需 20～30 min），然后在（　　　）温度下加热 1 min。

A.（163±3）℃　　B.（163±1）℃　　C.（165±1）℃　　D.（165±3）℃

4. 乳化沥青蒸发残留物含量试验适用于测定各类乳化沥青中加热脱水后残留沥青的含量。　　　　　　　　　　　　　　　　　　　　　　　　　　　　　　　　（　　　）

5. 将盛有乳化沥青试样的容器连同玻璃棒一起置于电炉或燃气炉（放有石棉垫）上缓缓加热，边加热边搅拌，其加热温度不应致乳液溢溅。　　　　　　　　　　　　（　　　）

课中任务准备

1. 阅读任务书，熟悉将要学习的主要内容。

2. 阅读《公路工程沥青及沥青混合料试验规程》（JTG E20—2011）中的 T 0651—1993 试验方法。

3. 准备并检查好所需的仪器设备。

4. 取出已制备好的试样，并将试样搅拌均匀。

课中任务实施

请按照要求完成乳化沥青蒸发残留物含量试验，并将原始数据等相关信息填入"乳化沥青蒸发残留物含量试验检测记录表"中，再根据相关数据和信息，编制试验检测报告。

乳化沥青蒸发残留物含量试验

乳化沥青蒸发残留物含量试验检测记录表

检测单位名称：　　　　　　　　　　　　　　　　　　记录编号：

工程名称		工程部位/用途	
样品信息			
试验检测日期		试验条件	
检测依据		判定依据	
主要仪器设备名称及编号			
取样地点		乳化沥青品种	乳化沥青代号	
基质沥青产地		基质沥青种类	基质沥青标号	

试样编号	试样容器、玻璃棒合计质量/g	试样容器、玻璃棒及乳化沥青合计质量/g	试样容器、玻璃棒及残留物合计质量/g	蒸发残留物含量/%	蒸发残留物含量平均值/%

附加声明：

检测：　　　　记录：　　　　复核：　　　　日期：　年　月　日

📖 **课后拓展思考**

对比石油沥青与乳化沥青蒸发残留物含量试验的异同点。

⬡ **课后自我反思**

_____

_____

_____

📖 **任务学习评价**

待以上学习任务全部完成后，由学生自己、学生之间、学校教师、企业导师根据学生课前、课中、课后学习完成情况对每个学生进行综合评价，并将结果填入表 A-2 中。

📖 **相关知识**

1. 试验目的与适用范围

本方法适用于测定各类乳化沥青中加热脱水后残留沥青的含量。

2. 仪器设备

（1）试样容器：容量 1 500 mL、高约 60 mm、壁厚 0.5～1 mm 的金属盘，也可用小铝锅或瓷蒸发皿代替。

（2）天平：分度值不大于 1 g。

（3）烘箱：装有温度控制器。

（4）电炉或燃气炉：有石棉垫。

（5）玻璃棒。

图 3-21　沥青加热示意图

（6）其他：温度计、溶剂、洗液等。

3. 试验步骤

（1）将试样容器、玻璃棒等洗净、烘干并称其合计质量（m_1）。

（2）在试样容器内称取搅拌均匀的乳化沥青试样（300 ± 1）g，称取容器、玻璃棒及乳化沥青的合计质量（m_2），精确至 1 g。

（3）将盛有试样的容器连同玻璃棒一起置于电炉或燃气炉（放有石棉垫）上缓缓加热，边加热边搅拌，其加热温度不应致乳液溢溅，如图 3-21 所示。

提示：这里为什么要"缓缓加热"呢？因为在整个加热过程中，乳化沥青会经历泡沫过程、气泡过程、完全脱水过程 3 个阶段。针对乳化沥青所处的不同阶段，加热温度和搅拌要求略有不同，比如，泡沫阶段加热温度不要太高但搅拌要稍微快些，气泡阶段加热温度稍高且要经常搅拌。

加热至确认试样中的水分已完全蒸发（通常需 20~30 min），然后在（163±3）℃温度下加热 1 min。

（4）取下试样容器冷却至室温，称取容器、玻璃棒及沥青的合计质量（m_3），精确至 1 g。

4. 试验结果与允许误差

（1）乳化沥青的蒸发残留物含量按式（3-4）计算，以整数表示。

$$P_b = \frac{m_3 - m_1}{m_2 - m_1} \times 100\% \tag{3-4}$$

式中：P_b——乳化沥青的蒸发残留物含量；

m_1——试样容器、玻璃棒合计质量，g；

m_2——试样容器、玻璃棒及乳化沥青合计质量，g；

m_3——试样容器、玻璃棒及残留物合计质量，g。

（2）同一试样至少平行试验 2 次，2 次试验结果的差值不大于 0.4%时，取其平均值作为试验结果。

（3）重复性试验的允许误差为 0.4%，再现性试验的允许误差为 0.8%。

任务 3.11 乳化沥青微粒离子电荷试验

📖 任务书

小李、大李二人完成乳化沥青蒸发残留物含量试验之后，为了尽快提交试验结果，准备马上开展乳化沥青微粒离子电荷试验，这个试验虽然简单，但二人还是不敢马虎，于是在开展试验之前又赶紧找来试验规程认真学习。此时的小张也在办公室偷偷地翻阅关于乳化沥青微粒离子电荷试验的规程标准。我们是不是也该认真学习了呢？

📖 课前学习测验

1. 进行乳化沥青微粒离子电荷试验时，将过滤的乳液试样注入盛有电极板的烧杯内，其液面的高度至少使电极板顶端浸没约（　　　）cm。

    A. 3　　　　　　B. 4　　　　　　C. 5　　　　　　D. 6

2. 进行乳化沥青微粒离子电荷试验时，将 2 块电极板的引线分别接于（　　　）V 直流电源的正负极上。

    A. 3　　　　　　B. 4　　　　　　C. 5　　　　　　D. 6

3. 进行乳化沥青微粒离子电荷试验时，将电极板洗净、干燥，并将 2 块电极板平行固定于一个框架上，其间距约 30 mm；然后将框架置于容积为 200 mL 或 300 mL 的洁净烧杯内，插入乳化沥青中约（　　　）。

    A. 20 mm　　　　B. 30 mm　　　　C. 40 mm　　　　D. 50 mm

4. 乳化沥青微粒离子电荷试验结束后，仔细观察电极板，如负极板上吸附有大量沥青微粒，说明该微粒带正电荷，则该乳化沥青为阳离子型；反之，如阳极板上吸附有大量沥青微粒，说明该微粒带负电荷，则该乳化沥青为阴离子型。　　　　　　　　　　　　（　　　）

课中任务准备

1. 阅读任务书，熟悉将要学习的主要内容。

2. 阅读《公路工程沥青及沥青混合料试验规程》（JTG E20—2011）中的 T 0653—1993 试验方法。

3. 准备并检查好所需的仪器设备，取出已制备好的试样，将试样搅拌均匀。

课中任务实施

请按照要求完成乳化沥青微粒离子电荷试验，并将原始数据等相关信息填入"乳化沥青微粒离子电荷试验检测记录表"中，再根据相关数据和信息，编制试验检测报告。

乳化沥青微粒离子电荷试验

乳化沥青微粒离子电荷试验检测记录表

检测单位名称：   记录编号：

工程名称		工程部位/用途		
样品信息				
试验检测日期		试验条件		
检测依据		判定条件		
主要仪器设备名称及编号				
取样地点		乳化沥青品种		乳化沥青代号
基质沥青产地		基质沥青种类		基质沥青标号
试样编号	正/负电极板上吸附沥青微粒情况		电荷测值	乳液离子类型

附加声明：

检测：   记录：   复核：   日期：   年   月   日

课后拓展思考

非离子型乳化沥青是否也可以开展此项试验？

课后自我反思

_____

_____

_____

任务学习评价

待以上学习任务全部完成后，由学生自己、学生之间、学校教师、企业导师根据学生课前、课中、课后学习完成情况对每个学生进行综合评价，并将结果填入表 A-2 中。

📖 **相关知识**

1. 试验目的与适用范围
本方法适用于测定各类乳化沥青微粒离子的电荷性质，即阳、阴离子的类型。

2. 仪器器具
（1）烧杯：200 mL 或 300 mL。
（2）电极板：2 块，铜制，每块极板长 100 mm，宽 10 mm，厚 1 mm，如图 3-22 所示。
（3）直流电源：6 V，如图 3-23 所示。
（4）秒表：如图 3-24 所示。
（5）滤筛：筛孔为 1.18 mm，如图 3-25 所示。
（6）其他：汽油、洗液等。

图 3-22　电极板　　　　图 3-23　直流电源　　　　图 3-24　秒表　　　　图 3-25　滤筛

3. 试验准备
（1）将乳化沥青试样用孔径 1.18 mm 滤筛过滤，并盛于一容器中。
（2）将电极板洗净、干燥，并将 2 块电极板平行固定于一个框架上，其间距约 30 mm；然后将框架置于容积为 200 mL 或 300 mL 的洁净烧杯内，插入乳化沥青中约 30 mm。装置如图 3-26 所示。

4. 试验步骤
（1）将过滤的乳化沥青试样注入盛有电极板的烧杯内，其液面的高度至少使电极板顶端浸没约 3 cm。

（2）将 2 块电极板的引线分别接于 6 V 直流电源的正负极上，接通电源开关并按动秒表。

（3）接通电流 3 min 后，关闭开关；然后将固定有电极板的框架由烧杯内取出。

（4）仔细观察电极板，如负极板上吸附有大量沥青微粒，说明沥青微粒带正电荷，则该乳化沥青为阳离子型；反之，如阳极板上吸附有大量沥青微粒，说明沥青微粒带负电荷，则该乳化沥青为阴离子型。

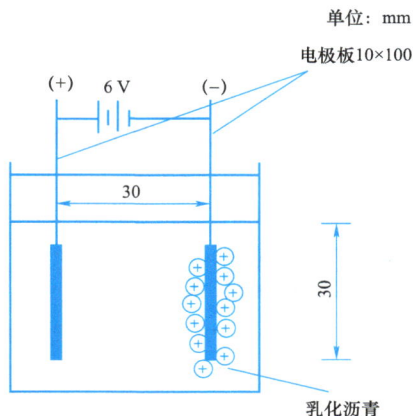

图 3-26　电极板装置

任务 3.12　乳化沥青储存稳定性试验

📖 任务书

现在就剩下乳化沥青储存稳定性试验了，小李、大李二人通过试验规程学习，发现要测好几天的储存稳定性，如果第一天就开始准备这个试验的话，不但可以节约等待的时间，而且可以早些提交检测结果，二人懊恼不已。此时的小张一脸轻松，因为他一天前就已经认真学习过了，对于该项指标的报告编制胸有成竹。如果是我们，该如何学习呢？

📖 课前学习测验

1. 乳化沥青储存稳定性试验适用于测定各类乳化沥青的储存稳定性。非经注明，乳液的储存温度为乳液制造时的室温，储存时间为（　　）d，根据需要也可以为 1 d。

A. 5　　　　　　　　B. 7　　　　　　　　C. 14　　　　　　　　D. 28

2. 进行乳化沥青储存稳定性试验时，将稳定性试验管分别用溶剂（可用汽油）、洗液和洁净水洗净并置温度（　　）的烘箱中烘干，冷却后用塞子塞好上下支管出口。

A.（105±0.5）℃　　　　　　　　B.（10±5）℃

C.（105±5）℃　　　　　　　　D.（105±1）℃

3. 进行乳化沥青储存稳定性试验时，将过滤后的乳化沥青试样用玻璃棒搅匀，缓缓注入稳定性试验管内，使液面达到管壁上的（　　）mL 标线处。

A. 50　　　　　　　　B. 100　　　　　　　　C. 200　　　　　　　　D. 250

4. 进行乳化沥青储存稳定性试验时，要求将均匀的约 300 mL 的乳化沥青试样通过（　　）mm 滤筛过滤至试样容器内备用。

A. 0.60　　　　　　　B. 1.18　　　　　　　C. 2.36　　　　　　　D. 4.75

5. 乳化沥青储存稳定性试验要求同一试样至少平行试验 2 次，2 次测定的差值符合重复性试验允许误差要求时，取平均值作为试验结果，以整数表示；试验报告应注明乳液储存的温度变化范围与储存时间。（　　）

📖 课中任务准备

1. 阅读任务书，熟悉将要学习的主要内容。

2. 阅读《公路工程沥青及沥青混合料试验规程》（JTG E20—2011）中的 T 0655—1993 试验方法。

3. 准备并检查好所需的仪器设备，取出已制备好的试样并将试样搅拌均匀。

课中任务实施

请按照要求完成乳化沥青储存稳定性试验，并将原始数据等相关信息填入"乳化沥青储存稳定性试验检测记录表"中，再根据相关数据和信息，编制试验检测报告。

乳化沥青储存
稳定性试验

乳化沥青储存稳定性试验检测记录表

检测单位名称：　　　　　　　　　　　　　　　　　　　　　　　　　记录编号：

工程名称								
工程部位/用途								
样品信息								
试验检测日期					试验条件			
检测依据					判定依据			
主要设备名称及编号								
取样地点					乳化沥青品种及代号			

试验次数	部位	容器及玻璃棒质量/g	容器+玻璃棒+试样质量/g	试样质量/g	容器+玻璃棒+残留物质量/g	残留物质量/g	残留物含量/%	储存稳定性测值 $S_s=$ | P_A-P_B | /%	储存稳定性/%
1	上 P_A								
	下 P_B								
2	上 P_A								
	下 P_B								

储存时间	第一天		第二天		第三天		第四天		第五天
温度范围/℃									

附加声明：

检测：　　　　　　记录：　　　　　　复核：　　　　　　日期：　　年　　月　　日

课后拓展思考

乳化沥青的储存期限有何规定？

课后自我反思

_____

_____

_____

任务学习评价

待以上学习任务全部完成后，由学生自己、学生之间、学校教师、企业导师根据学生课前、课中、课后学习完成情况对每个学生进行综合评价，并将结果填入表 A–2 中。

相关知识

1. 试验目的与适用范围

本方法适用于测定各类乳化沥青的储存稳定性。非经注明，乳液的储存温度为乳液制造时的室温，储存时间为 5 d，根据需要也可以为 1 d。

2. 仪器设备

（1）沥青乳液稳定性试验管：玻璃制，如图 3-27 所示，带有上下 2 个支管口，开口部配有橡胶塞或软木塞。

（2）试样容器：小铝锅或磁蒸发皿，300 mL 以上，如图 3-28 所示。

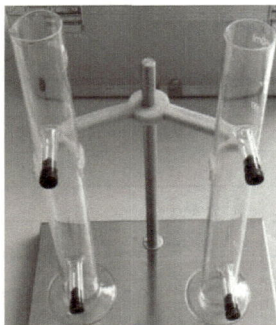

图 3-27　稳定性试验管

图 3-28　试样容器

（3）电炉或电热板。

（4）天平：分度值不大于 0.1 g。

（5）滤筛：筛孔为 1.18 mm。

（6）其他：温度计、气温计、玻璃棒、溶剂、洗液等。

3. 试验准备

（1）将稳定性试验管分别用溶剂（可用汽油）、洗液和洁净水洗净并置温度为（105±5）℃的烘箱中烘干，冷却后用塞子塞好上下支管出口。

（2）将均匀的约 300 mL 的乳化沥青试样通过 1.18 mm 滤筛过滤至试样容器内。

4. 试验步骤

（1）将过滤后的乳化沥青试样用玻璃棒搅匀，缓缓注入稳定性试验管内，使液面达到管壁上的 250 mL 标线处（注入时应注意支管上不得附有气泡），然后用塞子塞好管口。

（2）将封闭好的稳定性试验管置于试管架上，在室温下静置 5 d。静置过程中，要经常观察乳液是否有分层、沉淀或变色等情况，做好记录并记录 5 d 内的室温变化情况（最高及最低温度）。当生产的乳化沥青计划在 5 d 内用完时，储存稳定性试验的试样也可静置 1 d（24 h）。

（3）静置后，轻轻拔出上支管口的塞子，从上支管口流出试样约 50 g 接入一个已称质量的蒸发残留物试验容器中；再拔开下支管口的塞子，将下支管以上的试样全部放出，流入另一容器；然后充分摇匀下支管以下的试样，倾斜稳定性管，将管内的剩余试样从下支管口流出试样约 50 g，接入第三个已称质量的蒸发残留物试验容器内。

（4）分别称取上下两部分的试样质量，精确至 0.2 g，然后按任务 3.11 方法测定蒸发残留物含量 P_A 及 P_B。

5. 试验结果与允许误差

（1）乳化沥青的储存稳定性按式（3-5）计算，取其绝对值。

$$S_s = |P_A - P_B| \qquad (3-5)$$

式中：S_s——试样的储存稳定性；

　　　P_A——储存后上支管部分试样蒸发残留物含量；

　　　P_B——储存后下支管部分试样蒸发残留物含量。

（2）同一试样至少平行试验 2 次，2 次测定的差值符合重复性试验允许误差要求时，取平均值作为试验结果，以整数表示；试验报告应注明乳化沥青储存的温度变化范围与储存时间。

（3）重复性试验的允许误差为 0.5%，再现性试验的允许误差为 0.6%。

项目 4 钢材性能检验

项目概述

气候分区为 1-4-1（夏炎热冬温潮湿区）的某地区的某高档小区，占地面积为 76 867.17 m²，总建筑面积约为 30 万 m²，容积率为 2.9，涵盖 7 栋高层住宅、约 4 万 m² 2～4 层不等的集中商业、1 栋写字楼、1 栋酒店式公寓、2 层地下室。

通过查阅结构施工图，得知该项目用到的钢筋种类主要有：

序号	钢筋牌号	钢筋符号	公称直径/mm
1	HPB300	A	6,8,10,16
2	HRB335	B	10,12,14,16,20
3	HRB400	C	12,16,18,20,22,25,32,40

该类材料需要进行供应商确定及供货过程中的频率检测。要想做好这项工作，需要先了解钢筋的基本知识，熟悉钢筋常用的技术指标，掌握钢筋相关试验检测的操作方法和结果处理方法。

项目学习导图

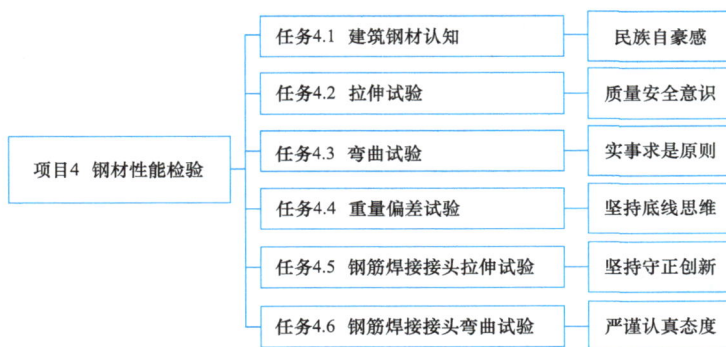

```
                        ┌─ 任务4.1 建筑钢材认知 ──── 民族自豪感
                        ├─ 任务4.2 拉伸试验 ──────── 质量安全意识
                        ├─ 任务4.3 弯曲试验 ──────── 实事求是原则
项目4 钢材性能检验 ──────┤
                        ├─ 任务4.4 重量偏差试验 ──── 坚持底线思维
                        ├─ 任务4.5 钢筋焊接接头拉伸试验 ── 坚持守正创新
                        └─ 任务4.6 钢筋焊接接头弯曲试验 ── 严谨认真态度
```

项目学习目标

能阐述钢材相关试验目的与适用范围；能进行相关试验的操作、数据采集和数据处理；能规范进行原始记录的填写和试验报告的编制。

项目学习评价

本项目学习评价总分为 100 分，学习完之后，请按照表 4-1 对本项目学习情况进行总评。

表4-1　项目学习评价表

项目4　钢材性能检验				
任务序号	学习任务名称	学习任务评价总得分	权重（%）	项目学习评价总分
任务4.1	建筑钢材认知		10	
任务4.2	拉伸试验		20	
任务4.3	弯曲试验		20	
任务4.4	重量偏差试验		10	
任务4.5	钢筋焊接接头拉伸试验		20	
任务4.6	钢筋焊接接头弯曲试验		20	

思政贴士

中国是世界上最早生产钢的国家之一。考古工作者曾经在位于湖南省长沙市杨家山社区的一座春秋晚期的墓葬中发掘了一把铜格"铁剑"，通过金相检验，发现其是钢制的。这是迄今为止发现的中国最早的钢制实物。它说明从春秋晚期起中国就有了炼钢生产，炼钢生产在中国已有2500多年的历史。经过了两千多年的发展，将铁通过精炼转化为钢的工艺已经非常成熟，钢材也已广泛应用于建筑、桥梁、船舶、锅炉等领域。

任务4.1　建筑钢材认知

任务书

试验室几位有工作经验的试验检测人员，已经完成了几家意向供应商的钢筋检测。为了培养新人，试验室主任准备将施工过程中的钢筋试验检测工作交给几位毕业不久的高职院校学生完成。经过一段时间的考察，小王、小张各自在样品管理岗、资料编制岗上都能保质保量地完成任务，所以让他们二人继续在原岗位负责钢筋检测的相关工作；小胡、小宋二人负责对盲样开展钢筋相关的力学和工艺性能试验检测。但由于在校期间有关钢筋的知识掌握不够牢固，几人都需要对钢筋的有关内容再次进行认知学习。那么钢筋的基本知识有哪些呢？

课前学习测验

1. 钢材表面局部抵抗更硬物体压入的能力称为（　　）。
   A. 冷弯性能　　B. 冲击韧性　　C. 硬度　　D. 塑性
2. 按脱氧程度可以将钢材分为（　　）。
   A. 沸腾钢　　B. 镇静钢　　C. 特殊钢　　D. 平炉钢
3. 建筑用钢的基本技术性质主要有：（　　）、冲击韧性、冷弯性能和硬度等。
   A. 屈服强度　　B. 抗拉强度　　C. 伸长率　　D. 抗压强度
4. 建筑钢材是指在建筑工程中使用的各种钢材，主要包括钢结构所用的各种型材（如圆钢、角钢、工字钢、槽钢、钢管）和板材，以及钢筋混凝土结构所用的钢筋、钢丝和钢绞线

等，是土建工程中应用最广泛的金属材料。　　　　　　　　　　　　　　　　（　　）

5. 抗拉强度是钢材所能承受的最大拉应力，即当拉应力达到强度极限时，钢材会完全丧失对变形的抵抗能力而断裂。　　　　　　　　　　　　　　　　　　　　　　（　　）

课中任务准备

1. 阅读任务书，熟悉即将要学习的主要内容。

2. 收集并查阅《碳素结构钢》（CB/T 700—2006）、《优质碳素结构钢》（GB/T 699—2015）、《低合金高强度结构钢》（GB/T 1591—2018）、《桥梁用结构钢》（GB/T 714—2015）、《钢筋混凝土用钢　第 1 部分：热轧光圆钢筋》（GB/T 1499.1—2024）、《钢筋混凝土用钢　第 2 部分：热轧带肋钢筋》（GB/T 1499.2—2024）等规范标准。

课中任务实施

引导实施 1：阐述钢材的主要分类方法。

引导实施 2：钢材的基本技术性质有哪几项？

引导实施 3：钢材的屈服强度与抗拉强度之间有何关联？

引导实施 4：建筑用的钢种主要有哪些？

引导实施 5：描述碳素结构钢的牌号表示方法。

引导实施 6：描述优质碳素结构钢的牌号表示方法。

引导实施 7：描述低合金高强度碳素结构钢的牌号表示方法。

引导实施 8：低合金高强度结构钢与碳素结构钢有何关联？

引导实施 9：阐述热轧光圆钢筋和热轧带肋钢筋牌号表示法。

引导实施 10：钢材有哪几种腐蚀类型？

引导实施 11：应如何进行钢材防腐保护？

课后拓展思考

1. 钢材在运输过程中有哪些注意事项？

2. 对钢材验收的批次、重量等方面有何规定？

3. 查阅资料，并阐述生铁、熟铁和钢之间的主要区别。

课后自我反思

_____

_____

_____

任务学习评价

待以上学习任务全部完成后，由学生自己、学生之间、学校教师、企业导师根据学生课前、课中、课后学习完成情况对每个学生进行综合评价，并将结果填入表 A-1 中。

相关知识

建筑钢材是指在建筑工程中使用的各种钢材，主要包括钢结构所用的各种型材（如圆钢、角钢、工字钢、槽钢、钢管）和板材，以及钢筋混凝土结构所用的钢筋、钢丝和钢绞线等，是土建工程中应用最广泛的金属材料。

1. 钢材的分类

钢的分类方法很多，较常用的有下列 4 种分类方法。

1）按冶炼方法分类

（1）按生产的炉型分类。

① 转炉钢：以熔融的铁水为原料，在转炉中倒入铁水后，在炉的底部或侧面吹入空气或纯氧气进行冶炼。

② 平炉钢：以固体或液体的生铁、铁矿石或废钢为原料，以煤气、煤油或重油为燃料进行冶炼。

③ 电炉钢：以废钢及生铁为原料，用电热进行高温冶炼。

（2）按脱氧程度分类。

① 沸腾钢：脱氧不充分的钢，钢液中含氧量较高。在浇铸及钢液冷却时，有大量的一氧化碳气体逸出，钢液呈激烈沸腾状。这种钢的塑性较好，有利于冲压，但钢中杂质分布不均匀，偏析较严重，冲击韧性及可焊性较差。由于成本较低、产量较高，可以用于一般的建筑结构中。

② 镇静钢：脱氧充分，钢水较纯净，浇铸钢锭时钢水平静。镇静钢材质致密均匀，可焊性好，抗蚀性强，质量高于沸腾钢，但成本较高，可用于承受冲击荷载或其他重要的结构。

③ 特殊钢：一种比镇静钢脱氧还要充分彻底的钢，所以其质量最好，适用于特别重要的结构。

2）按化学成分分类

钢按化学成分的不同可分为：

（1）碳素钢。亦称碳钢，按含碳量可分为：① 低碳钢，含碳量小于 0.25%；② 中碳钢，含碳量为 0.25%～0.60%；③ 高碳钢，含碳量大于 0.60%。

（2）合金钢。按合金元素含量可分为：① 低合金钢，合金元素总含量小于 5%；② 中合金钢，合金元素总含量为 5%～10%；③ 高合金钢，合金元素总含量大于 10%。

3）按质量分类

碳素钢按供应的钢材化学成分中有害杂质（硫和磷）的含量不同，又可划分为：

（1）普通钢：钢中磷含量不大于 0.045%，硫含量不大于 0.050%。

（2）优质钢：钢中磷含量不大于 0.035%，硫含量不大于 0.035%。

（3）高级优质钢：钢中磷含量不大于 0.025%，硫的含量不大于 0.025%。

（4）特级优质钢：钢中磷含量不大于 0.025%，硫的含量不大于 0.015%。

4）按用途分类

钢材按用途的不同可分为：

（1）结构钢：用于建筑结构、机械制造等，一般为低、中碳钢。

（2）工具钢：用于各种工具、量具及模具，一般为高碳钢。

（3）特殊钢：具有各种特殊物理化学性能的钢材，如不锈钢、磁性钢等，一般为合金钢。

2. 建筑钢材的技术性质

建筑用钢的基本技术性质主要有强度、塑性、硬度、冲击韧性和冷弯性能等。

1）强度

钢材在承受抗拉试验时，可绘出拉伸图（拉力–变形关系），根据拉伸图改换坐标可作出应力–应变曲线。现以碳素结构钢为例，其应力–应变图如图 4-1 所示，从图中可了解到碳素结构钢以下 3 个特征性能指标。

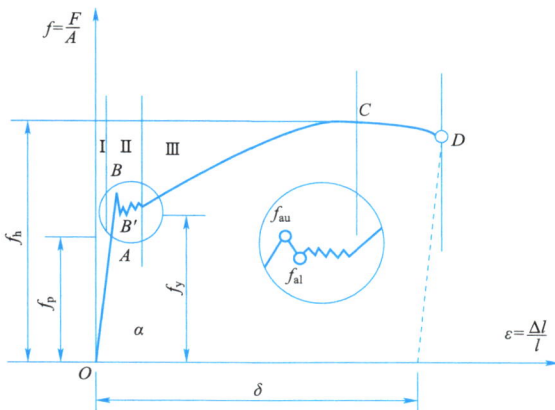

图 4-1　碳素结构钢的应力–应变图

（1）屈服强度。

屈服强度是钢材开始丧失对变形的抵抗能力，并开始产生大量塑性变形时所对应的应力。在屈服阶段，锯齿形的最高点（B 点）所对应的应力称为上屈服点；锯齿形的最低点（B'点）所对应的应力称为下屈服点。因为上屈服点与试验过程中的许多因素有关，而下屈服点较为稳定，所以我国规范规定以下屈服点的应力作为钢材的屈服强度。

中碳钢和高碳钢没有明显的屈服点，通常以产生 0.2% 残余变形时的应力作为屈服强度。

屈服强度对钢材使用有重要的意义，当构件的实际应力超过屈服点时，将产生不可恢复的永久变形；另一方面，当应力超过屈服点时，受力较高的部位应力不再提高，而是自动将荷载重新分配给某些应力较低的部分。因此，屈服强度是确定钢结构容许应力的主要依据。

（2）抗拉强度。

抗拉强度是钢材所能承受的最大拉应力，即当拉应力达到强度极限时，钢材会完全丧失对变形的抵抗能力而断裂。

（3）屈强比。

抗拉强度虽然不能直接作为计算依据，但屈服强度和抗拉强度的比值，即屈强比（f_y/f_b），对钢材使用有较大的意义。此值越小，则结构的可靠性越高，即延缓结构损坏的潜力越大，但此值太小时，钢材强度的有效利用率会较低。

所以屈服强度和抗拉强度是钢材力学性能的主要检验指标。

2）塑性

钢材在受力破坏前可以经受的永久变形的性能，称为塑性。在工程应用中钢材的塑性指标通常用断后伸长率、断后总伸长率、最大力伸长率和断面收缩率表示。

（1）断后伸长率。

断后伸长率是钢材发生断裂时所能承受的永久变形的能力。断后标距的残余伸长量与原始标距之比的百分率即为断后伸长率。

（2）断后总伸长率。

断后总伸长率是钢材断裂时原始标距的总伸长（弹性伸长加塑性伸长）量与原始标距之比的百分率。

（3）最大力伸长率。

最大力伸长率是钢材达到最大力时原始标距的伸长量与原始标距之比的百分率。

（4）断面收缩率。

断面收缩率是钢材拉断后缩颈处横截面积的最大缩减量占总横截面积的百分率。

3）硬度

钢材表面局部抵抗更硬物体压入的能力称为硬度。钢材硬度值越高，表示其抵抗局部塑性变形的能力越大。

我国国家标准测定金属硬度的方法有布氏硬度、洛氏硬度和维氏硬度等 3 种，常用的为布氏硬度和洛氏硬度。

4）冲击韧性

冲击韧性是钢材在瞬间动荷载作用下抵抗破坏的能力。钢构件在工作过程中常受到冲击荷载，因此对钢材的抗冲击力也有一定的要求。国家标准试验方法有摆冲法、横梁式 2 种。

5）冷弯性能

冷弯性能是钢材在常温条件下承受规定弯曲程度的弯曲变形的能力，并且是显示缺陷的一种工艺性能。

钢材的冷弯性能是以规定尺寸的试件，在常温条件下进行弯曲试验而测定的。弯曲的指标与试件被弯曲的角度、弯心的直径与试件厚度（或直径）的比值有关。弯曲角度越大，弯心直径与试件厚度比越小，则表示弯曲性能的要求越高。按我国国家标准有下列 3 种类型：① 达到某规定的角度的弯曲；② 绕着弯心弯到两面平行；③ 弯到两面接触的重合弯曲。按规定试件弯曲处不产生裂纹、断裂和起层等现象即认为合格。

3. 建筑用钢材及其制品

建筑中所用钢材可分为钢结构用钢和钢筋混凝土用钢两大类，实际工程中应根据结构的重要性、荷载性质（动荷载或静荷载）、连接方法（焊接、铆接或螺栓连接）、温度条件（正温或负温）等，综合考虑钢种或钢号、质量等级和脱氧程度等进行选用，以保证结构的安全性。

1）建筑用主要钢种

建筑用钢材主要有碳素结构钢、优质碳素结构钢和低合金高强度结构钢等。

（1）碳素结构钢。

根据《碳素结构钢》（CB/T 700—2006）的规定，碳素结构钢的牌号由代表屈服强度的字母、屈服强度数值、质量等级符号、脱氧方法符号 4 个部分按顺序组成。代表屈服强的字母以"屈"字的汉语拼音首位字母"Q"代表；质量等级分为 A、B、C、D 4 级；脱氧方法符号包括 F（沸腾钢）、Z（镇静钢）、TZ（特殊镇静钢），在牌号表示方法中，"Z"与"TZ"符号可以省略。

例如，Q235B，表示屈服强度为 235 MPa、质量等级为 B 级的镇静碳素结构钢。

注：碳素结构钢 Q235 中 D 级钢的综合性能优于 A 级钢；碳素结构钢的力学性能一般包括屈服强度、抗拉强度、伸长率和冲击韧性 4 个指标。

碳素结构钢按化学成分和力学性能（屈服点）共分为 Q195、Q215、Q235 和 Q275 4 个牌号，其力学性能见表 4-2。

表 4-2 碳素结构钢的力学性能

牌号	等级	屈服强度 $^a R_{eH}$/(N/mm²)，不小于						抗拉强度 ^{b} R_m/(N/mm²)	断后伸长率 A/%，不小于					冲击试验（V 型缺口）	
		厚度（或直径）/mm							厚度（或直径）/mm					温度/℃	冲击吸收功（纵向）/J 不小于
		≤16	>16~40	>40~60	>60~100	>100~150	>150~200		≤40	>40~60	>60~100	>100~150	>150~200		
Q195	—	195	185	—	—	—	—	315~430	33	—	—	—	—	—	—
Q215	A	215	205	195	185	175	165	335~450	31	30	29	27	26	—	—
	B													+20	27
Q235	A	235	225	215	215	195	185	370~500	26	25	24	22	21	—	27^c
	B													+20	
	C													0	
	D													−20	
Q275	A	275	265	255	245	225	215	410~540	22	21	20	18	17	—	27
	B													+20	
	C													0	
	D													−20	

a Q195 的屈服强度值仅供参考，不作交货条件。
b 厚度大于 100 mm 的钢材，抗拉强度下限允许降低 20 N/mm²。宽带钢（包括剪切钢板）抗拉强度上限不作交货条件。
c 厚度小于 25 mm 的 Q235B 级钢材，如供方能保证冲击吸收功值合格，经需方同意，可不作检验。

建筑中使用较多的是 Q235 碳素结构钢。Q235 号钢材的强度较高，塑性、韧性和加工性能好，时效敏感性小，可轧制成钢筋、型钢、钢板和钢管等。

Q235A 级钢材适用于承受静载的结构。Q235C、Q235D 级钢材可用于在焊接、冲击、振动和低温条件下工作的结构。

Q195、Q215 号钢材的强度低，塑性、韧性和冷加工性能好，可制作钢钉、铆钉和铁丝等。

Q275 号钢材的强度高，塑性、韧性和可焊性差，可用于制作螺栓、工具等。

（2）优质碳素结构钢。

根据《优质碳素结构钢》（GB/T 699—2015）的规定，优质碳素结构钢的牌号用两位阿拉伯数字表示，该数字表示平均含碳量的万分数。含锰较高时，在牌号后加注"Mn"。

例如，50Mn 即表示含碳量为 0.48%～0.56%、含锰量为 0.70%～1.00% 的优质碳素结构钢。优质碳素结构钢力学性能见表 4-3。

表 4-3 优质碳素结构钢力学性能

序号	牌号	试样毛坯尺寸 ^{a}/mm	推荐的热处理制度 ^{c}			力学性能					交货硬度 HBW	
			正火	淬火	回火	抗拉强度 R_m/MPa	下屈服强度 ^{d} R_{eL}/MPa	断后伸长率 A/%	断面收缩率 Z/%	冲击吸收功/J	未热处理钢	退火钢
			加热温度/℃			≥					≤	
1	08	25	930	—	—	325	195	33	60	—	131	
2	10	25	930	—	—	335	205	31	55	—	137	
3	15	25	920	—	—	375	225	27	55	—	143	

续表

序号	牌号	试样毛坯尺寸 [a]/mm	推荐的热处理制度 [c]			力学性能					交货硬度 HBW	
			正火	淬火	回火	抗拉强度 R_m/MPa	下屈服强度 [d] R_{eL}/MPa	断后伸长率 A/%	断面收缩率 Z/%	冲击吸收功/J	未热处理钢	退火钢
			加热温度/℃			≥					≤	
4	20	25	910	—	—	410	245	25	55	—	156	—
5	25	25	900	870	600	450	275	23	50	71	170	—
6	30	25	880	860	600	490	295	21	50	63	179	—
7	35	25	870	850	600	530	315	20	45	55	197	—
8	40	25	860	840	600	570	335	19	45	47	217	187
9	45	25	850	840	600	600	355	16	40	39	229	197
10	50	25	830	830	600	630	375	14	40	31	241	207
11	55	25	820	—	—	645	380	13	35	—	255	217
12	60	25	810	—	—	675	400	12	35	—	255	229
13	65	25	810	—	—	695	410	10	30	—	255	229
14	70	25	790	—	—	715	420	9	30	—	269	229
15	75	试样 [b]	—	820	480	1080	880	7	30	—	285	241
16	80	试样 [b]	—	820	480	1080	930	6	30	—	285	241
17	85	试样 [b]	—	820	480	1130	980	6	30	—	302	255
18	15 Mn	25	920	—	—	410	245	26	55	—	163	—
19	20 Mn	25	910	—	—	450	275	24	50	—	197	—
20	25 Mn	25	900	870	600	490	295	22	50	71	207	—
21	30 Mn	25	880	860	600	540	315	20	45	63	217	187
22	35 Mn	25	870	850	600	560	335	18	45	55	229	197
23	40 Mn	25	860	840	600	590	355	17	45	47	229	207
24	45 Mn	25	850	840	600	620	375	15	40	39	241	217
25	50 Mn	25	830	830	600	645	390	13	40	31	255	217
26	60 Mn	25	810	—	—	690	410	11	35	—	269	229
27	65 Mn	25	830	—	—	735	430	9	30	—	285	229
28	70 Mn	25	790	—	—	785	450	8	30	—	285	229

表中的力学性能适用于公称直径或厚度不大于 80 mm 的钢棒。

公称直径或厚度大于 80～250 mm 的钢棒，允许其断后伸长率、断面收缩率比本表的规定分别降低 2%（绝对值）和 5%（绝对值）。

公称直径或厚度大于 120～250 mm 的钢棒允许改锻（轧）成 70～80 mm 的试料取样检验，其结果应符合本表的规定。

[a] 钢棒尺寸小于试样毛坯尺寸时，用原尺寸钢棒进行热处理。

[b] 留有加工余量的试样，其性能为淬火+回火状态下的性能。

[c] 热处理温度允许调整范围：正火±30 ℃，淬火±20 ℃，回火±50 ℃；推荐保温时间：正火不少于 30 min，空冷；淬火不少于 30 min，75、80 和 85 钢油冷，其他钢棒水冷；600 ℃回火不少于 1 h。

[d] 当屈服现象不明显时，可用规定塑性延伸强度 $R_{p0.2}$ 代替。

在建筑中，优质碳素结构钢主要用于重要结构的钢铸件及高强螺栓，常用 30～45 号钢。在预应力钢筋混凝土中锚具制作常用 45 号钢，碳素钢丝、刻痕钢丝和钢绞线常用 65～80 号钢。

（3）低合金高强度结构钢。

在碳素结构钢的基础上，加入少量或微量的合金元素，可大大改善其性能，从而获得高强度、高韧度和可焊性良好的低合金高强度结构钢。

根据《低合金高强度结构钢》（GB/T 1591—2018）的规定，低合金高强度结构钢的牌号由代表屈服强度"屈"字的汉语拼音首字母、规定的最小上屈服强度数值、交货状态代号、质量等级符号（B、C、D、E、F）4 个部分组成。

注： 交货状态为热轧时，交货状态代号 AR 或 WAR 可省略；交货状态为正火或正火轧制状态时，交货状态代号均用 N 表示。

"Q+规定的最小上屈服强度数值+交货状态代号"简称为"钢级"。

例如 Q355ND，其中：Q 表示钢的屈服强度的"屈"字汉语拼音的首字母；355 表示规定的最小上屈服强度数值，单位为兆帕（MPa）；N 表示交货状态为正火或正火轧制；D 表示质量等级为 D 级。

当需方要求钢板具有厚度方向性能时，则在上述规定的牌号后加上代表厚度方向（Z 向）性能级别的符号，如：Q355NDZ25。

低合金高强度结构钢（热轧钢材）拉伸性能、伸长率和弯曲试验指标分别见表 4-4～表 4-6。

表 4-4　低合金高强度结构钢（热轧钢材）的拉伸性能

牌号		上屈服强度 [a]R_{eH}/MPa 不小于									抗拉强度 R_m/MPa			
		公称厚度或直径/mm												
钢级	质量等级	≤16	>16~40	>40~63	>63~80	>80~100	>100~150	>150~200	>200~250	>250~400	≤100	>100~150	>150~250	>250~400
Q355	B、C	355	345	335	325	315	295	285	274	—	470~630	450~600	450~400	—
	D									265[b]				450~600[b]
Q390	B、C、D	390	380	360	340	340	320	—	—	—	490~650	470~620		
Q420[c]	B、C	420	410	390	370	370	350	—	—	—	520~680	500~650		
Q460[c]	C	460	450	430	410	410	390	—	—	—	550~720	530~700		

[a]　当屈服不明显时，可用规定塑性延伸强度 $R_{p0.2}$ 代替上屈服强度。
[b]　只适用于质量等级为 D 的钢板。
[c]　只适用于型钢和棒材。

表 4-5　低合金高强度结构钢（热轧钢材）的伸长率

牌号		断后伸长率 A/% 不小于						
		公称厚度或直径/mm						
钢级	质量等级	试样方向	≤40	>40~63	>63~100	>100~150	>150~250	>250~400
Q355	B、C、D	纵向	22	21	20	18	17	17[a]
		横向	20	19	18	18	17	17[a]
Q390	B、C、D	纵向	21	20	20	19	—	—
		横向	20	19	19	18	—	—
Q420[b]	B、C	纵向	20	19	19	19	—	—
Q460[b]	C	纵向	18	17	17	17	—	—

[a]　只适用于质量等级为 D 的钢板。
[b]　只适用于型钢和棒材。

表 4-6　低合金高强度结构钢（热轧钢材）的弯曲试验

试样方向	180°弯曲试验 D——弯曲压头直径，a——试样厚度或直径	
	公称厚度或直径/mm	
	≤16	>16～100
对于公称宽度不小于 600 mm 的钢板及钢带，拉伸试验取横向试样；其他钢材的拉伸试验取纵向试样。	$D=2a$	$D=3a$

注：组批规则：

低合金高强度结构钢应成批验收。每批应由同一牌号、同一炉号、同一规格、同一交货状态的钢材组成，每批重量应不大于 60 t，但卷重大于 30 t 的钢带和连轧板可按两个轧制卷组成一批；对容积大于 200 t 转炉冶炼的型钢，每批重量不大于 80 t。经供需双方协商，可每炉检验 2 批。

Q355B 级钢允许同一牌号、同一冶炼和浇注方法、同一规格、同一生产工艺制度、同一交货状态或同一热处理制度、不同炉号钢材组成混合批，但每批不得多于 6 个炉号，且各炉号碳含量之差不大于 0.02%，Mn 含量之差不大于 0.15%。

（4）桥梁用结构钢。

根据《桥梁用结构钢》（GB/T 714—2015）的规定，桥梁用结构钢的牌号由代表屈服强度的汉语拼音首位大写字母、规定最小屈服强度值、桥字的汉语拼音首位字母（小写）、质量等级符号 4 个部分组成。

例如 Q420qD，其中：Q 表示桥梁用结构钢屈服强度的"屈"字汉语拼音的首位大写字母；420 表示规定最小屈服强度数值，单位为兆帕（MPa）；q 表示桥梁用结构钢的"桥"字汉语拼音的首位字母；D 表示质量等级为 D 级。

当以热机械轧制状态交货的 D 级钢板具有耐候性能及厚度方向性能时，则在上述规定的牌号后分别加上耐候（NH）及厚度方向（Z 向）性能级别的代号。如 Q420qDNHZ15。

桥梁用结构钢的力学性能、工艺性能及检验项目、取样数量、取样方法和试验方法见表 4-7～表 4-9。

表 4-7　桥梁用结构钢的力学性能

牌号	质量等级	拉伸试验[a,b]					冲击试验[c]	
		下屈服强度 R_{eL}/MPa			抗拉强度 R_m/MPa	断后伸长率 A/%	温度/℃	冲击吸收功/J
		厚度≤50mm	50mm<厚度≤100mm	100mm<厚度≤150mm				
		不小于						不小于
Q345q	C	345	335	305	490	20	0	120
	D						−20	
	E						−40	
Q370q	C	370	360	—	510	20	0	120
	D						−20	
	E						−40	

续表

牌号	质量等级	拉伸试验 a,b					冲击试验 c	
		下屈服强度 R_{eL}/MPa			抗拉强度 R_m/MPa	断后伸长率 A/%	温度/℃	冲击吸收功/J
		厚度≤50mm	50mm<厚度≤100mm	100mm<厚度≤150mm				
		不小于						不小于
Q420q	D	420	410	—	540	19	−20	120
	E						−40	
	F						−60	47
Q460q	D	460	450	—	570	18	−20	120
	E						−40	
	F						−60	47
Q500q	D	500	480	—	630	18	−20	120
	E						−40	
	F						−60	47
Q550q	D	550	530	—	660	16	−20	120
	E						−40	
	F						−60	47
Q620q	D	620	580	—	720	15	−20	120
	E						−40	
	F						−60	47
Q690q	D	690	650	—	770	14	−20	120
	E						−40	
	F						−60	47

a　当屈服不明显时，可测量 $R_{p0.2}$ 代替下屈服强度。
b　拉伸试验取横向试样。
c　冲击试验取纵向试样。

对厚度小于 12 mm 钢板的夏比（V 型缺口）冲击试验应采用辅助试样。>8～<12 mm 钢板的辅助试样尺寸为 10 mm×7.5 mm×55 mm，其试验结果应不小于上表规定值的 75%；6～8 mm 钢板的辅助试样尺寸为 10 mm×5 mm×55 mm，其试验结果不小于上表规定值的 50%；厚度小于 6 mm 的钢板不做冲击试验。

表 4-8　桥梁用结构钢的工艺性能

180°弯曲试验 D——弯曲压头直径，a——试样厚度		
厚度≤16 mm	厚度>16 mm	弯曲结果
$D=2a$	$D=3a$	在试样外表面不应有肉眼可见的裂纹

表 4-9　桥梁用结构钢的检验项目、取样数量、取样方法和试验方法

序号	检验项目	取样数量	取样方法	试验方法
1	化学成分（熔炼分析）	1 个/炉	GB/T 20066	GB/T 714
2	拉伸试验	1 个/批	GB/T 2975	GB/T 228.1
3	弯曲试验	1 个/批	GB/T 2975	GB/T 232
4	冲击试验	3 个/批	GB/T 2975	GB/T 229
5	Z 向钢厚度方向断面收缩率	3 个/批	GB/T 5313	GB/T 5313
6	无损检测	逐张或逐件	—	GB/T 2970 或协商
7	表面质量	逐张或逐件	—	目视及测量
8	尺寸、外形	逐张或逐件	—	合适的量具

2）钢筋混凝土用钢材

（1）热轧钢筋。

热轧钢筋分为热轧光圆钢筋和热轧带肋钢筋，是建筑中用量最大的钢材品种之一，主要用于钢筋混凝土或预应力钢筋混凝土结构。

根据《钢筋混凝土用钢　第 1 部分：热轧光圆钢筋》（GB/T 1499.1—2024）的规定，经热轧成型，横截面通常为圆形，表面光滑的成品钢筋即为热轧光圆钢筋。其牌号由"HPB"+"屈服强度特征值"构成，其中 HPB 是热轧光圆钢筋的英文（hot rolled plain bar）缩写。因热轧光圆钢筋的屈服强度特征值仅有 300 级一个，因此，其牌号也仅有 HPB300 一个。

热轧光圆钢筋的公称横截面积与理论单位重量、重量允许偏差、直径允许偏差、不圆度及力学性能见表 4-10 和表 4-11。

表 4-10　热轧光圆钢筋的公称横截面积与理论单位重量、重量允许偏差、直径允许偏差、不圆度

公称直径 d/mm	公称横截面积 S/mm²	理论单位重量/（kg/m）	实际重量与理论重量的允许偏差 η/%	直径允许偏差/mm	不圆度/mm
6	28.27	0.222	±5.5	±0.3	
8	50.27	0.395			
10	78.54	0.617			
12	113.1	0.888			
14	153.9	1.21	±4.5	±0.4	≤0.4
16	201.1	1.58			
18	254.5	2.00			
20	314.2	2.47			
22	380.1	2.98	±3.5		
25	490.9	3.85			

a　表中理论重量按密度为 7.85 g/cm³ 计算。

表 4-11　热轧光圆钢筋的力学性能

牌号	下屈服强度 [a] R_{eL}/MPa	抗拉强度 R_m/MPa	断后伸长率 [b] A/%	最大力总延伸率 [c] A_{gt}/%	弯曲试验
	不小于				
HPB300	300	420	25	10.0	$D=d$

[a] 对于没有明显屈服的钢筋，下屈服强度特征值 R_{eL} 采用规定塑性延伸强度 $R_{p0.2}$。
[b] 出厂检验时准许采用 A。
[c] 仲裁检验时采用 A_{gt}。

　　根据《钢筋混凝土用钢　第 2 部分：热轧带肋钢筋》（GB/T 1499.2—2024）规定，热轧带肋钢筋的公称直径范围是 6～50 mm，屈服强度特征值分为 400、500、600 级，其牌号的构成及含义、公称横截面积与理论单位重量、重量允许偏差、力学性能和弯曲性能见表 4-12～表 4-15。

表 4-12　热轧带肋钢筋牌号构成及含义

类别	牌号	牌号构成	英文字母含义
普通热轧钢筋	HRB400	由 HRB+屈服强度特征值构成	HRB——热轧带肋钢筋的英文（hot rolled ribbed bar）缩写。
	HRB500		
	HRB600		E——"地震"的英文（earthguake）首位字母
	HRB400E	由 HRB+屈服强度特征值+E 构成	
	HRB500E		
细品粒热轧钢筋	HRBF400	由 HRBF+屈服强度特征值构成	HRBF——在热轧带肋钢筋的英文缩写后加"细"的英文（fine）首位字母。
	HRBF500		
	HRBF400E	由 HRBF+屈服强度特征值+E 构成	E——"地震"的英文（earthquake）首位字母
	HRBF500E		

表 4-13　热轧带肋钢筋公称横截面积与理论单位重量、重量允许偏差

公称直径 d/mm	公称横截面面积 S/mm²	理论单位重量 [a] m/（g/mm）	实际重量与理论重量的偏差 η/%
6	28.27	0.222	±6.0
8	50.27	0.395	
10	78.54	0.617	
12	113.1	0.888	
14	153.9	1.21	±5.0
16	201.1	1.58	
18	254.5	2.00	
20	314.2	2.47	
22	380.1	2.98	
25	490.9	3.85	
28	615.8	4.83	±4.0
32	804.2	6.31	
36	1 018	7.99	
40	1 257	9.87	
50	1 964	15.42	

[a] 理论重量按密度为 7.85 g/cm³ 计算。

表4-14　热轧带肋钢筋的力学性能

牌号	下屈服强度 [a] R_{eL}/MPa	抗拉强度 R_m/MPa	断后伸长率 [b] A/%	最大力总延伸率 [c] A_{gt}/%	$R_m^{\circ}/R_{eL}^{\circ}$	R_{eL}°/R_{eL}
	不小于					不大于
HRB400	400	540	16	7.5	—	—
HRBF400						
HRB400E			—	9.0	1.25	1.30
HRBF400E						
HRB500	500	630	15	7.5	—	—
HRBF500						
HRB500E			—	9.0	1.25	1.30
HRBF500E						
HRB600	600	730	14	7.5	—	—

注：R_m° 为钢筋实测抗拉强度；R_{eL}° 为钢筋实测下屈服强度。

[a] 对于没有明显屈服的钢筋，下屈服强度特征值 R_{eL} 采用规定塑性延伸强度 $R_{p0.2}$。
[b] 出厂检验时准许采用 A。
[c] 仲裁检验时采用 A_{gt}。

表4-15　热轧带肋钢筋的弯曲性能　　　　　　　　单位：mm

牌号	公称直径 d	弯曲压头直径 D
HRB400 HRBF400 HRB400E HRBF400E	6～25	4d
	28～40	5d
	>40～50	6d
HRB500 HRBF500 HRB500E HRBF500E	6～25	6d
	28～40	7d
	>40～50	8d
HRB600	6～25	6d
	28～40	7d
	>40～50	8d

（2）冷加工钢筋。

① 冷拉钢筋。冷拉钢筋是以超过原来钢筋屈服点强度的拉应力，强行拉伸钢筋，使钢筋产生塑性变形以达到提高钢筋屈服点强度和节约钢材的目的。

② 冷拔低碳钢丝。冷拔低碳钢丝是低碳钢热轧圆盘条经一次或多次冷拔制成的以盘卷供货的钢丝，分为甲、乙两级。甲级冷拔低碳钢丝适用于预应力筋，乙级冷拔低碳钢丝适用于焊接网、焊接骨架、箍筋和构造钢筋。

③ 冷轧带肋钢筋。将热轧圆盘条经冷轧后，使其表面带有沿长度方向均匀分布的三面或二面横肋的钢筋即为冷轧带肋钢筋。

根据国家相关标准规定，冷轧带肋钢筋的牌号由"CRB"+"钢筋抗拉强度最小值"构成。C、R、B 分别为冷轧、带肋、钢筋三个词的英文首位字母。冷轧带肋钢筋分为 CRB550、CRB650、

CRB800、CRB600H、CRB680H、CRB800H 6 个牌号。

（3）热处理钢筋。

热处理钢筋是热轧螺纹钢筋经淬火和回火进行调质处理而成的。

（4）钢丝和钢绞线。

钢丝和钢绞线均由优质碳素结构钢经冷加工、热处理、冷轧、绞捻等过程制得。它们的特点是强度高、安全可靠、便于施工，一般用于预应力混凝土结构。

按照规定，钢丝可按加工状态分为冷拉钢丝和消除应力钢丝两类。消除应力钢丝按松弛性能又可分为低松弛级钢丝和普通松弛级钢丝。其代号分别是：冷拉钢丝为 WCD，低松弛钢丝为 WLR，普通松弛钢丝为 WNR。钢丝按外形分为光圆、螺旋肋、刻痕 3 种，其代号分别是：光圆钢丝为 P，螺旋肋钢丝为 H，刻痕钢丝为 I。

4. 钢材的腐蚀与防护

1）钢材的腐蚀

钢材的腐蚀是指钢材表面与周围介质发生化学或电化学反应而引起的破坏现象。钢材的腐蚀会使钢材的有效截面积减小、局部产生锈坑并引起应力集中，从而降低钢材的强度；对于钢筋混凝土，钢筋腐蚀膨胀易使混凝土胀裂，削弱混凝土对钢筋的握裹力；在冲击和交变荷载作用下，钢筋则会产生腐蚀疲劳现象，使结构出现脆性断裂。

根据钢材与周围介质的作用原理，钢材的腐蚀分为化学腐蚀和电化学腐蚀。钢材在大气中的腐蚀，既包括化学腐蚀也包括电化学腐蚀，但是以电化学腐蚀为主。

化学腐蚀是指钢材与周围介质（如氧气、二氧化碳、二氧化硫和水等）直接发生化学作用，生成疏松的氧化物而引起的腐蚀现象。化学腐蚀在干燥环境中的发展速度缓慢，但在干湿交替的情况下发展速度会大大加快。

电化学腐蚀是指钢材与电解质溶液接触形成微电池而产生的腐蚀现象。钢材在潮湿环境中，其表面会被一层电解质水膜覆盖，由于钢材中的铁、碳及杂质成分的电极电位不同，当有电解质溶液（如水）存在时，就会在钢材表面形成许多局部微电池。在阳极区，铁被氧化成 Fe^{2+} 离子进入水膜，在阴极区，溶于水膜中的氧被还原为 OH^- 离子，随后二者结合生成不溶于水的 $Fe(OH)_2$，并进一步氧化成为疏松的红色铁锈 $Fe(OH)_3$。

2）钢材的防护

钢材的腐蚀既有其成分与材质等方面的内在因素，又有周围介质的外部影响。在钢中加入少量的铜、铬、镍等合金元素，可制成耐腐蚀性较强的耐候钢（不锈钢）。对于钢结构用型钢和混凝土用钢筋，防止钢材腐蚀应从隔离环境中的侵蚀性介质和改变钢材表面的电化学等方面采取措施。

对于钢结构用型钢的防锈，主要采用在钢材表面涂覆耐腐蚀性好的金属（镀锌、镀锡、镀铜和镀铬等）和刷漆的方法，来提高钢材的耐腐蚀能力。表面刷漆分为底漆、中间漆和面漆等工序。底漆要求有比较好的附着力，中间漆为防锈漆，面漆要求有较好的牢固度和耐候性。使用时，应注意钢结构表面的除锈及底漆、中间漆和面漆的匹配。

对于混凝土用钢筋的防锈，主要有提高混凝土的密实度、保证钢筋外侧混凝土保护层的厚度、限制氯盐外加剂的掺加量等措施。

131

任务 4.2　拉伸试验

📖 任务书

工地刚到了一批 HRB335⌀20 的钢筋，小王已经取好样品并进行了盲样管理。在第一时间把检测任务单下达给了小胡、小宋二人，要求其完成拉伸、弯曲、重量偏差试验。小胡、小宋二人接到任务单以后，计划先完成拉伸试验，但是对该试验不熟悉，二人立马找来试验规程开始认真学习。那么钢筋拉伸试验的准备工作、操作步骤、数据处理的具体内容是怎样的呢？

📖 课前学习测验

1. 自每批钢筋中任意抽取 2 根，在每根距端部（　　　）mm 处各取一根（段）做拉伸试验，即试件数量为 2 根一组。

  A. 150
         B. 500

  C. 650
         D. 1 000

2. 拉伸试验用钢筋试件不得进行车削加工，可以用两个或一系列等分小冲点或细划线标出试件原始标距，测量标距长度 L_0，精确至（　　　）mm。

  A. 0.1
         B. 0.5

  C. 1
         D. 5

3. 钢筋拉伸试验环境温度，对于温度有严格要求时，试验温度应为（　　　）。

  A. 10～35 ℃
       B. 10～20 ℃

  C.（23±5）℃
       D.（25±5）℃

4. 在钢筋拉伸试验的＿＿＿＿根试件中，如果其中一根试件的屈服点、抗拉强度和伸长率个指标中，有＿＿＿＿个指标达不到标准中规定的数值，应再抽取 4 根钢筋，制取＿＿＿＿倍试件重做试验。

📖 课中任务准备

1. 阅读任务书，熟悉将要学习的主要内容。

2. 收集并熟读《金属材料 拉伸试验　第 1 部分：室温试验方法》（GB/T 228.1—2021）等规范标准。

3. 准备好钢筋试样。

4. 调节好室温，并检查好设备备用。

课中任务实施 ▮▮▮▮

请按照要求完成拉伸试验，并将原始数据等相关信息填入"钢材拉伸试验检测记录表"中，再根据相关数据和信息，编制试验检测报告。

拉伸试验

钢材拉伸试验检测记录表

检测单位名称：　　　　　　　　　　　　　　　　　　记录编号：

工程名称					
工程部位/用途					
样品信息					
试验检测日期			试验条件		
检测依据			判定依据		
主要仪器设备名称及编号					
编号		1	2	3	4
牌号					
钢筋公称直径					
批号（炉号）					
代表数量/t					
公称横截面积/mm²					
下屈服强度特征值/MPa					
抗拉强度特征值/MPa					
屈服荷载/kN					
极限荷载/kN					
下屈服强度/MPa					
抗拉强度/MPa					
抗拉强度与下屈服强度比值					
下屈服强度与屈服强度特征值比值					
断后伸长率	原始标距/mm				
	断后标距/mm				
	断后伸长率/%				

附加声明：

检测：　　　　　　记录：　　　　　　复核：　　　　　　日期：　　年　　月　　日

📖 课后拓展思考

1. 本方法主要介绍的是室温试验方法，属于《金属材料　拉伸试验》第 1 部分，还有没有其他环境下的试验方法呢？

2. 引伸计标距指的是什么？

⬡ 课后自我反思

_____

_____

_____

任务学习评价

待以上学习任务全部完成后，由学生自己、学生之间、学校教师、企业导师根据学生课前、课中、课后学习完成情况对每个学生进行综合评价，并将结果填入表 A-2 中。

相关知识

1. 适用范围

本方法适用于金属材料室温拉伸性能的测定。

2. 原理

试验是用拉力拉伸试样，一般拉至断裂，测定其伸长率、断后伸长率、抗拉强度、屈服强度、上屈服强度、下屈服强度等一项或多项力学性能。

除非另有规定，试验应在 10～35 ℃的室温进行。对于室温不满足上述要求的实验室，实验室应评估此类环境条件下运行的试验机对试验结果和/或校准数据的影响。当试验和校准活动超过 10～35 ℃的要求时，应记录和报告温度。如果在试验和/或校准过程中存在较大温度梯度，测量不确定度可能上升及可能出现超差情况。

对温度要求严格的试验，试验温度应为（23±5）℃。

3. 主要仪器设备

（1）万能材料试验机或拉力试验机：测力系统的准确度应为 1 级或优于 1 级；计算机控制的试验机应满足《静力单轴试验机用计算机数据采集系统的评定》（GB/T 22066—2008）的要求，如图 4-2 所示。

图 4-2 试验机

无论是万能材料试验机还是拉力试验机，都必须要有安全防护网，以保障试验人员在试验过程中的人身安全。

（2）一般夹具：有楔形夹具、平推夹具等套装，具体根据钢筋直径选用，如图 4-3、图 4-4 所示。

（3）量具：游标卡尺，分度值为 0.1 mm。

4. 试样制备

（1）自每批钢筋中任意抽取 2 根，在每根距端部 500 mm 处各取一根（段）做拉伸试验，即试件数量为 2 根一组，如图 4-5 所示。

图 4-3 楔形夹具

图 4-4 平推夹具

图 4-5 取样示意图

（2）拉伸试验用钢筋试件不得进行车削加工，可以用两个或一系列等分小冲点或细划线标出试件原始标距，测量标距长度 L_0，精确至 0.1 mm，如图 4-6 所示。

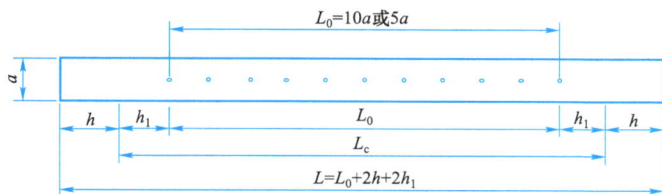

a—试样原始直径；L_0—标距长度；h_1—取（$0.5\sim1$）a；h—夹持长度；L_c—试样平行长度（不小于 L_0+a）

图 4-6　标点示意图

根据钢筋的公称直径按选取公称横截面积（mm^2），如为热轧带肋钢筋，可按表 4-13 选取。

5. 试验步骤

（1）调节试验环境温度，一般为 $10\sim35$ ℃；对于温度有严格要求时，试验温度应为（23 ± 5）℃。

（2）启动试验机，打开试验程序并选择钢筋拉伸试验项目。

（3）将试件固定在试验机夹具内，启动试验程序进行拉伸试验。拉伸速度：屈服前应力增加速度为 $10\ MPa/s$；屈服后试验机活动夹头在荷载下移动速度不大于 $0.5\ L_0/min$，直至试件拉断。

（4）拉伸过程中，力值显示窗口的数值第一次停止跳动时的恒定荷载，即为屈服荷载 F_s（N）；继续加荷直至试件拉断，读出最大荷载 F_b（N）。

（5）将已拉断的试件两端在断裂处对齐，尽量使其轴线位于同一直线上，测量拉伸后标距两端点间的长度 L_1（精确至 $0.1\ mm$）。如拉断处形成缝隙，则此缝隙应计入该试件拉断后的标距内。

（6）如试件拉断处到邻近标距端点处的距离大于 $L_0/3$，则可用游标卡尺直接量出 L_1。如拉断处距离邻近标距端点小于等于 $L_0/3$，则可按下述移位法确定 L_1：在长段上自断点 O 起，取短段格数得 B 点，再取长段所余格数［偶数见图 4-7（a）］之半得 C 点；或者取所余格数［奇数见图 4-7（b）］减 1 与加 1 之半得 C 与 C_1 点。则移位后的 L_1 分别为 $AO+OB+2BC$ 或 $AO+OB+BC+BC_1$。

如果直接测量所求得的伸长率能达到技术条件要求的规定值，则可不采用移位法。

（7）如试件在标距端点上或标距处断裂，则试验结果无效，应重做试验。

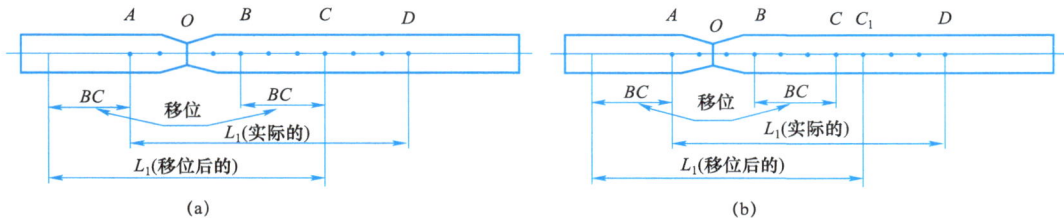

（a）　　　　　　　　　　　　　　　（b）

图 4-7　用移位法计算示意图

6. 试验结果处理

（1）钢筋的屈服点 σ_s 和抗拉强度 σ_b 分别按式（4-1）和式（4-2）计算。

$$\sigma_{s}=\frac{F_{s}}{A} \qquad (4-1)$$

$$\sigma_{b}=\frac{F_{b}}{A} \qquad (4-2)$$

式中：σ_{s}、σ_{b}——钢筋的屈服强度和抗拉强度，MPa；

$\quad\quad$ F_{s}、F_{b}——钢筋的屈服荷载和最大荷载，N；

$\quad\quad$ A——试件的公称横截面积，mm^2。

当 σ_{s}、σ_{b} 大于 1 000 MPa 时，应计算至 10 MPa，按"四舍六入五单双法"修约；为 200～1 000 MPa 时，计算至 5 MPa，按"二五进位法"修约；小于 200 MPa 时，计算至 1 MPa，小数点数字按数据修约法则处理。

（2）钢筋的伸长率 δ_{5} 或 δ_{10} 按式（4-3）计算。

$$\delta_{5}(或\delta_{10})=\frac{L_{1}-L_{0}}{L_{0}}\times100\% \qquad (4-3)$$

式中：δ_{5} 或 δ_{10}——$L_{0}=5a$ 或 $L_{0}=10a$ 时的伸长率（精确至 1%）；

$\quad\quad$ L_{0}——原标距长度 $5a$ 或 $10a$，mm；

$\quad\quad$ L_{1}——试件拉断后直接量出或按移位法的标距长度（mm，精确至 0.1 mm）。

（3）在拉伸试验的 2 根试件中，如果其中一根试件的屈服点、抗拉强度和伸长率 3 个指标中，有一个指标达不到标准中规定的数值，应再抽取双倍（4 根）钢筋，制取双倍（4 根）试件重做试验，如果仍有一根试件的一个指标达不到标准要求，则无论这个指标在第一次试件中是否达到标准要求，拉伸试验项目也按不合格处理。

任务 4.3　弯曲试验

📖 任务书

钢筋拉伸试验完成以后，小胡、小宋二人又拿起了试验规程，准备好好学习一下钢筋的弯曲试验。那么，弯曲试验该如何开展呢？

📖 课前学习测验

1. 钢筋弯曲试验时，支辊间距离为（　　）。

$\quad$ A. $l=(D+3a)\pm\dfrac{a}{2}$ $\qquad\qquad$ B. $l=(D+3a)\pm\dfrac{a}{3}$

$\quad$ C. $l=(D+3a)\pm\dfrac{a}{4}$ $\qquad\qquad$ D. $l=(D+3a)\pm\dfrac{a}{5}$

2. 自每批钢筋中任意抽取 2 根，在每根距端部 500 mm 处各取一根做弯曲试验，即试件数量为（　　）根一组。

$\quad$ A. 1 $\qquad\qquad$ B. 2 $\qquad\qquad$ C. 3 $\qquad\qquad$ D. 4

3. 弯曲试验是使圆形、方形、矩形或多边形横截面试样在弯曲装置上经受弯曲塑性变形，不改变加力方向，直至达到规定的弯曲角度。　　　　　　　　　　　　　　（　　）

课中任务准备

1. 阅读任务书，熟悉将要学习的主要内容。
2. 收集并熟读《金属材料　弯曲试验方法》（GB/T 232—2024）等规范标准。
3. 准备好钢筋试样。
4. 调节好室温，并检查好设备备用。

课中任务实施

请按照要求完成弯曲试验，并将原始数据等相关信息填入"钢筋弯曲试验检测记录表"中，再根据相关数据和信息，编制试验检测报告。

弯曲试验

钢筋弯曲试验检测记录表

检测单位名称：　　　　　　　　　　　　　　　　　　　　记录编号：

工程名称						
工程部位/用途						
样品信息						
试验检测日期			试验条件			
检测依据			判定依据			
主要仪器设备名称及编号						
编号	1	2	3	4	5	
牌号						
钢筋公称直径						
批号（炉号）						
代表数量/t						
公称横截面积/mm²						
弯曲性能 压头直径/mm						
弯曲性能 弯曲部位表面状况						

附加声明：

检测：　　　　　记录：　　　　　复核：　　　　　日期：　　年　　月　　日

课后拓展思考

1. 如果要对钢筋焊接接头进行弯曲试验，应参照什么标准？
2. 弯曲装置应如何选用？

课后自我反思

_____

_____

_____

任务学习评价

待以上学习任务全部完成后，由学生自己、学生之间、学校教师、企业导师根据学生课前、课中、课后学习完成情况对每个学生进行综合评价，并将结果填入表 A–2 中。

相关知识

1. 适用范围

本任务给出了测定金属材料承受弯曲塑性变形能力的试验方法。通过冷弯试验，可检验钢筋的塑性，也可间接测定钢筋内部的缺陷及可焊性。

本方法适用于金属材料相关产品标准规定试样的弯曲试验。但不适用于金属管材和金属焊接接头的弯曲试验。

2. 原理

弯曲试验是使圆形、方形、矩形或多边形横截面试样在弯曲装置上经受弯曲塑性变形，不改变加力方向，直至达到规定的弯曲角度。

弯曲试验时，试样两臂的轴线保持在垂直于弯曲轴的平面内。如为弯曲 180° 的弯曲试验，按照相关产品标准的要求，可以将试样弯曲至两臂直接接触或两臂相互平行且相距规定距离（可使用垫块控制规定距离）。

3. 主要仪器设备

（1）压力机或万能材料试验机：配备规定的弯曲装置。

（2）弯曲装置（下列弯曲装置之一）。

① 支辊式弯曲装置：配有两个支辊和一个弯曲压头的支辊式弯曲装置，支辊间距离 $l = (D + 3a) \pm \dfrac{a}{2}$，如图 4–8 所示。

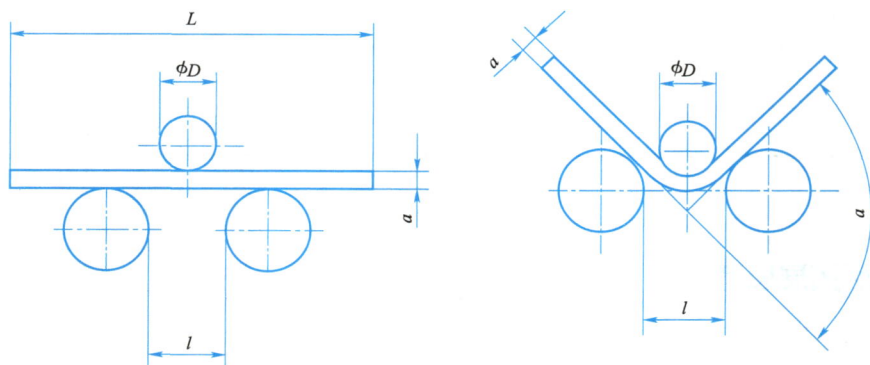

L—试样长度；l—支辊间距离；D—弯曲压头直径；a—试样厚度或直径（或多边形横截面内切圆直径）。

图 4–8　支辊式弯曲装置

② V 型模具式弯曲装置：配有一个 V 型模具和一个弯曲压头的 V 型模具式弯曲装置，如图 4-9 所示。

③ 虎钳式弯曲装置：如图 4-10 所示。

符合弯曲试验原理的其他弯曲处置（如翻板式弯曲装置等）亦可使用。

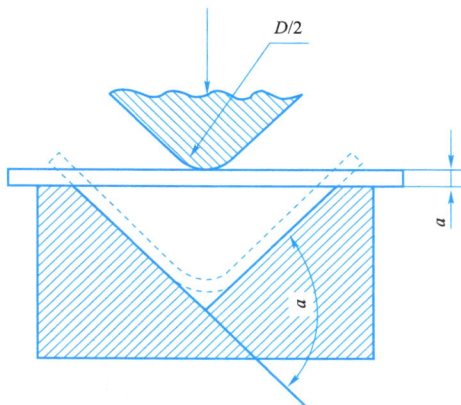

图 4-9　V 型模具式弯曲装置

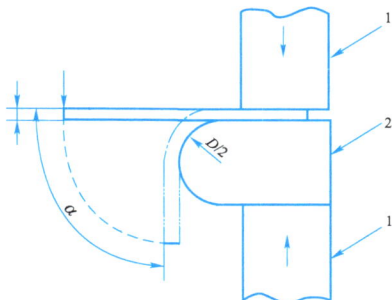

1—虎钳；2—弯曲压头。

图 4-10　虎钳式弯曲装置

（3）量具：游标卡尺。

4. 试验准备

（1）试样准备：自每批钢筋中任意抽取 2 根，在每根距端部 500 mm 处各取一根做弯曲试验，即试件数量为 2 根一组。

（2）调节试验环境温度：试验一般在 10～35 ℃的室温范围内进行。对温度要求严格的试验，试验温度应为（23±5）℃。

> **注：** 对于低温下的试验，如果协议没有规定试验条件，应采用±2 ℃的温度偏差。试样应浸入冷却介质中，并保持足够的时间，以确保试样的整体达到了规定的温度（例如，对于液体介质至少保温 10 min，对于气体介质至少保温 30 min）。弯曲试验应在试样从介质中移出 5 s 内开始进行，移动试样应确保试样的温度在允许的温度范围内。

5. 试验程序

按照相关产品标准规定，完成以下试验之一。

1）试样弯曲至规定弯曲角度的试验

应将试样放于两支辊（图 4-8）或 V 型模具（图 4-9）上，试样轴线应与弯曲压头轴线垂直，弯曲压头在两支座之间的中点处对试样连续施加力使其弯曲，直至达到规定的弯曲角度。弯曲角度 a 可以通过测量弯曲压头的位移计算得出。

也可以采用虎钳式弯曲的方法（图 4-10）进行弯曲试验。试样一端固定，绕弯曲压头进行弯曲，可以绕过弯曲压头，直至达到规定的弯曲角度。

弯曲试验时，应当缓慢地施加弯曲力，以使材料能够自由地进行塑性变形。

当出现争议时，试验速率应为（1.0±0.2）mm/s。

如使用上述方法不能直接达到规定的弯曲角度，应直接施加力压其两端使进一步弯曲，直至达到规定的弯曲角度，如图 4-11 所示。

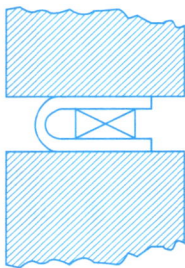

2）试样弯曲至两臂相互平行的试验

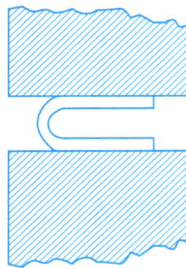

首先对试样进行预弯曲，然后将试样置于两平行压板之间，连续施加力压其两端使进一步弯曲，直至两臂平行，如图 4-12 所示。试验时可以加或不加内置垫块。垫块厚度应符合相关标准或协议规定。

3）试样弯曲至两臂直接接触的试验

首先对试样进行预弯曲，然后将试样置于两平行压板之间，连续施加力压其两端使进一步弯曲，直至两臂直接接触，如图 4-13 所示。

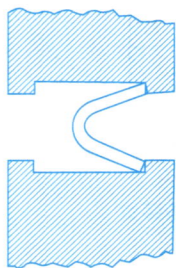

图 4-11　弯曲试样的两臂　　　图 4-12　试样两臂相互平行　　　图 4-13　试样两臂相互接触

6. 试验结果评定

（1）应按照相关产品标准的要求评定弯曲试验结果。如未规定具体要求，弯曲试验后不使用放大仪器观察，试样弯曲外表面无可见裂纹即应评定为合格。

（2）在弯曲试验中，如果有一根试件不符合标准要求，应同样抽取双倍钢筋，制成双倍试件重做试验，如果仍有一根试件不符合标准要求，则弯曲试验项目为不合格。

任务 4.4　重量偏差试验

📖 任务书

此次的检测任务单还剩下钢筋的重量偏差试验没有完成，小胡、小宋二人一鼓作气又开始了重量偏差试验的学习。那么，为什么要开展钢筋重量偏差试验呢？该试验又该如何开展呢？

📖 课前学习测验

1. 进行钢筋重量偏差试验时，需检查钢筋规格是否与试样及质保书对应，钢筋两端是否平整，初步测量试样长度看是否符合不小于（　　　）mm 的要求。

A. 100　　　　　　　B. 200　　　　　　　C. 500　　　　　　　D. 1 000

2. 用钢尺逐支测量钢筋试样长度，精确到（　　）mm，并记录。

  A. 0.5   B. 1   C. 2   D. 5

3. 钢筋重量偏差试样应从不同根钢筋上截取，数量不少于 5 支，每支试样长度不小于（　　）mm。

  A. 100   B. 300   C. 500   D. 1 000

4. 热轧光圆钢筋实际重量与理论重量的允许偏差为：公称直径 6～12 mm 时，允许偏差为 ±5.5%；公称直径 14～20 mm 时，允许偏差为 ±3.5%。（　　）

5. 热轧带肋钢筋实际重量与理论重量的允许偏差为：公称直径 6～12 mm 时，允许偏差为 ±7%；公称直径 14～20 mm 时，允许偏差为 ±5%；公称直径 22～50 mm 时，允许偏差为 ±4%。（　　）

课中任务准备

1. 阅读任务书，熟悉将要学习的主要内容。

2. 收集并查阅《钢筋混凝土用钢　第 1 部分：热轧光圆钢筋》（GB/T 1499.1—2024）、《钢筋混凝土用钢　第 2 部分：热轧带肋钢筋》（GB/T 1499.2—2024）等规范标准。

3. 准备并检查好所需的仪器设备。

4. 备好已制备好的试样。

课中任务实施

  请按照要求完成重量偏差试验，并将原始数据等相关信息填入"钢筋重量偏差试验检测记录表"中，再根据相关数据和信息，编制试验检测报告。

重量偏差试验

钢筋重量偏差试验检测记录表

检测单位名称：   记录编号：

工程名称						
工程部位/用途						
样品信息						
试验检测日期				试验条件		
检测依据				判定依据		
主要设备名称及编号						

公称直径/mm	批号（炉号）	编号	理论单位重量/ （g/mm）	试样长度/ mm	试样总长度/ mm	试样总重量/ g	重量偏差/ %

附加声明：

检测：   记录：   复核：   日期： 年 月 日

课后拓展思考

1. 钢筋的实际重量偏低过大容易引起什么后果？
2. 某项目剩余一批钢筋，为了减少浪费，拟运至下一项目使用，你如何看待此举？

课后自我反思

_____

_____

_____

任务学习评价

待以上学习任务全部完成后，由学生自己、学生之间、学校教师、企业导师根据学生课前、课中、课后学习完成情况对每个学生进行综合评价，并将结果填入表 A–2 中。

相关知识

1. 适用范围

本方法适用于热轧光圆钢筋及热轧带肋钢筋常温下的重量偏差检测。

2. 仪器设备

（1）钢直尺：量程 100 cm，分度值不大于 1 mm。

（2）电子天平：分度值不大于 1 g。

3. 试样准备

试样应从不同根钢筋上截取，数量不少于 5 支，每支试样长度不小于 500 mm。

为方便试验操作，推荐取 5 根长度为 520 mm 左右的钢筋试样，每根钢筋两端需打磨成与钢筋轴线垂直的平整面，如图 4–14 所示。

图 4–14　钢筋两端打磨后示意图

4. 试验步骤

（1）清理干净钢筋表面附着的混凝土、沙、泥等异物。

（2）打开天平通电预热备用，并调节天平归零。

（3）检查钢筋规格是否与试样及质保书对应，钢筋两端是否平整，初步测量试样长度看是否符合不小于 500 mm 的要求。

（4）将钢筋试样放置于已归零的电子天平上，称量总重量，精确至 1 g，并记录。

（5）用钢尺逐支测量钢筋试样长度，精确到 1 mm，并记录。

5. 试验结果处理

（1）钢筋实际重量与理论重量的偏差按式（4-4）计算。

$$\eta = \frac{M-(L\times m)}{L\times m}\times100\%$$

（4-4）

式中：η——实际重量与理论重量的偏差；

　　　M——试样实际总重量，g；

　　　L——试样总长度，mm；

　　　m——理论单位重量，g/mm。

（2）检验结果的数值修约至 1%。

（3）钢筋实际重量与理论重量的允许偏差为：

① 热轧光圆钢筋：公称直径 6～12 mm 时，允许偏差为±5.5%；公称直径 14～20 mm 时，允许偏差为±4.5%；公称直径 22～25 mm 时，允许偏差为±3.5%。

② 热轧带肋钢筋：公称直径 6～12 mm 时，允许偏差为±6%；公称直径 14～20 mm 时，允许偏差为±5%；公称直径 22～50 mm 时，允许偏差为±4%。

任务 4.5　钢筋焊接接头拉伸试验

任务书

经过了一天的紧张忙碌，小胡、小宋二人总算把钢筋拉伸、弯曲、重量偏差试验全部完成，并将检测原始记录和样品相关信息提交给了小张。

二人正准备下班的时候，样品管理员小王又拿了一张检测任务单给他们，此次的任务是对气压焊的 HRB335⌀20 的钢筋试样，开展钢筋焊接接头拉伸试验和弯曲试验。于是二人准备把试验规程带回家，先学习钢筋焊接接头拉伸试验。那么，该试验和前面做过的钢筋原材拉伸试验有什么不一样呢？让我们也一起来学习吧！

课前学习测验

1. 开展预埋件钢筋 T 形接头拉伸试验时，当钢筋直径为 25～40 mm 时，可选用 A2 型试验夹具，含不同孔径垫板（　　）块。

　　A. 1　　　　　　　B. 3　　　　　　　C. 5　　　　　　　D. 7

2. 开展钢筋焊接接头拉伸试验时，要求试样数量为一组至少（　　）根。

　　A. 1　　　　　　　B. 3　　　　　　　C. 5　　　　　　　D. 7

3. 开展预埋件钢筋 T 形接头拉伸试验时，当钢筋直径为 14～36 mm 时，可选用 A1 型试验夹具，含不同孔径垫块 5 块、移动防护盖板（　　）块。

　　A. 5　　　　　　　B. 2　　　　　　　C. 1　　　　　　　D. 3

4. 钢筋焊接接头拉伸试验方法适用于电阻点焊、闪光对焊、电弧焊（包括焊条电弧焊和二氧化碳气体保护电弧焊)、电渣压力焊、气压焊(包括固态气压焊和熔态气压焊)接头和预埋件钢筋 T 形接头(包括角焊、穿孔塞焊、埋弧压力焊、埋弧螺柱焊)的拉伸试验。(　　)

5. 钢筋焊接接头拉伸试验目的是测定钢筋焊接接头抗拉强度，并观察断裂位置和断口特征，判定其为延性断裂或脆性断裂。(　　)

📖 课中任务准备

1. 阅读任务书，熟悉将要学习的主要内容。
2. 收集并查阅《钢筋焊接接头试验方法标准》(JGJ/T 27—2014)、《冶金技术标准的数值修约与检测数值的判定》(YB/T 081—2013)、《数值修约规则与极限数值的表示和判定》(GB/T 8170—2008)、《钢筋混凝土用钢　第 1 部分：热轧光圆钢筋》(GB/T 1499.1—2024)、《钢筋混凝土用钢　第 2 部分：热轧带助钢筋》(GB/T 1499.2—2024)、《钢筋混凝土用钢　第 3 部分：钢筋焊接网》(GB/T 1499.3—2022)、《钢筋混凝土用余热处理钢筋》(GB/T 13014—2013)、《冷轧带肋钢筋》(GB/T 13788—2024)或《冷拔低碳钢丝应用技术规程》(JGJ 19—2010)等规范标准。
3. 准备并检查好所需的仪器设备。
4. 制备钢筋焊接接头拉伸试验所需试样。
5. 调节好试验环境温度。

课中任务实施

请按照要求完成钢筋焊接接头拉伸试验，并将相关试验数据等相关信息填入"钢筋焊接接头试验检测记录表"中，再根据相关数据和信息，编制试验检测报告。

钢筋焊接接头拉伸试验

钢筋焊接接头试验检测记录表

检测单位名称：　　　　　　　　　　　　　　记录编号：

工程名称				工程部位/用途				
样品信息								
试验检测日期				试验条件				
检测依据				判定依据				
主要仪器设备名称及编号								

编号	焊接方式	牌号	试件尺寸		抗拉强度		断裂处情况		冷弯性能		
			公称直径/mm	公称横截面积/mm²	最大力/N	抗拉强度/MPa	断裂位置	断裂特征	弯曲角度/(°)	压头直径/mm	弯曲外表面情况

附加声明：

检测：　　　记录：　　　复核：　　　日期：　　年　月　日

课后拓展思考

1. 阐述何为数值修约、何为极限数值。
2. 如何进行 0.2 单位修约？

课后自我反思

_____

_____

_____

任务学习评价

待以上学习任务全部完成后，由学生自己、学生之间、学校教师、企业导师根据学生课前、课中、课后学习完成情况对每个学生进行综合评价，并将结果填入表 A-2 中。

相关知识

钢筋焊接接头拉伸试验方法是对各种钢筋焊接接头在室温 10～35 ℃条件下进行拉伸试验的方法。

1. 试验目的与适用范围

本方法适用于工业与民用建筑及一般构筑物的混凝土结构中钢筋焊接接头的拉伸试验。

本方法适用于电阻点焊、闪光对焊、电弧焊、电渣压力焊、气压焊接头和预埋件钢筋 T 形接头的拉伸试验。

试验目的是测定钢筋焊接接头抗拉强度，并观察断裂位置和断口特征，判定其为延性断裂或脆性断裂。

2. 主要仪器设备

（1）拉力试验机或万能材料试验机：要求同任务 4.2。

（2）一般夹具：有楔形夹具、平推夹具等套装，具体根据钢筋直径选用。

（3）预埋件钢筋 T 形接头拉伸试验夹具：有两种，当钢筋直径为 14～36 mm 时，可选用 A1 型试验夹具，含不同孔径垫块 5 块、移动防护盖板 1 块，如图 4-15 所示；当钢筋直径为 25～40 mm 时，可选用 A2 型试验夹具，含不同孔径垫板 5 块，如图 4-16 所示。使用时，夹具拉杆（板）应夹紧于试验机的上钳口，试样的钢筋应穿过垫块（板）中心孔夹紧于试验机的下钳口内。

145

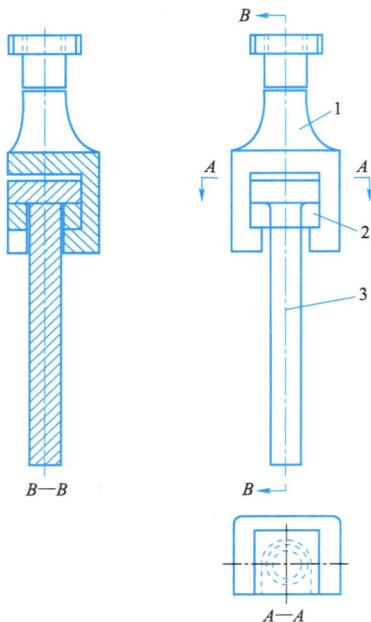

1—夹具；2—垫块；3—试样。

图 4-15　A1 型夹具

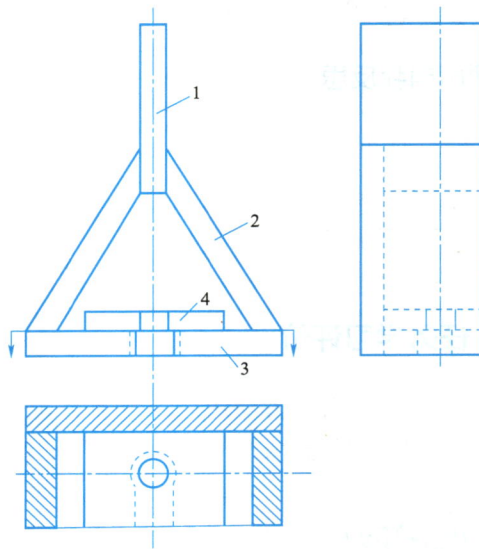

1—拉板；2—传力板；3—底板；4—垫板。

图 4-16　A2 型夹具

（4）量具：游标卡尺，分度值为 0.1 mm。

3. 试样准备

（1）钢筋焊接接头的母材应符合《钢筋混凝土用钢　第 1 部分：热轧光圆钢筋》（GB/T 1499.1—2024）、《钢筋混凝土用　钢第 2 部分：热轧带肋钢筋》（GB/T 1499.2—2024）、《钢筋混凝土用钢　第 3 部分：钢筋焊接网》（GB/T 1499.3—2022）、《钢筋混凝土用余热处理钢筋》（GB/T 13014—2013）、《冷轧带肋钢筋》（GB/T 13788—2024）或《冷拔低碳钢丝应用技术规程》（JGJ 19—2010）的规定，并应按钢筋（丝）公称横截面积计算。

（2）试验数量为一组至少 3 根。

（3）各种钢筋焊接接头的拉伸试样的尺寸可按表 4-16 的规定准备。

表 4-16　拉伸试样的尺寸列表

焊接方法	接头形式	试样尺寸/mm	
		l_s	$L \geqslant$
电阻点焊		$\geqslant 20d$，且 $\geqslant 180$	$l_s + 2l_j$

续表

焊接方法		接头形式	试样尺寸/mm	
			l_s	$L \geqslant$
闪光对焊		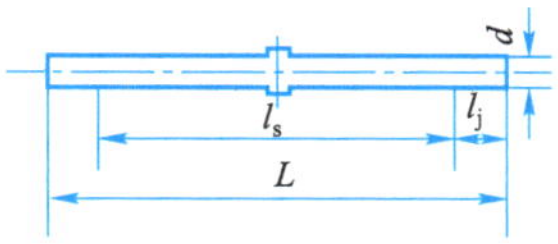	$8d$	$l_s + 2l_j$
电弧焊	双面帮条焊	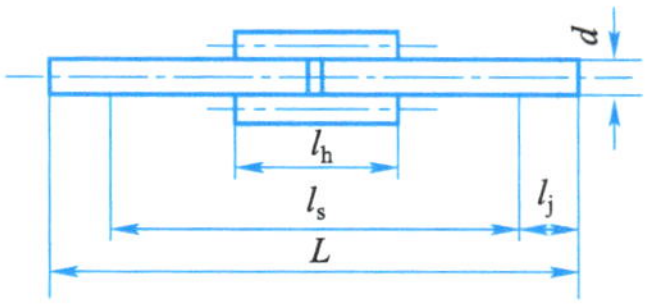	$8d + l_h$	$l_s + 2l_j$
	单面帮条焊	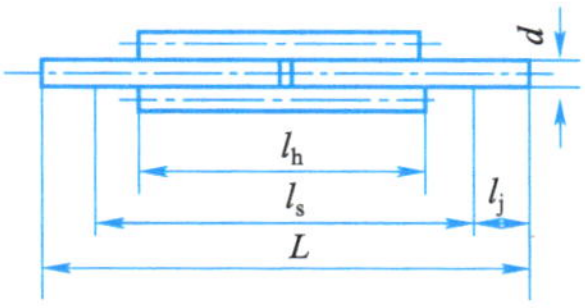	$5d + l_h$	$l_s + 2l_j$
	双面搭接焊	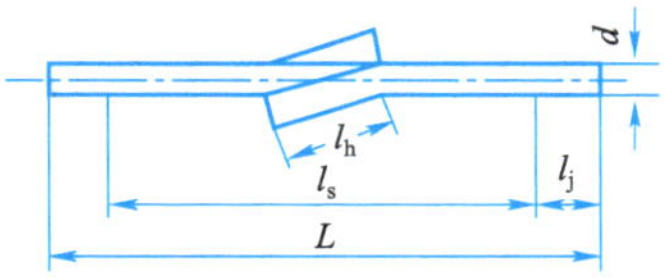	$8d + l_h$	$l_s + 2l_j$
	单面搭接焊	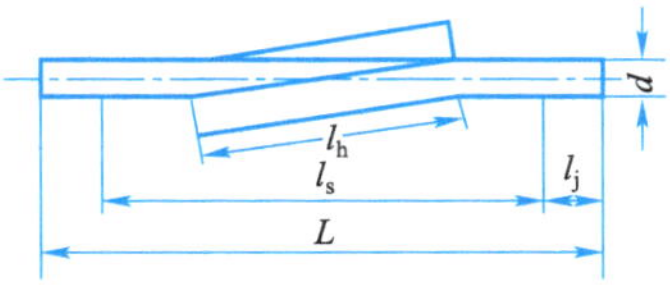	$5d + l_h$	$l_s + 2l_j$
	熔槽帮条焊	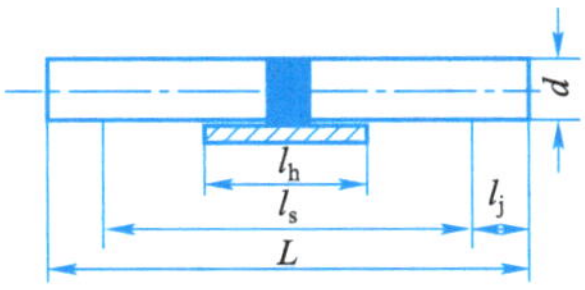	$8d + l_h$	$l_s + 2l_j$
	坡口焊	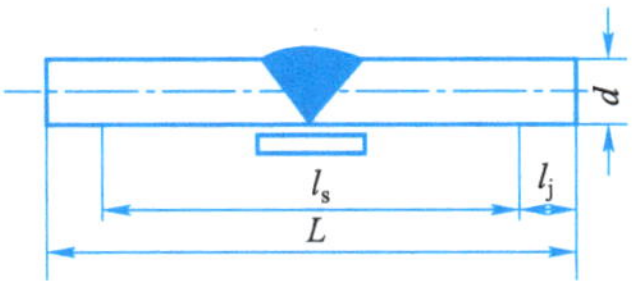	$8d$	$l_s + 2l_j$
	窄间隙焊	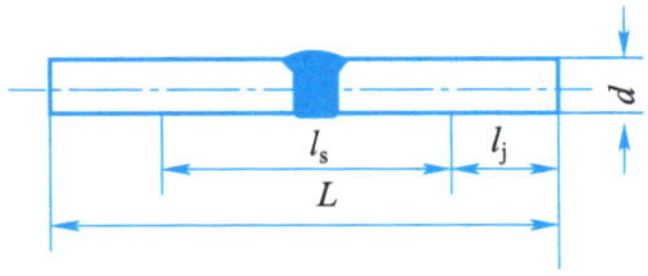	$8d$	$l_s + 2l_j$

需要时可沿此线裁成活页

续表

焊接方法		接头形式	试样尺寸/mm	
			l_s	$L \geqslant$
电渣压力焊			$8d$	l_s+2l_j
气压焊			$8d$	l_s+2l_j
预埋件	电弧焊 埋弧压力焊 埋弧螺柱焊		—	200

注：● 接头形式系根据行业标准《钢筋焊接及验收规程》（JGJ 18—2012）；
● 预埋件锚板尺寸随钢筋直径增加而应适当增大。

4. 试验步骤

（1）调节试验环境温度至规定要求（一般为 10～35 ℃）。

（2）启动拉力试验机或万能材料试验机备用。

（3）用游标卡尺复核试样的钢筋直径［有争议时，应按国家标准《混凝土结构工程施工质量验收规范》（GB 50204—2015）规定执行］，并根据试样规格选用适宜夹具，再将试样安放在试验机上。

> 注：在拉伸试验过程中夹具不得与钢筋产生相对滑移，夹持长度可按试样直径确定。钢筋直径不大于 20 mm 时，夹持长度宜为 70～90 mm；钢筋直径大于 20 mm 时，夹持长度宜为 90～120 mm。

（4）启动试验程序，对试样进行轴向拉伸试验，加载过程中应保持连续平稳，试验速率与任务 4.2 相同，将试样拉至断裂（或出现颈缩），自动采集最大力或从测力盘上读取最大力，也可从拉伸曲线图上确定试验过程中的最大力。

（5）拉伸结束，关闭试验程序，取下试样。

5. 试验数据计算

（1）抗拉强度应按式（4-5）计算。

$$R_m = \frac{F_m}{S_0} \tag{4-5}$$

式中：R_m——抗拉强度，MPa；

$\quad\quad F_m$——最大力，N；

$\quad\quad S_0$——原始试样的钢筋公称横截面积，mm^2。

（2）结果修约：当抗拉强度≤200 MPa 时，试验结果数值应修约到 1 MPa；当 200 MPa＜抗拉强度≤1 000 MPa 时，试验结果数值应修约到 5 MPa；当抗拉强度＞1 000 MPa 时，试验结果数值应修约到 10 MPa。

（3）当试样断口上出现气孔、夹渣、未焊透等焊接缺陷时，应在试验记录表中注明。

任务 4.6　钢筋焊接接头弯曲试验

任务书

小胡、小宋二人准备开始钢筋焊接接头弯曲试验，小胡看见试验室有一台反复弯曲试验机，于是提议小宋用这台仪器完成试验，可是小宋隐约记得老师课堂上讲过此法不行，但是又说不出为什么，于是二人又把试验规程拿出来学习。让我们也跟着他们二人一起来学习吧，看看为什么不能用反复歪曲试验机进行该试验操作？正确的方法应该是怎样的？

课前学习测验

1. 钢筋焊接接头弯曲试样的长度宜为两支辊内侧距离加（　　　）mm。

　A. 40　　　　　　B. 50　　　　　　C. 150　　　　　　D. 200

2. 钢筋焊接接头弯曲试验复验时，应切取 6 个试件进行试验。当不超过 2 个试件发生宽度达到（　　　）mm 的裂纹时，应评定该检验批接头弯曲试验复验合格。

　A. 0.1　　　　　　B. 0.5　　　　　　C. 1.0　　　　　　D. 2.0

3. 进行钢筋焊接接头弯曲试验时，弯曲至 90°，有 2 个或（　　　）个试件外侧（含焊缝和热影响区）未发生宽度达到 0.5 mm 的裂纹，应评定该检验批接头弯曲试验合格。

　A. 1　　　　　　B. 2　　　　　　C. 3　　　　　　D. 4

4. 钢筋焊接接头弯曲结束后，进行评判时，当有（　　　）个试件发生宽度达到 0.5 mm 的裂纹，应进行复验；当有（　　　）个试件发生宽度达到 0.5 mm 的裂纹，应评定该检验批接头弯曲试验不合格。

　A. 1　　　　　　B. 2　　　　　　C. 3　　　　　　D. 4

5. 钢筋焊接接头弯曲试验适用于钢筋焊接接头弯曲试验，其试验目的是检验钢筋焊接接头的弯曲变形性能和可能存在的焊接缺陷。　　　　　　　　　　　　　　　　（　　　）

课中任务准备

1. 阅读任务书，熟悉将要学习的主要内容。

2. 收集并查阅《钢筋焊接接头试验方法标准》（JGJ/T 27—2014）、《数值修约规则与极限数值的表示和判定》（GB/T 8170—2008）、《钢筋混凝土用钢　第 2 部分：热轧带肋钢筋》（GB/T 1499.2—2024）、《钢筋混凝土用钢　第 3 部分：钢筋焊接网》（GB/T 1499.3—2022）、《冷轧带肋钢筋》（GB/T 13788—2024）、《钢筋混凝土用余热处理钢筋》（GB/T 13014—2013）等规范标准。

3. 准备并检查好所需的仪器设备。

4. 制备钢筋焊接接头弯曲试验所需试样。

5. 调节好试验环境温度。

课中任务实施

请按照要求完成钢筋焊接接头弯曲试验，并将相关试验数据等相关信息填入"钢筋焊接接头试验检测记录表"（同任务 4.5）中，再根据相关数据和信息，编制试验检测报告。

钢筋焊接接头
弯曲试验

课后拓展思考

1. 你认为"不得使用钢筋弯曲机对钢筋焊接接头进行弯曲试验"的理由是什么？

2. 阐述三点弯曲和四点弯曲之间的异同点。

课后自我反思

_____

_____

_____

任务学习评价

待以上学习任务全部完成后，由学生自己、学生之间、学校教师、企业导师根据学生课前、课中、课后学习完成情况对每个学生进行综合评价，并将结果填入表 A-2 中。

相关知识

钢筋焊接接头弯曲试验方法是指对钢筋闪光对焊接头、钢筋气压焊接头采用支辊式装置进行弯曲试验的方法。

闪光对焊适用范围广，原则上能铸造的金属材料都可以用闪光对焊焊接。如低碳钢、高碳钢、合金钢、不锈钢，铝、铜、钛等有色金属及合金；还可以焊接异种合金接头。闪光对焊广泛用于焊接各种板件、管件、型材、实心件、刀具等，是一种经济高效的焊接方法。

钢筋闪光对焊是将两根钢筋安装成对接形式，利用焊接电流通过两根钢筋接触点产生的电阻热，使接触点金属熔化（过程中会产生强烈飞溅，形成闪光，并伴有刺激性气味），当其达到预定温度时迅速施加顶锻力完成焊接的一种压焊方法，如图 4-17 所示。

钢筋气压焊是采用氧气、乙炔火焰对两钢筋对接处加热，在其达到塑性状态或熔化状态时施加压力，使钢筋接头压接在一起的工艺。气压焊机现阶段主要用于建筑螺纹钢筋对焊接和火车钢轨的对焊接，如图 4-18 所示。

图 4-17　钢筋闪光对焊示意图

图 4-18　钢筋气压焊示意图

1. 试验目的与适用范围

本方法适用于工业与民用建筑及一般构筑物的混凝土结构中钢筋焊接接头的弯曲试验，其试验目的是检验钢筋焊接接头的弯曲变形性能和可能存在的焊接缺陷。

2. 主要仪器设备

（1）压力机试验机或万能材料试验机，但不得使用钢筋弯曲机对钢筋焊接接头进行弯曲试验。

（2）支辊式弯曲装置：配有两个支辊和一个弯曲压头的支辊式弯曲装置，如图 4-8 所示，支辊间距离为 $l = (D + 3a) \pm \dfrac{a}{2}$，该距离在试验期间应保持不变。

（3）游标卡尺：量程 150 mm，分度值 0.015 mm。

3. 试样准备

（1）钢筋焊接接头弯曲试样的长度宜为支辊间距离加 150 mm。

（2）试样受压面的金属毛刺和镦粗变形部分宜去除至与母材外表面基本齐平，其余部位可保持焊后状态。

（3）试件数量：初验时 3 根一组，复验时 6 根一组。

4. 试验步骤

（1）调节试验环境温度至规定要求（一般为 10～35 ℃）。

（2）启动压力机试验机或万能材料试验机备用。

（3）按照表 4-17 并根据钢筋牌号选择适宜的弯曲压头，并将支辊式弯曲装置安装在试验机上，调节好两个支辊间的间距。

表 4-17　弯曲压头直径和弯曲角度表

序号	钢筋牌号	弯曲压头直径 D		弯曲角度
		$a \leqslant 25$ mm	$a > 25$ mm	$a / (°)$
1	HPB300	$2a$	$3a$	90
2	HRB335　HRBF335	$4a$	$5a$	90
3	HRB400　HRBF400	$5a$	$6a$	90
4	HRB500　HRBF500	$7a$	$8a$	90

注：表中的 a 为弯曲试样直径。

（4）安放焊接钢筋试件。试样应放在两支点上，应使焊缝中心与弯曲压头中心线一致，并同时处于两个支辊正中间。

（5）调节弯曲压头与焊接钢筋之间的距离，使其到达接触零界点。

（6）启动试验程序，对焊接钢筋接头进行弯曲试验，试验过程中应缓慢地对试样施加荷载［当出现争议时，试验速率应为（1.0±0.2）mm/s］，以使材料能够自由地进行塑性变形，待弯曲角度到达 90°或出现裂纹、破断时，关闭试验程序停止试验。

（7）从试验机上取下试件，关闭试验机。并测量试件外侧（含焊缝和热影响区）的裂纹宽度。

5. 试验结果判定

（1）弯曲至 90°，有 2 个或 3 个试件外侧（含焊缝和热影响区）未发生宽度达到 0.5 mm 的裂纹时，应评定该检验批接头弯曲试验合格；当有 2 个试件发生宽度达到 0.5 mm 的裂纹时，应进行复验；当有 3 个试件发生宽度达到 0.5 mm 的裂纹时，应评定该检验批接头弯曲试验不合格。

（2）复验时，应切取 6 个试件进行试验。当不超过 2 个试件发生宽度达到 0.5 mm 的裂纹时，应评定该检验批接头弯曲试验复验合格。

模块2　复合型材料
配制与检验

项目 5　砂浆配制与检验

项目概述

　　某新建住宅小区项目由 7 栋 28 层高层住宅、1 栋 3 层幼儿园、沿街商铺群楼和 1 个整体地下车库组成。该工程的建筑结构主要为剪力墙结构，其中砌筑工程采用水泥石灰混合砂浆，强度等级为 M15。

　　对于砌筑砂浆，需要先了解砂浆的基本知识，熟悉砂浆的主要技术指标，掌握砂浆相关试验检测操作和结果处理，才能完成本项目砌筑工程施工的材料选取、配比设计和性能检验工作。

项目学习导图

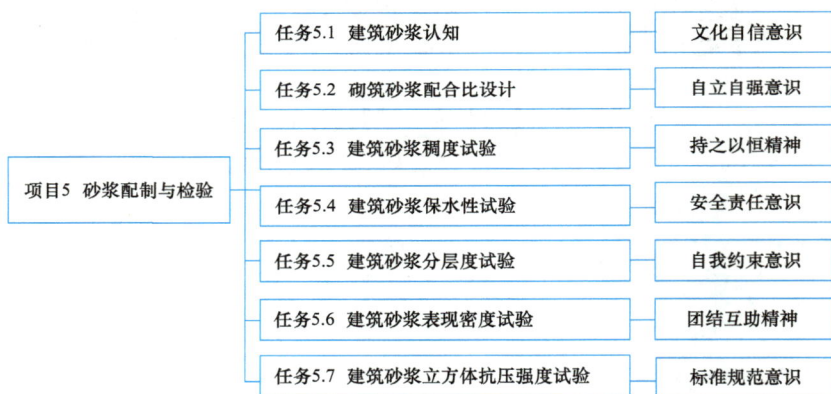

项目5 砂浆配制与检验	任务5.1　建筑砂浆认知	文化自信意识
	任务5.2　砌筑砂浆配合比设计	自立自强意识
	任务5.3　建筑砂浆稠度试验	持之以恒精神
	任务5.4　建筑砂浆保水性试验	安全责任意识
	任务5.5　建筑砂浆分层度试验	自我约束意识
	任务5.6　建筑砂浆表现密度试验	团结互助精神
	任务5.7　建筑砂浆立方体抗压强度试验	标准规范意识

项目学习目标

　　能根据工程具体要求进行砌筑砂浆的配合比设计；能阐述建筑砂浆稠度试验、保水性试验、分层度试验、表观密度试验和砂浆立方体抗压强度试验的试验目的、适用范围、试验操作流程及安全注意事项；能根据相关试验需要对所用的试验仪器设备进行准备；能规范进行相关试验操作、原始记录填写和试验报告编制。

项目学习评价

　　本项目学习评价总分为 100 分，学习完之后，请按照表 5-1 对本项目学习情况进行总评。

表 5-1　项目学习评价表

项目 5　砂浆配制与检验				
任务序号	学习任务名称	学习任务评价总得分	权重（%）	项目学习评价总分
任务 5.1	建筑砂浆认知		10	
任务 5.2	砌筑砂浆配合比设计		15	
任务 5.3	建筑砂浆稠度试验		15	
任务 5.4	建筑砂浆保水性试验		15	
任务 5.5	建筑砂浆分层度试验		15	
任务 5.6	建筑砂浆表观密度试验		15	
任务 5.7	建筑砂浆立方体抗压强度试验		15	

思政贴士

距今大约 1 500 年前，中国古代的建筑工人将糯米、熟石灰及石灰岩混合，制成浆糊，然后将其填补在砖石的空隙中，成了超强度的"糯米砂浆"，这是世界上第一种使用有机和无机原料制成的复合砂浆，比纯石灰砂浆的强度更大、更具耐水性，被认为是万里长城千年不倒的原因。"糯米砂浆"被认为是历史上最伟大的技术创新之一。

任务 5.1　建筑砂浆认知

任务书

小王、小李是毕业于某高职院校的学生，今年刚参加工作，二人工作岗位是试验员，要根据本项目要求配合试验室主任对砌筑工程中所采用的水泥石灰混合砂浆进行配合比设计及其性能测定，并形成相关试验检测报告。小王、小李两位新人在进行这项工作前，需要了解建筑砂浆的哪些基础知识呢？

课前学习测验

1. 砂浆的和易性包括（　　　）。
   A. 流动性　　　　　B. 黏聚性　　　　　C. 保水性　　　　　D. 捣实性
2. 砂浆的流动性指标沉入度的单位为（　　　）。
   A. mm　　　　　　B. m　　　　　　　C. kg　　　　　　D. 无
3. 砂浆的保水性用（　　　）指标来衡量。
   A. 含水率　　　　　B. 分层度　　　　　C. 沉入度　　　　　D. 保水率
4. 砂浆立方体抗压强度标准试件的尺寸为（　　　）。
   A. 边长为 70.7 mm 的立方体　　　　　B. 边长为 100 mm 的立方体
   C. 边长为 150 mm 的立方体　　　　　D. 边长为 200 mm 的立方体
5. M15 以上的砂浆宜选用 42.5 级的水泥。（　　　）

课中任务准备

1. 阅读任务书，熟悉即将要学习的主要内容。

2. 收集并查阅《砌筑砂浆配合比设计规程》（JGJ/T 98—2010）、《建筑用砌筑和抹灰干混砂浆》（JG/T 291—2011）、《混凝土小型空心砌块和混凝土砖砌筑砂浆》（JC/T 860—2008）、《预拌砂浆》（GB/T 25181—2019）、《抹灰砂浆技术规程》（JGJ/T 220—2010）、《聚合物水泥防水砂浆》（JC/T 984—2011）、《建筑保温砂浆》（GB/T 20473—2021）等规范标准。

课中任务实施

引导实施 1：砂浆的种类有哪些？

引导实施 2：建筑砂浆的组成材料和要求是什么？

引导实施 3：砂浆的和易性是什么，与混凝土和易性的要求相同吗？

引导实施 4：砂浆的稠度如何确定？施工稠度如何选用？

引导实施 5：砂浆的表观密度如何测定？不同类型砂浆的表观密度值要求相同吗？

引导实施 6：砂浆强度如何计算？影响砂浆实际强度的因素有哪些？

课后拓展思考

1. 砖基础砌筑用砂浆应如何选用？为什么？

2. 抹灰砂浆和砌砖砂浆有什么不同？

课后自我反思

_____

_____

_____

任务学习评价

待以上学习任务全部完成后，由学生自己、学生之间、学校教师、企业导师根据学生课前、课中、课后学习完成情况对每个学生进行综合评价，并将结果填入表 A-1 中。

相关知识

建筑砂浆是由胶凝材料、细骨料、矿物掺合料、外加剂、添加剂和水按一定比例配合、拌制并经硬化而成的工程材料。建筑砂浆常用于砌体（如砖、石、砌块）结构的砌筑，建筑物内外表面（如墙面、地面、顶棚）的抹面，大型墙板、砖石墙的勾缝及装饰材料的粘结等。建筑砂浆的种类有很多，常见种类见表 5-2。

表 5-2 建筑砂浆的分类

分类依据	砂浆种类
胶凝材料	水泥砂浆、石灰砂浆、水泥石灰混合砂浆、聚合物砂浆等
功能与用途	砌筑砂浆、抹面砂浆（普通抹面砂浆、装饰砂浆、特种砂浆）
生产方式	现场拌制砂浆、预拌砂浆（湿拌砂浆和干混砂浆）

1. 砌筑砂浆

将砖石、砌块等粘结成为砌体的砂浆称为砌筑砂浆。其起着粘结砌块、传递荷载的作用，是砌体的重要组成部分。

1）组成材料

（1）水泥。

宜采用通用硅酸盐水泥或砌筑水泥。选用的水泥的品种和强度等级应与砂浆的设计要求、砌筑部位及所处的环境条件相适应，M15 以下的砂浆宜选用 32.5 级的水泥；M15 以上的砂浆宜选用 42.5 级的水泥。对于一些特殊用途，如配制构件的接头、接缝或用于结构加固、修补裂缝等，应采用膨胀水泥。其技术要求应符合《通用硅酸盐水泥》（GB 175—2023）、《砌筑水泥》（GB/T 3183—2017）的规定。

（2）砂。

砌筑砂浆的质量应符合《建设用砂》（GB/T 14684—2022）的规定，一般砌筑砂浆优先选用中砂拌制，这样既能满足和易性要求，又能节约水泥。对于毛石砌体宜选用粗砂，其含泥量不应超过 5%；强度等级为 M2.5 的水泥混合砂浆，砂的含泥量不应超过 10%。常用的粗集料为普通砂，对特种砂浆也可选用白色或彩色砂、轻砂等。

（3）水。

拌和砂浆用水宜采用可饮用的水。采用其他水时，其技术要求应符合《混凝土用水标准》（JGJ 63—2006）中的有关规定。

（4）其他胶凝材料及掺加料。

为改善砂浆的和易性，减少水泥用量，通常掺入一些廉价的其他胶凝材料（如石灰膏、黏土膏等）制成混合砂浆。

生石灰熟化成石灰膏时，应用孔径不大于 3 mm×3 mm 的筛过滤，熟化时间不得少于 7 d；磨细生石灰粉的熟化时间不得少于 2 d。沉淀池中储存的石灰膏，应采取措施防止其干燥、冻结和污染。严禁使用脱水硬化的石灰膏。所用的石灰膏的稠度应控制在 120 mm 左右。

采用黏土或亚黏土制备黏土膏时，以选用颗粒细、黏性好、含砂量及有机物含量少的为宜。所用的黏土膏的稠度应控制在 120 mm 左右。

为节省水泥、石灰用量，充分利用工业废料，也可将粉煤灰掺入砂浆中。

2）主要技术性质

砂浆应满足以下技术性质：① 新拌砂浆应满足和易性要求；② 硬化后的砂浆应具有所需强度等级，并具有足够的粘结力。

（1）和易性。

和易性是指新拌砂浆便于施工的性能，包括流动性和保水性两个方面。和易性好的砂浆容易在砖、石表面铺成均匀连续的薄层，并与底面粘结牢固，使砌体获得较好的整体性。

① 流动性。

流动性是指砂浆在自重或外力作用下流动的性质，又称稠度，用沉入度（mm）表示。

测定方法：以质量为（300±2）g 的标准试锥自砂浆表面自由沉入砂浆，沉入的深度即为沉入度。

砂浆的稠度应根据砌体材料的吸水性、施工条件确定。砂浆过稠，则不易均匀密实地铺平于砖石表面；过稀，则容易流淌，不易保证砂浆层的厚度，且硬化后强度较低。砌筑砂浆施工稠度的选用可参照《砌筑砂浆配合比设计规程》（JGJ/T 98—2010）的有关规定，见表5-3。

表5-3 砌筑砂浆的施工稠度

砌体种类	施工稠度/mm
烧结普通砖砌体、粉煤灰砖砌体	70～90
混凝土砖砌体、普通混凝土小型空心砌块砌体、灰砂砖砌体	50～70
烧结多孔砖砌体、烧结空心砖砌体、轻集料混凝土小型空心砌块砌体、蒸压加气混凝土砌块砌体	60～80
石砌体	30～50

② 保水性。

砂浆的保水性反映了砂浆保持水分及整体均匀性的能力，用保水率（%）表示。

砂浆在运输、静置或砌筑过程中，应保证水分不从砂浆中离析，使砂浆保持必要的稠度，以便于施工操作，同时使水泥正常水化，以保证砌体的强度。保水性不好的砂浆，会因失水过多而影响砂浆的铺设及砂浆与材料间的结合，并影响砂浆的正常硬化，从而使砂浆的强度，特别是砂浆与多孔材料的粘结力大大降低。砌筑砂浆保水率的要求见表5-4。

表5-4 砌筑砂浆的保水率

砂浆种类	保水率/%
水泥砂浆	≥80
水泥混合砂浆	≥84
预拌砌筑砂浆	≥88

③ 分层度。

砂浆在运输及停放时，砂浆拌合物的稳定性以分层度来衡量。分层度能反映砂浆拌合物因骨料下沉、水分上浮所产生的上下层稠度变异的程度，也能间接反映砂浆的保水性。

分层度以10～20 mm为宜。大于30 mm时容易泌水离析，不便于施工；小于10 mm时，砂浆干稠，也不便施工。

（2）表观密度。

砂浆拌合物的表观密度不宜小于1 900 kg/m³；水泥混合砂浆、预拌砌筑砂浆拌合物的表观密度不宜小于1 800 kg/m³。

其测定方法是将砂浆拌合物装入容积为1 L的容量筒中，称量出砂浆拌合物的质量，再除以容量筒的容积，即可得到表观密度。

（3）砂浆的强度和粘结力。

① 砂浆的强度。

砂浆在砌体中主要起传递荷载的作用，并要经受周围环境介质的作用，因此砂浆应具有一定的粘结强度、抗压强度和耐久性。试验证明，砂浆的粘结强度、耐久性均随抗压强度的增大而提高，即它们之间有一定的相关性，而且抗压强度的试验方法较为成熟，测定较为简单准确，所以工程上常以抗压强度作为硬化后砂浆的主要技术指标。

砂浆的强度是以边长为70.7 mm的立方体试块，在标准养护条件下，用标准试验方法测得28 d龄期的抗压强度来确定的，按式（5-1）计算，精确至0.1 MPa。

$$f_{m,cu} = K\frac{F_u}{A} \qquad (5-1)$$

式中：K——换算系数，对于吸水性强的基材（如烧结砖）取 1.35，对于不吸水或吸水微弱的
基材（如岩石）取 1.0；

　　　F_u——试件破坏荷载；

　　　A——试件承压面积。

砂浆的强度等级是根据砂浆抗压强度的标准值 $f_{m,k}$（具有 95% 保证率的抗压强度值）来划分的。水泥砂浆及预拌砌筑砂浆的强度等级可分为 M30、M25、M20、M15、M10、M7.5、M5.0 七个强度等级；水泥混合砂浆的强度等级可分为 M15、M10、M7.5、M5 四个强度等级。影响砂浆强度的因素较多，试验证明，当原材料质量一定时，砂浆的强度主要取决于水泥强度与水泥用量，而用水量对砂浆强度及其他性能的影响不大。

② 砂浆的粘结力。

砖石砌体是靠砂浆把许多块状的砖石材料粘结成坚固整体的，因此要求砂浆对于砖石必须有一定的粘结力。

砌筑砂浆的粘结力随其强度的增大而提高，砂浆强度等级越大，粘结力越大。此外，砂浆的粘结力也与砖石的表面状态、洁净程度、湿润情况及施工养护条件等有关。所以，砌筑前砖体要浇水润湿，将含水率控制在 10%～15%，并要保证表面洁净无土。

2. 抹面砂浆

凡涂抹在建筑物或建筑构件表面的砂浆，统称为抹面砂浆（也称抹灰砂浆）。抹面砂浆应具有良好的和易性，容易抹成均匀平整的薄层，便于施工；还应有较高的粘结力，保证砂浆层应能与底面粘结牢固，长期内不会开裂或脱落；处于潮湿环境或易受外力作用部位（如地面、墙裙等），还应具有较高的耐水性和强度。

根据抹面砂浆功能的不同，可将抹面砂浆分为普通抹面砂浆、装饰砂浆和具有某些特殊功能的砂浆即特种砂浆（如防水砂浆、保温砂浆、吸声砂浆等）。

1）普通抹面砂浆

普通抹面砂浆是建筑工程中用量最大的抹面砂浆。其功能主要是保护墙体、地面不受风雨及有害杂质的侵蚀，提高防潮、防腐蚀、抗风化性能，增加耐久性；同时可使建筑物达到表面平整、清洁、美观的效果。

普通抹面砂浆通常分为 2 层或 3 层进行施工。各层砂浆要求不同，因此每层所选用的砂浆也不一样。一般底层砂浆起粘结基层的作用，要求砂浆应具有良好的和易性和较高的粘结力，因此底层砂浆的保水性要好，否则水分易被基层材料吸收而影响砂浆的粘结力。另外，基层表面粗糙些会有利于与砂浆的粘结。中层抹灰主要是为了找平，有时可省去不用。面层抹灰主要为了平整美观，因此应选细砂。

底层及中层多用水泥混合砂浆。面层多用水泥混合砂浆或掺麻刀、纸筋的石灰砂浆。在容易碰撞或潮湿的地方，应采用水泥砂浆，如墙裙、踢脚板、地面、雨篷、窗台及水池、水井等处，一般多用 1：2.5 的水泥砂浆。

2）装饰砂浆

装饰砂浆是直接涂抹于建筑物内外墙表面，以提高建筑物装饰艺术性为主要目的的砂浆，是建筑物常用的装饰手段之一。装饰砂浆的底层和中层抹灰与普通抹面砂浆基本相同，而装饰的面层，要选用具有一定颜色的胶凝材料和集料及采用某种特殊的工艺，使表面呈现出各种不同的色彩、线条与花纹等装饰效果。

装饰砂浆所采用的胶凝材料有普通水泥、矿渣水泥、火山灰水泥和白水泥、彩色水泥。也可在常用的水泥中掺加耐碱矿物颜料配成彩色水泥及石灰、石膏等。集料常采用大理石、花岗岩等带颜色的碎石渣或玻璃、陶瓷碎粒。

装饰砂浆的常用工艺有拉毛、水刷石、水磨石、干粘石和斩假石等。

（1）拉毛：先用水泥砂浆做底层，再用水泥石灰砂浆做面层，在砂浆尚未凝结之前，利用拉毛工具将砂浆拉出波纹和斑点或将表面拍拉成凹凸不平的形状。

（2）水刷石：用颗粒细小（约 5 mm）的石渣拌成的砂浆做面层，在水泥初始凝固时即喷水冲刷表面，使其石渣半露而不脱落。多用于建筑物的外墙装饰，具有一定的质感，经久耐用。

（3）水磨石：一种人造石，用普通水泥、白色水泥或彩色水泥拌和各种色彩的大理石石渣做面层，硬化后用机械磨平抛光表面。水磨石多用于地面装饰，若事先设计图案和色光则更具艺术效果。除可用做地面之外，还可预制做成楼梯踏步、窗台板、柱面、踢脚板和地面板等多种建筑构件。水磨石一般用于室内。

（4）干粘石：在水泥砂浆面层的整个表面上，将粒径小于 5 mm 的彩色石渣、彩色玻璃碎粒直接粘在砂浆层上，要求粘结牢固、不脱落。干粘石装饰效果与水刷石相同，但避免了湿作业，施工效率高，而且节约水泥、石粒等原材料，较为经济。

（5）斩假石：也称剁假石或斧剁石，原料和制作工艺与水磨石相同，但表面不打磨抛光，而是在水泥浆硬化后，用斧刀剁毛露出石渣。斩假石的装饰效果与粗面花岗岩相似。

3. 特种砂浆

1）防水砂浆

防水砂浆是一种制作防水层用的高抗渗性砂浆。防水砂浆层又称刚性防水层，适用于不受振动和具有一定刚度的混凝土或砖石砌体的表面，对于变形较大或可能发生不均匀沉陷的建筑物，不宜采用。

用作防水工程防水层的防水砂浆可分为刚性多层抹面水泥砂浆、掺防水剂防水砂浆、聚合物防水砂浆 3 种。

常用的防水剂有氯化物金属盐类防水剂、水玻璃类防水剂和金属皂类防水剂等。

（1）氯化物金属盐类防水剂是主要由氯化钙、氯化铝等金属盐和水按一定比例配成的有色液体，其配合比为氯化铝∶氯化钙∶水=1∶10∶11，掺量一般为水泥质量的 3%～5%。这种防水剂在水泥凝结硬化过程中会生成不透水的复盐，可促进结构密实，从而提高砂浆的抗渗性能。

（2）水玻璃类防水剂是以水玻璃硅酸盐的水溶液为基料，加入 2 种或 4 种矾的水溶液，又称二矾或四矾防水剂，其中四矾防水剂凝结速度快，一般不超过 1 min。水玻璃类防水剂适用于防水堵漏，不能用于大面积施工。

（3）金属皂类防水剂是由硬脂酸、氨水、氢氧化钾（或碳酸钾）和水按一定比例混合加热皂化而成的有色浆状物。这种防水剂掺入混凝土或水泥砂浆中，可堵塞毛细通道和填充微小孔隙，增加砂浆的密实性，使砂浆具有防水性。但由于憎水物质是非胶凝性的，会使砂浆强度降低，因而其掺量不宜过多，一般为水泥质量的 3%左右。

防水砂浆的防渗效果在很大程度上取决于施工质量，因此施工时要严格控制原材料质量和配合比。防水砂浆层一般分 4 层或 5 层施工，每层约 5 mm 厚，每层在初凝前压实一遍，最后层要进行压光。抹完后要加强养护，防止脱水过快造成干裂。总之，刚性防水层必须保证砂浆的密实性，对施工操作要求高，否则难以获得理想的防水效果。

2）保温砂浆

保温砂浆又称绝热砂浆，是采用水泥、石灰、石膏等胶凝材料与膨胀珍珠岩或膨胀蛭石、陶砂等轻质多孔集料按一定比例配制成的砂浆。保温砂浆具有轻质、保温、隔热、吸声等性能，其导热系数为 0.07～0.10 W/(m·K)，可用于屋面保温层、保温墙壁及供热管道保温层等。

常用的保温砂浆有水泥膨胀珍珠岩砂浆、水泥膨胀蛭石砂浆、水泥石灰膨胀蛭石砂浆等。

3）吸声砂浆

保温砂浆通常是由轻质多孔集料制成的，都具有吸声性能。另外，也可以用水泥、石膏、砂、锯末按体积比为 1∶1∶3∶5 配制成吸声砂浆，或在石灰石膏砂浆中掺入玻璃纤维、矿棉等松软纤维材料制成。吸声砂浆主要用于室内墙壁和平顶的吸声。

任务 5.2　砌筑砂浆配合比设计

任务书

本项目中的砌筑工程采用水泥石灰混合砂浆，强度等级为 M15；使用 32.5 级的普通硅酸盐水泥；中砂，含水率为 3%，干燥堆积密度为 1 450 kg/m²；石灰膏的稠度为 120 mm；此工程施工水平一般。小王、小李要配合试验室主任进行砂浆的配合比设计。

课前学习测验

1. 水泥砂浆中单位水泥用量应（　　　）。
   A. ≤200 kg　　　　B. ≥350 kg　　　　C. ≥200 kg　　　　D. ≤350 kg

2. 具有抗冻要求的砌筑砂浆，经规定冻融循环试验后，其质量损失率应（　　　），抗压强度损失率应（　　　）。
   A. ≥5%，≤25%　B. ≤5%，≤25%　C. ≤5%，≥25%　D. ≥5%，≥25%

3. 水泥混合砂浆试配强度计算中，系数 k 的影响因素有（　　　）。
   A. 砂浆强度标准差　　　　　　　　B. 砂浆强度
   C. 施工水平　　　　　　　　　　　D. 砂浆稠度

4. 水泥混合砂浆中掺入的石灰膏的稠度宜为（　　　）。
   A.（110±5）mm　B.（115±5）mm　C.（120±5）mm　D.（125±5）mm

5. 混合砂浆中的用水量，包括石灰膏中的水。（　　　）

课中任务准备

1. 阅读任务书，熟悉将要学习的主要内容。

2. 收集并查阅《砌筑砂浆配合比设计规程》（JGJ/T 98—2010）、《建筑砂浆基本性能试验方法标准》（JGJ/T 70—2009）等规范标准。

课中任务实施

请按照要求完成配合比设计，并将原始数据等相关信息填入"砂浆配合比设计试验检测记录表"中，再根据相关数据和信息，编制试验检测报告。

JGLQ05015

砂浆配合比设计试验检测记录表（一）

记录编号：

检测单位名称：

工程名称		工程部位/用途：
样品信息		
试验检测日期		试验条件：
检测依据		判定依据：

主要仪器设备名称及编号

砂浆种类			养护条件	
设计强度/MPa			设计保水率%	
试配强度/MPa		设计稠度/mm		

材料	品种等级	生产厂家/产地	最大粒径/mm	细度模数
水泥			—	—
细集料				
水				

材料	堆积密度/(kg/m³)	表观密度/(kg/m³)	空隙率/%
水泥			—
细集料			—
水			—

每立方米砂浆各材料用量/kg

组别	水泥	细集料	水
A			
B			
C			

按强度试验结果确定每立方米材料用量/kg

试拌砂浆_____m³，各种材料用量

组别	水泥	细集料	水	表观密度/(kg/m³)	稠度/mm	保水率/%	拌和方法
A							
B							
C							

按实测表观密度值校正（各材料用量×校正系数）
校正后每立方米材料用量/kg

砂浆设计配合比

材料	
水泥	
细集料	
水	

水泥：细集料：水=1：_____：_____

附加声明：

说明：1. 砂浆试配强度 $f_{m,0}=kf_z$；
2. 实测表观密度值与理论值之差值的绝对值不超过理论值的2%时，不需要校正；
3. 对选定的配合比进行表观密度值校正。

检测：　　　　记录：　　　　复核：　　　　日期：　　年　　月　　日

JGLQ05015

记录编号：

砂浆配合比设计试验检测记录表（二）

检测单位名称：

工程名称		工程部位/用途	
样品信息			
试验检测日期		试验条件	
检测依据		判定依据	
主要仪器设备及编号			
养护条件			

组别	每立方米砂浆水泥用量/kg	试件编号	成型日期	抗压日期 7 d	抗压日期 28 d	砂浆种类	试件面积/mm²	极限荷载/kN 7 d	极限荷载/kN 28 d	抗压强度/MPa 7 d	抗压强度/MPa 28 d	平均值/MPa 7 d	平均值/MPa 28 d	设计强度/MPa	7 d 与 28 d 比值
A															
B															
C															
试验结果															

附加声明：

检测： 记录： 复核：

日期： 年 月 日

163

📖 课后拓展思考

1. 砂浆配合比投料控制需先向操作人员进行技术交底，同时进行配合比指示牌挂牌操作，称量要求水泥和水、砂和石灰膏，允许误差分别为多少？

2. 在进行水泥石灰混合砂浆配合比设计过程中，若计算出石灰膏掺量为 Q_d，而石灰膏的稠度为 100 mm，则实际石灰膏用量为多少？

⬡ 课后自我反思

_____

_____

_____

📖 任务学习评价

待以上学习任务全部完成后，由学生自己、学生之间、学校教师、企业导师根据学生课前、课中、课后学习完成情况对每个学生进行综合评价，并将结果填入表 A-2 中。

📖 相关知识

1. 砌筑砂浆配合比设计的基本要求

（1）砂浆拌合物的和易性及表观密度应满足施工技术要求。

（2）砂浆的强度和耐久性应满足设计要求。

（3）砂浆拌合物组成材料的选用及用量应满足经济性要求。

2. 砌筑砂浆的技术条件

（1）砌筑砂浆拌合物的表观密度宜符合表 5-5 的规定。

表 5-5　砌筑砂浆拌合物的表观密度

砂浆种类	表观密度/（kg/m³）
水泥砂浆	≥1 900
水泥混合砂浆	≥1 800
预拌砌筑砂浆	≥1 800

（2）砌筑砂浆的稠度、保水率、试配抗压强度应同时满足要求。

（3）有抗冻性要求的砌体工程，砌筑砂浆应进行冻融试验。砌筑砂浆的抗冻性应符合表 5-6 的规定，且当设计对抗冻性有明确要求时，尚应符合设计规定。

表 5-6　砌筑砂浆的抗冻性

使用条件	抗冻指标	质量损失率/%	强度损失率/%
夏热冬暖地区	F15	≤5	≤25
夏热冬冷地区	F25		
寒冷地区	F35		
严寒地区	F50		

（4）砌筑砂浆中的水泥和石灰膏、电石膏等材料的用量可按表 5-7 选用。

表5-7　砌筑砂浆的材料用量

砂浆种类	材料用量/（kg/m³）
水泥砂浆	≥200
水泥混合砂浆	≥350
预拌砌筑砂浆	≥200

注：● 水泥砂浆中的材料用量是指水泥用量。
　　● 水泥混合砂浆中的材料用量是指水泥和石灰膏、电石膏的材料总量。
　　● 预拌砌筑砂浆中的材料用量是指胶凝材料用量，包括水泥和替代水泥的粉煤灰等活性矿物掺合料。

（5）砌筑砂浆中可掺入保水增稠材料、外加剂等，掺量应经试配后确定。

（6）砌筑砂浆试配时应采用机械搅拌。搅拌时间应自开始加水算起，并应符合下列规定：

① 对水泥砂浆和水泥混合砂浆，搅拌时间不得少于120 s。

② 对预拌砌筑砂浆和掺有粉煤灰、外加剂、保水增稠材料等的砂浆，搅拌时间不得少于180 s。

3. 砌筑砂浆配合比设计

1）现场配制砌筑砂浆的试配要求

（1） 水泥混合砂浆配合比计算。

① 确定砂浆的试配强度 $f_{m,0}$。

砂浆的试配强度应按式（5-2）计算。

$$f_{m,0}=k \cdot f_2 \tag{5-2}$$

式中：$f_{m,0}$——砂浆的试配强度，MPa，应精确至0.1 MPa；

　　　　f_2——砂浆强度等级值，MPa，应精确至0.1 MPa；

　　　　k——系数，按表5-8取值；

　　　　σ——砂浆强度标准差，应精确至0.01 MPa。

（a）当有统计资料时，砂浆强度标准差 σ 应按式（5-3）计算。

$$\sigma=\sqrt{\dfrac{\sum\limits_{i=1}^{n} f_{m,i}^2 - n\mu_{fm}^2}{n-1}} \tag{5-3}$$

式中：$f_{m,i}$——统计周期内同一品种砂浆第 i 组试件的强度，MPa；

　　　　μ_{fm}——统计周期内同一品种砂浆 n 组试件强度的平均值，MPa；

　　　　n——统计周期内同一品种砂浆试件的总组数，$n \geq 25$。

（b）当无统计资料时，砂浆强度标准差 σ 可按表5-8取值。

表5-8　砂浆强度标准差 σ 及 k 值

施工水平	强度标准差σ/MPa							k
	砂浆强度等级							
	M5	M7.5	M10	M15	M20	M25	M30	
优良	1.00	1.50	2.00	3.00	4.00	5.00	6.00	1.15
一般	1.25	1.88	2.50	3.75	5.00	6.25	7.50	1.20
较差	1.50	2.25	3.00	4.50	6.00	7.50	9.00	1.25

② 确定单位水泥用量 Q_C。

每立方米砂浆中的水泥用量应按式（5-4）计算。

$$Q_C = \frac{1\,000(f_{m,0} - \beta)}{\alpha \cdot f_{ce}} \tag{5-4}$$

式中：Q_C——每立方米砂浆的水泥用量，kg，精确至 1 kg；

f_{ce}——水泥的实测强度，MPa，精确至 0.1 MPa；

α、β——砂浆的特征系数，其中 α 取 3.03，β 取 -15.09。

> 注：各地区也可用本地区试验资料确定 α、β 值，统计用的试验组数不得少于 30 组。

在无法取得水泥的实测强度值 f_{ce} 时，可按式（5-5）计算。

$$f_{ce} = \gamma_c \cdot f_{ce,k} \tag{5-5}$$

式中：$f_{ce,k}$——水泥强度等级值，MPa；

γ_c——水泥强度等级值的富余系数，宜按实际统计资料确定；无统计资料时可取 1.0。

③ 确定单位石灰膏用量 Q_D。

每立方米砂浆中的石灰膏用量应按式（5-6）计算。

$$Q_D = Q_A - Q_C \tag{5-6}$$

式中：Q_D——每立方米砂浆的石灰膏用量，kg，应精确至 1 kg；石灰膏使用时的稠度宜为（120±5）mm；

Q_A——每立方米砂浆中水泥和石灰膏总量，kg，应精确至 1 kg，可为 350 kg。

④ 确定砂的单位用量 Q_S。

每立方米砂浆中的砂用量应按干燥状态（含水率小于 0.5%）的堆积密度值作为计算值，kg。

⑤ 确定单位用水量 Q_W。

每立方米砂浆中的用水量，可根据砂浆稠度等要求选用 210～310 kg。

> 注：◆ 混合砂浆中的用水量，不包括石灰膏中的水。
> ◆ 当采用细砂或粗砂时，用水量分别取上限或下限。
> ◆ 稠度小于 70 mm 时，用水量可小于下限。
> ◆ 施工现场气候炎热或干燥季节，可酌量增加用水量。

（2）现场配制水泥砂浆的试配规定。

① 水泥砂浆的材料用量可按表 5-9 选用。

表 5-9　每立方米水泥砂浆材料用量　　　　　　　　　　　　　　单位：kg/m³

强度等级	水泥	砂	用水量
M5	200～230	砂的堆积密度值	270～330
M7.5	230～260		
M10	260～290		
M15	290～330		

续表

强度等级	水泥	砂	用水量
M20	340～400		
M25	360～410	砂的堆积密度值	270～330
M30	430～480		

注：● M15 及 M15 以下强度等级水泥砂浆，水泥强度等级为 32.5 级；M15 以上强度等级水泥砂浆，
水泥强度等级为 42.5 级；

　　 ● 当采用细砂或粗砂时，用水量分别取上限或下限；

　　 ● 稠度小于 70 mm 时，用水量可小于下限；

　　 ● 施工现场气候炎热或干燥季节，可酌量增加用水量；

　　 ● 试配强度应按式（5-2）计算。

② 水泥粉煤灰砂浆材料用量可按表 5-10 选用。

表 5-10　每立方米水泥粉煤灰砂浆材料用量　　　　　　　　　　单位：kg/m³

强度等级	水泥和粉煤灰总量	粉煤灰	砂	用水量
M5	210～240			
M7.5	240～270	粉煤灰掺量可占胶凝材料总量的 15%～25%	砂的堆积密度值	270～330
M10	270～300			
M15	300～330			

注：● 表中水泥强度等级为 32.5 级；

　　 ● 当采用细砂或粗砂时，用水量分别取上限或下限；

　　 ● 稠度小于 70 mm 时，用水量可小于下限；

　　 ● 施工现场气候炎热或干燥季节，可酌量增加用水量；

　　 ● 试配强度应按式（5-2）计算。

2）砌筑砂浆配合比试配、调整与确定

（1）确定砂浆基准配合比。

按计算或查表所得配合比进行试拌时，应按行业标准《建筑砂浆基本性能试验方法标准》（JGJ/T 70—2009）测定砌筑砂浆拌合物的稠度和保水率。当稠度和保水率不能满足要求时，应调整材料用量，直到符合要求为止，然后确定为试配时的砂浆基准配合比。

（2）确定砂浆试配配合比。

试配时应至少采用 3 个不同的配合比，其中一个配合比应为按本规程得出的基准配合比，其余 2 个配合比的水泥用量应按基准配合比分别增加及减少 10%，分别测定不同配合比砂浆的表观密度及强度。在保证稠度、保水率合格的条件下，可将用水量、石灰膏、保水增稠材料或粉煤灰等活性掺合料用量作相应调整。最终应选定符合试配强度及和易性要求、水泥用量最低的配合比作为砂浆的试配配合比。

（3）确定砂浆设计配合比。

砌筑砂浆试配配合比尚应按下列步骤进行校正：

需要时可沿此线裁成活页

① 应根据砂浆的试配配合比确定材料用量，按式（5-7）计算砂浆的理论表观密度值。

$$\rho_t = Q_C + Q_D + Q_s + Q_w \tag{5-7}$$

式中：ρ_t—砂浆的理论表观密度值，kg/m^3，应精确至 $10\,kg/m^3$。

② 应按式（5-8）计算砂浆配合比校正系数 δ。

$$\delta = \rho_c / \rho_t \tag{5-8}$$

式中：ρ_c—砂浆的实测表观密度值，kg/m^3，应精确至 $10\,kg/m^3$。

③ 当砂浆的实测表观密度值与理论表观密度值之差的绝对值不超过理论值的 2%时，可将砂浆试配配合比确定为砂浆设计配合比；当超过 2%时，应将试配配合比中每项材料用量均乘以校正系数（δ）后，确定为砂浆设计配合比。

任务 5.3 建筑砂浆稠度试验

任务书

小王、小李已配合试验室主任完成水泥石灰混合砂浆的初步配合比设计，之后要根据初步配合比进行试拌并测定砂浆拌合物的和易性是否满足要求。对于建筑砂浆和易性的稠度指标他们应如何测定呢？

课前学习测验

1. 砂浆稠度试验所用到的仪器设备有（　　　）。
   A. 烘箱　　　　　B. 砂浆稠度仪　　C. 钢制捣棒　　　D. 秒表
2. 砂浆稠度试验过程中，将砂浆拌合物一次性装入容器，砂浆表面宜低于容器口（　　　）。
   A. 5 mm　　　　B. 8 mm　　　　C. 10 mm　　　　D. 15 mm
3. 砂浆稠度试验过程中，拧开制动螺丝，同时计时，（　　　）时立即拧紧螺丝。
   A. 5 s　　　　　B. 10 s　　　　C. 8 s　　　　　D. 12 s
4. 砂浆稠度试验过程中，当 2 次试验值之差大于（　　　）时，应重新取样测定。
   A. 2 mm　　　　B. 5 mm　　　　C. 8 mm　　　　D. 10 mm

课中任务准备

1. 阅读任务书，熟悉将要学习的主要内容。
2. 收集并查阅《建筑砂浆基本性能试验方法标准》（JGJ/T 70—2009）等规范标准。
3. 准备并检查好所需的仪器设备，按确定的初步配合比计算并称量试验所用原材料。

课中任务实施

请按照要求完成建筑砂浆稠度试验，并将原始数据等相关信息填入"砂浆稠度试验检测记录表"中，再根据相关数据和信息，编制砂浆拌合物性能试验检测报告。

建筑砂浆稠度试验

砂浆稠度试验检测记录表

检测单位名称：　　　　　　　　　　　　　　　　　　　　记录编号：

工程名称			
工程部位/用途			
样品信息			
试验检测日期		试验条件	
检测依据		判定依据	
主要设备名称及编号			
工程名称			
砂浆种类		搅拌方式	
试验次数	插捣次数/次	秒表读数/s	下沉深度/mm

附加声明：

检测：　　　　　　记录：　　　　　　复核：　　　　　　日期：　年　　月　　日

📖 课后拓展思考

1. 当砂浆稠度试验的稠度值不符合要求时，应如何调整材料用量？
2. 砂浆仪进行校验的周期是多久？校验项目有哪些？

课后自我反思

_____

_____

_____

📖 任务学习评价

待以上学习任务全部完成后，由学生自己、学生之间、学校教师、企业导师根据学生课前、课中、课后学习完成情况对每个学生进行综合评价，并将结果填入表 A–2 中。

📖 相关知识

1. 试验目的与适用范围
本方法适用于确定砂浆的配合比或施工过程中控制砂浆的稠度，以达到控制用水量目的。

2. 仪器设备
（1）砂浆稠度仪：应由试锥、容器、支座三部分组成，如图 5-1 所示。试锥应由钢材或

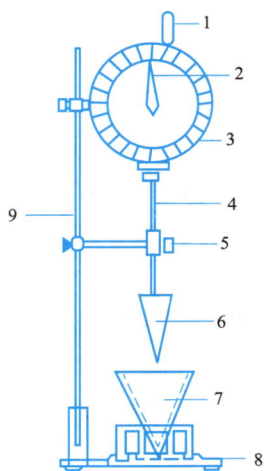

1—齿条测杆；2—指针；3—刻度盘；
4—滑杆；5—制动螺丝；6—试锥；
7—盛浆容器；8—底座；9—支架。

图 5-1　砂浆稠度测定仪

铜材制成，试锥高度为 145 mm，锥底直径为 75 mm，试锥连同滑杆的质量应为（300±2）g；盛浆容器由钢板制成，筒高为 180 mm，锥底内径为 150 mm；支座分底座、支架及刻度显示 3 个部分，由铸铁、钢或其他金属制成。

（2）钢制捣棒：直径 10 mm，长度 350 mm，端部磨圆。

（3）秒表等。

3. 试验步骤

（1）用少量润滑油轻擦滑杆，再将滑杆上多余的油用吸油纸擦干净，使滑杆能自由滑动。

（2）应先用湿布擦净盛浆容器和试锥表面，再将砂浆拌合物一次性装入容器；砂浆表面宜低于容器口 10 mm，用捣棒从容器中心向边缘均匀地插捣 25 次，再将容器轻轻地摇动或敲击 5～6 下，使砂浆表面平整，随后将容器置于稠度测定仪的底座上。

（3）拧松制动螺丝，向下移动滑杆，当试锥尖端与砂浆表面刚接触时，拧紧制动螺丝，使齿条测杆下端刚接触滑杆上端，读出刻度盘上的读数（精确至 1 mm）。

（4）拧松制动螺丝，同时计时，10 s 时立即拧紧螺丝，将齿条测杆下端接触滑杆上端，从刻度盘上读出下沉深度（精确至 1 mm），两次读数的差值即为砂浆的稠度值。

（5）盛浆容器内的砂浆，只允许测定一次稠度，重复测定时，应重新取样测定。

4. 试验结果与允许误差

（1）取 2 次试验结果的算术平均值作为试验结果，精确至 1 mm；

（2）如 2 次试验值之差大于 10 mm，应重新取样测定。

任务 5.4　建筑砂浆保水性试验

📖 任务书

　　小王、小李已配合试验室主任完成水泥石灰混合砂浆的初步配合比设计，之后要根据初步配合比进行试拌并测定砂浆拌合物的和易性是否满足要求。对于建筑砂浆和易性的保水性指标他们应如何测定呢？

📖 课前学习测验

1. 砂浆拌合物保水性试验中，将试模表面砂浆刮平后，静置的时间为（　　　）。

　　A. 1 min　　　　B. 5 min　　　　C. 2 min　　　　D. 3 min

2. 称取砂浆拌合物试样的质量为 100 g，在（105±5）℃的烘箱中烘干至恒重后的质量为 89 g，则该砂浆试样的含水率为（　　　）。

　　A. 11.0%　　　B. 11.9%　　　C. 12.4%　　　D. 12.9%

3. 称取砂浆拌合物试样保水率试验中，称得底部不透水片与干燥试模质量为 150 g，15 片滤纸吸水前的质量为 25.8 g，试模、底部不透水片与砂浆总质量 498 g，15 片滤纸吸水后的质量为 36.8 g，砂浆含水率为 10%，则该砂浆试样的保水率为（　　）。

    A. 67.2%　　　　　B. 68.4%　　　　　C. 70.6%　　　　　D. 71.3%

4. 砂浆拌合物保水性试验中，将试模表面砂浆刮平后，砂浆表面从下向上放置的器具为（　　）。

    A. 15 片滤纸、金属滤网、不透水片　　B. 金属滤网、15 片滤纸、不透水片

    C. 不透水片、金属滤网、15 片滤纸　　D. 金属滤网、不透水片、15 片滤纸

课中任务准备

1. 阅读任务书，熟悉将要学习的主要内容。

2. 收集并查阅《建筑砂浆基本性能试验方法标准》（JGJ/T 70—2009）等规范标准。

3. 准备并检查好所需的仪器设备，按确定的初步配合比计算并称量试验所用原材料。

课中任务实施

请按照要求完成建筑砂浆保水性试验，并将原始数据等相关信息填入"砂浆保水性试验检测记录表"中，再根据相关数据和信息，编制砂浆拌合物性能试验检测报告。

建筑砂浆
保水性试验

砂浆保水性试验检测记录表

检测单位名称：　　　　　　　　　　　　　　　　　　　　记录编号：

工程名称	
工程部位/用途	
样品信息	

试验检测日期		试验条件	
检测依据		判定依据	

主要设备名称及编号	

砂浆种类					搅拌方式				
试验次数	底部不透水片与干燥试模质量/g	15 片滤纸吸水前的质量/g	试模、底部透水片与砂浆总质量/g	15 片滤纸吸水后的质量/g	砂浆样本总质量/g	烘干后砂浆样本质量/g	含水率/%	平均含水率/%	保水率测值/%	保水率测定值/%

附加声明：

检测：　　　　　　记录：　　　　　　复核：　　　　　　日期：　　年　　月　　日

📖 课后拓展思考

1. 砂浆的保水性不良对工程质量有何影响？
2. 砂浆的保水性试验中，最后试模刮平时，若由于抹刀变形，将砂浆表面刮成下陷状态，则测定的保水率数据会如何变化？

⬡ 课后自我反思

_____

_____

_____

📖 任务学习评价

待以上学习任务全部完成后，由学生自己、学生之间、学校教师、企业导师根据学生课前、课中、课后学习完成情况对每个学生进行综合评价，并将结果填入表 A–2 中。

📖 相关知识

1. 试验目的与适用范围
本方法适用于测定砂浆保水性，以判定砂浆拌合物在运输及停放时内部组分的稳定性。

2. 仪器设备
（1）金属或硬塑料圆环试模：内径应为 100 mm，内部高度应为 25 mm。

（2）可密封的取样容器：应清洁、干燥。

（3）2 kg 的重物。

（4）金属滤网：网格尺寸 45 μm，圆形，直径为（110±1）mm。

（5）超白滤纸：应采用国家标准《化学分析滤纸》（GB/T 1914—2017）规定的中速定性滤纸，直径为 110 mm，单位面积质量为 200 g/m²。

（6）2 片金属或玻璃的方形或圆形不透水片：边长或直径应大于 110 mm。

（7）天平：量程 200 g，分度值 0.1 g；量程 2 000 g，分度值 1 g。

（8）烘箱。

3. 试验步骤
（1）称量底部不透水片与干燥试模质量 m_1，15 片中速定性滤纸质量 m_2。

（2）将砂浆拌合物一次性装入试模，并用抹刀插捣数次，当装入的砂浆略高于试模边缘时，用抹刀以 45° 角一次性将试模表面多余的砂浆刮去，然后再用抹刀以较平的角度在试模表面反方向将砂浆刮平。

（3）抹掉试模边的砂浆，称量试模、底部不透水片与砂浆总质量 m_3。

（4）用金属滤网覆盖在砂浆表面，再在滤网表面放上 15 片滤纸，用上部不透水片盖在滤纸表面，用 2 kg 的重物把上部不透水片压住。

（5）静置 2 min 后移走重物及上部不透水片，取出滤纸（不包括滤网），迅速称量滤纸质量 m_4。

（6）按照砂浆的配合比及加水量计算砂浆的含水率。当无法计算时，可按照砂浆含水率测定方法测定。

4. 试验结果与允许误差

砂浆保水率应按式（5-9）计算。

$$W = \left[1 - \frac{m_4 - m_2}{\alpha \times (m_3 - m_1)}\right] \times 100\% \qquad (5-9)$$

式中：W——砂浆保水率；

m_1——底部不透水片与干燥试模质量，g，精确至 1 g；

m_2——15 片滤纸吸水前的质量，g，精确至 0.1 g；

m_3——试模、底部不透水片与砂浆总质量，g，精确至 1 g；

m_4——15 片滤纸吸水后的质量，g，精确至 0.1 g；

α——砂浆含水率。

取 2 次试验结果的平均值作为砂浆的保水率，精确至 0.1%，且第 2 次试验应重新取样测定。当 2 个测定值之差超过 2%时，此组试验结果无效。

5. 砂浆含水率的测定

测定砂浆含水率时，应称取（100±10）g 砂浆拌合物试样，置于一干燥并已称重的盘中，在（105±5）℃的烘箱中烘干至恒重。

砂浆含水率应按式（5-10）计算。

$$\alpha = \frac{m_6 - m_5}{m_6} \times 100\% \qquad (5-10)$$

式中：m_5——烘干后砂浆样本的质量，g，精确至 1 g；

m_6——砂浆样本的总质量，g，精确至 1 g。

取 2 次试验结果的算术平均值作为砂浆的含水率，精确至 0.1%。当 2 个测定值之差超过 2%时，此组试验结果应为无效。

任务 5.5　建筑砂浆分层度试验

📖 任务书

小王、小李已配合试验室主任完成水泥石灰混合砂浆的初步配合比设计，之后要根据初步配合比进行试拌并测定砂浆拌合物的和易性是否满足要求，对于建筑砂浆和易性的分层度指标他们应如何测定呢？

📖 课前学习测验

1. 砂浆分层度试验中，待装满砂浆拌合物的分层度筒静置（　　）min 后，去掉上节砂浆。

A. 10　　　　B. 20　　　　C. 30　　　　D. 40

2. 砂浆分层度试验中，去掉上节砂浆，然后将剩余的砂浆倒在拌合锅内搅拌的时间为（　　）。

A. 1 min　　　B. 2 min　　　C. 3 min　　　D. 4 min

3. 下列砂浆分层度平行试验值之差满足要求的有（　　　）。
   A. 5 mm　　　　　B. 8 mm　　　　　C. 11 mm　　　　　D. 12 mm

课中任务准备

1. 阅读任务书，熟悉将要学习的主要内容。
2. 收集并查阅《建筑砂浆基本性能试验方法标准》（JGJ/T 70—2009）等规范标准。
3. 准备并检查好所需的仪器设备，按确定的初步配合比计算并称量试验所用原材料。

课中任务实施

请按照要求完成建筑砂浆分层度试验，并将原始数据等相关信息填入"砂浆分层度试验检测记录表"中，再根据相关数据和信息，编制砂浆拌合物性能试验检测报告。

建筑砂浆
分层度试验

砂浆分层度试验检测记录表

检测单位名称：　　　　　　　　　　　　　　　　　　　　记录编号：

工程名称			
工程部位/用途			
样品信息			
试验检测日期		试验条件	
检测依据		判定依据	
主要设备名称及编号			
砂浆种类		搅拌方式	
试验次数	未装入分层筒前稠度/mm	分层后测得的砂浆稠度值/mm	分层度测定值/mm

附加声明：

检测：　　　　记录：　　　　复核：　　　　日期：　　年　　月　　日

课后拓展思考

1. 建筑砂浆分层度的影响因素主要有哪些？
2. 进行砂浆分层度检测时，试分析静置时间对检测结果的影响。

课后自我反思

_____
_____
_____

📖 任务学习评价

待以上学习任务全部完成后，由学生自己、学生之间、学校教师、企业导师根据学生课前、课中、课后学习完成情况对每个学生进行综合评价，并将结果填入表 A-2 中。

📖 相关知识

1. 试验目的与适用范围

本方法适用于测定砂浆拌合物的分层度，以确定在运输及停放时砂浆拌合物内部组分的稳定性。

2. 仪器设备

（1）砂浆分层度筒：由金属板制成，内径为 150 mm，上节高度为 200 mm，下节带底净高为 100 mm，上、下层连接处需加宽到 3～5 mm，并应设有橡胶垫圈，如图 5-2 所示。

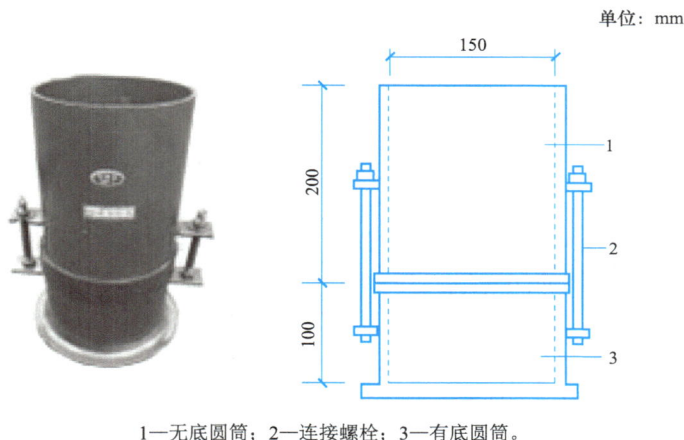

单位：mm

1—无底圆筒；2—连接螺栓；3—有底圆筒。

图 5-2　砂浆分层度筒

（2）振动台：振幅（0.5±0.05）mm，频率（50±3）Hz。

（3）稠度仪、木锤等。

3. 试验步骤（标准法）

（1）首先将砂浆拌合物按照任务 5.3 的试验方法测定稠度。

（2）将砂浆拌合物一次性装入分层度筒内，待装满后，用木锤在容器周围距离大致相等的 4 个不同部位轻轻敲击 1～2 下，当砂浆沉落到低于筒口时，应随时添加，然后刮去多余的砂浆并用抹刀抹平。

（3）静置 30 min 后，去掉上节 200 mm 砂浆，将剩余的 100 mm 砂浆倒出放在拌合锅内拌 2 min，再按照任务 5.3 的试验方法测其稠度。前后测得的稠度之差即为该砂浆的分层度值（mm）。

4. 试验步骤（快速法）

（1）按照任务 5.3 的试验方法测定砂浆拌合物的稠度。

（2）将分层度筒预先固定在振动台上，砂浆一次装入分层度筒内，振动 20 s。

（3）然后去掉上节 200 mm 砂浆，剩余 100 mm 砂浆倒出放在拌合锅内拌 2 min，再按任务 5.3 的试验方法测其稠度，前后测得的稠度之差即为该砂浆的分层度值。

（4）如有争议时，以标准法为准。

5. 试验结果与允许误差

（1）取 2 次试验结果的算术平均值作为该砂浆的分层度值，精确至 1 mm。

（2）若 2 次分层度试验值之差大于 10 mm，则应重新取样测定。

任务 5.6　建筑砂浆表观密度试验

📖 任务书

小王、小李配合试验室主任通过试验和材料用量调整确定了水泥石灰混合砂浆的基准配合比，现要通过砂浆表观密度及强度试验，最终选定符合强度及和易性要求、水泥用量最低的砂浆试配配合比。对于建筑砂浆的表观密度他们应如何测定呢？

📖 课前学习测验

1. 进行砂浆表观密度试验时，应先采用干布擦净容量筒的内表面，再称量容量筒质量 m_1，精确至 5 g。　　　　　　　　　　　　　　　　　　　　　　　　（　　）

2. 砂浆表观密度试验中，采用人工插捣时，将砂浆拌合物一次装满容量筒，使稍有富余，用捣棒由边缘向中心均匀地插捣（　　　）。

　　A. 10 次　　　　　B. 15 次　　　　　C. 20 次　　　　　D. 25 次

3. 砂浆表观密度试验取 2 次试验结果的算术平均值作为测定值，精确至（　　　）。

　　A. 5 kg/m³　　　　B. 10 kg/m³　　　　C. 15 kg/m³　　　　D. 20 kg/m³

4. 砂浆表观密度试验所用容量筒的容积校正操作步骤中，向容量筒中灌入的水温应该为（　　　）。

　　A.（20±5）℃　　B.（15±5）℃　　C.（10±1）℃　　D.（5±1）℃

📖 课中任务准备

1. 阅读任务书，熟悉将要学习的主要内容。

2. 收集并查阅《建筑砂浆基本性能试验方法标准》（JGJ/T 70—2009）等规范标准。

3. 准备并检查好所需的仪器设备。

4. 根据砂浆试配时采用的 3 个不同配合比，分别计算和称量试验所用原材料。

课中任务实施

请按照要求完成建筑砂浆表观密度试验，并将原始数据等相关信息填入"砂浆表观密度试验检测记录表"中，再根据相关数据和信息，编制砂浆拌合物性能试验检测报告。

建筑砂浆表观密度试验

砂浆表观密度试验检测记录表

检测单位名称：　　　　　　　　　　　　　　　　　　　　　　记录编号：

工程名称			
工程部位/用途			
样品信息			
试验检测日期		试验条件	
检测依据		判定依据	
主要设备名称及编号			

砂浆种类		搅拌方式			
试验次数	试样筒质量/kg	砂浆和试样筒总质量/kg	试样筒容积/L	表观密度测值/（kg/m³）	测定值/（kg/m³）

附加声明：

检测：　　　　　记录：　　　　　复核：　　　　　日期：　　年　　月　　日

📖 课后拓展思考

1. 建筑保温砂浆的干密度值应为多少？应如何测定？

⬡ 课后自我反思

_____

_____

_____

📖 任务学习评价

待以上学习任务全部完成后，由学生自己、学生之间、学校教师、企业导师根据学生课前、课中、课后学习完成情况对每个学生进行综合评价，并将结果填入表 A–2 中。

📖 相关知识

1. 试验目的与适用范围

本方法适用于测定砂浆拌合物捣实后的单位体积质量，以确定每立方米砂浆拌合物中各组成材料的实际用量。

2. 仪器设备

（1）容量筒：金属制成，内径为 108 mm，净高为 109 mm，筒壁厚为 2 mm，容积为 1 L。

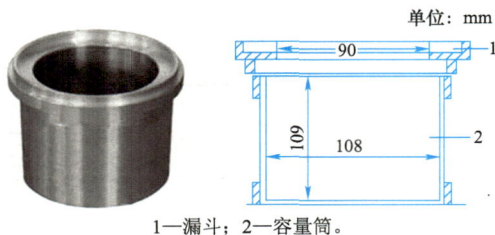

单位：mm

1—漏斗；2—容量筒。

图 5-3 砂浆密度测定仪

（2）天平：量程 5 kg，分度值 5 g。

（3）钢制捣棒：直径为 10 mm，长度为 350 mm，端部磨圆。

（4）砂浆密度测定仪。

（5）振动台：振幅（5±0.05）mm，频率（50±3）Hz。

（6）秒表。

3. 试验步骤

（1）按照任务 5.3 的方法测定砂浆拌合物的稠度。

（2）先用湿布擦净容量筒的内表面，再称量容量筒质量 m_1，精确至 5 g。

（3）捣实，可采用手工或机械方法。当砂浆稠度大于 50 mm 时，宜采用人工插捣法，当砂浆稠度不大于 50 mm 时，宜采用机械振动法。

采用人工插捣时，将砂浆拌合物一次性装满容量筒，使稍有富余，用捣棒由边缘向中心均匀地插捣 25 次。插捣过程中当砂浆沉落到低于筒口时，应随时添加砂浆，再用木锤沿容器外壁敲击 5~6 下。

采用振动法时，将砂浆拌合物一次性装满容量筒连同漏斗在振动台上振 10 s，振动过程中当砂浆沉入到低于筒口时，应随时添加砂浆。

（4）捣实或振动后将筒口多余的砂浆拌合物刮去，使砂浆表面平整，然后将容量筒外壁擦净，称出砂浆与容量筒总质量 m_2，精确至 5 g。

4. 试验结果与允许误差

砂浆拌合物的表观密度应按式（5-11）计算。

$$\rho = \frac{m_2 - m_1}{V} \times 1000 \qquad (5-11)$$

式中： ρ ——砂浆拌合物的表观密度，kg/m³；

m_1——容量筒质量，kg；

m_2——容量筒及试样质量，kg；

V——容量筒容积，L。

取 2 次试验结果的算术平均值作为测定值，精确至 10 kg/m³。

5. 容量筒容积的校正

容量筒的容积可按下列步骤进行校正：

（1）选择一块能覆盖住容量筒顶面的玻璃板，称出玻璃板和容量筒质量。

（2）向容量筒中灌入温度为（20±5）℃的饮用水，灌到接近上口时，一边不断加水，一边把玻璃板沿筒口徐徐推入盖严。应注意玻璃板下不带入任何气泡。

（3）擦净玻璃板面及筒壁外的水分，称量容量筒、水和玻璃板质量（精确至 5 g）。前后两者质量之差（以 kg 计）即为容量筒的容积（L）。

任务 5.7　建筑砂浆立方体抗压强度试验

任务书

小王、小李配合试验室主任通过试验和材料用量调整确定了水泥石灰混合砂浆的基准配合比，现要通过砂浆表观密度及强度试验，最终选定符合强度及和易性要求、水泥用量最低的砂浆试配配合比。对于建筑砂浆的立方体抗压强度他们应如何测定呢？

课前学习测验

1. 对砂浆立方体抗压强度试验所用试模的内表面的不平度和各相邻面的不垂直度的要求分别是（　　）。

　　A. 不平度应为每 100 mm 不超过 0.05 mm；各相邻面的不垂直度不应超过 ±1°

　　B. 不平度应为每 100 mm 不超过 0.05 mm；各相邻面的不垂直度不应超过 ±0.5°

　　C. 不平度应为每 100 mm 不超过 0.10 mm；各相邻面的不垂直度不应超过 ±0.5°

　　D. 不平度应为每 100 mm 不超过 0.010 mm；各相邻面的不垂直度不应超过 ±1°

2. 砂浆立方体抗压强度试验中，试件破坏荷载应在压力试验机量程的什么范围内？（　　）

　　A. 不小于压力机量程的 20%，且不应大于全量程的 80%

　　B. 不小于压力机量程的 10%，且不应大于全量程的 80%

　　C. 不小于压力机量程的 20%，且不应大于全量程的 90%

　　D. 不小于压力机量程的 10%，且不应大于全量程的 90%

3. 砂浆立方体抗压强度试件制作中，涂抹试模的外接缝材料可以为（　　）。

　　A. 黄油　　　　　B. 隔离剂　　　　　C. 机油　　　　　D. 凡士林

4. 砂浆立方体抗压强度试件拆模后应立即放入标准养护室中养护，下列养护温度和湿度符合要求的有（　　）。

　　A. 21 ℃，92%　　B. 17 ℃，93%　　C. 19 ℃，95%　　D. 20 ℃，89%

5. 砂浆立方体抗压强度试件从养护地点取出后应放置 2 h 再进行试验。　　　　　（　　）

课中任务准备

1. 阅读任务书，熟悉将要学习的主要内容。

2. 收集并查阅《建筑砂浆基本性能试验方法标准》（JGJ/T 70—2009）等规范标准。

3. 准备并检查好所需的仪器设备。

4. 根据砂浆试配时采用的 3 个不同配合比，分别计算和称量试验所用原材料。

课中任务实施

请按照要求完成建筑砂浆立方体抗压强度试验，并将原始数据等相关信息填入"砂浆抗压强度试验检测记录表"中，再根据相关数据和信息，编制水泥砂浆强度评定报告。

建筑砂浆立方体
抗压强度试验

砂浆抗压强度试验检测记录表

JGLQ05014

检测单位名称：   记录编号：

工程名称		工程部位/用途	
样品信息			
试验检测日期		试验条件	
检测依据		判定依据	

主要仪器设备名称及编号：

试件编号	配合比编号	设计强度等级	取样部位	成型日期	砂浆种类	抗压日期	龄期/d	试件尺寸/mm（长×宽×高）	承压面积/m²	养护条件	极限荷载/kN	换算系数	抗压强度测值/MPa	抗压强度平均值/MPa

附加声明：

检测：   记录：   复核：   日期：   年   月   日

📖 课后拓展思考

1. 砌筑砂浆抗压强度的现场检测方法有哪些？分别有何优缺点？
2. 试分析造成砌筑砂浆强度不稳定的原因有哪些？

⬡ 课后自我反思

_____

_____

_____

📖 任务学习评价

待以上学习任务全部完成后，由学生自己、学生之间、学校教师、企业导师根据学生课前、课中、课后学习完成情况对每个学生进行综合评价，并将结果填入表 A-2 中。

📖 相关知识

1. 试验目的与适用范围

本方法适用于测定砂浆立方体的抗压强度。

2. 仪器设备

（1）试模：尺寸为 70.7 mm×70.7 mm×70.7 mm 的带底试模，材料规定参照行业标准《混凝土试模》（JG/T 237—2008）第 4.2.1、4.2.2 及 4.2.3 条，应具有足够的刚度并拆装方便。试模的内表面应机械加工，其不平度应为每 100 mm 不超过 0.05 mm，组装后各相邻面的不垂直度不应超过±0.5°，如图 5-4 所示。

（2）钢制捣棒：直径为 10 mm，长度为 350 mm，端部应磨圆。

（3）压力试验机：精度为 1%，试件破坏荷载应不小于压力机量程的 20%，且不应大于全量程的 80%。

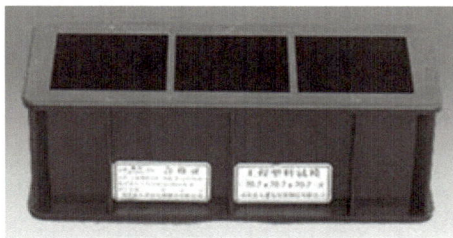

图 5-4 试模

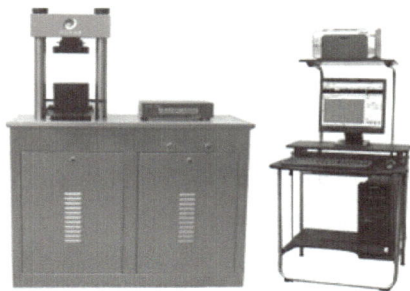

图 5-5 压力试验机

（4）垫板：试验机上、下压板及试件之间可垫以钢垫板，垫板的尺寸应大于试件的承压面，其不平度应为每 100 mm 不超过 0.02 mm。

（5）振动台：空载中台面的垂直振幅应为（0.50±0.05）mm，空载频率应为（50±3）Hz，空载台面振幅均匀度不大于 10%，一次试验至少能固定（或用磁力吸盘）3 个试模。

3. 试件制备及养护

（1）采用立方体试件，每组试件 3 个。

（2）应用黄油等密封材料涂抹试模的外接缝，试模内涂刷薄层机油或脱模剂，将拌制好的砂浆一次性装满砂浆试模，成型方法根据稠度而定。当稠度大于等于 50 mm 时采用人工振捣成型，当稠度小于 50 mm 时采用振动台振实成型。

① 人工振捣：用捣棒均匀地由边缘向中心按螺旋方式插捣 25 次，插捣过程中如砂浆沉落低于试模口，应随时添加砂浆，可用油灰刀插捣数次，并用手将试模一边抬高 5～10 mm 各振动 5 次，使砂浆高出试模顶面 6～8 mm。

② 机械振动：将砂浆一次装满试模，放置到振动台上，振动时试模不得跳动，振动 5～10 s 或持续到表面泛浆为止，不得过振。

（3）待表面水分稍干后，将高出试模部分的砂浆沿试模顶面刮去并抹平。

（4）试件制作后应在温度为（20±5）℃的环境下静置（24±2）h，当气温较低时，或者对于凝结时间大于 24 h 的砂浆，可适当延长时间，但不应超过两昼夜，然后对试件进行编号、拆模。试件拆模后应立即放入温度为（20±2）℃、相对湿度为 90% 以上的标准养护室中养护。养护期间，试件彼此间隔不得小于 10 mm，混合砂浆、湿拌砂浆试件上面应有覆盖物，以防有水滴在试件上。

（5）从搅拌加水开始计时，标准养护龄期应为 28 d，也可根据相关标准要求增加 7 d 或 14 d。

4. 试验步骤

（1）试件从养护地点取出后应及时进行试验。试验前应将试件表面擦拭干净，测量尺寸，并检查其外观，并据此计算试件的承压面积。如实测尺寸与公称尺寸之差不超过 1 mm，则可按公称尺寸进行计算。

（2）将试件安放在试验机的下压板（或下垫板）上，试件的承压面应与成型时的顶面垂直，试件中心应与试验机下压板（或下垫板）中心对准。开动试验机，当上压板与试件（或上垫板）接近时，调整球座，使接触面均衡受压。承压试验应连续而均匀地加荷，加荷速度应为 0.25～1.5 kN/s（砂浆强度不大于 5 MPa 时，宜取下限，砂浆强度大于 5 MPa 时，宜取上限）。当试件接近破坏而开始迅速变形时，停止调整试验机油门，直至试件破坏，然后记录破坏荷载。

5. 试验结果与允许误差

砂浆立方体抗压强度应按式（5-12）计算。

$$f_{m,cu} = K \frac{N_u}{A} \qquad (5-12)$$

式中：$f_{m,cu}$——砂浆立方体试件抗压强度，MPa，精确至 0.1 MPa；

N_u——试件破坏荷载，N；

A——试件承压面积，mm²；

K——换算系数，取 1.35。

以 3 个试件测值的算术平均值作为该组试件的砂浆立方体抗压强度平均值，精确至 0.1 MPa；当 3 个测值的最大值或最小值中有一个与中间值的差值超过中间值的 15% 时，则把最大值及最小值一并舍除，取中间值作为该组试件的抗压强度值；如有两个测值与中间值的差值均超过中间值的 15% 时，该组试件的试验结果应为无效。

项目 6　混凝土配制与检验

项目概述

　　设计资料：沉管隧道江中段为直线，共 12 节，总长为 1 329 m；管节采用 2 座独立分体式子坞，分两个年度、两批次预制；沉管主体设计采用 C40 强度等级混凝土，抗渗等级为 P10，要求混凝土拌合物坍落度为（120±20）mm，设计容重为 2 360～2 390 kg/m^3。

　　组成材料：采用 P.O 42.5 水泥，密度为 3.1×10^3 kg/m^3；S95 粒化高炉矿渣粉，表观密度为 2.95×10^3 kg/m^3；I 级粉煤灰，表观密度为 2.2×10^3 kg/m^3；砂为中砂，表观密度为 2.65×10^3 kg/m^3；碎石粒径为 5～20 mm，表观密度为 2.78×10^3 kg/m^3；饮用水，符合混凝土拌和水要求；采用聚羧酸减水剂，用量 0.8%，减水率 39%。

项目学习导图

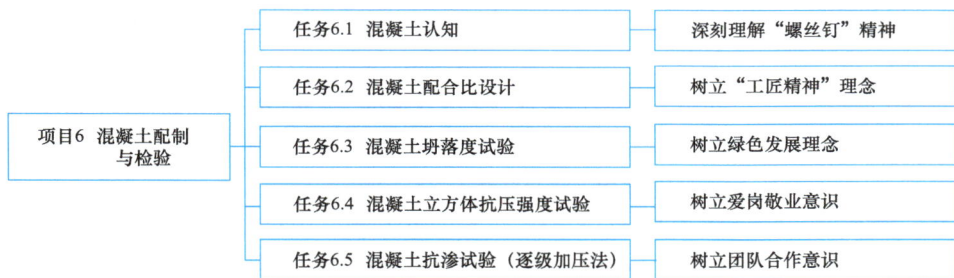

	任务6.1 混凝土认知	深刻理解"螺丝钉"精神
	任务6.2 混凝土配合比设计	树立"工匠精神"理念
项目6 混凝土配制与检验	任务6.3 混凝土坍落度试验	树立绿色发展理念
	任务6.4 混凝土立方体抗压强度试验	树立爱岗敬业意识
	任务6.5 混凝土抗渗试验（逐级加压法）	树立团队合作意识

项目学习目标

　　能描述混凝土的使用特点和混凝土的分类；能理解混凝土主要技术指标的含义及作用；能独立完成混凝土配合比设计计算并进行配比调整；能规范进行混凝土相关试验并对试验数据进行分析处理；树立绿色发展理念和爱岗敬业、精益求精的意识。

项目学习评价

　　本项目学习评价总分为 100 分，学习完之后，请按照表 6-1 对本项目学习情况进行总评。

表 6-1　项目学习评价表

项目 6　混凝土的配制与检验				
任务序号	学习任务名称	学习任务评价总得分	权重（%）	项目学习评价总分
任务 6.1	混凝土认知		10	
任务 6.2	混凝土配合比设计		30	
任务 6.3	混凝土坍落度试验		20	
任务 6.4	混凝土立方体抗压强度试验		20	
任务 6.5	混凝土抗渗试验（逐级加压法）		20	

思政贴士

一说起混凝土预拌厂，"脏乱差"就从脑子里蹦了出来，大家都把它叫作"光灰"行业。为了提高厂站的绿色生产水平，改善行业形象，我们的"荆楚工匠"带领团队跑遍不同市场、翻阅无数文献，作了难以计数的试配，率先应用再生骨料，大力推进废水废浆的循环使用，联合推进复合掺合料的开发应用。创新成果的经济效益和社会效益得到了广泛认可，并在混凝土行业范围内广泛推广。

任务 6.1 混凝土认知

任务书

本项目需要完成沉管隧道管节混凝土的配制与检验工作，查阅该项目设计资料时，作为试验检测人员不仅需要了解管节混凝土的构成、使用特点和需要满足的基本性质，还要清楚对该混凝土需要开展哪些基础性的性能检验。

课前学习测验

1. 水泥混凝土混合料是由＿＿＿＿、水、粗集料、＿＿＿＿按适当比例配合、拌制而成的混合料。

2. 混凝土按照＿＿＿＿可分为干硬性混凝土、塑性混凝土、流动性混凝土及大流动性混凝土。

3. 新拌混凝土的坍落度越大，其工作性能就越好。　　　　　　　　　　（　　　）

4. 混凝土抗压强度采用的标准试块尺寸为（　　　）。

    A. 200 mm×200 mm×200 mm　　　　B. 150 mm×150 mm×150 mm

    C. 100 mm×100 mm×100 mm　　　　D. 70.7 mm×70.7 mm×70.7 mm

课中任务准备

1. 阅读任务书，熟悉将要学习的主要内容。

2. 收集并查阅《普通混凝土拌合物性能试验方法标准》（GB/T 50080—2016）、《混凝土物理力学性能试验方法标准》（GB/T 50081—2019）、《混凝土长期性能和耐久性能试验方法标准》（GB/T 50082—2024）、《混凝土强度检验评定标准》（GB/T 50107—2010）、《混凝土质量控制标准》（GB 50164—2011）。

课中任务实施

引导实施 1：阐述混凝土的主要分类方法。

引导实施 2：混凝土的主要技术性质有哪几项？

引导实施 3：试阐述新拌混凝土和易性的含义。施工中如何进行和易性选择？

引导实施 4：什么是混凝土的"立方体抗压强度标准值"？与"立方体抗压强度"有何区别？

引导实施 5：提高混凝土耐久性的措施有哪些？

📖 **课后拓展思考**

1. 如何在施工现场的生产及使用过程对混凝土进行质量控制？
2. 混凝土绿色化发展途径有哪些？

⬡ **课后自我反思**

_____

_____

_____

📖 **任务学习评价**

待以上学习任务全部完成后，由学生自己、学生之间、学校教师、企业导师根据学生课前、课中、课后学习完成情况对每个学生进行综合评价，并将结果填入表 A-1 中。

📖 **相关知识**

混凝土，简称为"砼（tóng）"，是由胶凝材料将骨料胶结成整体的工程复合材料的统称。

通常讲的混凝土是指用水泥作主要胶凝材料，与水、细集料、粗集料，必要时掺入化学外加剂和矿物掺合料，按适当比例配合，经搅拌而得的水泥混凝土，也称普通混凝土，其广泛应用于土木工程。

1. 混凝土的分类

混凝土可按其组成、特性和功能等进行分类。

（1）按干表观密度，混凝土可分为 3 类。

① 重混凝土（大于等于 $2\,800\,\text{kg/m}^3$）：为了屏蔽各种射线的辐射采用各种高密度集料配制的混凝土。

② 普通混凝土（$2\,000\sim2\,800\,\text{kg/m}^3$，一般多在 $2\,400\,\text{kg/m}^3$ 左右）：目前土木工程中最常用的混凝土，如干表观密度在该范围的抗渗混凝土、抗冻混凝土、高强混凝土、泵送混凝土、大体积混凝土等。

③ 轻混凝土（小于等于 $1\,950\,\text{kg/m}^3$）：按照孔隙结构可分为轻集料混凝土、多孔混凝土（如泡沫混凝土）、大孔混凝土（如透水混凝土）。

（2）按抗压强度，混凝土可分为 4 大类。

① 低强度混凝土，抗压强度小于 30 MPa。

② 中强度混凝土，抗压强度为 $30\sim60$ MPa。

③ 高强度混凝土，抗压强度大于 $60\sim100$ MPa。

④ 超高强度混凝土，抗压强度大于 100 MPa。

（3）按施工工艺，混凝土可分为预拌（商品）混凝土、泵送混凝土、喷射混凝土、自密实混凝土等。

（4）按照新拌混凝土流动性的大小，混凝土可分为干硬性混凝土（坍落度小于 10 mm 且需用维勃稠度表示）、塑性混凝土（坍落度为 $10\sim90$ mm）、流动性混凝土（坍落度为 $100\sim$

150 mm）及大流动性混凝土（坍落度大于或等于 160 mm）。

此外，还可根据工程的特殊要求配制各种特种混凝土，如加气混凝土、泵送混凝土、防水混凝土、道路混凝土、水工混凝土、纤维加筋混凝土、补偿收缩混凝土等。

2. 混凝土的主要技术性质

普通混凝土的主要技术性质包括新拌混凝土的和易性及硬化后混凝土的力学性质、耐久性。

1）新拌混凝土的和易性（工作性）

新拌混凝土的和易性是指新拌混凝土易于各工序施工操作（搅拌、运输、浇注、捣实等）并能达到质量均匀、成型密实的性能。

（1）和易性的含义。

和易性是一项综合的技术性质，与施工工艺密切相关。其通常包括有流动性、黏聚性和保水性等 3 个方面。

① 流动性。

流动性是指新拌混凝土在自重或机械振捣的作用下，能产生流动，并均匀密实地填满模板的性能。流动性反映了拌合物的稀稠程度。若混凝土拌合物太干稠，则流动性差，难以振捣密实；若拌合物过稀，则流动性好，但容易出现分层离析现象。主要影响因素是混凝土用水量。

② 黏聚性。

黏聚性是指新拌混凝土的组成材料之间有一定的黏聚力，在施工过程中，不致发生分层和离析现象的性能。黏聚性反映了混凝土拌合物的均匀性。若混凝土拌合物黏聚性较差，则混凝土中的集料与水泥浆容易分离，造成混凝土不均匀，振捣后会出现蜂窝和空洞等现象。主要影响因素是胶砂比。

③ 保水性。

保水性是指新拌混凝土具有一定的保水能力，在施工过程中，不致产生严重泌水现象的性能。保水性反映了混凝土拌合物的稳定性。保水性差的混凝土内部易形成透水通道，影响混凝土的密实性，并降低混凝土的强度和耐久性。主要影响因素是水泥品种、用量和细度。

新拌混凝土的和易性是流动性、黏聚性和保水性的综合体现，新拌混凝土的流动性、黏聚性和保水性之间既互相联系，又常存在矛盾。因此，在一定施工工艺的条件下，新拌混凝土的和易性是以上三方面性质的矛盾统一。

（2）和易性的测定方法。

① 坍落度与坍落扩展度法试验。

坍落度与坍落扩展度法试验只适用于集料最大粒径不大于 40 mm、坍落度不小于 10 mm 的混凝土拌合物坍落度的测定。

将新拌混凝土按规定方法装入标准坍落度筒内，装满刮平后，立即将筒垂直提起，此时，混合料将产生一定程度的坍落，坍落的高度（mm）即为坍落度，如图 6-1 所示。当混凝土拌合物的坍落度不小于 160 mm 时，应采用坍落度扩展度值。做坍落度试验时，还需要观察混凝土试体的黏聚性及保水性以评定新拌混凝土的和易性。

② 维勃稠度试验。

本试验方法宜用于骨料最大公称粒径不大于 40 mm，维勃稠度在 5～30 s 的混凝土拌合物维勃稠度的测定，所用仪器如图 6-2 所示。坍落度不大于 50 mm 或干硬性混凝土及维勃稠度大于 30 s 的特干硬性混凝土拌合物的稠度，可采用增实因数法进行测定。

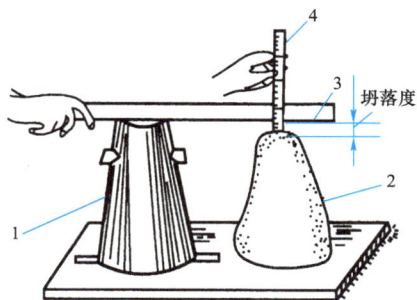

1—坍落度筒；2—拌合物试体；3—木尺；4—钢尺。

图 6-1　混凝土坍落度测定

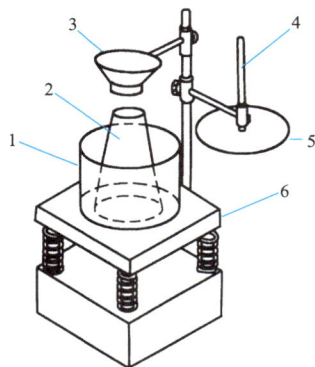

1—圆柱形容器；2—坍落度筒；3—漏斗；
4—测杆；5—透明圆盘；6—振动台。

图 6-2　维勃稠度仪

（3）混凝土拌合物和易性的选择。

混凝土拌合物的和易性依据结构物的断面尺寸、钢筋配置的疏密及捣实的机械类型和施工方法等来选择，可根据表 6-2 进行确定。一般对无筋厚大结构、钢筋配置稀疏易于施工的结构，尽可能选用较小的坍落度，以节约水泥。反之，对断面尺寸较小、形状复杂或配筋特密的结构，尽可能选用较大的坍落度，易于浇捣密实，以保证施工质量。

表 6-2　混凝土浇筑时坍落度选择

序号	结构种类	坍落度/mm
1	基础或地面等的垫层，无配筋的厚大结构（挡土墙、基础等）或配筋稀疏的结构	10～30
2	板、梁或大型及中型截面的柱子等	30～50
3	配筋较密的结构（薄壁、斗仓筒仓、细柱等）	50～70
4	配筋特密的结构	70～90

2）硬化混凝土的强度

强度是混凝土硬化后的主要力学性质，按国家标准《混凝土物理力学性能试验方法标准》（GB/T 50081—2019）的规定，混凝土的强度有立方体抗压强度、抗折强度、轴心抗压强度、劈裂抗拉强度等。

（1）立方体抗压强度和强度等级。

① 立方体抗压强度 f_{cc}。

按照标准的制作方法制成边长为 150 mm 的立方体试件，在标准养护室中［温度（20±2）℃，相对湿度为 95%以上］，或在温度为（20±2）℃的不流动的 $Ca(OH)_2$ 饱和溶液中养护 28 d。标准养护室内的试件应放在支架中，彼此间隔 10～20 mm，试件表面应保持潮湿，并不得被水直接冲淋。按标准方法对其测定的抗压强度值，称为"混凝土立方体抗压强度"（具体试验步骤见任务 6.4）。

② 立方体抗压强度标准值 $f_{cu,k}$。

立方体抗压强度标准值按我国国家标准的定义，是按照标准方法制作和养护的边长为 150 mm 的立方体试件，用标准试验方法在 28 d 龄期测得的抗压强度总体分布中的一个值，强度低于该值的概率应为 5%（即具有 95%保证率的抗压强度），以 N/mm² （即 MPa）计，以 $f_{cu,k}$ 表示。

从以上定义可知，立方体抗压强度只是一组混凝土试件抗压强度的算术平均值，并未涉及数理统计、保证率的概念。而立方体抗压强度标准值是按数理统计方法确定的，是具有不低于95%保证率的立方体抗压强度。

根据《混凝土质量控制标准》（GB 50164—2011）规定，混凝土强度等级应按立方体抗压强度标准值划分为C10、C15、C20、C25、C30、C35、C40、C45、C50、C55、C60、C65、C70、C75、C80、C85、C90、C95 和 C100 等 19 个强度等级。如 C40 级混凝土表示立方体抗压强度标准值为 40 N/mm²，即立方体抗压强度小于 40 N/mm² 的概率不超过 5%。

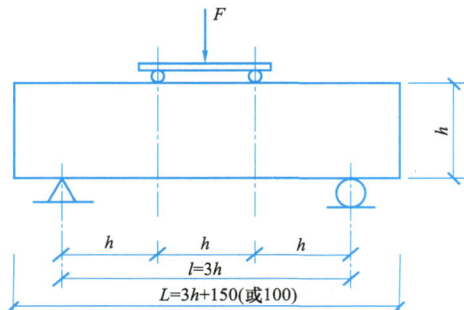

图6-3 三分点抗折加荷方式

（2）抗折强度 f_f。

抗折强度是采用边长为 150 mm×150 mm×600 mm 或 150 mm×150 mm×550 mm 的棱柱体标准试件进行测定，每组试件由 3 个棱柱体试件组成。

试件在标准条件下需养护 28 d，在测量试块的尺寸后，采用三分点加荷方式（图6-3）在抗折试验机上测定抗折破坏荷载 F，可按式（6-1）计算试块抗折强度。

$$f_f = \frac{FL}{bh^2} \tag{6-1}$$

式中：f_f——混凝土的抗折强度，MPa；

L——支座间跨度，mm；

b——试件截面宽度，mm；

h——试件截面高度，mm。

应以 3 个试件测值的算术平均值作为该组试件的抗折强度值，应精确至 0.1 MPa。当试件尺寸为 100 mm×100 mm×400 mm 非标准试件时，混凝土抗折强度测定值应乘以尺寸换算系数 0.85；当混凝土强度等级不小于 C60 时，宜采用标准试件；当使用其他非标准试件时，尺寸换算系数应由试验确定。

（3）轴心抗压强度 f_{cp}。

采用 150 mm×150 mm×300 mm 的棱柱体作为标准试件，测定其轴心抗压强度。混凝土的轴心抗压强度可按式（6-2）计算。

$$f_{cp} = \frac{F}{A} \tag{6-2}$$

式中：f_{cp}——混凝土的轴心抗压强度，MPa。

关于轴心抗压强度与立方体抗压强度间的关系，许多棱柱体和立方体试件的强度试验表明：在立方体抗压强度为 10～50 MPa 的范围内，轴心抗压强度与立方体抗压强度之比约为 0.7～0.8。

（4）劈裂抗拉强度 f_{ts}。

采用 150 mm×150 mm×150 mm 的立方体作为标准试件，在立方体试件中心平面内用圆弧为垫条施加两个方向相反、均匀分布的压应力，在外力作用的平面内就能产生均匀分布的拉应力，当压力增大至一定程度时试件就沿此平面劈裂破坏，这样测得的强度称为劈裂抗拉强度。

3）混凝土的变形

混凝土在凝结硬化过程中和硬化以后，都会产生一定量的体积变形。混凝土的变形，主要有弹性变形、收缩变形、徐变变形和温度变形等 4 类。

（1）弹性变形和弹性模量。

混凝土是一种弹塑性体，在持续荷载作用下会产生可以恢复的弹性变形和不可恢复的塑性变形。

弹性模量是应力与应变的比值。对于纯弹性体来说，弹性模量是一个定值，但是对于混凝土这种弹塑性体来说，不同应力下的应力与应变之比并不是一个定值。《混凝土物理力学性能试验方法标准》（GB/T 50081—2019）规定，采用 150 mm×150 mm× 300 mm 的棱柱体试件，以 1/3 轴心抗压强度作为控制应力，对试件进行反复加荷–减荷至少 3 次，然后再测定应力–应变之比，该比值可作为混凝土的弹性模量。混凝土的强度越高，弹性模量越大，C10～C60 混凝土的弹性模量约为 $(1.75\sim3.60)\times10^4$ MPa。

（2）徐变。

混凝土在持续荷载的作用下随时间增长的变形称为徐变，也称为蠕变。混凝土的徐变变形在早期增长很快，然后逐渐减慢，一般要 2～3 年才能基本趋于稳定。当混凝土卸载后，一部分变形瞬间恢复，还有一部分要若干天内才能逐渐稳定，称为徐变恢复，剩下的不可恢复的部分称为残余变形。

对于钢筋混凝土结构来说，徐变可以使混凝土内部应力重新分布，消除内部的温度应力和收缩应力，减弱混凝土的开裂现象；但是对预应力混凝土来说，徐变会大大增加预应力损失，是非常不利的。

（3）温度变形。

混凝土具有热胀冷缩的性质，其温度膨胀系数约为 1.0×10^{-10}，即温度升高 1 ℃每米膨胀 0.01 mm。温度变化引起的热胀冷缩对于大体积及大面积混凝土极为不利，因为混凝土是不良导体，水泥水化初期放出的大量热量难于散发，浇筑后大体积混凝土内部温度远远高于外部，有时可高出 50～70 ℃，这将使内部混凝土产生显著的体积膨胀，而外部混凝土却随气温降低而冷却收缩。内部膨胀和外部收缩相互制约，将产生很多应力，混凝土所承受的拉应力一旦超过混凝土当时的极限抗拉强度，就将产生裂缝。因此对大体积混凝土工程，应设法降低混凝土的发热量，每隔一段长度设置伸缩缝，并在结构物内配置温度钢筋。

（4）化学收缩。

水化产物的体积比反应前物质的总体积要小，混凝土拌合物因此产生的收缩称为化学收缩。这种收缩随龄期的增长而增加，40 d 以后渐趋稳定。化学收缩是不能恢复的，一般对结构没有太大影响。

（5）干湿变形。

干湿变形主要表现为湿胀干缩，混凝土在干燥空气中硬化时，随着水分的逐渐蒸发，体积也将逐渐发生收缩；而在水中或潮湿条件下养护时，混凝土的干缩将随之减少或略产生膨胀。混凝土收缩值较膨胀值略大，当混凝土产生干缩后，即使再长期放在水中，仍会有残余变形，残余收缩约为收缩量的 30%～60%。试验表明，混凝土的干缩率可达 $(3\sim5)\times10^{-4}$，由于实际构件尺寸较大，其实际干缩率远远小于试验干缩率。设计上常采用的混凝土干缩率一般为 $(1.5\sim2.0)\times10^{-4}$，即 1 m 长的混凝土收缩 0.15～0.20 mm。

混凝土的干缩主要是水泥石产生的，因此尽量降低水泥用量、减小水胶比是减少混凝土干缩的关键。另外用水量、水泥品种及细度、集料种类和养护条件都对混凝土的干缩有一定的影响。

4）混凝土的耐久性

硬化以后的混凝土，除了强度应满足设计要求外，还必须在使用环境中能够长期保持其原有的良好使用性能，以保证其在规定的寿命期内安全地承受设计荷载。

混凝土的耐久性，是指混凝土能够抵抗环境介质的侵袭并长期保持其原有的良好使用性能的能力，主要包括抗渗性、抗冻性、抗侵蚀性、抗碳化和抗碱-集料反应等性能。

（1）抗渗性。

混凝土抵抗压力水（介质）渗透的能力称为抗渗性，用抗渗性等级表示。根据《混凝土长期性能和耐久性能试验方法标准》（GB/T 50082—2024）的规定，抗渗等级测定通常是采用 6 个顶面直径为 175 mm、底面直径为 185 mm、高度为 150 mm 的圆台形试件，经标准养护 28 d，用试件套密封试件侧面后装上混凝土渗透仪，按照规定程序进行加压试验，直至 3 个试件表面渗水为止。

根据《混凝土质量控制标准》（GB 50164—2011）的规定，按照混凝土试件在抗渗试验时所能承受的最大水压力，将混凝土的抗渗等级划分为 P4、P6、P8、P10、P12 和大于 P12 等 6 个等级。

（2）抗冻性。

混凝土的抗冻性是指混凝土在饱和水状态下遭受冰冻时，抵抗冻融循环作用而不破坏的能力，用抗冻等级表示。

采用 6 个立方体试件，其中 3 个试件进行冻融循环试验，另 3 个试件作为强度对比试件，达到规定的冻融循环次数后，测定强度损失和重量损失，以同时满足强度损失率不超过 25%，重量损失率不超过 5%时的最大循环次数作为抗冻等级。

根据《混凝土质量控制标准》（GB 50164—2011）的规定，由混凝土试件能承受的反复冻融循环（快冻法）次数，将混凝土的抗冻等级划分为 F50、F100、F150、F200、F250、F300、F350、F400 等 8 个等级。分别表示混凝土能抵抗 50～400 次冻融循环，而同时强度损失率不超过 25%，重复损失率不超过 5%。

（3）抗侵蚀性。

当混凝土所处的环境水有侵蚀性时，必须对侵蚀问题予以重视。环境侵蚀主要是指对水泥石的侵蚀，如淡水侵蚀、硫酸盐侵蚀、酸碱侵蚀等。混凝土的抗侵蚀性主要在于选用合适的水泥品种和提高混凝土密实度。密实性好及具有封闭孔隙的混凝土，环境水不易侵入混凝土内部，故其抗侵蚀性好。

（4）抗碳化。

混凝土的碳化作用是指大气中的 CO_2 在水的条件下与水泥水化产物 $Ca(OH)_2$ 发生反应，生成 $CaCO_3$ 和水。因 $Ca(OH)_3$ 是碱性，而 $CaCO_3$ 是中性，所以碳化又叫中性化。

碳化是由混凝土表面逐渐向内部扩散进行的，表面碳化以后，因碳化层更加致密，使得 CO_2 和水向混凝土内部的渗透更加缓慢，所以碳化速度会越来越慢。碳化必须要有水分存在时才能进行，相对湿度为 50%～70%时碳化速度最快，相对湿度小于 25%或在水中时，碳化将停止。

提高混凝土抗碳化的主要措施有降低水胶比、使用减水剂、在混凝土表面刷涂料或水泥砂浆抹面等。

（5）抗碱-集料反应。

混凝土中的水泥与某些碱活性集料发生化学反应，可引起混凝土产生膨胀、开裂，甚至破坏，这种化学反应称为碱-集料反应（简称 ARR）。含有这种碱活性矿物的集料，称为碱活性集料（简称碱集料）。碱–集料反应会使混凝土发生不均匀膨胀，产生裂缝，进而减小其强度和弹性模量，威胁到工程的安全使用。

碱–集料反应一般可分为碱–硅酸（集料）反应、碱–硅酸盐反应、碱–碳酸盐反应。碱–集料反应不仅机理非常复杂，而且影响因素很多，但是发生碱–集料反应必须具有 3 个条件：① 水泥中碱含量较高；② 混凝土中存在活性集料并达到一定数量；③ 存在水分。

为防止碱–集料反应所产生的危害，我国相关规范规定：使用的水泥含碱量小于 0.6%或采用抑制碱–集料反应的掺合料；当使用含钾离子、钠离子的混凝土外加剂时，必须进行专门试验，符合要求才能使用。

任务 6.2　混凝土配合比设计

任务书

在该项目中沉管主体混凝土的设计要求是强度等级为 C40，抗渗等级为 P10，要求混凝土拌合物坍落度为（120±20）mm。那么请根据所提供的原材料的种类，结合所用水泥的强度等级、品种、密度，集料的粒径范围和密度，外加剂的用量和减水率及掺合料的种类，按照《普通混凝土配合比设计规程》（GB/T 55—2011）中混凝土配合比的设计步骤独立完成相关的配合比计算。

课前学习测验

1. 设计强度等级为 C30 的混凝土结构，经设计配合比为水泥∶水∶砂∶碎石= 380∶175∶610∶1 300，采用相对用量可表示为（　　）。

　　A. 1∶1.61∶3.42；W/C=0.46　　　　B. 1∶0.46∶1.61∶3.42

　　C. 1∶1.6∶3.4；W/C=0.46　　　　　D. 1∶0.5∶1.6∶3.4

2. 混凝土配合比设计步骤包括（　　）。

　　A. 初步配合比　　B. 基准配合比　　C. 试验室配合比　　D. 施工配合比

3. 设计混凝土配合比时，水胶比是根据（　　）确定的。

　　A. 混凝土强度　　B. 混凝土工作性　　C. 混凝土耐久性　　D. 经济性

4. 集料现场含水率发生变化时，混凝土施工配合比（　　）调整。

　　A. 需要　　　　　B.不需要　　　　　C. 无法确定

5. 混凝土配合比设计的 2 个参数分别是水胶比、单位用水量、砂率。（　　）

课中任务准备

1. 阅读任务书，收集混凝土配合比设计的相关资料。

2. 收集并熟读《普通混凝土配合比设计规程》（JGJ 55—2011）、《水泥密度测定方法》（GB/T 208—2014）、《混凝土结构设计标准》（GB/T 50010—2010，2024 年版）。

课中任务实施

根据设计资料，完成该项目的隧道管节混凝土配合比设计，并形成设计报告。

水泥混凝土配合比设计试验检测记录表

JGLQ05009a

检测单位名称：　　　　　　　　　　　　　　　　　　　　记录编号：

工程名称	
工程部位/用途	
样品信息	
试验检测日期	试验条件
试验依据	判定依据
主要仪器设备名称及编号	
设计坍落度/mm	设计强度等级

材料	产地	种类	堆积密度/(kg/m³)	表现密度/(kg/m³)	空隙率/%	最大粒径/mm	细度模数	级配情况
水泥						—	—	—
细集料								
粗集料							—	

外加剂厂家、品种、掺量	
矿渣粉厂家、品种、掺量	
粉煤灰厂家、品种、掺量	

1. 确定混凝土试配强度：

$f_{cu,k}=$ _____MPa；$\sigma=$_____MPa；$f_{cu,0}=$_____MPa。

2. 初步配合比：

初步水胶比		设计计算方法		假定密度/(kg/m³)	

水胶比	水/kg	水泥/kg	细集料/kg	粗集料/kg	外加剂/kg	矿渣粉/kg	粉煤灰/kg	砂率/%

3. 试拌水泥混凝土_____m³，各种材料用量/kg：

水胶比		水泥		细集料		粗集料	
水		外加剂		矿渣粉		粉煤灰	

4. 试拌调整工作性

水胶比	坍落度/mm	扩展度/mm	混凝土拌合物性质				备注
			棍度	含砂情况	黏聚性	保水性	

5. 混凝土拌合物表观密度测定：

水胶比	筒+混凝土质量/kg	筒质量/kg	混凝土质量/kg	筒容积/L	表观密度/(kg/m³)	平均值/(kg/m³)

6. 基准配合比（调整后各种材料单方用量）：

水胶比	水/kg	水泥/kg	细集料/kg	粗集料/kg	外加剂/kg	矿渣粉/kg	粉煤灰/kg

7. 检验强度：（不同水胶比的混凝土强度值）

水胶比	试件数量	成型日期	抗压日期			抗压强度/MPa		
			3 d	7 d	28 d	3 d	7 d	28 d

8. 混凝土28 d抗压强度（$f_{cu,28}$）与胶水比（B/W）关系：

28 d抗压强度

胶水比（B/W）

由图可知，相应砼配制强度（$f_{cu,0}$）= _____MPa时，胶水比 $B/W=$ _____。

9. 确定试验室配合比（每方混凝土材料用量/kg）：

水胶比		水泥		细集料		粗集料	
水		外加剂		矿渣粉		粉煤灰	

（水泥+粉煤灰+矿渣粉）：细集料：粗集料：水：外加剂=

附加声明：

检测：　　　　　记录：　　　　　复核：　　　　　日期：　　年　　月　　日

📖 **课后拓展思考**

1. 在混凝土施工生产过程中能否调整混凝土配合比？

2. 当代混凝土是建立在混凝土化学外加剂和矿物掺合料两大混凝土科学技术进展基础上的六组分混凝土，呈现出多样性和复杂性。在进行当代混凝土配合比计算过程中，参数的选择应考虑哪些要素？

⬡ **课后自我反思**

_____

_____

_____

📖 **任务学习评价**

待以上学习任务全部完成后，由学生自己、学生之间、学校教师、企业导师根据学生课前、课中、课后学习完成情况对每个学生进行综合评价，并将结果填入表 A-1 中。

📖 **相关知识**

混凝土配合比设计就是根据原材料的性能和对混凝土的技术要求，通过计算和试配调整，确定出满足工程技术经济指标的混凝土各种组成材料的用量。

1. 混凝土配合比设计的基本资料

（1）混凝土设计强度等级。

（2）工程特征（工程所处环境、结构断面、钢筋最小净距等）。

（3）耐久性要求（如抗冻性、抗侵蚀性、耐磨性、抗碱-集料反应等）。

（4）水泥强度等级和品种。

（5）集料的种类，集料最大粒径、密度等。

（6）施工方法等。

2. 表示方法

混凝土配合比表示方法，有下列两种。

（1）单位用量表示法。以每立方米混凝土中各种材料的用量表示（如水泥∶水∶细集料∶粗集料=330 kg∶150 kg∶726 kg∶1 364 kg）。

（2）相对用量表示法。以水泥的质量为 1，并按"水泥∶细集料∶粗集料；水胶比"的顺序排列表示（如 1∶2.14∶3.81；W/B=0.45）。

3. 基本要求

1）施工工作性要求

按照结构物断面尺寸和形状、钢筋的配置情况、施工方法及设备等，合理确定混凝土拌合的工作性（坍落度或维勃稠度）。

2）结构物强度要求

不论是混凝土路面还是混凝土桥梁，在设计时都会对不同的结构部位提出不同的"设计强度"要求。为了保证结构物的可靠性，在进行混凝土配合比设计时，必须考虑到结构物的重要性、施工单位施工水平、施工环境因素等，采用一个"设计强度"的"配制强度"，才能满足"设计强度"的要求。但是"配制强度"的高低一定要适宜，定得太低结构物不安全，定得太高会造成浪费。

3）环境耐久性要求

根据结构物所处的环境条件，为保证结构的耐久性，在设计混凝土配合比时，应考虑允许的"最大水胶比"和"最小水泥用量"。

4）经济性的要求

在满足混凝土工作性、设计强度和耐久性的前提下，在配合比设计中要尽量降低高价材料（如水泥）的用量，并考虑应用当地材料和工业废料（如粉煤灰），以配制成性能优良、价格便宜的混凝土。

4. 混凝土配合比设计三参数

由水泥、水、粗集料、细集料组成的普通混凝土的配合比设计，实际上就是确定水泥、水、砂和石这 4 种基本组成材料的用量。其中有 3 个重要参数：水胶比、砂率和单位用水量。

1）水胶比

水与胶凝材料组成的胶凝浆体，在混凝土配合比设计中起着决定性作用。胶凝浆体的性能，在水与胶凝材料性质一定的条件下，决定于水与胶凝材料的比例，这一比例就称为水胶比。

2）砂率

砂率为砂的用量占砂、石总质量的百分率，在砂、石性质固定的条件下，取决于砂与石之间的用量比例，其影响着混凝土的黏聚性和保水性。

3）单位用水量

单位用水量是指每立方米混凝土拌合物中水的用量（kg/m^3）。在水胶比固定的条件下，用水量如果确定，则胶凝材料用量亦随之确定，当然集料的总用量也能确定。因此，单位用水量反映了胶凝浆体与集料之间的比例关系。

5. 混凝土配合比基本原理

1）绝对体积法

绝对体积法是假定混凝土拌合物的体积等于各组成材料绝对体积与混凝土拌合物所含空气体积之和。

2）假定表观密度法

如果原材料比较稳定，可先假设混凝土的表观密度为一定值，混凝土拌合物各组成材料的单位用量之和，即为其表观密度。普通混凝土的表观密度通常为 $2\,350 \sim 2\,450\ kg/m^3$。

3）查表法

对大量试验结果进行整理，将各种配合比列成表，使用时根据相应条件查表，选取适当的配合比。由于该方法是直接从工程实际中总结的结果，故在工程应用较广泛。

6 混凝土配合比设计步骤

1）初步配合比的计算

（1）确定混凝土配制强度 $f_{cu,0}$。

① 当混凝土的设计强度等级不小于 C60 时，应按式（6–3）计算。

$$f_{cu,0} \geqslant 1.15 f_{cu,k} \tag{6--3}$$

② 当混凝土的设计强度等级小于 C60 时，应按式（6-4）计算。

$$f_{cu,0} \geq f_{cu,k} + 1.645\sigma \qquad (6-4)$$

式中：$f_{cu,0}$——混凝土配制强度，MPa；

$f_{cu,k}$——混凝土立方体抗压强度标准值，这里取混凝土的设计强度等级值，MPa；

σ——混凝土强度标准差，MPa。

③ 混凝土强度标准差应按以下规定确定。

（a）当具有近 1～3 个月的同一品种、同一强度等级混凝土的强度资料，且试件组数不少于 30 时，其混凝土强度标准差应按式（6-5）计算。

$$\sigma = \sqrt{\frac{\sum_{i=1}^{n} f_{cu,i}^2 - n m_{fcu}^2}{n-1}} \qquad (6-5)$$

式中：

$f_{cu,i}$——第 i 组的试件强度，MPa；

m_{fcu}——n 组试件的强度平均值，MPa；

n——试件组数。

对于强度等级不大于 C30 的混凝土，当 σ 计算值大于等于 3.0 MPa 时，应按式（6-5）计算结果取值；当 σ 计算值小于 3.0 MPa 时，应取 3.0 MPa。

对于强度等级大于 C30 且小于 C60 的混凝土，当 σ 计算值大于等于 4.0 MPa 时，应按式（6-5）计算结果取值；当 σ 计算值小于 4.0 MPa 时，应取 4.0 MPa。

（b）当没有近期的同一品种、同一强度等级混凝土强度资料时，其强度标准差可按表 6-3 取值。

表 6-3　强度标准差取值表

混凝土设计强度等级值/MPa	≤C20	C25～C45	C50～C55
强度标准差 σ/MPa	4.0	5.0	6.0

（2）确定水胶比。

当混凝土强度等级小于 C60 时，混凝土水胶比宜按式（6-6）计算。

$$W/B = \frac{\alpha_a f_b}{f_{cu,0} + \alpha_a \alpha_b f_b} \qquad (6-6)$$

式中，α_a、α_b——回归系数，取值见表 6-4；

f_b——胶凝材料 28 d 胶砂抗压强度，MPa，可实测，且试验方法按《水泥胶砂强度检验方法（ISO 法）》（GB/T 17671—2021）执行；也可按以下方法确定。

表 6-4　回归系数取值表

系数	碎石	卵石
α_a	0.53	0.49
α_b	0.20	0.13

当胶凝材料 28 d 胶砂抗压强度值（f_b）无实测值时，可按式（6-7）计算。

$$f_b = \gamma_f \gamma_s f_{ce} \qquad\qquad (6-7)$$

式中，γ_f、γ_s——粉煤灰影响系数和粒化高炉矿渣粉影响系数，可按表 6-5 选用；

f_{ce}——水泥 28 d 胶砂抗压强度，MPa，可实测，当无实测值时也可按式（6-8）确定。

$$f_{ce} = \gamma_c \times f_{ce,g} \qquad\qquad (6-8)$$

式中，$f_{ce,g}$——水泥强度等级值，MPa；

γ_c——水泥强度等级值的富余系数，可按实际统计资料确定；当缺乏实际统计资料时，也可按表 6-6 选用。

表 6-5　粉煤灰影响系数和粒化高炉矿渣粉影响系数取值表

掺量/%	粉煤灰影响系数 γ_f	粒化高炉矿渣粉影响系数 γ_s
0	1.00	1.00
10	0.85～0.95	1.00
20	0.75～0.85	0.95～1.00
30	0.65～0.75	0.90～1.00
40	0.55～0.65	0.80～0.90
50	—	0.70～0.85

注：● 采用Ⅰ级、Ⅱ级粉煤灰时宜取上限值；
   ● 采用 S75 级粒化高炉矿渣粉时宜取下限值，采用 S95 级粒化高炉矿渣粉时宜取上限值，采用 S105 级粒化高炉矿渣粉时可取上限值加 0.05；
   ● 当超出表中的掺量时，粉煤灰和粒化高炉矿渣粉影响系数应经试验确定。

表 6-6　水泥强度等级值的富余系数取值表

水泥强度等级值/MPa	32.5	42.5	52.5
富余系数 γ_c	1.12	1.16	1.10

按式（6-6）计算所得的水胶比，是按强度要求计算得到的结果。在确定采用的水胶比时，还应根据混凝土结构设计使用年限、环境类别进行耐久性设计。

① 对设计使用年限为 50 年的混凝土结构，其混凝土的允许最大水胶比根据表 6-7 进行校核，从中选择小者。

表 6-7　混凝土的最大水胶比校核表

环境类别（等级）	环境条件	最大水胶比	最低强度等级
一	室内干燥环境； 无侵蚀性静水浸没环境	0.60	C20
二 a	室内潮湿环境； 非严寒和非寒冷地区的露天环境； 非严寒和非寒冷地区与无侵蚀性的水或土壤直接接触的环境； 严寒和寒冷地区的冰冻线以下与无侵蚀性的水或土壤直接接触的环境	0.55	C25
二 b	干湿交替环境 水位频繁变动环境； 严寒和寒冷地区的露天环境； 严寒和寒冷地区冰冻线以上与无侵蚀性的水或土壤直接接触的环境	0.50（0.55）	C30（C25）

续表

环境类别（等级）	环境条件	最大水胶比	最低强度等级
三 a	严寒和寒冷地区冬季水位变动区环境； 受除冰盐影响环境； 海风环境	0.45（0.50）	C35（C30）
三 b	盐渍土环境； 受除冰盐作用环境； 海岸环境	0.40	C40
四	海水环境	应符合有关标准的规定	
五	受人为或自然的侵蚀性物质影响的环境		

注：● 室内潮湿环境是指构件表面经常处于结露或湿润状态的环境；
　　● 严寒和寒冷地区的划分应符合国家标准《民用建筑热工设计规范》（GB 50176—2016）的有关规定；
　　● 海岸环境和海风环境宜根据当地情况，考虑主导风向及结构所处迎风、背风部位等因素的影响，由调查研究和工程经验确定；
　　● 受除冰盐影响环境是指受到除冰盐盐雾影响的环境；受除冰盐作用环境是指被除冰盐溶液溅射的环境及使用除冰盐地区的洗车房、停车楼等建筑；
　　● 暴露的环境是指混凝土结构表面所处的环境；
　　● 素混凝土构件的水胶比及最低强度等级的要求可适当放松；
　　● 有可靠工程经验时，二类环境中的最低混凝土强度等级可降低一个等级；
　　● 处于严寒和寒冷地区二 b、三 a 类环境中的混凝土应使用引气剂，并可采用括号中的有关参数。

② 对设计使用年限为 100 年的混凝土结构，其耐久性应符合有关标准的规定。

（3）确定单位用水量。

① 干硬性、塑性混凝土用水量的确定。

（a）当水胶比在 0.40～0.80 范围时，其用水量可按表 6-8、表 6-9 选取。

表 6-8　干硬性混凝土的用水量　　单位：kg/m³

拌合物稠度		卵石最大公称粒径/mm			碎石最大公称粒径/mm		
项目	指标	10.0	20.0	40.0	16.0	20.0	40.0
维勃稠度/s	16～20	175	160	145	180	170	155
	11～15	180	165	150	185	175	160
	5～10	185	170	155	190	180	165

表 6-9　塑性混凝土的用水量　　单位：kg/m³

拌合物稠度		卵石最大公称粒径/mm				碎石最大公称粒径/mm			
项目	指标	10.0	20.0	31.5	40.0	16.0	20.0	31.5	40.0
坍落度/mm	10～30	190	170	160	150	200	185	175	165
	35～50	200	180	170	160	210	195	185	175
	55～70	210	190	180	170	220	205	195	185
	75～90	215	195	185	175	230	215	205	195

注：● 本表用水量系采用中砂时的取值。采用细砂时，每立方米混凝土用水量可增加 5～10 kg；采用粗砂时，可减少 5～10 kg。
　　● 掺用矿物掺合料和外加剂时，用水量应相应调整。

（b）当水胶比小于 0.40 时，其用水量可通过试验确定。

② 流动性或大流动性混凝土的用水量宜按下列步骤计算。

（a）不掺外加剂时，以表 6-9 中 90 mm 坍落度的用水量为基础，按每增大 20 mm 坍落度相应增加 5 kg/m³ 用水量来计算；当坍落度增大到 180 mm 以上时，随坍落度相应增加的用水量可减少。

（b）掺外加剂时，混凝土用水量可按式（6-9）计算。

$$m_{w0} = m'_{w0}(1-\beta) \tag{6-9}$$

式中：m_{w0}——计算配合比每立方米混凝土的用水量，kg/m³；

m'_{w0}——不掺外加剂时每立方米混凝土用水量，kg/m³，详见上一种情况表述；

β——外加剂的减水率，应经混凝土试验确定。

③ 掺外加剂时，混凝土外加剂用量可按式（6-10）计算。

$$m_{a0} = m_{b0}\beta_a \tag{6-10}$$

式中：m_{a0}——计算配合比每立方米混凝土的外加剂用量，kg/m³；

m_{b0}——计算配合比每立方米混凝土的胶凝材料用量，kg/m³，计算应符合式（6-11）、表 6-10 的规定；

β_a——外加剂掺量，应经混凝土试验确定。

（4）确定胶凝材料、矿物掺合料、水泥单位用量。

① 按式（6-11）计算单位胶凝材料用量。

$$m_{b0} = \frac{m_{w0}}{W/B} \tag{6-11}$$

式中：W/B——混凝土水胶比。

根据混凝土耐久性要求，除配制强度等级不小于等于 C15 混凝土以外，依结构的所处环境条件，混凝土的最小胶凝材料用量应符合表 6-10 的规定。

表 6-10　混凝土的最小胶凝材料用量表（适用于混凝土强度等级大于 C15）

最大水胶比	最小胶凝材料用量/（kg/m³）		
	素混凝土	钢筋混凝土	预应力混凝土
0.60	250	280	300
0.55	280	300	300
0.50	320		
≤0.45	330		

② 按式（6-12）计算单位矿物掺合料用量。

$$m_{f0} = m_{b0}\beta_f \tag{6-12}$$

式中：m_{f0}——计算配合比每立方米混凝土中矿物掺合料用量，kg/m³；

β_f——矿物掺合料掺量。

矿物掺合料在混凝土中的掺量应通过试验确定。采用硅酸盐水泥或普通硅酸盐水泥时，钢筋混凝土种矿物掺合料最大掺量宜符合表 6-11 的规定；预应力混凝土中矿物掺合料最大掺量宜符合表 6-12 的规定。对基础大体积混凝土，粉煤灰、粒化高炉矿渣粉、复合掺合料的最大掺量可增加 5%。采用掺量大于 30% 的 C 类粉煤灰的混凝土应以实际使用的水泥和粉煤灰掺量进行安定性检验。

表 6-11　钢筋混凝土中矿物掺合料最大掺量表

矿物掺合料种类	水胶比	最大掺量/%	
		采用硅酸盐水泥时	采用普通硅酸盐水泥时
粉煤灰	≤0.40	45	35
	>0.40	40	30
粒化高炉矿渣粉	≤0.40	65	55
	>0.40	55	45
钢渣粉	—	30	20
磷渣粉	—	30	20
硅灰	—	10	10
复合掺合料	≤0.40	65	55
	>0.40	55	45

注：● 采用其他通用硅酸盐水泥时，宜将水泥混合材掺量 20% 以上的混合材计入矿物掺合料；

　　● 复合掺合料各组分的掺量不宜超过单掺时的最大掺量；

　　● 在混合使用两种或两种以上矿物掺合料时，矿物掺合料总掺量应符合表中复合掺合料的规定。

表 6-12　预应力混凝土中矿物掺合料最大掺量表

矿物掺合料种类	水胶比	最大掺量/%	
		采用硅酸盐水泥时	采用普通硅酸盐水泥时
粉煤灰	≤0.40	35	30
	>0.40	25	20
粒化高炉矿渣粉	≤0.40	55	45
	>0.40	45	35
钢渣粉	—	20	10
磷渣粉	—	20	10
硅灰	—	10	10
复合掺合料	≤0.40	55	45
	>0.40	45	35

注：● 采用其他通用硅酸盐水泥时，宜将水泥混合材掺量 20% 以上的混合材计入矿物掺合料；

　　● 复合掺合料各组分的掺量不宜超过单掺时的最大掺量；

　　● 在混合使用两种或两种以上矿物掺合料时，矿物掺合料总掺量应符合表中复合掺合料的规定。

③ 按式（6-13）计算单位水泥用量。

$$m_{c0} = m_{b0} - m_{f0}$$

（6-13）

式中：　m_{c0}——计算配合比每立方米混凝土中水泥用量，kg/m³。

（5）确定砂率。

① 砂率（β_s）应根据骨料的技术指标、混凝土拌合物性能、施工要求，参考既有历史资料确定。

② 当无历史资料可参考时，混凝土砂率的确定应符合下列规定：

（a）坍落度小于 10 mm 的混凝土，其砂率应经试验确定。

（b）坍落度为 10～60 mm 的混凝土，其砂率可根据粗集料品种、最大公称粒径及水胶比按表 6-13 选取。

（c）坍落度大于 60 mm 的混凝土，其砂率可经试验确定，也可在表 6-13 的基础上，按坍落度每增大 20 mm、砂率增大 1%的幅度予以调整。

表 6-13　混凝土的砂率　　　　　　　　　　　　　　　　　单位：%

水胶比	卵石最大公称粒径/mm			碎石最大公称粒径/mm		
	10.0	20.0	40.0	16.0	20.0	40.0
0.40	26~32	25~31	24~30	30~35	29~34	27~32
0.50	30~35	29~34	28~33	33~38	32~37	30~35
0.60	33~38	32~37	31~36	36~41	35~40	33~38
0.70	36~41	35~40	34~39	39~44	38~43	36~41

注：● 本表数值系中砂的选用砂率，对细砂或粗砂，可相应地减少或增大砂率；
　　● 只用一个单粒级粗骨料配制混凝土时，砂率应适当增大；
　　● 采用人工砂配制混凝土时，砂率可适当增大。

（6）确定粗、细骨料单位用量。

① 质量法。

质量法又称假定密度法。此法是假定混凝土拌合物的表观密度为一固定值，混凝土拌合物各组成材料的单位用量之和即为其表观密度。按式（6-14）计算粗、细骨料的单位用量。

$$\begin{cases} m_{f0} + m_{c0} + m_{g0} + m_{s0} + m_{w0} = m_{cp} \\ \beta_s = \dfrac{m_{s0}}{m_{g0} + m_{s0}} \times 100\% \end{cases} \quad (6\text{-}14)$$

式中：m_{g0}、m_{s0}——计算配合比每立方米混凝土的粗骨料、细骨料用量，kg/m³；

　　　　β_s——混凝土的砂率；

　　　　m_{cp}——每立方米混凝土拌合物的假定湿表观密度，kg/m³，可取 2 350~2 450 kg/m³。

② 体积法。

体积法又称绝对体积法。该法是假定混凝土拌合物的体积等于各组成材料绝对体积和混凝土拌合物中所含空气之和。在砂率已知的条件下，按式（6-15）计算粗、细骨料的单位用量。

$$\begin{cases} \dfrac{m_{f0}}{\rho_f} + \dfrac{m_{c0}}{\rho_c} + \dfrac{m_{g0}}{\rho_g} + \dfrac{m_{s0}}{\rho_s} + \dfrac{m_{w0}}{\rho_w} + 0.01\alpha = 1 \\ \beta_s = \dfrac{m_{s0}}{m_{g0} + m_{s0}} \times 100\% \end{cases} \quad (6\text{-}15)$$

式中：ρ_c——水泥密度，kg/m³，可测定，也可取 2 900~3 100 kg/m³；

　　　　ρ_w——水的密度，kg/m³，可取 1 000 kg/m³；

　　　　ρ_f——矿物掺合料的密度，kg/m³，可按照《水泥密度测定方法》（GB/T 208—2014）测定；

　　　　ρ_s、ρ_g——粗、细骨料的表观密度，kg/m³，一般取实测值；

　　　　α——混凝土的含气量百分数，在不使用引气剂或引气型外加剂时，取值为 1。

通过以上计算步骤，可将水泥、水、粗骨料、细骨料、掺合料等的用量全部求出，得到初步配合比，而以上各项计算多数利用经验公式或经验资料获得，因此配合比所制得的混凝土不一定符合实际要求，所以应对配合比进行试配、调整和确定。

2）试拌调整提出基准配合比

（1）试配要求。

① 材料的要求。

试配混凝土所用各种原材料要与实际工程使用的材料相同，粗、细骨料的称量均以干燥状态为基准（粗骨料含水率应小于 0.2%、细骨料含水率应小于 0.5%）。如不是干燥的集料，称料时应在用水量中扣除骨料中的水，骨料也应相应增加。

② 搅拌方法和拌合物数量要求。

混凝土的搅拌方法应尽量与生产时的方法相同。试拌时，每盘混凝土数量一般应不少于表 6-14 中的建议值。如需要进行抗折强度试验，则应根据实际需要计算拌和用量。采用机械搅拌时，拌和量不应小于搅拌机公称容量的 1/4 且不应大于搅拌机公称容量。

表 6-14   混凝土试配的最小搅拌量

粗集料最大公称粒径/mm	拌合物数量/L
≤31.5	20
40.0	25

（2）校核工作性，调整配合比。

按初步配合比计算出试配所需的材料用量，配制混凝土拌合物。首先通过试验测定混凝土的坍落度，同时观察拌合物黏聚性和保水性。当不符合要求时，应进行调整。调整的基本原则如下：

① 若流动性太大，可在砂率不变的条件下，适当增加砂、石的用量。

② 若流动性太小，应在保持水胶比不变的情况下，适当增加水和胶凝材料的用量。

③ 当黏聚性和保水性不良时，实质上是混凝土拌合物中砂浆不足或砂浆过多，可适当增大或降低砂率，调整和易性满足要求时的配合比，即是可供混凝土强度试验用的基准配合比。

当试拌调整工作完成后，应测出混凝土拌合物的实际表观密度。

3）检验强度，确定试验室配合比

（1）制作试件，检验强度。

经过和易性试验调整得出的混凝土基准配合比，其水胶比不一定选用恰当，混凝土的强度不一定符合要求，所以应对混凝土强度进行复核。混凝土强度试验应至少采用 3 个不同的配合比。其中一个是基准配合比，另外两组的水胶比则分别增加、减少 0.05，用水量应与基准配合比相同，砂率可分别增加、减少 1%。

每种配合比应至少制作一组（3 块）试件，在制作混凝土强度试件时，应检验混凝土拌合物的坍落度（或维勃稠度）、表观密度，并以此结果代表相应配合比的混凝土拌合物的性能。按标准条件养护 28 d 或设计规定龄期后试压，根据试验结果绘制强度-胶水比的线性关系图或利用插值法确定略大于配制强度对应的胶水比。

（2）确定试验室配合比。

① 根据强度检验结果修正配合比。

（a）用水量和外加剂用量。在试拌配合比的基础上，应根据确定的水胶比作调整。

（b）胶凝材料用量。应以用水量乘以确定的胶水比计算得出。

（c）粗骨料和细骨料用量。应根据用水量和胶凝材料用量进行调整。

② 根据实测拌合物表观密度修正配合比。

经强度检验之后的配合比，还应根据混凝土拌合物的表观密度计算值与实测值作校正，以确定每立方米混凝土中各种材料的用量。其步骤如下：

（a）计算出配合比调整之后的混凝土拌合物的表观密度，可按式（6-16）计算。

$$\rho_{c,c} = m_f + m_c + m_w + m_g + m_s \tag{6-16}$$

混凝土，简称为"砼（tóng）"，是由胶凝材料将骨料胶结成整体的工程复合材料的统称。

通常讲的混凝土是指用水泥作主要胶凝材料，与水、细集料、粗集料，必要时掺入化学外加剂和矿物掺合料，按适当比例配合，经搅拌而得的水泥混凝土，也称普通混凝土，其广泛应用于土木工程。

（b）计算出混凝土配合比校正系数，可按式（6-17）计算。

$$\delta = \rho_{c,t} / \rho_{c,c} \tag{6-17}$$

式中：$\rho_{c,t}$——混凝土拌合物的表观密度实测值，kg/m³。

当混凝土拌合物表观密度实测值与计算值之差的绝对值不超过计算值的 2% 时，经"① 根据强度检验结果修正配合比"的结果可保持不变，即为确定的试验室配合比；当两者之差超过 2% 时，应将配合比中每项材料用量均乘以校正系数 δ，即为确定的试验室配合比。

4）施工配合比

试验室配合比是按干燥状态的骨料计算的，而施工现场储备的骨料都或多或少含有一定的水分。因此，施工时应根据现场骨料的实际含水率、搅拌设备公称容量、制成系数等，将试验定配合比换算为施工配合比。

任务 6.3 混凝土坍落度试验

任务书

在该项目中沉管主体管节混凝土要求混凝土拌合物坍落度为（120±20） mm，请按照《普通混凝土拌合物性能试验方法标准》（GB/T 50080—2016）规定进行混凝土拌合物的坍落度试验。小组成员团结协作完成混凝土拌合物的拌制，规范填写检测记录表，并评定检测结果。

课前学习测验

1. 在材料质量检测中心需在温度为_____的试验室中制备试验用混凝土拌合物试样。即称量碎石、水泥、砂、自来水，并依次放入微型搅拌机中拌和_____分钟，将拌和好的混凝土倒在钢板上，再进行手动搅拌_____分钟后备用。

2. 在混凝土坍落度试验过程中，取拌好的混凝土拌合物，用小铲分_____层均匀地装入坍落度筒内，每层用捣棒沿_____方向在截面上由外向中心均匀插捣_____次。

课中任务准备

1. 阅读任务书，查阅《普通混凝土拌合物性能试验方法标准》（GB/T 50080—2016）等规范标准。

2. 记录试验环境温度和湿度。

3. 记录各种原材料品种、规格、产地及性能指标。

4. 确认混凝土配合比和每盘混凝土的材料用量。

5. 检查设备备用。

课中任务实施

按照规范要求完成混凝土拌合物和易性检测试验，并将原始数据等相关信息填入"水泥混凝土坍落度试验检测记录表"中。

水泥混凝土坍落度试验检测记录表

检测单位名称：　　　　　　　　　　　　　　　　　　　　记录编号：

工程名称										
工程部位/用途										
样品信息										
试验检测日期					试验条件					
试验依据					判定依据					
主要设备名称及编号										
混凝土种类					搅拌方式					

试样编号	坍落度测值/mm			扩展度测定值/mm			拌合物性质评定			
	1	2	平均值	1	2	平均值	保水性	含砂情况	黏聚性	棍度

附加声明：

检测：　　　　　记录：　　　　　复核：　　　　　日期：　　年　　月　　日

课后拓展思考

1. 如混凝土的和易性不良，则应该如何进行调整？

2. 坍落度试验的操作要点有哪些？

课后自我反思

任务学习评价

待以上学习任务全部完成后，由学生自己、学生之间、学校教师、企业导师根据学生课前、课中、课后学习完成情况对每个学生进行综合评价，并将结果填入表 A–2 中。

相关知识

1. 适用范围

本试验方法宜用于骨料最大公称粒径不大于 40 mm、坍落度不小于 10 mm 的混凝土拌合物坍落度的测定。

2. 混凝土拌合物的拌制

1）人工拌制

（1）试验设备。

① 拌板：1 m×2 m 的金属板。

② 铁铲：手工拌和用。

③ 量斗（或其他容器）：装水泥及各种集料用。

④ 量水容器。

⑤ 抹布。

⑥ 台秤：量程 50 kg，分度值 0.5 kg。

（2）拌制步骤。

① 清除拌板上粘着的混凝土，并用湿布试润；然后按计算结果称取各种材料，分别装在各容器中。

② 将称好的砂置于拌板上，然后倒上所需数量的水泥，用铁铲拌和至颜色均匀。

③ 加入所需数量的粗集料，并将全部拌合物加以拌和，使粗集料在整个干拌合物中分布均匀。

④ 将该拌合物收集成椭圆形的堆，在堆的中心扒一凹穴，将所需水的一半注入凹穴中，仔细拌和材料与水，不使水流散；然后重新将材料堆集成堆，并将剩下的水渐渐加入，继续用铲拌和（至少来回翻拌 6 遍），直至彻底拌匀为止。拌和持续时间（由注水时起）的规定见表 6–15。

⑤ 在试验室制作混凝土拌合物时，拌和时的试验室温度应保持在（20±5）℃，所用材料的温度应与试验室温度一致。

表 6–15　人工拌制的拌和时间要求

拌合物体积/L	<30	31～50	51～70
拌和时间/min	<4～5	5～9	9～12

2）机械拌制

（1）试验设备。

① 试验室用混凝土拌和机：容积 75～100 L，转速 18～22 r/min。

② 铁铲。

③ 量斗及其他容器：装水泥和各种集料用。

④ 台秤：量程 50 kg，分度值 0.5 kg。

⑤ 拌板：1 m×2 m 的金属板。

⑥ 天平：量程 500 g，分度值 1 g。

⑦ 量筒：1 000 mL。

（2）拌制步骤。

① 按计算结果将所需材料分别称好，装在各容器中。

② 使用拌和机前，应先用少量砂浆进行涮膛，再刮出涮膛砂浆，以避免正式拌和混凝土时，水泥浆（粘附筒壁）损失。涮膛砂浆的水胶比及砂灰比，与正式混凝土相同。

③ 按顺序往拌和机内加入石子、砂和水泥，开动拌和机马达，将材料拌和均匀。在拌和过程中，将水徐徐加入，全部加料时间不宜超过 2 min。水全部加入后，继续拌和 2 min，然后将拌合物倾倒在拌和板上，再经人工翻拌 1～2 min，务必使拌合物均匀一致。

所得的混凝土拌合物，可供混凝土工作性试验或强度试验用。

混凝土拌和机及拌板在使用后必须立即仔细清洗。

3. 混凝土坍落度试验

1）试验设备

（1）坍落度筒：铁板制成的截头圆锥筒，厚度应不小于 1.5 mm，内侧平滑，没有铆钉头之类的突出物，在筒上方约 2/3 高度处安装两个把手，近下端两侧焊两个踏脚板，以保证坍落度筒可以稳定操作。

（2）捣棒：直径 16 mm、长约 650 mm，并具有半球形端头的钢质圆棒。

（3）其他：小铲、钢尺、喂料斗、镘刀和钢平板等。

2）试验方法

（1）坍落度筒内壁和底板应润湿无明水；底板应放置在坚实水平面上，并把坍落度筒放在底板中心，然后用脚踩住两边的脚踏板，坍落度筒在装料时应保持在固定的位置；

（2）混凝土拌合物试样应分三层均匀地装入坍落度筒内，每装一层混凝土拌合物，应用捣棒由边缘到中心按螺旋形均匀插捣 25 次，捣实后每层混凝土拌合物试样高度约为筒高的三分之一；

（3）插捣底层时，捣棒应贯穿整个深度，插捣第二层和顶层时，捣棒应插透本层至下一层的表面；

（4）顶层混凝土拌合物装料应高出筒口，插捣过程中，混凝土拌合物低于筒口时，应随时添加；

（5）顶层插捣完后，取下装料漏斗，应将多余混凝土拌合物刮去，并沿筒口抹平；

（6）清除筒边底板上的混凝土后，应垂直平稳地提起坍落度筒，并轻放于试样旁边；当试样不再继续坍落或坍落时间达 30 s 时，用钢尺测量出筒高与坍落后混凝土试体最高点之间的高度差，作为该混凝土拌合物的坍落度值。

3）注意事项

（1）坍落度筒的提离过程宜控制在 3～7 s；从开始装料到提坍落度筒的整个过程应连续进行，并应在 150 s 内完成。

（2）将坍落度筒提起后混凝土发生一边崩坍或剪坏现象时应重新取样另行测定；第二次

试验仍出现一边崩坍或剪坏现象，应予记录说明。

4. 试验结果评定

混凝土拌合物坍落度值测量应精确至 1 mm，结果应修约至 5 mm。

任务 6.4　混凝土立方体抗压强度试验

📖 任务书

在该项目中沉管主体管节混凝土强度等级为 C40，请按照《混凝土物理力学性能试验方法标准》（GB/T 50081—2019）的规定进行混凝土立方体抗压强度试验。各小组成员团结协作做好试验准备工作，每位成员都应能够独立进行混凝土立方体试件的外观检查，并且规范操作压力试验机，正确处理试验数据，完成原始记录表的填写，做出检测结果评定。

📖 课前学习测验

1. 在进行试件尺寸测量时，试件的边长和高度宜采用＿＿＿＿进行测量，应精确至＿＿＿＿；试件各边长和高的尺寸公差不得超过＿＿＿＿。

2. 试件相邻面间的夹角应采用＿＿＿＿进行测量，应精确至＿＿＿；试件相邻面间的夹角应为 90°，其公差不得超过＿＿＿＿。

3. 试件承压面的平面度可采用＿＿＿和＿＿＿进行测量。试件承压面的平面度公差不得超过＿＿＿＿＿。

4. 试验或检测单位宜记录下列内容并写入试验或检测报告：试件收到的日期、＿＿＿＿＿＿、试验编号、试验日期、仪器设备的名称、型号及编号、试验室温度和湿度、养护条件及试验龄期、＿＿＿＿＿＿。

5. 当 3 个测值中的最大值或最小值中有一个与中间值的差值超过中间值的＿＿＿＿时，则应把最大及最小值剔除，取中间值作为该组试件的抗压强度值。

📖 课中任务准备

1. 阅读任务书，收集并查阅《混凝土物理力学性能试验方法标准》（GB/T 50081—2019）。
2. 准备并检查好所需的仪器设备，填写设备使用记录表。
3. 检查环境温湿度并记录。

课中任务实施

请按照要求完成混凝土立方体抗压强度试验，并将原始数据等相关信息填入"水泥混凝土抗压强度试验检测记录表（立方体）"中，并完成试验检测报告的编制。

水泥混凝土抗压
强度试验

水泥混凝土抗压强度试验检测记录表（立方体）

检测单位名称：   记录编号：

工程名称		工程部位/用途	
样品信息			
试验检测日期		试验条件	
检测依据		判定依据	
主要设备名称及编号			

配合比编号		混凝土种类		养护条件	

试样编号	设计强度等级	取样部位	成型日期	抗压日期	龄期/d	试件尺寸/mm	承压面积/mm²	换算系数	极限荷载/kN	抗压强度/MPa	平均值/MPa

附加声明：

检测：   记录：   复核：   日期：   年   月   日

📖 课后拓展思考

1. 再生混凝土（RCA）可以将废弃混凝土块经过破碎、清洗、分级后，按一定比例和级配重新混合，再加入水泥、水等配料制成新的混凝土。再生混凝土具有抗裂性好、节约成本、绿色环保等优势，那不同块体替代率对再生混凝土的立方体抗压强度会有何影响呢？

2. 混凝土立方体抗压强度与使用的工器具、成型的方法、环境温湿度、试验设备、测量设备、试验速率控制、计算方法、修约方法、尺寸换算等有关。作为试验检测人员应采取哪些措施来控制这些因素对混凝土抗压强度试验的影响？

⬡ **课后自我反思**

_____

_____

_____

📖 **任务学习评价**

待以上学习任务全部完成后，由学生自己、学生之间、学校教师、企业导师根据学生课前、课中、课后学习完成情况对每个学生进行综合评价，并将结果填入表 A-2 中。

📖 **相关知识**

1. 适用范围

本方法适用于测定混凝土立方体试件的抗压强度。混凝土立方体抗压强度，是按标准方法制作的 150 mm×150 mm×150 mm 立方体试件，在温度为（20±2）℃及相对湿度 95% 以上的标准养护室中养护，或在温度为（20±2）℃的不流动的 $Ca(OH)_2$ 饱和溶液中养护至 28 d 后，用标准试验方法测试，并按规定计算方法得到的强度值。

2. 仪器设备

（1）压力试验机：压力试验机的上、下承压板应有足够的刚度，其中一个承压板上应具有球形支座，为了便于试件对中，球形支座最好位于上承压板上。压力机的精确度（示值的相对误差）应在 ±1% 以内，压力机应进行定期检查，以确保压力机读数的准确性。根据预期的混凝土试件破坏荷载，选择压力机的量程，要求试件破坏时的读数不小于全量程的 20%，也不大于全量程的 80%。

当混凝土强度等级不小于 C60 时，试件周围应设防崩裂网罩。压力试验机上、下压板承压面的平面度公差为 0.04 mm；否则试验机上、下压板与试件之间应各垫以符合要求的钢垫板。

（3）游标卡尺：量程 200 mm，分度值 0.02 mm。

（4）游标量角器：分度值 0.1°。

（5）塞尺：量程 0.02～1.00 mm。

（6）台秤：量程 100 kg，分度值 1 kg。

3. 试验前准备

（1）环境准备：检查环境温湿度并记录，室内环境温度应为（20±5）℃、相对湿度大于 50%。

（2）设备准备：试验前后均应检查仪器设备能否正常使用，并填写设备使用记录表。

4. 试验步骤

（1）将养护到龄期的混凝土试件从标准养护室取出，擦除表面水分，查看是否有几何形状变形。

（2）检查、测量试件外观尺寸。试件的边长和高宜采用游标卡尺进行测量，应精确到 0.1 mm；试件边长和高的尺寸公差不得超过 1 mm。试件相邻面的夹角应采用游标量角器进行测量，应精确到 0.1°；抗压试件相邻面的夹角应为 90°，其公差不得超过 0.5°。试件承压面的平面度可采用钢板尺和塞尺进行测量，公差不得超过 0.000 5 d，d 为试件边长。

（3）试件放置试验机之前，应将试件表面与上、下承压板面擦拭干净。

（4）以试件成型时的侧面为承压面，将试件安放在试验机的下压板或垫板上，试件的承压面应与成型时的顶面垂直。试件的中心应与试验机下压板中心对准，手动调整球座，使接触均衡。

（5）设置加荷速率，试验过程中应连续均匀加荷，加荷速度应取 0.3～1.0 MPa/s。当立方体抗压强度小于 30 MPa 时，加荷速度宜取 0.3～0.5 MPa/s；立方体抗压强度为 30～60 MPa 时，加荷速度宜取 0.5～0.8 MPa/s；立方体抗压强度不小于 60 MPa 时，加荷速度宜取 0.8～1.0 MPa/s。

（6）观察试件变化，当试件接近破坏开始急剧变形，应停止调整试验机油门，直至破坏，并记录破坏荷载。

（7）重复以上步骤，完成其余试件抗压强度试验。

5. 试验结果处理

（1）立方体试件抗压强度试验结果按式（6-18）计算，计算结果精确至 0.1 MPa。

$$f_{cc} = \frac{F}{A} \qquad (6-18)$$

式中：f_{cc}——立方体抗压强度，MPa，精确至 0.1 MPa；

　　　F——试件破坏荷载，N；

　　　A——试件承压面积，mm^2。

（2）立方体试件抗压强度值的确定应符合下列规定：

① 取 3 个试件测值的算术平均值作为该组试件的强度值，应精确至 0.1 MPa。

② 当 3 个测值中的最大值或最小值中有一个与中间值的差值超过中间值的 15%时，则应把最大及最小值剔除，取中间值作为该组试件的抗压强度值。

③ 当最大值和最小值与中间值的差值均超过中间值的 15%时，该组试件的试验结果无效。

对于普通混凝土，如果采用了非标准试件，抗压强度值还应乘以表 6-16 中相应的尺寸换算系数。

表 6-16　混凝土试件立方体抗压强度修正系数取值表

试件尺寸/mm	修正系数		
	＜C60	≥C60	
	＜C60	C60≤强度等级≤C100	＞C100
150×150×150（标准）	1.00	1.00	1.00
100×100×100（非标准）	0.95	由试验确定	由试验确定
		未进行试验时：0.95	
200×200×200（非标准）	1.05	由试验确定	

任务 6.5　混凝土抗渗试验（逐级加压法）

任务书

在该项目中沉管主体管节混凝土的抗渗等级为 P10，请按照《混凝土长期性能和耐久性能试验方法标准》（GB/T 50082—2024）的规定进行混凝土抗水渗透试验（逐级加压法），复核该混凝土的抗渗等级。各小组成员要团结协作做好试验准备工作，每位成员都应能够独立进行混凝土抗渗试件的清理、尺寸检查、密封、安装等关键性试验操作，并能规范调节渗水压力，正确处理试验数据，完成原始记录表的填写，出具检测报告。

课前学习测验

1. 逐级加压法试验初始水压力为（　　　）。
   A. 0.00 MPa　　　　　　　　　　B. 0.01 MPa
   C. 0.10 MPa　　　　　　　　　　D. 1.00 MPa
2. 抗水渗透试验的龄期是（　　　）。
   A. 应为 28 d　　　　　　　　　　B. 应为 26 d
   C. ＞28 d　　　　　　　　　　　D. ＜28 d
3. 提高混凝土抗渗性的关键是（　　　）。
   A. 增大水灰比　　　　　　　　　B. 选用合理砂率
   C. 提高密实度　　　　　　　　　D. 增加骨料用量
4. 混凝土抗渗等级 P6 表示（　　　）。
   A. 抵抗压力水渗透作用的能力为 6 MPa
   B. 抵抗压力水渗透作用的能力为 0.6 MPa
   C. 抵抗压力水渗透作用的能力为 60 次
   D. 抵抗压力水渗透作用的能力为 6 次
5. 逐级加压法尤其适用于抗渗等级较低的混凝土。（　　　）

课中任务准备

1. 阅读任务书，收集并查阅《混凝土长期性能和耐久性能试验方法标准》（GB/T 50082—2024）。
2. 准备并检查好所需的仪器设备。

课中任务实施

请按照要求完成混凝土抗水渗透试验（逐级加压法），并将相关试验数据等相关信息填入"混凝土抗水渗透试验（逐级加压法）检测记录表"中，再根据相关数据和信息，编制试验检测报告。

混凝土抗水渗透试验（逐级加压法）检测记录表

样品名称		规格型号及数量	
委托编号		样品编号	
样品状态		检测类别	
试验的环境条件		收样日期	
检测项目		检测日期	
检测依据		检测地点	

抗 水 渗 透 性 能

	压力/MPa	0.1	0.2	0.3	0.4	0.5	0.6
	加压时间 （日 时 分）						
加压过程	压力/MPa	0.7	0.8	0.9	1.0	1.1	1.2
	加压时间 （日 时 分）						
	压力/MPa	1.3	1.4	1.5	1.6	1.7	1.8
	加压时间 （日 时 分）						

	试件编号	端面渗水时压力/MPa	端面渗水情况
试件端面渗水情况	1		__日__时__分，端面出现渗水，停止试验□ 端面未出现渗水□
	2		__日__时__分，端面出现渗水，停止试验□ 端面未出现渗水□
	3		__日__时__分，端面出现渗水，停止试验□ 端面未出现渗水□
	4		__日__时__分，端面出现渗水，停止试验□ 端面未出现渗水□
	5		__日__时__分，端面出现渗水，停止试验□ 端面未出现渗水□
	6		__日__时__分，端面出现渗水，停止试验□ 端面未出现渗水□
检测说明		试验过程中如发现水从试件周边渗出时，应按规定重新进行密封。	
计算公式		$P=10H-1$	
主要设备名称、型号			
设备编号			
设备状态			

检验：　　　　　　　　记录：　　　　　　　　校核：

📖 课后拓展思考

1. 导致混凝土渗漏的原因有哪些？
2. 抗渗混凝土与普通混凝土的区别有哪些？

课后自我反思

_____

_____

_____

任务学习评价

待以上学习任务全部完成后，由学生自己、学生之间、学校教师、企业导师根据学生课前、课中、课后学习完成情况对每个学生进行综合评价，并将结果填入表 A-2 中。

相关知识

1. 试验目的与适用范围

逐级加压法适用于通过逐级施加水压力来测定以抗渗等级来表示的混凝土的抗水渗透性能。

2. 主要仪器设备

（1）混凝土抗渗仪：应符合《混凝土抗渗仪》（JG/T 249—2009）的规定，并应能使水压按规定的制度稳定地作用在试件上。抗渗仪施加水压力范围应为 0.1～2.0 MPa。

（2）试模：上口内部直径为 175 mm、下口内部直径为 185 mm 和高度为 150 mm 的圆台体。

（3）密封材料：石蜡加松香或水泥加黄油等材料，也可采用橡胶套等其他有效密封材料。

（4）钢尺：分度值为 1 mm。

（5）钟表：分度值为 1 min。

（6）辅助设备：螺旋加压器、烘箱、电炉、浅盘、铁锅和钢丝刷等。

（7）安装试件的加压设备可为螺旋加压或其他加压形式，其压力应能保证将试件压入试件套内。

3. 试样准备和安装

（1）清理试件。抗水渗透试验应以 6 个试件为一组。试件拆模后，应用钢丝刷刷去两端面的水泥浆膜，并应立即将试件送入标准养护室进行养护。

（2）尺寸检查。试件的承压面的平面度公差不得超过试件的边长或直径的 0.000 5 倍；试件的高度及直径的公差不得超过 1 mm。

（3）密封试件。抗水渗透试验的龄期宜为 28 d。应在到达试验龄期的前一天，从养护室取出试件，并擦拭干净。待试件表面晾干后，应按下列方法进行试件密封：

① 当用石蜡密封时，应在试件侧面裹涂一层熔化的内加少量松香的石蜡。然后应用螺旋加压器将试件压入经过烘箱或电炉预热过的试模中，使试件与试模底平齐，并应在试模变冷后解除压力。试模的预热温度，应以石蜡接触试模，即缓慢熔化，但不流淌为准。

② 用水泥加黄油密封时，其质量比应为（2.5～3）∶1。应用三角刀将密封材料均匀地刮涂在试件侧面上，厚度应为 1～2 mm。应套上试模并将试件压入，并使试件与试模底齐平。

③ 试件密封也可以采用其他更可靠的密封方式。

（4）安装试件。试件准备好之后，启动抗渗仪，并开通 6 个试位下的阀门，使水从 6 个孔中渗出，水应充满试位坑，在关闭 6 个试位下的阀门后应将密封好的试件安装在抗渗仪上。

4. 试验步骤

（1）试验时，水压应从 0.1 MPa 开始，以后应每隔 8 h 增加 0.1 MPa 水压，并随时观察试件端面渗水情况。

（2）当 6 个试件中有 3 个试件表面出现渗水时，或加至规定压力（设计抗渗等级）在 8 h 内 6 个试件中表面渗水试件少于 3 个时，可停止试验，并记下此时的水压力。

（3）在试验过程中，当发现水从试件周边渗出时，应重新进行密封。

5. 试验数据计算

混凝土的抗渗等级应以每组 6 个试件中有 4 个试件未出现渗水时的最大水压力乘以 10 来确定。混凝土的抗渗等级应按式（6-19）计算。

$$P=10H-1 \tag{6-19}$$

式中：P——抗渗等级；

H——6 个试件中有 3 个渗水时的水压力，MPa。

项目 7　沥青混合料配制与检验

项目概述

　　为有效解决由于交通量剧增、旧路设计标准较低、旧路面老化等诸多原因造成的城市旧路已经无法满足现有交通量需求的问题，拟对某城市某主干道进行全线加宽改造。因原道路结构无法满足改造后的道路等级要求，故需将原路面全部挖除并与加宽部分一起按全新处理。

　　对于沥青面层，只有先了解沥青混合料的基本知识，熟悉沥青混合料的主要技术性能指标及标准，掌握沥青混合料技术指标试验检测操作和结果处理，才能完成本项目加铺沥青路面工程施工前的选材、配比设计和相关性能检验工作。

项目学习导图

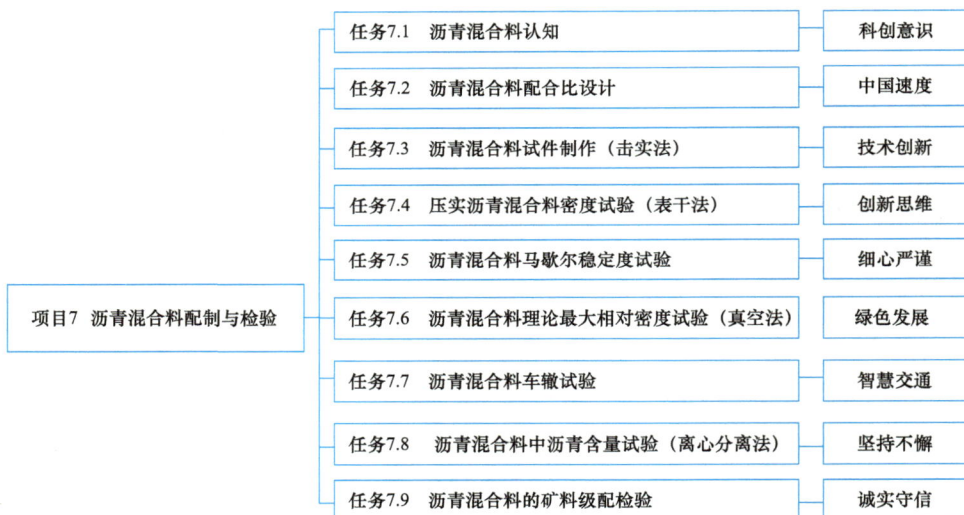

项目7　沥青混合料配制与检验	任务7.1　沥青混合料认知	科创意识
	任务7.2　沥青混合料配合比设计	中国速度
	任务7.3　沥青混合料试件制作（击实法）	技术创新
	任务7.4　压实沥青混合料密度试验（表干法）	创新思维
	任务7.5　沥青混合料马歇尔稳定度试验	细心严谨
	任务7.6　沥青混合料理论最大相对密度试验（真空法）	绿色发展
	任务7.7　沥青混合料车辙试验	智慧交通
	任务7.8　沥青混合料中沥青含量试验（离心分离法）	坚持不懈
	任务7.9　沥青混合料的矿料级配检验	诚实守信

项目学习目标

　　能阐述压实沥青混合料相关试验的目的与适用范围；能进行相关试验的操作、数据采集和数据处理；能规范进行原始记录的填写和试验报告的编制。

项目学习评价

　　本项目学习评价总分为 100 分，学习完之后，请按照表 7-1 对本项目学习情况进行总评。

表 7-1 项目学习评价表

任务序号	学习任务名称	学习任务评价总得分	权重（%）	项目学习评价总分（分）
	项目 7 沥青混合料配制与检验			
任务 7.1	沥青混合料认知		10	
任务 7.2	沥青混合料配合比设计		15	
任务 7.3	沥青混合料试件制作（击实法）		10	
任务 7.4	压实沥青混合料密度试验（表干法）		10	
任务 7.5	沥青混合料马歇尔稳定度试验		15	
任务 7.6	沥青混合料理论最大相对密度试验（真空法）		10	
任务 7.7	沥青混合料车辙试验		10	
任务 7.8	沥青混合料中沥青含量试验（离心分离法）		10	
任务 7.9	沥青混合料的矿料级配检验		10	

思政贴士

中国是具有五千年悠久历史的文明古国，诚信一向是中国人引以为荣的美德。中国崇尚诚信的文明源源流长，早在几千年前，孔子就说过："人而无信，不知其可也。"三国时期，刘备三顾茅庐的故事每个人都应该听说过，诸葛亮辅佐刘备并受托孤之重任，正如《出师表》所言："追先帝之遗诏，臣不胜受恩感激，今当远离，临表涕零，不知所言。"一心为汉，七出祁山，耗尽毕生心血，留下千古美名。我们应该把诚信作为人生中的一个信仰，做老实人，说老实话，办老实事。

任务 7.1　沥青混合料认知

任务书

小王、小李是毕业于某高职院校的学生，今年刚参加工作，二人的工作岗位是试验员，需根据本项目要求配合试验室主任对铺筑该主干道沥青路面所用沥青混合料进行配合比设计及使用性能检验，并形成相关试验检测报告。小王、小李两位新人在进行这项工作前，需对沥青混合料的哪些相关基础知识进行准备？

课前学习测验

1. 特粗式沥青混合料集料的公称最大粒径大于等于（　　　　）。
   A. 26.5 mm　　　　B. 37.5 mm　　　　C. 31.5 mm　　　　D. 19 mm
2. 我国沥青路面使用性能气候分区的划分依据（　　　）指标。
   A. 高温气候区　　B. 低温气候区　　C. 雨量气候区　　D. 温度气候区

建筑材料实务

3. 沥青面层的细集料可采用（　　　）。

    A. 机制砂   B. 火粉煤灰   C. 矿粉   D. 矿渣

课中任务准备

1. 阅读任务书，熟悉将要学习的主要内容。

2. 收集并查阅《公路沥青路面设计规范》（JTG D50—2017）、《公路沥青路面施工技术规范》（JTG F40—2004）、《城市道路工程设计规范》（CJJ 37—2012，2016 年版）、《城镇桥梁沥青混凝土桥面铺装施工技术标准》（CJJ/T 279—2018）、《再生沥青混凝土》（GB/T 25033—2010）、《城市道路彩色沥青混凝土路面技术规程》（CJJ/T 218—2014）、《城市道路沥青路面就地热再生技术规程》（T/CECS 502—2018）等规范标准。

课中任务实施

引导实施 1：沥青混合料按矿料级配组成及空隙率大小分为哪几类？

引导实施 2：沥青混合料的组成材料和技术要求是什么？

引导实施 3：沥青混合料的路用性能和影响因素有哪些？

课后拓展思考

1. 沥青混合料流值过小和过大分别会导致路面出现什么问题？

2. 各种沥青混合料出厂温度及摊铺温度、碾压温度是多少？

3. 沥青混合料中添加矿粉的目的是什么？

课后自我反思

_____

_____

_____

任务学习评价

待以上学习任务全部完成后，由学生自己、学生之间、学校教师、企业导师根据学生课前、课中、课后学习完成情况对每个学生进行综合评价，并将结果填入表 A–1 中。

相关知识

1. 沥青混合料分类与特点

1）沥青混合料的分类

沥青混合料是指由人工合理选择级配组成的矿质混合料（包括粗集料、细集料和填料，又称为矿料），与适量沥青结合料（包括沥青类材料及添加的外掺剂、改性剂等）拌和而成的高级路面材料。其种类繁多，具体如下。

（1）按矿料公称最大粒径划分。

① 特粗式沥青混合料：公称最大粒径大于等于 37.5 mm 的沥青混合料。

② 粗粒式沥青混合料：公称最大粒径为 26.5 mm 的沥青混合料。

③ 中粒式沥青混合料：公称最大粒径为 16 mm 或 19 mm 的沥青混合料。

④ 细粒式沥青混合料：公称最大粒径为 9.5 mm 或 13.2 mm 的沥青混合料。

⑤ 砂粒式沥青混合料：公称最大粒径小于 9.5 mm 的沥青混合料。

（2）按材料组成及结构划分。

① 连续级配沥青混合料：矿料按级配原则，从大到小各级粒径都有，根据一定比例相互搭配组成的沥青混合料。

② 间断级配沥青混合料：矿料级配组成中缺少 1 个或几个粒径档次（或用量很少）而形成的沥青混合料。

（3）按矿料级配组成及空隙率大小划分。

① 密级配沥青混合料：由按密实级配原理设计组成的各种粒径颗粒的矿料与沥青结合料拌和而成，设计空隙率较小（对不同交通及气候情况、层次可作适当调整）的密实式沥青混凝土混合料（以 AC 表示）和密实式沥青稳定碎石混合料（以 ATB 表示）。按关键性筛孔通过率的不同又可分为细型、粗型密级配沥青混合料等。粗集料嵌挤作用较好的也称嵌挤密实型沥青混合料。

② 半开级配沥青混合料：由适当比例的粗集料、细集料及少量填料（或不加填料）与沥青结合料拌和而成，经马歇尔标准击实成型的试件剩余空隙率在 6%～12%的半开式沥青碎石混合料（以 AM 表示）。

③ 开级配沥青混合料：矿料级配主要由粗集料嵌挤组成，细集料及填料较少，设计空隙率为 18%的沥青混合料。

（4）按制造工艺划分。

沥青混合料按制造工艺可分为热拌沥青混合料、冷拌沥青混合料、再生沥青混合料等，其中，热拌沥青混合料种类见表 7-2。

表 7-2　热拌沥青混合料种类

混合料类型	密级配			开级配		半开级配	公称最大粒径/mm	最大粒径/mm
	连续级配		间断级配	间断级配		沥青碎石		
	沥青混凝土	沥青稳定碎石	沥青玛蹄脂碎石	排水式沥青磨耗层	排水式沥青碎石基层			
特粗式	—	ATB-40	—	—	ATPB-40	—	37.5	53.0
粗粒式	—	ATB-30	—	—	ATPB-30	—	31.5	37.5
	AC-25	ATB-25	—	—	ATPB-25	—	26.5	31.5
中粒式	AC-20	—	SMA-20	—	—	AM-20	19.0	26.5
	AC-16	—	SMA-16	OGFC-16	—	AM-16	16.0	19.0
细粒式	AC-13	—	SMA-13	OGFC-13	—	AM-13	13.2	16.0
	AC-10	—	SMA-10	OGFC-10	—	AM-10	9.5	13.2
砂粒式	AC-5	—	—	—	—	AM-5	4.75	9.5
设计空隙率/%	3～5	3～6	3～4	>18	>18	6～12	—	—

2）沥青混合料的特点

沥青混合料是现代高等级道路应用的主要路面材料，具有以下 4 个特点。

（1）沥青混合料是一种黏弹性材料，具有良好的力学性质，铺筑的路面平整无接缝、振动小、噪声低、行车舒适。

（2）路面平整且有一定的粗糙度，耐磨性好，无强烈反光，有利于行车安全。

（3）施工方便，不需养护，能及时开放交通。

（4）维修简单，且旧沥青混合料可再生利用。

但是，沥青混合料路面目前还存在一定的缺点，主要是：

（1）老化：在长期的大气因素作用下，沥青塑性降低、脆性增强、黏聚力减小、导致路面表层产生松散，引起路面破坏。

（2）温度稳定性差：夏季高温时沥青易软化，路面易产生车辙、波浪等现象；冬季低温时易脆裂，在车辆重复荷载作用下易产生开裂。

3）沥青路面使用性能的气候分区

沥青混合料的物理力学性质与使用环境（如温度和湿度）关系密切。因此，在选择沥青胶结料等级、进行沥青混合料配合比设计、检验沥青混合料的使用性能时，应考虑沥青路面工程的环境因素，尤其是温度和湿度条件。

（1）气候分区指标。

采用工程所在地最近 30 年最热月份平均最高气温的平均值，作为反映沥青路面在高温和重载条件下出现车辙等流动变形的气候因子，并作为气候区划的一级指标。按照设计高温指标，一级区划分为 3 个区。

采用工程所在地最近 30 年内的极端最低气温作为反映沥青路面由于温度收缩产生裂缝的气候因子，并作为气候区划的二级指标。按照设计低温指标，二级区划分为 4 个区。

采用工程所在地最近 30 年内的年降雨量的平均值，作为反映沥青路面受水影响的气候因子，并作为气候区划的三级指标。按照设计雨量指标，三级区划分为 4 个区。

（2）气候分区的确定。

沥青路面使用性能气候分区由一、二、三级区划组合而成，以综合反映该地区的气候特征，见表 7-3。每个气候分区用 3 个数字表示：第一个数字代表高温分区，第二个数字代表低温分区，第三个数字代表雨量分区，每个数字越小，表示气候因素对沥青路面的影响越严重。例如我国上海市属于 1-3-1 气候分区，为夏炎热冬冷潮湿区，对沥青混合料的高温稳定性和水稳定性要求较高。

表 7-3　沥青路面使用性能气候分区

气候分区指标		气候分区			
按照高温指标	高温气候区	1		2	3
	气候区名称	夏炎热区		夏热区	夏凉区
	最热月平均最高温度/℃	>30		20~30	<20
按照低温指标	低温气候区	1	2	3	4
	气候区名称	冬严寒区	冬寒区	冬冷区	冬温区
	极端最低气温/℃	<-37.5	-37.5~-21.5	-21.5~-9.0	>-9.0
按照雨量指标	雨量气候区	1	2	3	4
	气候区名称	潮湿区	湿润区	半干区	干旱区
	年降雨量/mm	>1 000	1 000~500	500~250	<250

2. 沥青混合料组成结构类型

沥青混合料按其组成结构可分为以下 3 种类型。

1）悬浮–密实结构

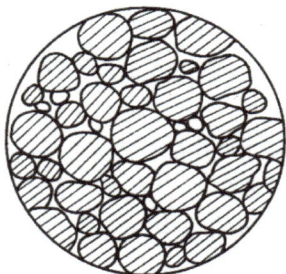

悬浮–密实结构沥青混合料的矿质集料采用连续型密级配，即矿料粒径由大到小连续存在，如图 7-1 所示。混合料中含有大量细集料，而粗集料数量较少，相互间没有接触，不能形成骨架，粗集料"悬浮"于细集料之中，由此矿质集料和沥青组成的沥青混合料密实度较大。这种结构的沥青混合料具有较高的黏聚力，但内摩阻力较低，由于受沥青的影响较大，故高温稳定性较差。常用的沥青混凝土即属于此类混合料。

2）骨架–空隙结构

骨架–空隙结构沥青混合料的矿质集料采用连续型开级配，如图 7-2 所示。混合料中的粗集料含量较高，可以互相靠拢形成骨架，但细集料很少，不足以填充粗集料之间的空隙，其残余空隙率较大。这种结构的沥青混合料具有较高的内摩阻角，但黏聚力较低，路面性能受温度的影响较小。

3）骨架–密实结构

骨架–密实结构沥青混合料的矿质集料采用间断型密级配，如图 7-3 所示。既有一定数量的粗集料形成骨架，又有足够数量的细集料填充骨架的空隙，密实度较高。这种沥青混合料同时具有较高的黏聚力和内摩阻力，是一种较为理想的结构类型。沥青玛蹄脂碎石混合料（SMA）即属于此类结构。

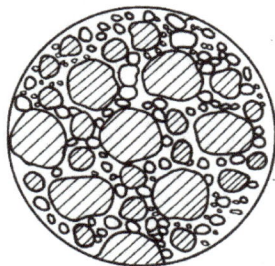

图 7-1 悬浮–密实结构　　　图 7-2 骨架–空隙结构　　　图 7-3 骨架—密实结构

3. 沥青混合料的技术性质和技术标准

1）沥青混合料的技术性质

（1）高温稳定性。

沥青混合料的强度与刚度是随温度升高而显著降低的。在夏季高温季节，路面在行车荷载反复作用下，沥青混合料所具有的抵抗诸如车辙、推移、波浪、拥包、泛油等病害的性能，称为沥青混合料的高温稳定性。

对于沥青混合料高温稳定性的评价，我国相关规范采用的方法是马歇尔试验法和车辙试验法。

① 马歇尔稳定度越大、流值越小，说明高温稳定性越高。有关学者认为马歇尔模数与车辙深度有一定的相关性，马歇尔模数越大，车辙深度越小。

② 车辙试验的目的是测定沥青混合料的高温抗车辙能力，可用于检验沥青混合料配合比设计的高温稳定性检验。

（2）低温抗裂性。

沥青混合料抵抗低温收缩开裂的能力称为低温抗裂性。

一般认为，沥青混合料路面的低温收缩开裂主要有两种形式：一种是气温骤降造成材料低温收缩，在有约束的沥青混合料面层内产生的温度应力超过沥青混合料在相应温度下的抗拉强度时产生的开裂；另一种形式是低温收缩疲劳裂缝，这是由于沥青混合料在经受长期多次的温度循环后，其极限拉伸应变变小，应力松弛性能降低，从而在温度应力小于其相应温度原始抗拉强度时产生开裂，即经受长期多次的降温循环后材料的抗拉强度降低，变成温度疲劳强度，在温度应力超过此温度疲劳强度时就会产生开裂，这种裂缝主要发生在温度变化频繁的温和地区。

（3）耐久性。

沥青混合料的耐久性有多方面的含义，其中较为重要的是水稳定性、耐老化性和耐疲劳性。

① 水稳定性。

水稳定性是指沥青混合料抵抗由于水侵蚀而使沥青膜逐渐产生剥离、松散、坑槽等破坏的能力。水稳定性差的沥青混合料在有水情况下，会发生沥青与矿料颗粒表面的局部分离，同时车辆荷载会加剧沥青与矿料的剥落，形成松散薄弱块，而飞转的车轮会带走剥离或局部剥离的矿粒或沥青，从而形成表面损失，并逐渐形成坑槽，导致路面的早期破坏。

我国相关规范采用浸水马歇尔试验和冻融劈裂试验来检验沥青混合料的水稳定性。浸水马歇尔试验是将浸水 48 h 马歇尔试件的稳定度与未浸水马歇尔试件的稳定度的比值（即残留稳定度），作为评价沥青混合料水稳定性好坏的指标，残留稳定度越大，沥青混合料的水稳定性越高。冻融劈裂试验测定的是沥青混合料试件在受到冻融循环作用前后的劈裂破坏强度的比值（即残留强度比），该值越大，沥青混合料在冻融循环作用下的水稳定性越高。

② 耐老化性。

耐老化性是指沥青混合料抵抗由于人为和自然因素而逐渐丧失变形能力、柔韧性等各种良好品质的能力。沥青路面在施工中要对沥青反复加热，铺筑好的沥青混合料路面长期处在自然环境中，要经受阳光特别是紫外线的作用，这些均会使沥青老化，变形能力下降，使路面在温度和荷载作用下容易开裂，从而导致水分下渗量增加，加剧路面破坏，缩短沥青混合料路面的使用寿命。

③ 耐疲劳性。

耐疲劳性是指沥青混合料在反复荷载作用下抵抗这种疲劳破坏的能力。在相同荷载数量重复作用下，疲劳强度下降幅度小的沥青混合料，或疲劳强度变化率小的沥青混合料，其耐疲劳性好。从使用寿命看，其路面耐久性较好。

（4）抗滑性。

为保证高速行车的安全，配料时要特别注意粗集料的耐磨光性，应选择硬质有棱角的集料。但表面粗糙、坚硬耐磨的集料多为酸性集料，与沥青的黏附性不好，应掺加抗剥剂或采用石灰水处理集料表面等。

沥青用量对抗滑性的影响非常明显，沥青用量超过最佳用量的 0.5% 即可使抗滑系数明显降低。

含蜡量对沥青混合料的抗滑性也有明显影响，一般 A 级沥青含蜡量应不大于 2.2%，B 级沥青不大于 3.0%，C 级则不大于 4.5%。

（5）施工和易性。

沥青混合料应具备良好的施工和易性，使混合料易于拌和、摊铺和碾压。影响沥青混合料施工和易性的因素很多，诸如当地气温、施工条件及混合料性质等。

从混合料性质来看，影响沥青混合料施工和易性的是混合料的级配和沥青用量，如粗、细集料的颗粒大小相距过大，缺乏中间尺寸，混合料就会容易分层层积（粗粒集中表面，细粒集中底部）；细集料太少，沥青层就不容易均匀地分布在粗颗粒表面，而细集料过多，则会使拌和困难；当沥青用量过少，或矿粉用量过多时，混合料容易疏松不易被压实，反之，若沥青用量过多，或矿粉质量不好，则容易使混合料粘结成团块，不易摊铺。

2）热拌沥青混合料的技术标准

根据《公路沥青路面施工技术规范》（JTJ F40—2004）的规定，热拌沥青混合料的马歇尔试验技术标准应符合表 7-4 的规定（该表适用于公称最大粒径小于等于 26.5mm 的密级配沥青混合料），并应有良好的施工性能。

表 7-4 密级配沥青混凝土混合料马歇尔试验技术标准

试验指标		单位	高速公路、一级公路				其他等级公路	行人道路
			夏炎热区（1-1、1-2、1-3、1-4 区）		夏热区及夏凉区（2-1、2-2、2-3、2-4、3-2 区）			
			中轻交通	重载交通	中轻交通	重载交通		
击实次数（双面）		次	75				50	50
试件尺寸		mm	$\phi 101.6\,mm \times 63.5\,mm$					
空隙率 VV	深约 90 mm 以内	%	3～5	4～6	2～4	3～5	3～6	2～4
	深约 90 mm 以下	%	3～6		2～4	3～6	3～6	—
稳定度 MS 不小于		kN	8				5	3
流 值 FL		mm	2～4	1.5～4	2～4.5	2～4	2～4.5	2～5
矿料间隙率 VMA/% 不小于	设计空隙率/%	相应于以下公称最大粒径（mm）的最小 VMA 及 VFA 技术要求/%						
		26.5	19	16	13.2	9.5	4.75
	2	10	11	11.5	12	13	15
	3	11	12	12.5	13	14	16
	4	12	13	13.5	14	15	17
	5	13	14	14.5	15	16	18
	6	14	15	15.5	16	17	19
沥青饱和度 VFA/%		55～70		65～75		70～85	

注：● 重载交通是指设计交通量在 1 000 万辆以上的路段，长大坡度的路段按重载交通路段考虑。
　　● 对空隙率大于 5%的夏炎热区重载交通路段，施工时应至少提高压实度 1 个百分点。
　　● 当设计的空隙率不是整数时，由内插确定要求的 VMA 最小值。
　　● 对改性沥青混合料，马歇尔试验的流值可适当放宽。

3）沥青混合料组成材料的技术要求

（1）沥青材料。

沥青路面采用的沥青标号，宜按照公路等级、气候条件、交通条件、路面类型、在结构层中的层位及受力特点、施工方法等，结合当地的使用经验，经技术论证后确定。

对高速公路、一级公路，夏季温度高、高温持续时间长、重载交通、山区及丘陵区上坡的路段，服务区和停车场等行车速度慢的路段，尤其是汽车荷载剪应力大的层次，宜采用稠度大、60 ℃黏度大的沥青，也可提高高温气候分区的温度指标来选用沥青等级；对冬季寒冷地区或交通量小的公路、旅游公路宜选用稠度小、低温延度大的沥青；对日温差、年温差大的地区宜选用针入度指数大的沥青。当高温要求与低温要求发生矛盾时应优先考虑高温性能的要求。

当缺乏所需标号的沥青时，可采用不同标号的沥青掺配，其掺配比例由试验确定。掺配后的沥青质量应符合《公路沥青路面施工技术规范》（JTJ F40—2004）表 4.2.1-2 的要求。

（2）粗集料。

粗集料应洁净、干燥、表面粗糙，质量应符合表 7-5 的规定。当单一规格集料的质量指标达不到表中要求，而按照集料配合比计算的质量指标符合要求时，工程上允许使用。对受热易变质的集料，宜采用经拌和机烘干后的集料进行检验。

表 7-5　沥青混合料用粗集料质量技术要求

指标	单位	高速公路及一级公路		其他等级公路
		表面层	其他层次	
石料压碎值，不大于	%	26	28	30
洛杉矶磨耗损失，不大于	%	28	30	35
表观相对密度，不小于	—	2.60	2.50	2.45
吸水率，不大于	%	2.0	3.0	3.0
坚固性，不大于	%	12	12	—
针片状颗粒含量（混合料），不大于	%	15	18	20
其中粒径大于 9.5 mm，不大于	%	12	15	—
其中粒径小于 9.5 mm，不大于	%	18	20	—
水洗法<0.075 mm 颗粒含量，不大于	%	1	1	1
软石含量，不大于	%	3	5	5

注：● 坚固性试验根据需要进行。
　　● 用于高速公路、一级公路时，多孔玄武岩的视密度可放宽至 2.45 t/m³，吸水率可放宽至 3%，但必须得到建设单位的批准，且不得用于 SMA 路面。
　　● 对 S14 即 3～5 规格的粗集料，针片状颗粒含量可不予要求，<0.075 mm 含量可放宽到 3%。

粗集料的粒径规格应符合表 7-6 要求。

表 7-6　沥青混合料用粗集料规格

规格名称	公称粒径/mm	通过下列筛孔（mm）的质量百分率/%												
		106	75	63	53	37.5	31.5	26.5	19.0	13.2	9.5	4.75	2.36	0.6
S1	40～75	100	90～100	—		0～15	—	0～5	—	—	—	—	—	—
S2	40～60	—	100	90～100		0～15	—	0～5	—	—	—	—	—	—
S3	30～60	—	100	90～100		—	0～15	—	0～5	—	—	—	—	—

续表

规格名称	公称粒径/mm	通过下列筛孔（mm）的质量百分率/%												
		106	75	63	53	37.5	31.5	26.5	19.0	13.2	9.5	4.75	2.36	0.6
S4	25~50	—	—	100	90~100	—	—	0~15	—	0~5	—	—	—	—
S5	20~40	—	—	—	100	90~100	—	—	0~15	—	0~5	—	—	—
S6	15~30	—	—	—	—	100	90~100	—	0~15	—	—	0~5	—	—
S7	10~30	—	—	—	—	100	90~100	—	—	0~15	—	0~5	—	—
S8	10~25	—	—	—	—	—	100	90~100	—	0~15	—	0~5	—	—
S9	10~20	—	—	—	—	—	—	100	90~100	—	0~15	0~5	—	—
S10	10~15	—	—	—	—	—	—	—	100	90~100	0~15	0~5	—	—
S11	5~15	—	—	—	—	—	—	—	100	90~100	40~70	0~15	0~5	—
S12	5~10	—	—	—	—	—	—	—	—	100	90~100	0~15	0~5	—
S13	3~10	—	—	—	—	—	—	—	—	100	90~100	40~70	0~20	0~5
S14	3~5	—	—	—	—	—	—	—	—	—	100	90~100	0~15	0~3

　　高速公路、一级公路沥青路面的表面层（或磨耗层）的粗集料的磨光值应符合表 7-7 的要求。除 SMA、OGFC（大孔隙升级配排水式沥青磨耗层）路面外，允许在硬质粗集料中掺加部分较小粒径的磨光值达不到要求的粗集料，其最大掺加比例由磨光值试验确定。

　　粗集料与沥青的黏附性应符合表 7-7 的要求，当使用不符合要求的粗集料时，宜掺加消石灰、水泥或用饱和石灰水处理后使用；必要时可同时在沥青中掺加耐热、耐水、长期性能好的抗剥落剂；也可采用改性沥青，使沥青混合料的水稳定性检验达到要求。掺加外加剂的剂量由沥青混合料的水稳定性检验确定。

表 7-7　粗集料与沥青的黏附性、磨光值的技术要求

雨量气候区	1（潮湿区）	2（湿润区）	3（半干区）	4（干旱区）
年降雨量/mm	>1 000	1 000~500	500~250	<250
粗集料的磨光值 PSV，不小于 高速公路、一级公路表面层	42	40	38	36
粗集料与沥青的黏附性，不小于 高速公路、一级公路表面层 高速公路、一级公路的其他层 次级其他等级公路的各个层次	5 4	4 4	4 3	3 3

（3）细集料。

沥青路面的细集料包括天然砂、机制砂、石屑。

细集料应洁净、干燥、无风化、无杂质，并有适当的颗粒级配，其质量应符合表 7-8 的规定。细集料的洁净程度：天然砂以小于 0.075 mm 含量的百分数表示，石屑和机制砂以砂当量（适用于粒径为 0～4.75 mm）或亚甲蓝值（适用于粒径为 0～2.36 mm 或 0～0.15 mm）表示。

表 7-8　沥青混合料用细集料质量要求

项目	单位	高速公路、一级公路	其他等级公路
表观相对密度，不小于	—	2.50	2.45
坚固性（>0.3 mm 部分），不大于	%	12	—
含泥量（小于 0.075 mm 的含量），不大于	%	3	5
砂当量，不小于	%	60	50
亚甲蓝值，不大于	g/kg	25	—
棱角性（流动时间），不小于	s	30	—

天然砂可采用河砂或海砂，通常宜采用粗、中砂，其规格应符合表 7-9 的规定。热拌密级配沥青混合料中天然砂的用量通常不宜超过集料总量的 20%，SMA 和 OGFC 混合料不宜使用天然砂。

表 7-9　沥青混合料用天然砂规格

筛孔尺寸/mm	通过各筛孔（mm）的质量百分率/%		
	粗砂	中砂	细砂
9.5	100	100	100
4.75	90～100	90～100	90～100
2.36	65～95	75～90	85～100
1.18	35～65	50～90	75～100
0.6	15～30	30～60	60～84
0.3	5～20	8～30	15～45
0.15	0～10	0～10	0～10
0.075	0～5	0～5	0～5

石屑是采石场破碎石料时通过 4.75 mm 或 2.36 mm 的筛下部分，其规格应符合表 7-10 的要求。机制砂是由制砂机生产的细集料，其级配应符合 S16 的要求。

表 7-10　沥青混合料用机制砂或石屑规格

规格	公称粒径/mm	水洗法通过各筛孔（mm）的质量百分率/%							
		9.5	4.75	2.36	1.18	0.6	0.3	0.15	0.075
S15	0~5	100	90~100	60~90	40~75	20~55	7~40	2~20	0~10
S16	0~3	—	100	80~100	50~80	25~60	8~45	0~25	0~15

注：当生产石屑采用喷水抑制扬尘工艺时，应特别注意含粉量不得超过表中要求。

（4）填料。

沥青混合料的矿粉必须采用石灰岩或岩浆岩中的强基性岩石等憎水性石料经磨细得到的矿粉，原石料中的泥土杂质应除净。矿粉应干净、洁净，能自由地从矿粉仓流出，其质量应符合表 7-11 的要求。

表 7-11　沥青混合料用矿粉质量技术要求

指　　　标	单位	高速公路、一级公路	其他等级公路
表观密度，不小于	t/m³	2.50	2.45
含水率，不大于	%	1	1
粒度范围<0.6 mm	%	100	100
<0.15 mm	%	90~100	90~100
<0.075 mm	%	75~100	70~100
外观	—	无团粒结块	
亲水系数	—	<1	
塑性指数	—	<4	
加热安定性	—	实测记录	

拌和机的粉尘也可作为矿粉的一部分回收使用。但每盘用量不得超过填料总量的 25%，掺有粉尘填料的塑性指数不得大于 4%。

粉煤灰作为填料使用时，用量不得超过填料总量的 50%，粉煤灰的烧失量应小于 12%，与矿粉混合后的塑性指数应小于 4%。高速公路、一级公路的沥青面层不宜采用粉煤灰做填料。

任务 7.2　沥青混合料配合比设计

任务书

小王、小李和试验室主任要共同完成的本项目沥青混合料配合比设计，资料如下：

[设计资料]

1. 道路等级：主干路（一级公路）。
2. 路面类型：沥青混凝土（规格：AC-13 型）。
3. 结构层位：中面层。

4. 气候条件：最低月平均气温为−10 ℃，最热月平均气温 32 ℃。

5. 沥青材料：可供应重交通 70 A 和 90 A，经检测技术性能均符合要求。

6. 碎石：石灰石轧制碎石，洛杉矶磨耗率 12%，黏附性（水煮法）4 级，表现密度 2 700 kg/m³。

7. 石屑：洁净，表观密度 2 650 kg/m³。

8. 矿粉：石灰石磨细石粉，粒度范围符合技术要求，无团粒结块，表观密度 2 580 kg/m³。

碎石、石屑和矿粉 3 种矿料筛析试验各粒径通过百分率见表 7−12。

表 7−12　原有矿质集料级配表

材料名称		通过各筛孔（mm）的质量百分率/%									
		16.0	13.2	9.5	4.75	2.36	1.18	0.6	0.3	0.15	0.075
碎　石		100	93	17	0	—	—	—	—	—	—
石　屑		100	100	100	84	14	8	4	0	—	—
矿　粉		100	100	100	100	100	100	100	100	96	87
细粒式（AC−13）	级配范围	100	90~100	68~85	38~68	24~50	15~38	10~28	7~20	5~15	4~8
	级配中值	100	95	77	53	37	27	19	14	10	6

小王、小李应如何配合试验室主任进行沥青混合料配合比设计呢？

课前学习测验

1. 热拌沥青混合料配合比设计目前采用的是（　　　）阶段配合比设计方法。

　　A. 二　　　　　　　　　　　　　B. 三

　　C. 四　　　　　　　　　　　　　D. 五

2. 确定最佳沥青用量的初始值 OAC_2 时的各项指标中，不包含（　　　）。

　　A. 毛体积密度　　　　　　　　　B. 沥青饱和度

　　C. 空隙率　　　　　　　　　　　D. 矿料间隙率

课中任务准备

1. 阅读任务书，熟悉将要学习的主要内容。

2. 收集并查阅《公路沥青路面施工技术规范》（JTG F40—2004）、《公路工程沥青及沥青混合料试验规程》（JTG E20—2011）等规范标准。

课中任务实施

请按照要求完成沥青混合料配合比设计，并将原始数据等相关信息填入"沥青混合料配合比设计试验检测记录表"中，再根据相关数据和信息编制试验检测报告。

沥青混合料配合比设计试验检测记录表

第 页，共 页

JGLQ11001

检测单位名称：

报告编号：

工程名称		工程部位/用途	
样品信息			
试验检测日期		试验条件	
检测依据		判定依据	
主要仪器设备名称及编号			

密度/(g/cm³)　沥青用量/%

VMA/%　沥青用量/%

稳定度/kN　沥青用量/%

VFA/%　沥青用量/%

孔隙率/%　沥青用量/%

密度
空隙率
稳定度
流值
VMA
VFA
共同范围

深度/0.1 mm　沥青用量/%

	a_1	a_2	a_3	a_4	OAC_1	OAC_{min}	OAC_{max}	OAC_2	OAC

图解及计算结果：

附加声明：

检测：　　　　　　记录：　　　　　　复核：　　　　　　日期：　　年　月　日

227

课后拓展思考

1. OGFC 混合料配合比设计的设计步骤是什么？
2. 沥青混合料配比设计除了马歇尔试验法外，还有什么方法？

课后自我反思

_____

_____

_____

任务学习评价

待以上学习任务全部完成后，由学生自己、学生之间、学校教师、企业导师根据学生课前、课中、课后学习完成情况对每个学生进行综合评价，并将结果填入表 A–2 中。

相关知识

本设计方法使用于密级配沥青混凝土混合料及密级配沥青稳定碎石混合料。

热拌沥青混合料配合比设计应通过目标配合比设计、生产配合比设计及生产配合比验证 3 个阶段，以确定沥青混合料的材料品种及配合比、矿料级配、最佳沥青用量。热拌沥青混合料的目标配合比设计宜按图 7–4 所示的步骤进行。

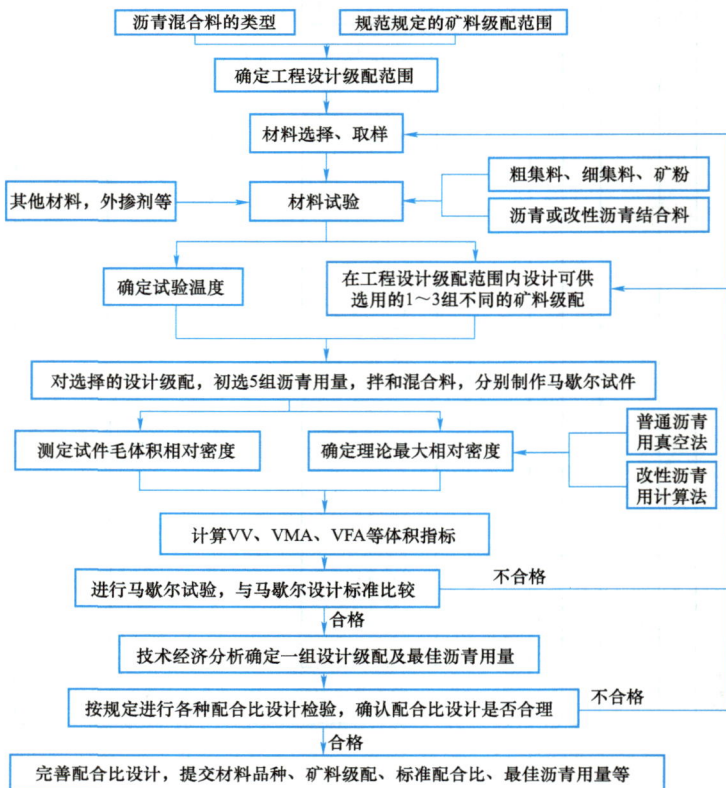

图 7–4　热拌沥青混合料的目标配合比设计流程图

1. 确定工程设计级配范围

经确定的工程设计级配范围是配合比设计的依据，不得随意变更。

（1）初步选定工程设计级配范围。

沥青路面工程的混合料设计级配范围由工程设计文件或招标文件规定，密级配沥青混合料的工程设计级配宜在表 7-13 规定的级配范围内，根据公路等级、工程性质、气候条件、交通条件、材料品种等因素，通过对条件大体相当的工程使用情况进行调查研究后调整确定，必要时允许超出规定级配范围。密级配沥青稳定碎石混合料可直接以表 7-14 的级配范围作为工程设计级配范围使用。

表 7-13　密级配沥青混凝土混合料矿料级配范围

级配类型		通过各筛孔（mm）的质量百分率/%												
		31.5	26.5	19	16	13.2	9.5	4.75	2.36	1.18	0.6	0.3	0.15	0.075
粗粒式	AC-25	100	90~100	75~90	65~83	57~76	45~65	24~52	16~42	12~33	8~24	5~17	4~13	3~7
中粒式	AC-20	—	100	90~100	78~92	62~80	50~72	26~56	16~44	12~33	8~24	5~17	4~13	3~7
	AC-16	—	—	100	90~100	76~92	60~80	34~62	20~48	13~36	9~26	7~18	5~14	4~8
细粒式	AC-13	—	—	—	100	90~100	68~85	38~68	24~50	15~38	10~28	7~20	5~15	4~8
	AC-10	—	—	—	—	100	90~100	45~75	30~58	20~44	13~32	9~23	6~16	4~8
砂粒式	AC-5	—	—	—	—	—	100	90~100	55~75	35~55	20~40	12~28	7~18	5~10

表 7-14　密级配沥青碎石混合料矿料级配范围

级配类型		通过各筛孔（mm）的质量百分率/%													
		53	37.5	31.5	26.5	19	16	13.2	9.5	4.75	2.36	1.18	0.6	0.3	0.15	0.075
特粗式	ATB-40	100	90~100	75~92	65~85	49~71	43~63	37~57	30~50	20~40	15~32	10~25	8~18	5~14	3~10	2~6
	ATB-30	—	100	90~100	70~90	53~72	44~66	39~60	31~51	20~40	15~32	10~25	8~18	5~14	3~10	2~6
粗粒式	ATB-25	—	—	100	90~100	60~80	48~68	42~62	32~52	20~40	15~32	10~25	8~18	5~14	3~10	2~6

（2）调整工程设计级配范围。

① 首先按表 7-15 确定采用粗型（C 型）或细型（F 型）混合料。对夏季温度高、高温持续时间长，重载交通多的路段，宜选用粗型密级配沥青混合料（AC-C 型），并取较高的设计空隙率。对冬季温度低且低温持续时间长的地区，或者重载交通较少的路段，宜选用细型密级配沥青混合料（AC-F 型），并取较低的设计空隙率。

② 为确保高温抗车辙能力，同时兼顾低温抗裂性能的需要，进行配合比设计时宜适当减少公称最大粒径附近的粗集料用量，并减少 0.6 mm 以下部分细粉的用量，使中等粒径集料较多，形成 S 型级配曲线，并取中等或偏高水平的设计空隙率。

③ 确定各层的工程设计级配范围时应考虑不同层位的功能需要，经组合设计的沥青路面应能满足耐久、稳定、密水、抗滑等要求。

④ 根据公路等级和施工设备的控制水平，确定的工程设计级配范围应比规范级配范围窄，其中 4.75 mm 和 2.36 mm 通过率的上下限差值宜小于 12%。

⑤ 沥青混合料的配合比设计应充分考虑施工性能，使沥青混合料容易摊铺和压实，避免造成严重的离析。

表 7-15　粗型和细型密级配沥青混凝土的关键性筛孔通过率

混合料类型	公称最大粒径 /mm	用以分类的关键性筛孔/mm	粗型密级配		细型密级配	
			名称	关键性筛孔通过率/%	名称	关键性筛孔通过率/%
AC-25	26.5	4.75	AC-25C	<40	AC-25F	>40
AC-20	19	4.75	AC-20C	<45	AC-20F	>45
AC-16	16	2.36	AC-16C	<38	AC-16F	>38
AC-13	13.2	2.36	AC-13C	<40	AC-13F	>40
AC-10	9.5	2.36	AC-10C	<45	AC-10F	>45

2. 材料选择与准备

（1）配合比设计的各种矿料必须按《公路工程集料试验规程》（JTG 3432—2024）规定的方法，从工程实际使用的材料中取代表性样品。进行生产配合比设计时，取样应在至少干拌5次以后进行。

（2）配合比设计所用的各种材料必须符合气候和交通条件的需要。其质量应符合《公路沥青路面施工技术规范》（JTG F40—2004）规定的技术要求。当单一规格的集料某项指标不合格，但不同粒径规格的材料按级配组成的集料混合料指标能满足规范要求时，允许使用。

3. 矿料配合比设计

（1）高速公路和一级公路沥青路面的矿料配合比设计宜借助计算机 Excel 表格用试配法进行。其他等级公路沥青路面也可参照进行。

（2）矿料级配曲线采用泰勒曲线的标准画法绘制，示例如图 7-5 所示，纵坐标为普通坐标，横坐标按 $x = d_i^{0.45}$（d_i 是颗粒某粒级的粒径）计算，见表 7-16。以原点与通过集料最大粒径 100% 的点的连线作为沥青混合料的最大密度线，矿料级配设计计算示例见表 7-17。

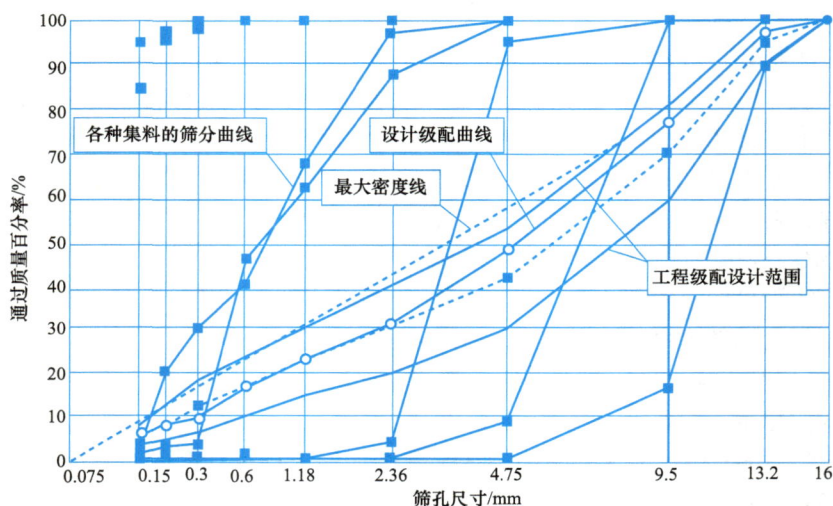

图 7-5　矿料级配曲线示例

表 7-16 泰勒曲线的横坐标

d_i	0.075	0.15	0.3	0.6	1.18	2.36	4.75	9.5
$x = d_i^{0.45}$	0.312	0.426	0.582	0.795	1.077	1.472	2.016	2.754
d_i	13.2	16	19	26.5	31.5	37.5	53	63
$x = d_i^{0.45}$	3.193	3.482	3.762	4.370	4.723	5.109	5.969	6.452

表 7-17 矿料级配设计计算表示例

筛孔尺寸/mm	10～20mm/%	5～10mm/%	3～5mm/%	石屑/%	黄砂/%	矿粉/%	消石灰/%	合成级配	工程设计级配范围 中限	下限	上限
16	100	100	100	100	100	100	100	100.0	100	100	100
13.2	88.6	100	100	100	100	100	100	96.7	95	90	100
9.5	16.6	99.7	100	100	100	100	100	76.6	70	60	80
4.75	0.4	8.7	94.9	100	100	100	100	47.7	41.5	30	53
2.36	0.3	0.7	3.7	97.2	87.9	100	100	30.6	30	20	40
1.18	0.3	0.7	0.5	67.8	62.2	100	100	22.8	22.5	15	30
0.6	0.3	0.7	0.5	40.5	46.4	100	100	17.2	16.5	10	23
0.3	0.3	0.7	0.5	30.2	3.7	99.8	99.2	9.5	12.5	7	18
0.15	0.3	0.7	0.5	20.6	3.1	96.2	97.6	8.1	8.5	5	12
0.075	0.2	0.6	0.3	4.2	1.9	84.7	95.6	5.5	6	4	8
配合比	28	26	14	12	15	3.3	1.7	100.0	—	—	—

（3）对高速公路和一级公路，宜在工程设计级配范围内计算 1～3 组粗细不同的配合比，其设计级配曲线应分别位于工程设计级配范围的上方、中值及下方。设计级配曲线不得有太多的锯齿形交错，且在 0.3～0.6 mm 范围内不出现"驼峰"。当反复调整仍不能满足条件时，宜重新设计。

（4）根据当地的实践经验选择适宜的沥青用量，分别制作几组级配的马歇尔试件，测定 VMA，初选一组满足或接近设计要求的级配作为设计级配。

4. 马歇尔试验

（1）沥青混合料配合比设计马歇尔试验技术标准按《公路沥青路面施工技术规范》（JTG F40—2004）规定执行。

（2）普通沥青混合料试件的制作温度宜通过在 135 ℃ 及 175 ℃ 条件下测定的黏度-温度曲线（黏温曲线）按表 7-18 的规定确定，并与施工实际温度一致，普通沥青混合料如缺乏黏温曲线则可参照表 7-19 执行，改性沥青混合料的成型温度在此基础上再提高 10～20 ℃。

表 7-18 确定沥青混合料拌和及压实温度的适宜温度

黏度	适宜于拌和的沥青混合料黏度	适宜于压实的沥青混合料黏度
表观黏度	（0.17±0.02）Pa•s	（0.28±0.03）Pa•s
运动黏度	（170±20）mm²/s	（280±30）mm²/s
赛波特黏度	（85±10）s	（140±15）s

表 7-19　热拌普通沥青混合料试件的制作温度　　　　　　　　单位：℃

施工工序	石油沥青的标号				
	50 号	70 号	90 号	110 号	130 号
沥青加热温度	160～170	155～165	150～160	145～155	140～150
矿料加热温度	集料加热温度比沥青加热温度高 10～30（填料不加热）				
沥青混合料拌和温度	150～170	145～165	140～160	135～155	130～150
试件击实成型温度	140～160	135～155	130～150	125～145	120～140

注：表中混合料温度，并非拌和机地油浴温度，应根据沥青地针入度、黏度选择，不宜都取中值。

（3）按式（7-1）计算矿料的合成毛体积相对密度 γ_{sb}。

$$\gamma_{sb} = \frac{100}{\dfrac{P_1}{\gamma_1} + \dfrac{P_2}{\gamma_2} + \cdots + \dfrac{P_n}{\gamma_n}} \tag{7-1}$$

式中：$P_1, P_2, \cdots, P_n$ ——各种矿料成分的配合比，其和为 100；

$\gamma_1, \gamma_2, \cdots, \gamma_n$ ——各种矿料相应的毛体积相对密度。

注：● 沥青混合料配合比设计时，均采用毛体积相对密度（无量纲），不采用毛体积密度，故无需进行密度的水温修正。

● 生产配合比设计时，当细料仓中的材料混杂各种材料而无法采用筛分替代法时，可将 0.075 mm 部分筛除后以统货实测值计算。

（4）按式（7-2）计算矿料的合成表观相对密度 γ_{sa}。

$$\gamma_{sa} = \frac{100}{\dfrac{P_1}{\gamma_1'} + \dfrac{P_2}{\gamma_2'} + \cdots + \dfrac{P_n}{\gamma_n'}} \tag{7-2}$$

式中：$\gamma_1', \gamma_2', \cdots, \gamma_n'$ ——各种矿料按试验规程方法测定的表观相对密度。

（5）按式（7-3）式（7-4）预估沥青混合料的最佳油石比 P_a 或最佳沥青用量 P_b。

$$P_a = \frac{P_{a1} \times \gamma_{sb1}}{\gamma_{sb}} \times 100\% \tag{7-3}$$

$$P_b = \frac{P_a}{100 + P_a} \times 100\% \tag{7-4}$$

式中：P_a ——预估的最佳油石比（与矿料总量的百分比）；

P_b ——预估的最佳沥青用量（占混合料总量的百分数）；

P_{a1} ——已建类似工程沥青混合料的标准油石比；

γ_{sb1} ——已建类似工程集料的合成毛体积相对密度。

注：作为预估最佳油石比的集料密度，原工程和新工程也可均采用有效相对密度。

（6）确定矿料的有效相对密度

① 对非改性沥青混合料，宜以预估的最佳油石比拌和 2 组混合料，采用真空法实测最大相对密度，取平均值。然后由式（7-5）反算合成矿料的有效相对密度 γ_{se}。

$$\gamma_{se} = \frac{100 - P_b}{\dfrac{100}{\gamma_t} - \dfrac{P_b}{\gamma_b}}$$　　　　（7-5）

式中：γ_{se}——合成矿料的有效相对密度；

　　　P_b——试验采用的沥青用量（占混合料总量的百分数）；

　　　γ_t——试验沥青用量条件下实测得到的最大相对密度；

　　　γ_b——沥青的相对密度（25 ℃/25 ℃）。

② 对改性沥青及 SMA 等难以分散的混合料，有效相对密度宜直接由矿料的合成毛体积相对密度与合成表观相对密度按式（7-6）计算确定，其中沥青吸收系数根据材料的吸水率由式（7-7）求得，材料的合成吸水率按式（7-8）计算。

$$\gamma_{se} = C \times \gamma_{sa} + (1 - C) \times \gamma_{sb}$$　　　　（7-6）

$$C = 0.033 w_x^2 - 0.2936 w_x + 0.9339$$　　　　（7-7）

$$w_x = \left(\frac{1}{\gamma_{sb}} - \frac{1}{\gamma_{sa}} \right) \times 100\%$$　　　　（7-8）

式中：C——合成矿料的沥青吸收系数；

　　　w_x——合成矿料的吸水率。

（7）以预估的油石比为中值，按一定间隔（对密级配沥青混合料通常为 0.5%，对沥青碎石混合料可适当缩小间隔为 0.3%～0.4%），取 5 个或 5 个以上不同的油石比分别成型马歇尔试件。每一组试件的试样数按现行试验规程的要求确定，对粒径较大的沥青混合料宜增加试件数量。

注：5 个不同油石比不一定选整数，例如预估油石比为 4.8%，可选 3.8%、4.3%、4.8%、5.3%、5.8%等。

（8）测定压实沥青混合料试件的毛体积相对密度 γ_f、毛体积密度 ρ_f 和吸水率，取平均值。测定方法遵照以下规定：

① 通常采用表干法测定毛体积相对密度和毛体积密度。

② 对吸水率大于 2%的试件，宜改用蜡封法测定毛体积相对密度和毛体积密度。

注：对吸水率小于 0.5%的特别致密的沥青混合料，在施工质量检验时，允许采用水中重法测定的表观相对密度作为标准密度，钻孔试件也采用相同方法。但配合比设计时不得采用水中重法。

（9）确定沥青混合料的最大理论相对密度。

① 对非改性的普通沥青混合料，在成型马歇尔试件的同时，用真空法实测各组沥青混合料的最大理论相对密度 γ_{ti}。当只测定其中一组油石比的最大理论相对密度时，可按式（7-9）或式（7-10）计算其他不同油石比的最大理论相对密度 γ_{ti}。

② 对改性沥青或 SMA 混合料宜按式（7-9）或式（7-10）计算各不同沥青用量混合料的最大理论相对密度。

$$\gamma_{ti} = \frac{100 + P_{ai}}{\dfrac{100}{\gamma_{se}} + \dfrac{P_{ai}}{\gamma_b}} \qquad (7-9)$$

$$\gamma_{ti} = \frac{100}{\dfrac{P_{si}}{\gamma_{se}} + \dfrac{P_{bi}}{\gamma_b}} \qquad (7-10)$$

式中：γ_{ti}——相对于计算沥青用量 P_{bi} 的沥青混合料的最大理论相对密度；

P_{ai}——所计算的沥青混合料中的油石比；

P_{bi}——所计算的沥青混合料的沥青用量，$P_{bi} = P_{ai} / (1 + P_{ai})$；

P_{si}——所计算的沥青混合料的矿料含量，$P_{si} = 100 - P_{bi}$。

（10）按式（7-11）～式（7-13）计算沥青混合料试件的空隙率 VV、矿料间隙率 VMA、有效沥青饱和度 VFA 等体积指标，取 1 位小数，进行体积组成分析。

$$VV = \left(1 - \frac{\gamma_f}{\gamma_t}\right) \times 100\% \qquad (7-11)$$

$$VMA = \left(1 - \frac{\gamma_f}{\gamma_{sb}} \times P_s\right) \times 100\% \qquad (7-12)$$

$$VFA = \frac{VMA - VV}{VMA} \times 100\% \qquad (7-13)$$

式中：VV——试件的空隙率；

VMA——试件的矿料间隙率；

VFA——试件的有效沥青饱和度（有效沥青含量占 VMA 的体积比例）；

γ_f——试件的毛体积相对密度；

γ_t——沥青混合料的最大理论相对密度；

P_s——各种矿料占沥青混合料总质量的百分率之和，即 $P_s = 100 - P_b$。

（11）进行马歇尔试验，测定马歇尔稳定度及流值。

5. 确定最佳沥青用量（或油石比）

（1）以油石比或沥青用量为横坐标，以毛体积密度、空隙率、矿料间隙率、稳定度、流值、有效沥青饱和度为纵坐标，将试验结果点入图中，连成光滑的曲线，如图 7-6 所示。确定均符合规范规定的沥青混合料技术标准的沥青用量范围 OAC_{min}～OAC_{max}。选择的沥青用量范围必须涵盖设计空隙率的全部范围，并尽可能涵盖沥青饱和度的要求范围，同时使密度及稳定度曲线出现峰值。如果没有涵盖设计空隙率的全部范围，试验必须扩大沥青用量范围重新进行。

注：绘制曲线时含 VMA 指标，且应为下凹型曲线，但确定 OAC_{min}～OAC_{max} 时不包括 VMA。

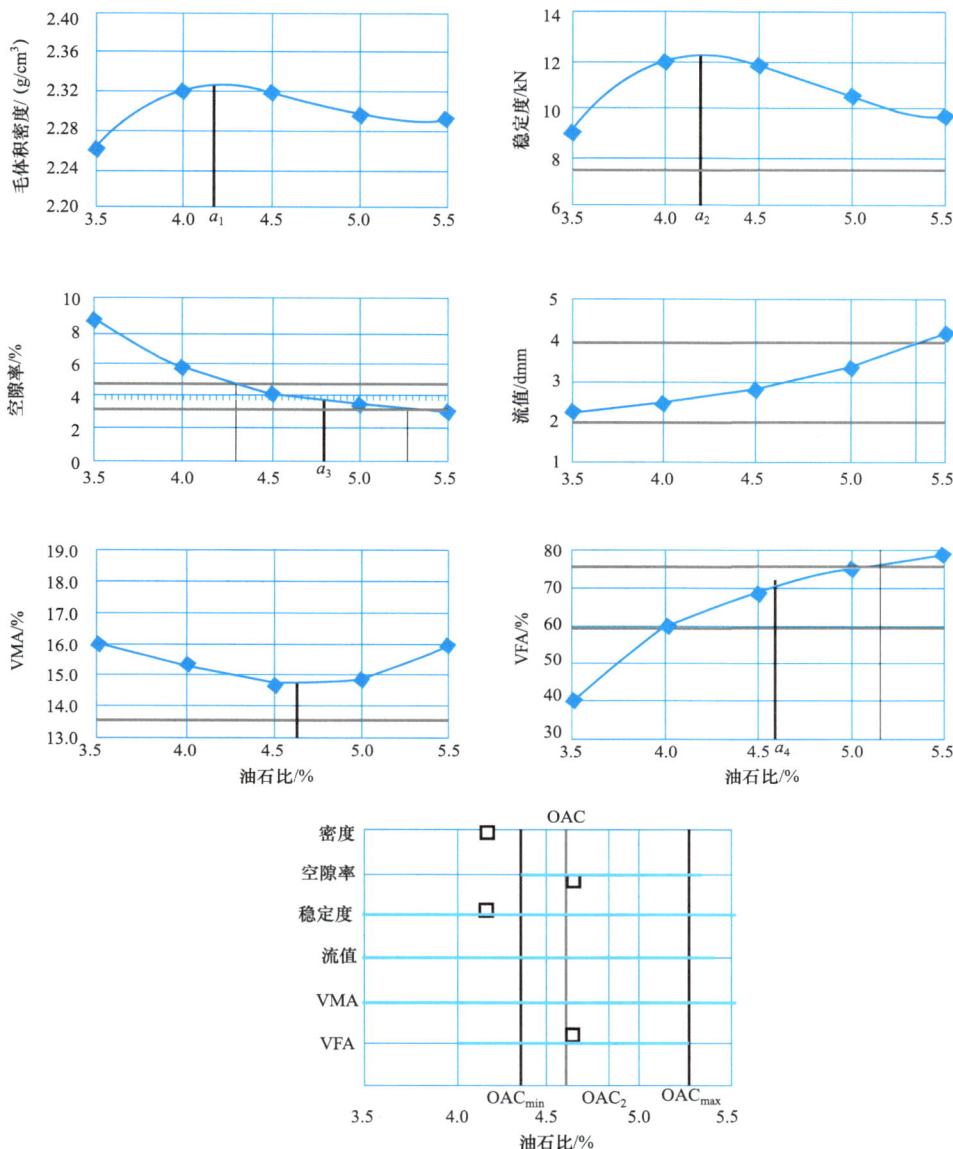

图中 a_1=4.2%，a_2=4.25%，a_3=4.8%，a_4=4.7%，OAC_1=4.49%（由 4 个平均值确定），$\text{OAC}_{\min}$=4.3%，$\text{OAC}_{\max}$=5.3%，OAC_2=4.8%，OAC=4.64%。此例中相对于空隙率 4% 的油石比为 4.6%。

图 7-6　马歇尔试验结果示例

（2）根据试验曲线走势，按下列方法确定沥青混合料的最佳沥青用量 OAC_1。

① 在曲线图 7-6 上求取相对应于密度最大值、稳定度最大值、目标空隙率（或中值）、沥青饱和度范围的中值的沥青用量 a_1、a_2、a_3、a_4，按式（7-14）取平均值作为 OAC_1。

$$\text{OAC}_1=(a_1+a_2+a_3+a_4)/4 \tag{7-14}$$

② 如果所选择的沥青用量范围未能涵盖沥青饱和度的要求范围，按式（7-15）求取前 3 者的平均值作为 OAC_1。

$$\text{OAC}_1=(a_1+a_2+a_3)/3 \tag{7-15}$$

③ 对所选择试验的沥青用量范围，密度或稳定度没有出现峰值（最大值经常在曲线的两

端）时，可直接以目标空隙率所对应的沥青用量 a_3 作为 OAC_1，但 OAC_1 必须介于 OAC_{min}～OAC_{max} 的范围内，否则应重新进行配合比设计。

（3）确定最佳沥青用量 OAC_2。

以各项指标均符合沥青混合料技术标准（不含 VMA）的沥青用量范围 OAC_{min}～OAC_{max} 的中值作为 OAC_2。

$$OAC_2=(OAC_{min}+OAC_{max})/2 \tag{7-16}$$

（4）确定计算的最佳沥青用量 OAC。

通常情况下取 OAC_1 及 OAC_2 的中值作为计算的最佳沥青用量 OAC。

$$OAC=(OAC_1+OAC_2)/2 \tag{7-17}$$

（5）按式（7-17）计算的最佳沥青用量 OAC，从图 7-6 中得出所对应的空隙率和 VMA 值，检验是否能满足表 7-5 或表 7-20 关于最小 VMA 值的要求。OAC 宜位于 VMA 凹形曲线最小值的贫油一侧。当空隙率不是整数时，最小 VMA 按内插法确定，并将其画入图 7-6 中。

（6）检查图 7-6 中相应于此 OAC 的各项指标是否均符合马歇尔试验技术标准。

表 7-20　沥青稳定碎石混合料马歇尔试验配合比设计技术标准

试验指标	单位	密级配基层		半开级配面层	开级配排水式磨耗层	开级配排水式基层
公称最大粒径	mm	26.5 mm	大于等于 31.5 mm	小于等于 26.5 mm	小于等于 26.5 mm	所有尺寸
马歇尔试件尺寸	mm	ϕ101.6 mm× 63.5 mm	ϕ152.4 mm× 95.3 mm	ϕ101.6 mm× 63.5 mm	ϕ101.6 mm× 63.5 mm	ϕ152.4 mm× 95.3 mm
击实次数（双面）	次	75	112	50	50	75
空隙率 VV	%	3～6		6～10	不小于 18	不小于 18
稳定度，不小于	kN	7.5	15	3.5	3.5	—
流值 FL	mm	1.5～4	实测	—	—	—
沥青饱和度 VFA	%	55～70		40～70	—	—
密级配基层 ATB 的矿料间隙率 VMA/%，不小于		设计空隙率/%		ATB-40	ATB-30	ATB-25
		4		11	11.5	12
		5		12	12.5	13
		6		13	13.5	14

注：在干旱地区，可将密级配沥青稳定碎石基层的空隙率适当放宽到 8%。

（7）根据实践经验和公路等级、气候条件、交通情况，调整确定最佳沥青用量 OAC。

① 调查当地各项条件相接近的工程的沥青用量及使用效果，论证适宜的最佳沥青用量；并检查计算得到的最佳沥青用量与该用量是否相近，如相差甚远，应查明原因，必要时重新调整级配，进行配合比设计。

② 对炎热地区公路及高速公路、一级公路的重载交通路段，以及山区公路的长大坡度路段，预计有可能产生较大车辙时，宜在空隙率符合要求的范围内将计算的最佳沥青用量减小 0.1%～0.5% 作为设计沥青用量。此时，除空隙率外的其他指标可能会超出马歇尔试验配合比设计技术标准，配合比设计报告或设计文件必须予以说明。但配合比设计报告必须要求采用重型轮胎压路机和振动压路机组合等方式加强碾压，以使施工后路面的空隙率达到未调整前的原最佳沥青用量时的水平，且渗水系数符合要求。如果试验路段试拌试铺后达不到此要求，则宜调整所减小的沥青用量的幅度。

③ 对寒冷地区道路、旅游道路、交通量很少的公路，最佳沥青用量可以在 OAC 的基础上增加 0.1%～0.3%，以适当减小设计空隙率，但不得降低压实度要求。

（8）按式（7-18）及式（7-19）计算沥青混合料被集料吸收的比例及有效沥青含量。

$$P_{\mathrm{ba}} = \frac{\gamma_{\mathrm{se}} - \gamma_{\mathrm{b}}}{\gamma_{\mathrm{se}} \times \gamma_{\mathrm{sb}}} \times \gamma_{\mathrm{b}} \times 100\% \qquad (7-18)$$

$$P_{\mathrm{be}} = P_{\mathrm{b}} - \frac{P_{\mathrm{ba}}}{100} \times P_{\mathrm{s}} \qquad (7-19)$$

式中：P_{ba}——沥青混合料中被集料吸收的沥青结合料的比例；

P_{be}——沥青混合料中的有效沥青用量。

如果需要，可按式（7-20）及式（7-21）计算有效沥青的体积百分率 V_{be} 及矿料的体积百分率 V_{g}。

$$V_{\mathrm{be}} = \frac{\gamma_{\mathrm{f}} \times P_{\mathrm{be}}}{\gamma_{\mathrm{b}}} \qquad (7-20)$$

$$V_{\mathrm{g}} = 100 - (V_{\mathrm{be}} + \mathrm{VV}) \qquad (7-21)$$

式中：V_{be}——沥青混合料中有效沥青的体积百分率；

V_{g}——沥青混合料中矿料的体积百分率。

（9）检验最佳沥青用量时的粉胶比和有效沥青膜厚度。

① 按式（7-22）计算沥青混合料的粉胶比，宜符合 0.6～1.6 的要求。对常用的公称最大粒径为 13.2～19 mm 的密级配沥青混合料，粉胶比宜控制在 0.8～1.2 范围内。

$$\mathrm{FB} = \frac{P_{0.075}}{P_{\mathrm{be}}} \qquad (7-22)$$

式中：FB——粉胶比，沥青混合料的矿料中 0.075 mm 通过率与有效沥青含量的比值；

$P_{0.075}$——矿料级配中 0.075 mm 的通过率（水洗法）。

② 按式（7-23）的方法计算集料的比表面积，按式（7-24）估算沥青混合料的沥青膜有效厚度。各种集料粒径的表面积系数按表 7-21 采用。

$$\mathrm{SA} = \sum (P_i \times \mathrm{FA}_i) \qquad (7-23)$$

$$\mathrm{DA} = \frac{P_{\mathrm{be}}}{\gamma_{\mathrm{b}} \times \mathrm{SA}} \times 10 \qquad (7-24)$$

式中：SA——集料的比表面积，m²/kg；

P_i——各种粒径的通过百分率；

FA_i——相应于各种粒径的集料的表面积系数，见表 7-21；

DA——沥青膜有效厚度，μm。

注： 各种公称最大粒径混合料中大于 4.75 mm 尺寸的集料的表面积系数 FA 均取 0.004 1，且只计算一次，4.75 mm 以下部分的 FA_i，见表 7-21。该例的 SA=6.60 m²/kg。若混合料的有效沥青含量为 4.65%，沥青的相对密度为 1.03，则沥青膜厚度为 DA=4.65/(1.03 × 6.60)×10=6.83 μm。

表7-21 集料的表面积系数计算示例

筛孔尺寸/mm	19	16	13.2	9.5	4.75	2.36	1.18	0.6	0.3	0.15	0.075	集料比表面总和 $SA/(m^2/kg)$
表面积系数 FA_i	0.004 1	—	—	—	0.004 1	0.008 2	0.016 4	0.028 7	0.061 4	0.122 9	0.327 7	
通过百分率 P_i/%	100	92	85	76	60	42	32	23	16	12	6	
比表面 $FA_i \times P_i/(m^2/kg)$	0.41	—	—	—	0.25	0.34	0.52	0.66	0.98	1.47	1.97	6.60

6. 配合比设计检验

对用于高速公路和一级公路的公称最大粒径小于等于 19 mm 的密级配沥青混合料，需在配合比设计的基础上按《公路沥青路面施工技术规范》（JTG F40—2004）要求进行各种使用性能的检验，不符合要求的沥青混合料，必须更换材料或重新进行配合比设计。配合比设计检验按计算确定的设计最佳沥青用量在标准条件下进行，若将根据实践经验和公路等级、气候条件、交通情况将计算的设计沥青用量调整后作为最佳沥青用量，或者改变试验条件时，各项技术要求均应适当调整。

1）高温稳定性检验

按规定方法进行车辙试验，动稳定度应符合表7-22的要求。

> **注**：对公称最大粒径大于 19 mm 的密级配沥青混凝土或沥青稳定碎石混合料，由于车辙试件尺寸不能适用，不宜按此方法进行车辙试验和弯曲试验。如需要检验可加厚试件厚度或采用大型马歇尔试件。

表7-22 沥青混合料车辙试验动稳定度技术要求

气候条件与技术指标	相应于下列气候分区所要求的动稳定度/（次/mm）								
七月平均最高气温（℃）及气候分区	>30				20～30				<20
	1. 夏炎热区				2. 夏热区				3. 夏凉区
	1-1	1-2	1-3	1-4	2-1	2-2	2-3	2-4	3-2
普通沥青混合料，不小于	800		1 000		600	800			600
改性沥青混合料，不小于	2 400		2 800		2 000	2 400			1 800
SMA混合料 非改性，不小于	1 500								
SMA混合料 改性，不小于	3 000								
OGFC混合料	1 500（一般交通路段）、3 000（重交通路段）								

注：
- 当其他月份的平均气温高于七月时，可使用该月平均最高气温。
- 在特殊情况下，如钢桥面铺装、重载车特别多或纵坡较大的长距离上坡路段、厂矿专用道路，可酌情提高动稳定度的要求。
- 对因气候寒冷确需使用针入度很大的沥青（如大于 100），动稳定度难以达到要求，或因采用石灰岩等不很坚硬的石料，改性沥青混合料的动稳定度难以达到要求等特殊情况，可酌情降低要求。
- 为满足炎热地区及重载车要求，在配合比设计时采取减少最佳沥青用量的技术措施时，可适当提高试验温度或增加试验荷载进行试验，同时增加试件的碾压成型密度和施工压实度要求。
- 车辙试验不得采用二次加热的混合料，试验必须检验其密度是否符合试验规程的要求。
- 如需要对公称最大粒径等于和大于 26.5 mm 的混合料进行车辙试验，可适当增加试件的厚度，但不宜作为评定合格与否的依据。

2）水稳定性检验

按规定的试验方法进行浸水马歇尔试验和冻融劈裂试验，残留稳定度及残留强度比均必须符合表 7-23 的要求。

注： 当需要添加消石灰、水泥、抗剥落剂时，需重新确定最佳沥青用量后试验。调整沥青用量后，马歇尔试件成型可能达不到要求的空隙率条件。

表 7-23   沥青混合料水稳定性检验技术要求

气候条件与技术指标		相应于下列气候分区的技术要求/%			
年降雨量（mm）及气候分区		>1 000	500～1 000	250～500	<250
		1. 潮湿区	2. 湿润区	3. 半干区	4. 干旱区
浸水马歇尔试验残留稳定度/%，不小于					
普通沥青混合料		80		75	
改性沥青混合料		85		80	
SMA 混合料	普通沥青	75			
	改性沥青	80			
冻融劈裂试验的残留强度比/%，不小于					
普通沥青混合料		75		70	
改性沥青混合料		80		75	
SMA 混合料	普通沥青	75			
	改性沥青	80			

3）低温抗裂性能的检验

按规定方法进行低温弯曲试验，其破坏应变宜符合表 7-24 的要求。

表 7-24   沥青混合料低温弯曲试验破坏应变技术要求

气候条件与技术指标			相应于下列气候分区所要求的破坏应变/με							
年极端最低气温（℃）及气候分区			<-37.0		-21.5～-37.0			-9.0～-21.5		>-9.0
			1. 冬严寒区		2. 冬寒区			3. 冬冷区		4. 冬温区
			1-1	2-1	1-2	2-2	2-3	1-3	2-3	1-4	2-4
普通沥青混合料，不小于			2 600		2 300			2 000			
改性沥青混合料，不小于			3 000		2 800			2 500			

4）渗水系数检验

利用轮碾机成型的车辙试验试件进行渗水试验检验的渗水系数宜符合表 7-25 的要求。

表 7-25   沥青混合料试件渗水系数技术要求

级配类型	渗水系数要求/(mL/min)
密级配沥青混凝土，不大于	120
SMA 混合料，不大于	80
OGFC 混合料，不小于	实测

5）钢渣活性检验

对使用钢渣作为集料的沥青混合料，应按规定的试验方法进行活性和膨胀性试验，钢渣沥青混凝土的膨胀量不得超过 1.5%。

> 注：根据需要，可以改变试验条件进行配合比设计检验，如变化最佳沥青用量 OAC±0.3%、提高试验温度、加大试验荷载、采用现场压实密度进行车辙试验、在施工后的残余空隙率（如 7%~8%）的条件下进行水稳定性试验和渗水试验等，但不宜用规范规定的技术要求进行合格评定。

7. 配合比设计报告

配合比设计报告应包括工程设计级配范围选择说明、材料品种选择与原材料质量试验结果、矿料级配、最佳沥青用量，以及各项体积指标、配合比设计检验结果等。试验报告的矿料级配曲线应按规定的方法绘制。

当将按实践经验和公路等级、气候条件、交通情况调整的沥青用量作为最佳沥青用量时，宜报告不同沥青用量条件下的各项试验结果，并提出对施工压实工艺的技术要求。

任务 7.3　沥青混合料试件制作（击实法）

📖 任务书

小王、小李配合试验室主任完成了沥青混合料的矿料组成设计，之后要根据马歇尔试验法确定最佳沥青用量，沥青混合料马歇尔试件该如何制作呢？

📖 课前学习测验

1. 沥青混合料试件制作时，当集料公称最大粒径为 26.5 mm 时，采用标准击实法。一组试件的数量不少于（　　）个。

　　A. 3　　　　　　　B. 4　　　　　　　C. 5　　　　　　　D. 6

2. 试验室用沥青混合料拌和机应能保证拌和温度并可充分拌和，可控制拌和时间，容量不小于（　　）。

　　A. 10 L　　　　　　B. 30 L　　　　　　C。20 L　　　　　　D. 40 L

3. 对大部分聚合物改性沥青，通常在普通沥青拌和及压实温度的基础上提高（　　）。

　　A. 30~40 ℃　　　B. 20~40 ℃　　　C. 20~30 ℃　　　D. 10~20 ℃

4. 在标准马歇尔试件制作过程中，击实成型前，如何检查混合料温度。（　　　）

　　A. 插入温度计至混合料表面附近　　　B. 插入温度计至混合料中部附近
　　C. 插入温度计至混合料中心附近　　　D. 插入温度计至混合料底部附近

📖 课中任务准备

1. 阅读任务书，熟悉将要学习的主要内容。

2. 收集并查阅《公路工程沥青及沥青混合料试验规程》（JTG E20—2011）等规范标准。

3. 准备并检查好所需的仪器设备。

4. 按优选的矿料配合比及初选的沥青用量计算并称量试验所用原材料。

课中任务实施

引导实施 1：采用击实法制备沥青混合料马歇尔试件时，拌和温度与压实温度如何确定？

引导实施 2：简述采用击实法制备沥青混合料马歇尔试件的制作条件。

引导实施 3：简述马歇尔标准击实法试件成型步骤。

引导实施 4：完成"沥青混合料试件制作（击实法）试验记录表"。

沥青混合料试件制作（击实法）试验记录表

试样编号			试样来源			
试样名称			初拟用途			
配合组成	组成材料名称		配合时所需质量/g			

试件编号	制备日期	成型温度 $T/℃$	成形压力 F_0/Pa	试件尺寸		试件用途
				高度 h/mm	直径 d/mm	

试验：　　　　　复核：　　　　　日期：　　年　　月　　日

课后拓展思考

1. 沥青混合料拌制中要求无"花白料"，其中"花白料"是什么意思？
2. 沥青混合料出现花白料、结团的原因是什么？

课后自我反思

_____

_____

_____

任务学习评价

　　待以上学习任务全部完成后，由学生自己、学生之间、学校教师、企业导师根据学生课前、课中、课后学习完成情况对每个学生进行综合评价，并将结果填入表 A–1 中。

相关知识

1. 目的与适用范围

（1）本方法适用于采用标准击实法或大型击实法制作沥青混合料试件，以供试验室进行沥青混合料物理力学性质试验使用。

（2）标准击实法适用于标准马歇尔试验、间接抗拉试验（劈裂法）等所使用的 $\phi101.6\,mm\times$

63.5 mm 圆柱体试件的成型。大型击实法适用于大型马歇尔试验所使用的 ϕ152.4 mm×95.3 mm 大型圆柱体试件的成型。

（3）沥青混合料试件制作时的条件及试件数量应符合下列规定：

① 当集料公称最大粒径小于等于 26.5 mm 时，采用标准击实法；一组试件的数量不少于 4 个。

② 当集料公称最大粒径大于 26.5 mm 时，宜采用大型击实法；一组试件数量不少于 6 个。

2. 仪具与材料技术要求

（1）自动击实仪：击实仪应具有自动记数、控制仪表、按钮设置、复位及暂停等功能。按其用途分为以下两种。

① 标准击实仪：由击实锤、ϕ（98.5±0.5）mm 平圆形压实头及带手柄的导向棒组成。用机械将压实锤提升至（457.2±1.5）mm 高度然后使其沿导向棒自由落下连续击实，标准击实锤质量为（4 536±9）g。

② 大型击实仪：由击实锤、ϕ（149.4±0.1）mm 平圆形压实头及带手柄的导向棒组成。用机械将压实锤提升至（457.2±2.5）mm 高度然后使其沿导向棒自由落下击实，大型击实锤质量为（10 210±10）g。

（2）试验室用沥青混合料拌和机：能保证拌和温度并可充分拌和，可控制拌和时间，容量不小于 10 L，如图 7-7 所示。搅拌叶自转速度 70～80 r/min，公转速度 40～50 r/min。

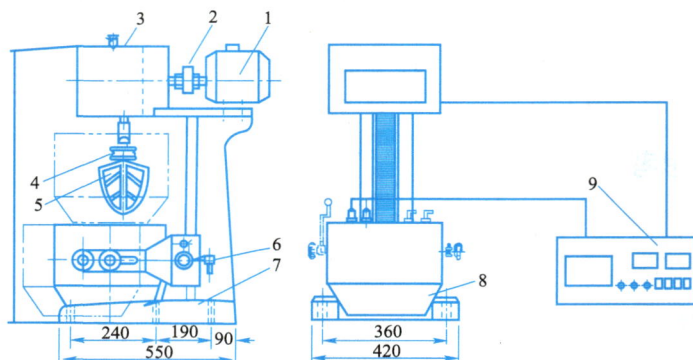

1—电机；2—联轴器；3—变速箱；4—弹簧；5—拌和叶片；6—升降手柄；
7—底座；8—加热拌和锅；9—温度时间控制仪。

图 7-7　试验室用沥青混合料拌和机

（3）试模：由高碳钢或工具钢制成，几何尺寸如下。

① 标准击实仪试模的内径（101.6±0.2）mm，圆柱形金属筒高 87 mm，底座直径约 120.6 mm，套筒内径 104.8 mm、高 70 mm。

② 大型击实仪的套筒外径 165.1 mm，内径（155.6±0.3）mm，总高 83 mm；试模内径（152.4±0.2）mm，总高 115 mm；底座板厚 12.7 mm，直径 172 mm。

（4）脱模器：电动或手动，能无破损地推出圆柱体试件，备有标准试件及大型试件尺寸的推出环。

（5）烘箱：大、中型各 1 台，应有温度调节器。

（6）天平或电子秤：用于称量沥青的，分度值不大于 0.1g；用于称量矿料的，分度值不大于 0.5 g。

（7）布洛克菲尔德黏度计。

242

（8）插刀或大螺丝刀。

（9）温度计：分度值 1 ℃；宜采用有金属插杆的插入式数显温度计，金属插杆的长度不小于 150 mm；量程 300 ℃。

（10）其他：电炉或煤气炉、沥青熔化锅、拌和铲、标准筛、滤纸（或普通纸）、胶布、卡尺、秒表、粉笔、棉纱等。

3. 制件准备

1）确定制作沥青混合料试件的拌和温度与压实温度

（1）按规定方法测定沥青的黏度，绘制黏温曲线。按表 7-26 的要求确定适宜于沥青混合料拌和及压实的等黏温度。

（2）当缺乏沥青黏度测定条件时，试件的拌和与压实温度可按表 7-27 选用，并根据沥青品种和标号作适当调整。针入度小、稠度大的沥青取高限；针入度大、稠度小的沥青取低限；一般取中值。

（3）对改性沥青，应根据实践经验、改性剂的品种和用量，适当提高混合料的拌和及压实温度；对大部分聚合物改性沥青，通常在普通沥青的基础上提高 10～20 ℃；掺加纤维时，需再提高 10 ℃左右。

（4）常温沥青混合料的拌和及压实在常温下进行。

表 7-26　沥青混合料拌和及压实的沥青等黏温度

沥青混合料种类	黏度	适宜于拌和的沥青结合料黏度	适宜于压实的沥青结合料黏度
石油沥青	表观黏度	（0.17±0.02）Pa·s	（0.28±0.03）Pa·s

注：液体沥青混合料的压实成型温度按石油沥青要求执行。

表 7-27　沥青混合料拌和及压实温度参考表

沥青混合料种类	拌和温度/℃	压实温度/℃
石油沥青	140～160	120～150
改性沥青	160～175	140～170

2）沥青混合料试件的制作条件

（1）在拌和厂或施工现场取用沥青混合料制作试样时，按沥青混合料取样方法，将试样置于烘箱中加热或保温，在混合料中插入温度计测量温度，待混合料温度符合要求后成型。需要拌和时可倒入已加热的室内沥青混合料拌和机中适当拌和，时间不超过 1 min。不得在电炉或明火上加热炒拌。

（2）在试验室人工配制沥青混合料时，试件的制作按下列步骤进行。

① 将各种规格的矿料置（105±5）℃的烘箱中烘干至恒重（一般不少于 4～6 h）。

② 将烘干分级的粗、细集料按每个试件设计级配要求称取质量，在一金属盘中混合均匀，矿粉单独放入小盆里；然后置烘箱中加热至沥青拌和温度以上约 15 ℃（采用石油沥青时通常为 163 ℃；采用改性沥青时通常需 180 ℃）备用。一般按一组试件（每组 4～6 个）备料，但进行配合比设计时宜对每个试件分别备料。常温沥青混合料的矿料不应加热。

③ 将按沥青取样方法取出的沥青试样，用烘箱加热至规定的沥青混合料拌和温度，但不得超过 175 ℃。当不得已采用燃气炉或电炉直接加热进行脱水时，必须使用石棉垫隔开。

243

4. 沥青混合料拌制

1）黏稠石油沥青混合料

（1）用蘸有少许黄油的棉纱擦净试模、套筒及击实座等，置100 ℃左右的烘箱中加热1 h备用。常温沥青混合料用试模不加热。

（2）将沥青混合料拌和机提前预热至拌和温度以上10 ℃左右。

（3）将加热的粗、细集料置于拌和机中，用小铲子适当混合；然后加入所需数量的沥青（如沥青已称量在一专用容器内，可在倒掉沥青后用一部分热矿粉将粘在容器壁上的沥青擦拭掉并一起倒入拌和锅中），开动拌和机一边搅拌一边使拌和叶片插入混合料中拌和 1～1.5 min，暂停拌和，加入加热的矿粉继续拌和至均匀为止，并使沥青混合料保持在要求的拌和温度范围内。标准的总拌和时间为3 min。

2）液体石油沥青混合料

将每组（或每个）试件的矿料放入已加热至55～100 ℃的沥青混合料拌和机中，注入要求数量的液体沥青，并将混合料边加热边拌和，使液体沥青中的溶剂挥发至50%以下。拌和时间应事先试拌确定。

3）乳化沥青混合料

将每个试件的粗、细集料，置于沥青混合料拌和机（不加热，也可用人工炒拌）中；注入计算的用水量（阴离子乳化沥青不加水）后，拌和均匀并使矿料表面完全湿润；再注入设计的沥青乳液用量，在1 min内将混合料拌匀；然后加入矿粉并迅速拌和，使混合料拌成褐色为止。

5. 成型方法

（1）击实法的成型步骤如下。

① 将拌好的沥青混合料，用小铲适当拌和均匀，称取一个试件所需的用量（标准马歇尔试件约 1 200 g，大型马歇尔试件约 4 050 g）。当已知沥青混合料的密度时，可根据试件的标准尺寸计算并乘以1.03得到要求的混合料数量。当一次拌和几个试件时，宜将其倒入经预热的金属盘中用小铲适当拌和并均匀分成几份，分别取用。在试件制作过程中，为防止混合料温度下降，应连同金属盘一起放在烘箱中保温。

② 从烘箱中取出预热的试模及套筒，用蘸有少许黄油的棉纱擦拭套筒、底座及击实锤底面。将试模装在底座上，放张圆形的吸油性小的纸，用小铲将混合料铲入试模中，用插刀或大螺丝刀沿周边插捣15次，中间捣10次。插捣后将沥青混合料表面整平。对大型击实法的试件，混合料分2次加入，每次插捣次数同上。

③ 插入温度计至混合料中心附近，检查混合料温度。

④ 待混合料温度符合要求的压实温度后，将试模连同底座一起放在击实台上固定。在装好的混合料上面垫一张吸油性小的圆纸，再将装有击实锤及导向棒的压实头放入试模中。开启电机，使击实锤从457 mm的高度自由落下，击实到规定的次数（75次或50次）。对大型试件，击实次数为75次（相应于标准击实的50次）或112次（相应于标准击实的75次）。

⑤ 试件击实一面后，取下套筒，将试模翻面，装上套筒；然后以同样的方法和次数击实另一面。

对乳化沥青混合料试件两面击实完成后，将一组试件在室温下横向放置24 h；另一组试件置温度为（105±50）℃的烘箱中养护24 h。将养护试件取出后再立即对两面各锤击25次。

⑥ 试件击实结束后，立即用镊子取掉上下两面的纸，用卡尺量取试件离试模上口的高度

并由此计算试件高度。高度不符合要求时，试件应作废，并按式（7-25）调整试件的混合料质量，以保证高度符合（63.5±1.3）mm（标准试件）或（95.3±2.5）mm（大型试件）的要求。

$$调整后混合料质量 = \frac{要求试件高度 \times 原用混合料质量}{所得试件的高度} \qquad （7-25）$$

（2）卸去套筒和底座，将装有试件的试模横向放置冷却至室温后（不少于 12 h），置脱模机上脱出试件。用于现场马歇尔指标检验的试件，在施工质量检验过程中如急需试验，允许采用电风扇吹冷 1 h 或浸水冷却 3 min 以上的方法脱模；但浸水脱模法不能用于测量密度、空隙率等各项物理指标。

（3）将试件仔细置于干燥洁净的平面上，供试验用。

任务 7.4   压实沥青混合料密度试验（表干法）

📖 任务书

小王、小李配合试验室主任根据已确定的沥青混合料矿料设计级配和初选的 5 组沥青用量，按要求制作了沥青混合料马歇尔试件，在确定最佳沥青用量过程中，对于沥青混合料的毛体积密度，他们应如何进行测定呢？

📖 课前学习测验

1. 压实沥青混合料密度试验过程中，试件置于网篮中浸水（   ）min，称取其水中质量。
   A. 1~3 min   B. 3~5 min   C. 5~8 min   D. 4~6 min

2. 压实沥青混合料密度试验过程中，从试件拿出水面到擦拭结束不宜超过（   ）。
   A. 3 s   B. 4 s   C. 6 s   D. 5 s

3. 压实沥青混合料密度试验，对从工程现场钻取的非干燥试件，可先称取水中质量和表干质量，然后用电风扇将试件吹干至恒重，一般不少于（   ）h。
   A. 8   B. 10   C. 12   D. 14

4. 试件毛体积密度试验重复性的允许误差为（   ）g/cm³。
   A. 0.020   B. 0.025   C. 0.030   D. 0.035

5. 压实沥青混合料毛体积密度则为试件的毛体积相对密度乘以 20 ℃时水的密度。   （   ）

📖 课中任务准备

1. 阅读任务书，熟悉将要学习的主要内容。
2. 收集并查阅《公路工程沥青及沥青混合料试验规程》（JTG E20—2011）等规范标准。
3. 准备并检查好所需的仪器设备。
4. 取出已制备好的试件。
5. 调节溢流水箱水位和水温。

课中任务实施

压实沥青混合料密度试验（表干法）

请按照要求完成压实沥青混合料密度试验，并将原始数据等相关信息填入"沥青混合料马歇尔试验检测记录表（表干法）"中，再根据相关数据和信息，编制试验检测报告。

沥青混合料马歇尔试验检测记录表（表干法）

JGLQ11002a

检测单位名称：   记录编号：

工程名称		工程部位/用途	
样品信息			
试验检测日期		试验条件	
检测依据		判定依据	
主要仪器设备 名称及编号			

结构层次		取样地点		混合料类型	

试件编号	试件直径$\varphi=$_____mm					试件空中质量m_a/g	试件水中质量m_w/g	试件表干质量m_f/g	吸水率S_a/%	毛体积相对密度γ_f	毛体积密度ρ_f
	试件高度h_i/mm										
	1	2	3	4	平均						
1											
2											
3											
4											
5											
6											
平均值											

附加声明：

检测：   记录：   复核：   日期：   年   月   日

📖 课后拓展思考

1. 若沥青混合料马歇尔试件吸水率大于 2%，应采用什么方法测定其毛体积密度？

2. 对于从沥青路面上钻取的非干燥沥青混合料试件，其毛体积密度测定步骤应怎样调整？

⬡ 课后自我反思

_____

_____

_____

📖 任务学习评价

待以上学习任务全部完成后，由学生自己、学生之间、学校教师、企业导师根据学生课前、课中、课后学习完成情况对每个学生进行综合评价，并将结果填入表 A-2 中。

相关知识

1. 试验目的与适用范围

（1）本方法适用于测定吸水率不大于 2%的各种沥青混合料试件，包括密级配沥青混凝土、沥青玛蹄脂碎石混合料（SMA）和沥青稳定碎石混合料等试件的毛体积相对密度和毛体积密度。标准温度为（25±0.5）℃。

（2）本方法测定的毛体积相对密度和毛体积密度适用于计算沥青混合料试件的空隙率、矿料间隙率等各项体积指标。

2. 仪具与材料技术要求

（1）浸水天平或电子天平：当量程小于 3 kg 时，分度值不大于 0.1 g；量程大于 3 kg 时，分度值不大于 0.5 g。应有测量水中重的挂钩。

（2）网篮。

（3）溢流水箱：使用洁净水，有水位溢流装置，保持试件和网篮浸入水中后的水位一定。能调整水温至（25±0.5）℃。

（4）试件悬吊装置：天平下方悬吊网篮及试件的装置，吊线应采用不吸水的细尼龙线绳，并有足够的长度。对轮碾成型机成型的板块状试件可用铁丝悬挂。

（5）秒表、毛巾、电风扇或烘箱等。

3. 试验准备

本试验可以采用室内成型的试件，也可以采用工程现场通过钻芯、切割等方法获得的试件。当采用现场钻芯取样时，应按照沥青路面芯样马歇尔试验的方法进行。试验前试件宜在阴凉处保存（温度不宜高于 35 ℃），且放置在水平的平面上，注意不要使试件产生变形。

4. 试验步骤

（1）选择适宜的浸水天平或电子天平，最大称量应满足试件质量的要求。

（2）除去试件表面的浮粒，称取干燥试件的空中质量（m_a），根据选择的天平的分度值，精确至 0.1 g 或 0.5 g。

（3）将溢流水箱水温保持在（25±0.5）℃。挂上网篮，浸入溢流水箱中，调节水位，将天平调平并复零，把试件置于网篮中（注意不要晃动水）浸水 3～5 min，称取水中质量（m_w）。若天平读数持续变化，不能很快达到稳定，说明试件吸水较严重，不适用于此法，应改用蜡封法测定。

（4）从水中取出试件，用洁净柔软的拧干的湿毛巾轻轻擦去试件的表面水（不得吸走空隙内的水），称取试件的表干质量（m_f）。从试件拿出水面到擦拭结束不宜超过 5 s，称量过程中流出的水不得再擦拭。

（5）对从工程现场钻取的非干燥试件，可先称取水中质量（m_w）和表干质量（m_f），然后用电风扇将试件吹干至恒重[一般不少于 12 h，当不需进行其他试验时，也可用（60±5）℃烘箱烘干至恒重]，再称取空中质量（m_a）。

5. 试验结果与允许误差

（1）按式（7-26）计算试件的吸水率，取 1 位小数。

$$S_a = \frac{m_f - m_a}{m_f - m_w} \times 100 \%$$

（7-26）

式中：S_a——试件的吸水率；

　　　m_a——干燥试件的空中质量，g；

　　　m_w——试件的水中质量，g；

　　　m_f——试件的表干质量，g。

（2）按式（7-27）及式（7-28）计算试件的毛体积相对密度和毛体积密度，取 3 位小数。

$$\gamma_f = \frac{m_a}{m_f - m_w} \tag{7-27}$$

$$\rho_f = \frac{m_a}{m_f - m_w} \times \rho_w \tag{7-28}$$

式中：ρ_f——试件毛体积密度，g/cm³；

　　　ρ_w——25 ℃时水的密度，取 0.997 1 g/cm³。

（3）试件毛体积密度试验重复性的允许误差为 0.020 g/cm³。试件毛体积相对密度试验重复性的允许误差为 0.020。

任务 7.5　沥青混合料马歇尔稳定度试验

📖 任务书

　　小王、小李配合试验室主任根据已确定的沥青混合料矿料设计级配和初选的 5 组沥青用量，按要求制作了沥青混合料马歇尔试件，在确定最佳沥青用量过程中，对于沥青混合料的稳定度和流值，他们应如何进行测定呢？

📖 课前学习测验

1. 沥青混合料马歇尔试验仪，当采用标准马歇尔试件时，试验仪加载速率应能保持（　　）mm/min。

　　A. 5±5　　　　　　B. 25±5　　　　　　C. 40±5　　　　　　D. 50±5

2. 标准马歇尔试件的直径应符合（　　）mm 的要求。

　　A. 101.6±0.2　　B. 65.3±1.3　　　C. 106.1±0.2　　　D. 63.5±1.3

3. 标准马歇尔试件高度，应用高度测定器或用卡尺在十字对称的 4 个方向量测离试件边缘（　　）mm 处的高度。

　　A. 5　　　　　　B. 7　　　　　　C. 10　　　　　　D. 12

4. 如标准马歇尔试件高度不符合（63.5±1.3）mm，或两侧高度差大于（　　）mm，此试件应作废。

　　A. 1　　　　　　B. 2　　　　　　C. 4　　　　　　D. 5

5. 真空饱水马歇尔试验中，试件先放入真空干燥器中，关闭进水胶管，开动真空泵，要求干燥器的真空度达到（　　）kPa 以上。

　　A. 93.7　　　　　B. 95.3　　　　　C. 95.7　　　　　D. 97.3

课中任务准备

1. 阅读任务书，熟悉将要学习的主要内容。
2. 收集并查阅《公路工程沥青及沥青混合料试验规程》（JTG E20—2011）等规范标准。
3. 准备并检查好所需的仪器设备。
4. 完成试件直径和高度的量测。
5. 调节恒温水槽的水温至试验温度。

课中任务实施

请按照要求完成沥青混合料马歇尔稳定度试验，并将原始数据等相关信息填入"沥青混合料马歇尔试验检测记录表"中，再根据相关数据和信息，编制试验检测报告。

沥青混合料马歇尔稳定度试验

沥青混合料马歇尔稳定度试验检测记录表

JGLQ11002c

检测单位名称：　　　　　　　　　　　　　　　　　　　　　　记录编号：

工程名称		工程部位/用途	
样品信息			
试验检测日期		试验条件	
检测依据		判定依据	
主要仪器设备名称及编号			
结构层次		混合料类型	

试验类型	稳定度试验			浸水残留稳定度试验		真空饱水残留稳定度试验	
试件编号	稳定度 MS/kN	流值 FL/mm	马歇尔模数/(kN/mm)	浸水 48 h 后稳定度 MS_1/kN	浸水残留稳定度 MS_0/%	真空饱水后浸水 48 h 后稳定度 MS_2/kN	真空饱水残留稳定度 MS_0'/%
1							
2							
3							
4							
5							
6							
平均值							

附加声明：

检测：　　　　记录：　　　　复核：　　　　日期：　　年　　月　　日

课后拓展思考

简述标准马歇尔试验、浸水马歇尔试验、真空饱水马歇尔试验之间的区别。

课后自我反思

_____

_____

_____

任务学习评价

待以上学习任务全部完成后，由学生自己、学生之间、学校教师、企业导师根据学生课前、课中、课后学习完成情况对每个学生进行综合评价，并将结果填入表 A–2 中。

相关知识

1. 试验目的与适用范围

（1）本方法适用于马歇尔稳定度试验和浸水马歇尔稳定度试验，以进行沥青混合料的配合比设计或沥青路面施工质量检验。浸水马歇尔稳定度试验（根据需要，也可进行真空饱水马歇尔试验）供检验沥青混合料受水损害时抵抗剥落的能力使用，通过测试其水稳定性检验配合比设计的可行性。

（2）本方法适用于任务 7.3 制作成型的标准马歇尔试件圆柱体和大型马歇尔试件圆柱体。

2. 仪具与材料技术要求

（1）沥青混合料马歇尔试验仪：分为自动式和手动式。

自动式马歇尔试验仪应具备控制装置和记录荷载–位移曲线、自动测定荷载与试件的垂直变形、自动显示及存储或打印试验结果等功能，如图 7-8 所示。手动式马歇尔试验仪由人工操作，试验数据通过操作者目测后读取获得。

对用于高速公路和一级公路的沥青混合科宜采用自动马歇尔试验仪。

① 当集料公称最大粒径小于等于 26.5 mm 时，宜采用 ϕ 101.6 mm×63.5 mm 的标准马歇尔试件，试验仪最大荷载不得小于 25 kN，读数精确至 0.1 kN，加载速率应能保持（50 ±5）mm/min。钢球直径（16 ±0.05）mm，上下压头曲率半径为（50.8 ±0.08）mm。

② 当集料公称最大粒径大于 26.5 mm 时，宜采用 ϕ 152.4 mm×95.3 mm 大型马歇尔试件，试验仪最大荷载不得小于 50 kN，读数精确至 0.1 kN。上下压头的曲率内径为 ϕ （152.4 ±0.2）mm，上下压头间距（19.05 ±0.1）mm。大型马歇尔试件的压头尺寸如图 7-9 所示。

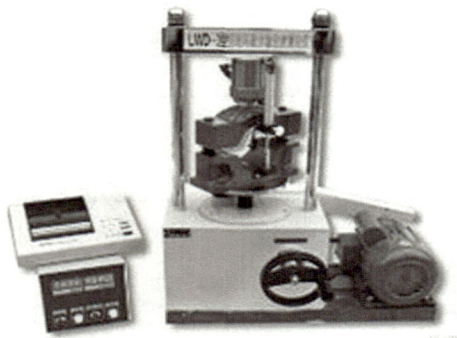

图 7-8　自动马歇尔试验仪

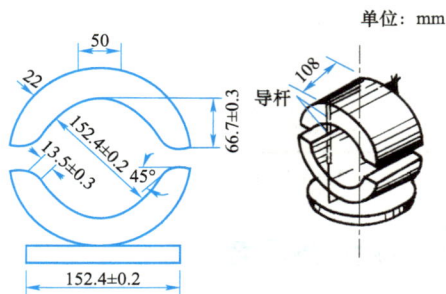

图 7-9　大型马歇尔试件的压头

（2）恒温水槽：控温精确至 1 ℃，深度不小于 150 mm，如图 7-10 所示。

（3）真空饱水容器：包括真空泵及真空干燥器，如图 7-11 所示。

图 7-10　恒温水槽

图 7-11　真空饱水容器

（4）烘箱，如图 7-12 所示。

（5）天平：分度值不大于 0.1 g。

（6）卡尺，如图 7-13 所示。

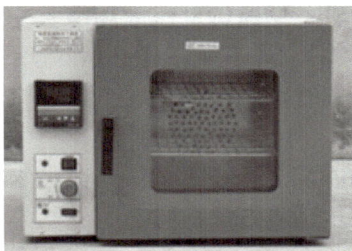

图 7-12　烘箱

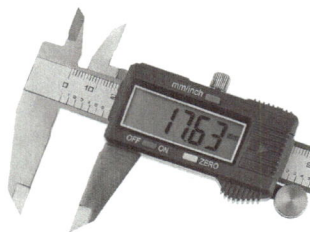

图 7-13 卡尺

（7）温度计：分度值 1 ℃。

（8）其他：棉纱、黄油。

3. 试验准备

（1）按标准击实法成型马歇尔试件，标准马歇尔试件尺寸应符合直径（101.6 ±0.2）mm、高（63.5 ±1.3）mm 的要求。对大型马歇尔试件，尺寸应符合直径（152.4 ±0.2）mm、高（95.3 ± 2.5）mm 的要求。一组试件的数量不得少于 4 个，并符合沥青混合料试件制作的规定。

（2）测量试件的直径及高度：用卡尺测量试件中部的直径，用马歇尔试件高度测定器或卡尺在十字对称的 4 个方向测量离试件边缘 10 mm 处的高度，精确至 0.1 mm，并以其平均值作为试件的高度。如试件高度不符合（63.5 ±1.3）mm 或（95.3 ±2.5）mm 要求或两侧高度差大于 2 mm，则此试件应作废。

（3）按任务 7.4 规定的方法测定试件的密度，并计算空隙率、沥青体积百分率、沥青饱和度、矿料间隙率等体积指标。

（4）将恒温水槽调节至要求的试验温度，对黏稠石油沥青或烘箱养护过的乳化沥青混合料为（60±1）℃，对煤沥青混合料为（33.8±1）℃，对空气养护的乳化沥青或液体沥青混合料为（25±1）℃。

4. 试验步骤

1）标准马歇尔试验

（1）将试件置于已达规定温度的恒温水槽中保温，标准马歇尔试件需保温 30～40 min，大型马歇尔试件需保温 45～60 min。试件之间应有间隔，试件底部应垫起，距水槽底部不小于 5 cm。

（2）将马歇尔试验仪的上下压头放入水槽或烘箱中达到同样温度。将上下压头从水槽或烘箱中取出并擦拭干净内面。为使上下压头滑动自如，可在下压头的导棒上涂少量黄油。将试件取出置于下压头上，盖上上压头，然后装在加载设备上。

（3）在上压头的球座上放妥钢球，并对准荷载测定装置的压头。

（4）当采用自动马歇尔试验仪时，将自动马歇尔试验仪的压力传感器、位移传感器与计算机或 $X\text{-}Y$ 记录仪正确连接，调整好适宜的放大比例，压力和位移传感器调零。

（5）当采用压力环和流值计时，将流值计安装在导棒上，使导向套管轻轻地压住上压头，同时将流值计读数调零。调整压力环中百分表，对零。

（6）启动加载设备，使试件承受荷载，加载速度为（50±5）mm/min。计算机或 $X\text{-}Y$ 记录仪自动记录传感器压力和试件变形曲线并将数据自动存入计算机。

（7）在试验荷载达到最大值的瞬间，取下流值计，同时读取压力环中百分表读数及流值计的流值读数。

（8）从恒温水槽中取出试件至测出最大荷载值的时间，不得超过 30 s。

2）浸水马歇尔试验

浸水马歇尔试验方法与标准马歇尔试验方法的不同之处在于，试件在已达规定温度恒温水槽中的保温时间为 48 h，其余步骤均与标准马歇尔试验方法相同。

3）真空饱水马歇尔试验

先将试件放入真空干燥器中，关闭进水胶管，开动真空泵，使干燥器的真空度达到 97.3 kPa（730 mmHg）以上，维持 15 min；然后打开进水胶管，靠负压导入冷水流使试件全部浸入水中，浸水 15 min 后恢复常压，取出试件再放入已达规定温度的恒温水槽中保温 48 h。其余步骤均与标准马歇尔试验方法相同。

5. 试验结果与允许误差

（1）稳定度和流值。

① 当采用自动马歇尔试验仪时，将计算机采集的数据绘制成压力-变形曲线，或由 $X\text{-}Y$ 记录仪自动记录荷载-变形曲线，按图 7-14 所示的方法在切线方向延长曲线与横坐标相交于 O_1，将 O_1 作为修正原点，从 O_1 起量取相应于荷载最大值时的变形作为流值（FL），以 mm 计，精确至 0.1 mm。最大荷载即为稳定度（MS），以 kN 计，精确至 0.01 kN。

② 采用压力环和流值计测定时，根据压力环标定曲线，将压力环中百分表的读数换算为荷载值，或者由荷载测定装置读取的最大值即为试样的稳定度，以 kN 计，精确至 0.01 kN。由流值计及位移传感器测定装置读取的试件垂直变形，即为试件的流值，以 mm 计，精确至 0.1 mm。

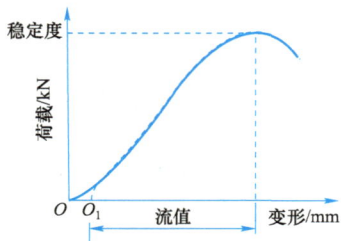

图 7-14　马歇尔试验结果的修正方法

（2）试件的马歇尔模数按式（7-29）计算。

$$T = \frac{MS}{FL}$$ （7-29）

式中：T——试件的马歇尔模数，kN/mm；

$\quad\quad$ MS——试件的稳定度，kN；

$\quad\quad$ FL——试件的流值，mm。

（3）试件的浸水残留稳定度按式（7-30）计算。

$$MS_0' = \frac{MS_1}{MS} \times 100\%$$ （7-30）

式中：MS_0'——试件的浸水残留稳定度；

$\quad\quad$ MS_1——试件浸水 48 h 后的稳定度，kN。

（4）试件的真空饱水残留稳定度按式（7-31）计算。

$$MS_0' = \frac{MS_2}{MS} \times 100\%$$ （7-31）

式中：MS_0'——试件的真空饱水残留稳定度；

$\quad\quad$ MS_2——试件真空饱水 48 h 后的稳定度，kN。

（5）当一组测定值中某个测定值与平均值之差大于标准差的 k 倍时，该测定值应予以舍弃，并以其余测定值的平均值作为试验结果。当试件数目 n 为 3、4、5、6 个时，k 值分别为 1.15、1.46、1.67、1.82。

任务 7.6　沥青混合料理论最大相对密度试验（真空法）

任务书

小王、小李配合试验室主任根据已确定的沥青混合料矿料设计级配和初选的 5 组沥青用量，按要求制作了沥青混合料马歇尔试件，同时还需要用真空法实测沥青混合料的理论最大相对密度，对于该试验他们应如何进行呢？

课前学习测验

1. 真空法测定沥青混合料理论最大相对密度试验，适用于吸水率大于 3%的多孔性集料的沥青混合料。（　　　）

2. 真空法测定沥青混合料理论最大相对密度试验中，将沥青混合料全部浸没于负压容器的水中，水面应高出混合料顶面约（　　　）cm。

$\quad\quad$ A. 2 $\quad\quad\quad\quad\quad$ B. 4 $\quad\quad\quad\quad\quad$ C. 5 $\quad\quad\quad\quad\quad$ D. 6

3. 真空法测定沥青混合料理论最大相对密度试验中，使负压容器内负压在 2 min 内达到（3.7±0.3）kPa 时，开始计时，应持续（　　　）min。

$\quad\quad$ A. 15±2 $\quad\quad\quad\quad$ B. 10±2 $\quad\quad\quad\quad$ C. 8±1 $\quad\quad\quad\quad$ D. 5±1

4. 真空法测定沥青混合料理论最大相对密度试验，重复性试验的允许误差为（　　　）g/cm³。

  A. 0.011   B. 0.015   C. 0.013   D. 0.020

5. 真空法测定沥青混合料理论最大相对密度试验中，当负压容器采用 A 类容器时，将盛试样的容器浸入保温至（25±0.5）℃的恒温水槽中，恒温（10±1）min 后，称取（　　　）的水中质量。

  A. 负压容器   B. 振动装置   C. 沥青混合料   D. 真空装置

课中任务准备

1. 阅读任务书，熟悉将要学习的主要内容。
2. 收集并查阅《公路工程沥青及沥青混合料试验规程》（JTG E20—2011）等规范标准。
3. 准备并检查好所需的仪器设备。
4. 根据沥青混合料的公称最大粒径，称量好沥青混合料质量，按要求进行冷却和分散。

课中任务实施

请按照要求完成沥青混合料理论最大相对密度试验，并将原始数据等相关信息填入"沥青混合料理论最大相对密度试验检测记录表（真空法）"中，再根据相关数据和信息，编制试验检测报告。

沥青混合料理论最大相对密度试验（真空法）

沥青混合料理论最大相对密度试验检测记录表（真空法）

检测单位名称：   记录编号：

工程名称			工程部位/用途		
样品信息					
试验检测日期			试验条件		
检测依据			判定依据		
主要设备名称及编号					
取样地点			施工路段			混合料类型		

容器类型	试样编号	干燥试样在空气中质量 m_a/g	负压容器在25℃水中的质量 m_1/g	负压容器与试样在25℃水中的质量 m_2/g	装满25℃水的负压容器质量 m_b/g	25℃时试样、水、负压容器总质量 m_c/g	试样理论最大相对密度 A 类：$r_t=\dfrac{m_a}{m_a-(m_2-m_1)}$　B、C 类：$r_t=\dfrac{m_a}{m_a+m_b-m_c}$	理论最大相对密度平均值	25℃时水的密度/（g/cm³）	25℃时理论最大密度/（g/cm³）	25℃理论最大密度平均值/（g/cm³）

附加声明：

试验：   记录：   复核：   日期： 年 月 日

课后拓展思考

简述沥青混合料理论最大相对密度确定方法。

课后自我反思

_____

_____

_____

任务学习评价

待以上学习任务全部完成后，由学生自己、学生之间、学校教师、企业导师根据学生课前、课中、课后学习完成情况对每个学生进行综合评价，并将结果填入表 A–2 中。

相关知识

1. 试验目的与适用范围

（1）本方法适用于采用真空法测定沥青混合料理论最大相对密度，供沥青混合料配合比设计、路况调查或路面施工质量管理计算空隙率、压实度等使用。

（2）本方法不适用于吸水率大于 3% 的多孔性集料的沥青混合料。

2. 仪器设备

（1）天平：量程大于 5 kg 时，分度值不大于 0.1 g；量程小于 2 kg 时，分度值不大于 0.5 g。

（2）负压容器：根据试样数量选用表 7–28 中的 A、B、C 任何一种类型。负压容器口带橡皮塞，上接橡胶管，管口下方有滤网，防止将细料部分吸入胶管。为便于抽真空时观察气泡情况，负压容器至少有一面透明或者采用透明的密封盖。

表 7–28　负压容器类型

类型	容器	附属设备
A	耐压玻璃、塑料或金属制的罐，容积大于 2 000 mL	有密封盖，接真空胶管，分别与真空装置和压力表连接
B	容积大于 2 000 mL 的真空容量瓶	带胶皮塞子，接真空胶管，分别与真空装置和压力表连接
C	4 000 mL 耐压真空器皿或干燥器	带胶皮塞子，接真空胶管，分别与真空装置和压力表连接

（3）真空负压装置：如图 7–15 所示，由真空泵、真空表、调压装置、压力表及干燥或积水装置等组成。

① 真空泵应使负压容器内产生（3.7±0.3）kPa［（27.5±2.5）mmHg］负压；真空表分度值不得大于 2 kPa。

② 调压装置应具备过压调节功能，以保持负压容器的负压稳定在要求范围内，同时还应具有卸除真空压力的功能。

③ 压力表应经过标定，能够测定 0～4 kPa（0～30 mmHg）负压。当采用水银压力表时分度值为 1 mmHg，示值误差为 2 mmHg；非水银压力表分度值为 0.1 kPa，示值误差为 0.2 kPa。压力表不得直接与真空装置连接，应单独与负压容器相接。

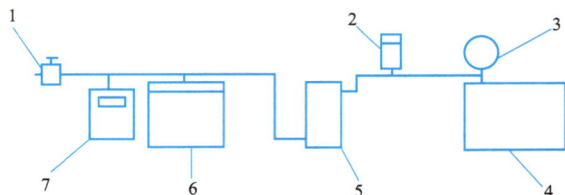

1—检查接口；2—调压装置；3—真空表；4—真空泵；5—干燥或积水装置；6—负压容器；7—压力表。

图 7-15　真空负压装置

④ 采用干燥或积水装置主要是为了防止负压容器内的水分进入真空泵内。

（4）振动装置：试验过程中根据需要可以开启或关闭。

（5）恒温水槽：水温控制（25±0.5）℃。

（6）温度计：分度值为 0.5 ℃。

（7）其他：玻璃板、平底盘、铲子等。

3. 试验准备

（1）按以下几种方法获取沥青混合料试样，试样数量宜不少于表 7-29 中根据混合料公称最大粒径规定的最小质量。

① 按照沥青混合料击实法试件制作方法拌制沥青混合料，分别拌制 2 个平行试样，放置于平底盘中。

② 按照沥青混合料取样方法从拌和楼、运料车或者摊铺现场取样，趁热缩分成 2 个平行试样，分别放置于平底盘中。

③ 从沥青路面上钻取的芯样或切割的试样，或者其他来源的冷沥青混合料，应置（125±5）℃烘箱中加热至变软、松散后，缩分成 2 个平行试样，分别放置于平底盘中。

表 7-29　沥青混合料试样数量

公称最大粒径/mm	试样最小质量/g	公称最大粒径/mm	试样最小质量/g
4.75	500	26.5	2 500
9.5	1 000	31.5	3 000
13.2,16	1 500	37.5	3 500
19	2 000	—	—

（2）将平底盘中的热沥青混合料，在室温中冷却或者用电风扇吹，一边冷却一边将沥青混合料团块仔细分散，粗集料不破碎，细集料团块分散到小于 6.4 mm。若混合料坚硬则可用烘箱适当加热后再分散，加热温度不超过 60 ℃。分散试样时可用铲子翻动、分散，在温度较低时应用手掰开，不得用锤打碎，防止集料破碎。当试样是从施工现场采取的非干燥混合料时，应用电风扇吹干至恒重后再进行操作。

（3）负压容器标定。

① 采用 A 类容器时，将容器全部浸入（25±0.5）℃的恒温水槽中，负压容器完全浸没、恒温（10±1）min 后，称取容器的水中质量 m_1。

② B、C 类负压容器。

（a）大端口的负压容器，需要有大于负压容器端口的玻璃板。将负压容器和玻璃板放进水槽中（注意轻轻摇动负压容器使容器内气泡排除），（恒温 10 ±1）min；取出负压容器和玻璃板，向负压容器内加满（25±0.5）℃水至液面稍微溢出，先用玻璃板盖住容器端口的 1/3，然后慢慢沿容器端口的水平方向移动直至盖住整个端口，注意查看有没有气泡。擦除负压容器四周的水，称取盛满水的负压容器质量 m_b。

（b）小口的负压容器，需要采用中间带垂直孔的塞子，其下部为凹槽，以便于空气从孔中排除。将负压容器和塞子放进水槽中（注意轻轻摇动负压容器使容器内气泡排除），恒温 10 min±1 min，在水中将瓶塞塞进瓶口，使多余的水由瓶塞上的孔中挤出。取出负压容器，用干净软布将负压容器瓶塞顶部擦拭一次，再迅速擦除负压容器外面的水分，最后称其质量 m_b。

（4）将负压容器干燥、编号，称取其干燥质量。

4. 试验步骤

（1）将沥青混合料试样装入干燥的负压容器中，称取容器及沥青混合料总质量，得到试样的净质量 m_a。试样质量应不小于上述规定的最小质量。

（2）在负压容器中注入（25±0.5）℃的水，将混合料全部浸没，并较混合料顶面高出约 2 cm。

（3）将负压容器放到试验仪上，与真空泵、压力表等连接，开动真空泵，使负压容器内负压在 2 min 内达到（3.7±0.3）kPa［（27.5±2.5）mmHg］时，开始计时，同时开动振动装置和真空装置，持续（15±2）min。

为使气泡容易除去，试验前可在水中加 0.01%浓度的表面活性剂（如每 100 mL 水中加 0.01 g 洗涤灵）。

（4）当抽真空结束后，关闭真空装置和振动装置，打开调压阀慢慢卸压，卸压速度不得大于 8 kPa/s（通过真空表读数控制），使负压容器内压力逐渐恢复。

（5）当负压容器采用 A 类容器时，将盛试样的容器浸入保温至（25±0.5）℃的恒温水槽中，恒温（10±1）min 后，称取负压容器与沥青混合料的水中质量（m_2）。

（6）当负压容器采用 B、C 类容器时，将装有沥青混合料试样的容器浸入保温至（25±0.5）℃的恒温水槽中，恒温（10±1）min 后，注意容器中不得有气泡，擦净容器外的水分，称取容器、水和沥青混合料试样的总质量（m_c）。

5. 修正试验

1）需要进行修正试验的情况

（1）对现场钻取芯样或切割试样，粗集料有破碎情况，破碎面没有裹覆沥青。

（2）沥青与集料拌和不均匀，部分集料没有完全裹覆沥青。

2）修正试验方法

（1）完成试验步骤 5 后，将负压容器静置一段时间使混合料沉淀，然后慢慢倾斜容器，使容器内的水通过 0.075 mm 筛滤掉。

（2）将残留了部分水的沥青混合料仔细地倒入一个平底盘中，然后用适当的水涮洗容器和 0.075 mm 筛网，并将其也倒入平底盘中，重复几次直到无残留混合料。

（3）静置一段时间后，稍微提高平底盘一端，使试样中的部分水流出平底盘，并用吸耳球慢慢吸去水。

（4）将试样在平底盘中尽量摊开，用吹风机或电风扇吹干，并不断翻拌试样。每 15 min 称量一次，当 2 次质量相差小于 0.05%时，认为达到表干状态，称取质量为表干质量，用表干质量代替 m_a 重新计算。

6. 试验结果与评定

1）沥青混合料理论最大密度

（1）采用 A 类容器时，沥青混合料的理论最大相对密度按式（7-32）计算。

$$r_t = \frac{m_a}{m_a - (m_2 - m_1)} \qquad (7-32)$$

式中：r_t——沥青混合料理论最大相对密度；

m_a——干燥沥青混合料试样的空中质量，g；

m_1——负压容器在 25 ℃水中的质量，g；

m_2——负压容器与沥青混合料在 25 ℃水中的质量，g。

（2）采用 B、C 类容器作负压容器时，沥青混合料的理论最大相对密度按式（7-33）计算。

$$r_t = \frac{m_a}{m_a + m_b - m_c} \qquad (7-33)$$

m_b——装满 25 ℃水的负压容器质量，g；

m_c——25 ℃时试样、水与负压容器的总质量，g。

（3）沥青混合料 250 ℃时的理论最大密度按式（7-34）计算。

$$\rho_t = \gamma_t \times \rho_w \qquad (7-34)$$

式中：ρ_t——沥青混合料的理论最大密度（g/cm³）；

ρ_w——25 ℃时水的密度，0.997 1 g/cm³。

2）结果评定

同一试样至少平行试验 2 次，计算平均值作为试验结果，取 3 位小数。采用修正试验时需要在报告中注明。

重复性试验的允许误差为 0.011 g/cm³，再现性试验的允许误差为 0.019 g/cm³。

任务 7.7　沥青混合料车辙试验

📖 任务书

小王、小李配合试验室主任已经确定了沥青混合料矿料设计级配和最佳沥青用量，由于本项目为一级公路，所用沥青混合料为 AC-13，因此还需要按规范要求进行高温稳定性检验，那么对于沥青混合料的动稳定度他们应如何进行检验呢？

📖 课前学习测验

1. 沥青混合料车辙试验的温度与轮压（试验轮与试件的接触压强）可根据有关规定和需要选用，非经注明，试验温度为 60 ℃，轮压为（　　　）。

　　A. 0.3 MPa　　　　B. 0.5 MPa　　　　C. 0.7 MPa　　　　D. 0.9 MPa

2. 沥青混合料车辙试验计算动稳定度的时间原则上为试验开始后（　　　）min 之间。

　　A. 45～60　　　　B. 50～60　　　　C. 40～50　　　　D. 40～55

3. 按轮碾成型法制作车辙试验试块，板块状试件尺寸一般为（　　　）。

A. 长 150 mm×宽 300 mm×厚 50～100 mm

B. 长 300 mm×宽 150 mm×厚 50～100 mm

C. 长 150 mm×宽 150 mm×厚 50～100 mm

D. 长 300 mm×宽 300 mm×厚 50～100 mm

4. 沥青混合料车辙试验中，开动车辙变形自动记录仪，然后启动试验机，使试验轮往返行走，时间约 1 h 或最大变形达到（　　）mm 时为止。

A. 10　　　　　　B. 15　　　　　　C. 20　　　　　　D. 25

📖 课中任务准备

1. 阅读任务书，熟悉将要学习的主要内容。

2. 收集并查阅《公路工程沥青及沥青混合料试验规程》（JTG E20—2011）等规范标准。

3. 准备并检查好所需的仪器设备。

4. 取出已制备好并在常温下放置了不少于 12 h 的试件。

5. 调节恒温室的温度到（60±1）℃。

课中任务实施

请按照要求完成沥青混合料车辙试验，并将原始数据等相关信息填入"沥青混合料动稳定度试验检测记录表"中，再根据相关数据和信息编制试验检测报告。

沥青混合料动稳定度试验检测记录表

检测单位名称：　　　　　　　　　　　　　　　　　　记录编号：

工程名称				工程部位/用途				
样品信息								
试验检测日期				试验条件				
检测依据				判定依据				
主要设备名称及编号								
取样地点			施工路段			混合料类型		试验温度/℃
试件毛体积相对密度			最大理论相对密度			试件空隙率/%		试件制作方法
试验机类型系数 C_1			试件系数 C_2			试验轮接地压强/MPa		往返轮碾速度/（次/min）

试件编号	试件尺寸/mm			试验轮往返行走时间约1h		变形过大达到 25 mm 时		动稳定度 DS/（次/mm）	平均DS/（次/mm）	变异系数/%
	长	宽	厚	对应于时间45 min（t_1）的变形量 d_1/mm	对应于时间60 min（t_2）的变形量 d_2/mm	变形达到25 mm（d_2）的时间 t_2/min	t_2 前 15 min（t_1）变形量 d_1/mm			

附加声明：

检测：　　　　记录：　　　　复核：　　　　日期：　　年　　月　　日

📖 **课后拓展思考**

1. 沥青混合料动稳定度的影响因素有哪些？
2. 如何提高沥青混合料动稳定度？

⬡ **课后自我反思**

_____

_____

_____

📖 **任务学习评价**

待以上学习任务全部完成后，由学生自己、学生之间、学校教师、企业导师根据学生课前、课中、课后学习完成情况对每个学生进行综合评价，并将结果填入表 A–2 中。

📖 **相关知识**

1. 试验目的与适用范围

（1）本方法适用于测定沥青混合料的高温抗车辙能力，供沥青混合料配合比设计时的高温稳定性检验使用，也可用于现场沥青混合料的高温稳定性检验。

（2）车辙试验的温度与轮压（试验轮与试件的接触压强）可根据有关规定和需要选用，非经注明，试验温度为 60 ℃，轮压为 0.7 MPa。根据需要，在寒冷地区试验温度也可采用 45 ℃，在高温条件下试验温度可采用 70 ℃等，对重载交通轮压可增加至 1.4 MPa，但应在报告中注明。计算动稳定度的时间原则上为试验开始后 45～60 min 之间。

（3）本方法适用于按轮碾法用轮碾成型机碾压成型的长 300 mm、宽 300 mm、厚 50～100 mm 的板块状试件。根据工程需要也可采用其他尺寸的试件。本方法也适用于现场切割的板块状试件，切割试件的尺寸根据现场面层的实际情况由试验确定。

2. 仪具与材料技术要求

（1）车辙试验机：如图 7-16 所示，其主要由以下 6 个部分组成。

① 试件台：可牢固地安装两种宽度（300 mm 及 150 mm）规定尺寸试件的试模。

② 试验轮：橡胶制的实心轮胎，外径 200 mm，轮宽 50 mm，橡胶层厚 15 mm。橡胶硬度（国际标准硬度）20 ℃时为 84±4，60 ℃时为 78±2。试验轮行走距离为（230±10）mm，往返碾压速度为（42±1）次/min（21 次往返/min）。采用曲柄连杆驱动加载轮往返运行方式。

> **注：** 轮胎橡胶硬度应注意检验，不符合要求者应及时更换。

③ 加载装置：通常情况下试验轮与试件的接触压强在 60 ℃时为（0.7±0.05）MPa，施加的总荷载为 780 N 左右，可以根据需要调整接触压强的大小。

④ 试模：如图 7-17 所示。由钢板制成，由底板及侧板组成，试模内侧尺寸宜采用长 300 mm、宽 300 mm、厚 50～100 mm，也可根据需要对厚度进行调整。

图 7-16　车辙试验机

图 7-17　试模

⑤ 试件变形测量装置：自动采集车辙变形并记录曲线的装置，通常用位移传感器 LVDT 或非接触位移计。位移测量范围 0～130 mm，精度±0.01 mm。

⑥ 温度检测装置：自动检测并记录试件表面及恒温室内温度的温度传感器，精度± 0.50 ℃。温度应能自动连续记录。

（2）恒温室：恒温室应具有足够的空间，因车辙试验机必须整机安放在恒温室内；装有加热器、气流循环装置及装有自动温度控制设备；同时恒温室还应具备至少能保温 3 个试件并进行试验的条件。保持恒温室温度（60±1）℃ [试件内部温度（60±0.5）℃]，根据需要也可采用其他试验温度。

（3）台秤：量程 15 kg，分度值不大于 5 g。

3. 试验准备

（1）试验轮接地压强测定。测定在 60 ℃时进行，在试验台上放置一块 50 mm 厚的钢板，其上铺一张毫米方格纸，再上铺一张新的复写纸，以规定的 700 N 荷载后试验轮静压复写纸，即可在方格纸上得出轮压面积，并由此求得接地压强。当压强不符合（0.7±0.05）MPa 时，荷载应适当调整。

（2）按轮碾成型法制作车辙试验试块。在试验室或工地制备成型的车辙试件，板块状试件尺寸为长 300 mm×宽 300 mm×厚 50～100 mm（厚度根据需要确定）。也可从路面切割得到需要尺寸的试件。

（3）当直接采用在拌和厂取拌和好的沥青混合料样品制作车辙试验试件检验生产配合比设计或混合料生产质量时，必须将混合料装入保温桶中，在温度下降至成型温度之前迅速送达试验室制作试件。如果温度稍有不足，可放在烘箱中稍事加热（时间不超过 30 min）后成型，但不得将混合料放冷却后二次加热重塑制作试件。重塑制件的试验结果仅供参考，不得用于评定配合比设计检验是否合格的标准。

（4）如需要，将试件脱模后按规定的方法测定密度及空隙率等各项物理指标。

（5）试件成型后，连同试模一起在常温条件下放置，放置时间不得少于 12 h，对聚合物改

261

性沥青混合料，放置时间以 48 h 为宜，使聚合物改性沥青充分固化后方可进行车辙试验。室温放置时间不得长于一周。

4. 试验步骤

（1）将试件连同试模一起，置于已达到试验温度（60±1）℃的恒温室中，保温不少于 5 h，也不得超过 12 h。在试件的试验轮不行走的部位上，粘贴一个热电偶温度计（也可在试件制作时预先将热电偶导线埋入试件一角），控制试件温度稳定在（60±0.5）℃。

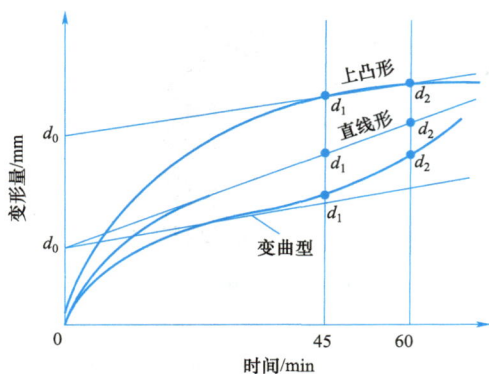

图 7-18　车辙试验自动记录的变形曲线

（2）将试件连同试模移到轮辙试验机的试验台上，试验轮在试件的中央部位，其行走方向须与试件碾压或行车方向一致。开动车辙变形自动记录仪，然后启动试验机，使试验轮往返行走，时间约 1 h，或最大变形达到 25 mm 时为止。试验时，记录仪自动记录变形曲线（图 7-18）及试件温度。

> **注**：对试验变形较小的试件，也可对一块试件在两侧 1/3 位置上进行 2 次试验，然后取平均值。

5. 试验结果与允许误差

（1）从图 7-18 中读取 45 min（t_1）及 60 min（t_2）时的车辙变形 d_1 及 d_2，精确至 0.01 mm。当变形过大，在未到 60 min 变形已达 25 mm 时，则以达到 25 mm（d_2）的时间为 t_2，将其前 15 min 为 t_1，此时的变形量为 d_1。

（2）沥青混合料试件的动稳定度按式（7-35）计算。

$$DS = \frac{(t_2 - t_1) \times N}{d_2 - d_1} \times C_1 \times C_2 \qquad (7\text{-}35)$$

式中：DS——沥青混合料的动稳定度，次/mm；

d_1——对应于时间 t_1 的变形量，mm；

d_2——对应于时间 t_2 的变形量，mm；

C_1——试验机类型系数，曲柄连杆驱动加载运行方式为 1.0；

C_2——试件系数，试验室制备宽 300 mm 的试件为 1.0；

N——试验轮往返碾压速度，通常为 42 次/min。

（3）同一沥青混合料或同一路段路面，至少平行试验 3 个试件。当 3 个试件动稳定度变异系数不大于 20% 时，取其平均值作为试验结果；变异系数大于 20% 时应分析原因，并追加试验。如计算动稳定度值大于 6 000 次/mm，记作：＞6 000 次/mm。

（4）重复性试验动稳定度变异系数不大于 20%。

任务 7.8　沥青混合料中沥青含量试验（离心分离法）

任务书

小王、小李需要配合试验室主任对施工现场取回的沥青混合料进行沥青含量和矿料级配检验以控制沥青路面施工质量，对于沥青混合料的沥青含量他们应如何进行测定呢？

课前学习测验

1. 在旧路调查中检测沥青混合料的沥青用量时，用离心分离法抽提的沥青溶液可用于回收沥青，以评定沥青的老化性质。　　　　　　　　　　　　　　　　　　　　　（　　　）

2. 沥青混合料抽提试验中，在拌和厂从运料车采取沥青混合料试样，放在金属盘中适当拌和，待温度稍下降至（　　　）℃以下时，用大烧杯取混合料试样。

　　A. 105　　　　　　　B. 100　　　　　　　C. 110　　　　　　　D. 115

3. 沥青混合料抽提试验中，向装有试样的烧杯中注入三氯乙烯溶剂，将其浸没，浸泡时间为（　　　）。

　　A. 30 min　　　　　　　　　　　　B. 40 min

　　C. 60 min　　　　　　　　　　　　D. 45 min

4. 沥青混合料抽提试验中，重复从上盖的孔中加入三氯乙烯溶剂，数量大体相同，如此数次直至流出的抽提液为（　　　）为止。

　　A. 清澈的淡红色　　　　　　　　　B. 清澈的淡绿色

　　C. 清澈的淡蓝色　　　　　　　　　D. 清澈的淡黄色

5. 用离心分离法测定沥青混合料中的沥青含量时，应考虑泄漏入抽提液中矿粉的含量。如果忽略该部分质量，则测得结果较真实值（　　　）。

　　A. 偏大　　　　　　　　　　　　　B. 偏小

　　C. 相同　　　　　　　　　　　　　D. 不确定

课中任务准备

1. 阅读任务书，熟悉将要学习的主要内容。

2. 收集并查阅《公路工程沥青及沥青混合料试验规程》（JTG E20—2011）等规范标准。

3. 准备并检查好所需的仪器设备和试剂。

课中任务实施

请按照要求完成沥青混合料中沥青含量试验，并将原始数据等相关信息填入"沥青含量试验检测记录表（离心分离法）"中，再根据相关数据和信息编制试验检测报告。

沥青混合料中
沥青含量试验
（离心分离法）

<h3 align="center">沥青含量试验检测记录表（离心分离法）</h3>

检测单位名称：　　　　　　　　　　　　　　　　　　　　记录编号：

工程名称				
工程部位/用途				
样品信息				
试验检测日期		试验条件		
检测依据		判定依据		
主要设备名称及编号				
施工路段		结构层次		
取样地点		混合料类型		
试验次数		1	2	3
沥青混合料的总质量/g				
圆环形滤纸试验前质量/g				
圆环形滤纸试验后质量/g				
容器中集料干燥质量/g				
抽提液总量/mL				
取出的燃烧干燥的抽提液数量/mL				
坩埚中燃烧干燥的残渣质量/g				
泄漏入抽提液中矿粉质量/g				
沥青混合料中矿料部分的总质量/g				
沥青混合料的沥青含量测值/%				
沥青混合料的沥青含量平均值/%				
沥青混合料的油石比/%				

附加声明：

检测：　　　　　记录：　　　　　复核：　　　　　日期：　　年　　月　　日

课后拓展思考

1. 沥青混合料中沥青含量的测试方法有哪几种？
2. 用离心分离法检测沥青混合料中沥青含量的试验中，三氯乙烯的作用是什么？

课后自我反思

任务学习评价

待以上学习任务全部完成后，由学生自己、学生之间、学校教师、企业导师根据学生课前、课中、课后学习完成情况对每个学生进行综合评价，并将结果填入表 A-2 中。

相关知识

1. 试验目的与适用范围

（1）本方法采用离心分离法测定黏稠石油沥青拌制的沥青混合料中的沥青含量（或油石比）。

（2）本方法适用于热拌热铺沥青混合料路面施工时的沥青用量检测，以评定拌和厂产品质量。本方法也适用于旧路调查时检测沥青混合料的沥青用量，用本方法抽提的沥青溶液可用于回收沥青，以评定沥青的老化性质。

2. 仪具与材料技术要求

（1）离心抽提仪：如图 7-19 所示，由试样容器及转速不小于 3 000 r/min 的离心分离器组成，分离器备有滤液出口。容器盖与容器之间用耐油的圆环形滤纸密封。滤液通过滤纸排出后从出口流出收入回收瓶中。仪器必须安放稳固并有排风装置。

图 7-19　离心抽提仪

（2）圆环形滤纸。

（2）回收瓶：容量 1 700 mL 以上。

（4）压力过滤装置。

（5）天平：分度值不大于 0.01 g、1 mg 的天平各 1 台。

（6）量筒：分度值 1 mL

（7）电烘箱：装有温度自动调节器。

（8）三氯乙烯：工业用。

（9）碳酸铵饱和溶液：供燃烧法测定滤纸中的矿粉含量用。

（10）其他：小铲、金属盘、大烧杯等。

3. 试验准备

（1）按规定的沥青混合料取样方法，在拌和厂从运料车采取沥青混合料试样，放在金属盘中适当拌和，待温度稍下降至 100 ℃以下时，用大烧杯取混合料试样质量 1 000～1 500 g（粗粒式沥青混合料用高限，细粒式用低限，中粒式用中限），精确至 0.1g。

（2）当试样在施工现场用钻机法或切割法取得时，应用电风扇吹风使其完全干燥，置烘箱中适当加热成松散状态后取样，不得用锤击，以防集料破碎。

4. 试验步骤

（1）向装有试样的烧杯中注入三氯乙烯溶剂，将其浸没，浸泡 30 min，用玻璃棒适当搅动混合料，使沥青充分溶解。

> 注：也可直接在离心分离器中浸泡。

（2）将混合料及溶液倒入离心分离器，用少量溶剂将烧杯及玻璃棒上的黏附物全部洗入分离器中。

（3）称取洁净的圆环形滤纸质量，精确至 0.01 g。注意滤纸不宜多次反复使用，有破损者不能使用，有石粉黏附时应用毛刷清除干净。

（4）将滤纸垫在分离器边缘上，加盖紧固，在分离器出口处放上回收瓶，上口应注意密封，防止流出液成雾状散失。

（5）开动离心机，转速逐渐增至 3 000 r/min，沥青溶液通过排出口注入回收瓶中，待流出停止后停机。

（6）从上盖的孔中加入新溶剂，数量大体相同，稍停 3~5 min 后，重复上述操作，如此数次直至流出的抽提液成清澈的淡黄色为止。

（7）卸下上盖，取下圆环形滤纸，在通风橱或室内空气中蒸发干燥，然后放入（105±5）℃的烘箱中干燥，称取质量，其增重部分（m_2）为矿粉的一部分。

（8）将容器中的集料仔细取出，在通风橱或室内空气中蒸发后放入（105±5）℃烘箱中烘干（一般需 4 h），然后放入大干燥器中冷却至室温，称取集料质量（m_1）。

（9）用压力过滤器过滤回收瓶中的沥青溶液，由滤纸的增重 m_3 得出泄漏入滤液中的矿粉质量。无压力过滤器时也可用燃烧法测定。

（10）用燃烧法测定抽提液中矿粉质量的步骤如下。

① 将回收瓶中的抽提液倒入量筒中，准确定量至 mL（V_a）。

② 充分搅匀抽提液，取出 10 mL（V_b）放入坩埚中，在热浴上适当加热使溶液试样发暗黑色后，置高温炉（500~600 ℃）中烧成残渣，取出坩埚冷却。

③ 向坩埚中按每 1 g 残渣 5 mL 的用量比例，注入碳酸铵饱和溶液，静置 1 h，放入（105±5）℃烘箱中干燥。

④ 取出坩埚放在干燥器中冷却，称取残渣质量 m_4，精确至 1 mg。

5. 试验结果与允许误差

（1）沥青混合料中矿料的总质量按式（7-36）计算。

$$m_a = m_1 + m_2 + m_3 \tag{7-36}$$

式中：m_a——沥青混合料中矿料部分的总质量，g；

m_1——容器中留下的集料干燥质量，g；

m_2——圆环形滤纸在试验前后的增重，g；

m_3——泄漏入抽提液中的矿粉质量，g，用燃烧法时可按式（7-37）计算；

$$m_3 = m_4 \times \frac{V_a}{V_b} \tag{7-37}$$

V_a——抽提液的总量，mL；

V_b——取出的燃烧干燥的抽提液数量，mL；

m_4——坩埚中燃烧干燥的残渣质量，g。

（2）沥青混合料中的沥青含量按式（7-38）计算，油石比按式（7-39）计算。

$$P_b = \frac{m - m_a}{m} \tag{7-38}$$

$$P_a = \frac{m - m_a}{m_a} \tag{7-39}$$

式中：m——沥青混合料的总质量，g；

P_b——沥青混合料的沥青含量；

P_a——沥青混合料的油石比。

（3）同一沥青混合料试样至少平行试验 2 次，取平均值作为试验结果。2 次试验结果的差值应小于 0.3%，当大于 0.3%但小于 0.5%时，应补充平行试验一次，以 3 次试验的平均值作为试验结果，3 次试验的最大值与最小值之差不得大于 0.5%。

任务 7.9　沥青混合料的矿料级配检验

📖 任务书

小王、小李需要配合试验室主任对施工现场取回的沥青混合料进行沥青含量和矿料级配检验以控制沥青路面施工质量，对于沥青混合料的矿料级配他们应如何进行检验呢？

📖 课前学习测验

1. 沥青混合料的矿料级配检验所用标准筛套筛必须有（　　）。

　　A. 密封圈　　　　　　B. 顶盖　　　　　　C. 底盘　　　　　　D. 摇筛机

2. 沥青混合料矿料级配检验，作为施工质量检验时，套筛至少应包括（　　）筛孔，按大小顺序排列成套筛。

　　A. 0.075 mm　　　　B. 2.36 mm　　　　C. 4.75 mm　　　　D. 公称最大粒径

3. 沥青混合料矿料级配检验中，将标准筛带筛底置摇筛机上，并将矿质混合料置于筛内，盖妥筛盖后，压紧摇筛机，开动摇筛机筛分（　　）min。

　　A. 5　　　　　　　　B. 7　　　　　　　　C. 10　　　　　　　D. 15

4. 沥青混合料矿料级配检验中，手筛时应筛至每分钟筛出量不超过筛上试样质量的（　　）为止。

　　A. 0.1%　　　　　　B. 0.15%　　　　　　C. 0.2%　　　　　　D. 0.5%

5. 沥青混合料矿料的累计筛余百分率为该号筛上的分计筛余百分率与小于该号筛的各号筛上的分计筛余百分率之和。　　　　　　　　　　　　　　　　　　　　　　　　　（　　）

📖 课中任务准备

1. 阅读任务书，熟悉将要学习的主要内容。

2. 收集并查阅《公路工程沥青及沥青混合料试验规程》（JTG E20—2011）等规范标准。

4. 取出已完成沥青抽提，并烘干冷却至室温的全部矿质混合料。

3. 准备并检查好所需的仪器设备。

课中任务实施

请按照要求完成沥青混合料的矿料级配检验，并将原始数据等相关信息填入"沥青混合料矿料级配试验检测记录表"中，再根据记录表中的相关数据和信息，编制试验检测报告。

沥青混合料的矿料级配检验

需要时可沿此线裁成活页

沥青混合料矿料级配试验检测记录表

检测单位名称：　　　　　　　　　　　　　　　　　记录编号：

工程名称		工程部位/用途	
样品信息		试验条件	
试验检测日期		判定依据	
检测依据		混合料类型	
主要设备名称及编号			

取样地点

结构层次

干燥试样总量/g

筛孔尺寸/mm	第 1 组				第 2 组				平均通过百分率/%	级配修正/%	规定级配范围/%
	筛上质量/g	分计筛余/%	累计筛余/%	通过百分率/%	筛上质量/g	分计筛余/%	累计筛余/%	通过百分率/%			
筛底											

矿料通过量百分率/% （纵坐标 0、10、20、30、40、50、60、70、80、90、100）

方孔筛筛孔尺寸/mm	第 1 组	第 2 组
样品组次		
干筛后总量 $\sum m_1$/g		
损耗 m_5/g		
损耗率/%		

附加声明：

检测：　　　　　　记录：　　　　　　复核：　　　　　　日期：　　年　　月　　日

课后拓展思考

对于沥青混合料的矿料级配检验结果如何进行判定？

课后自我反思

_____

_____

_____

任务学习评价

待以上学习任务全部完成后，由学生自己、学生之间、学校教师、企业导师根据学生课前、课中、课后学习完成情况对每个学生进行综合评价，并将结果填入表 A-2 中。

相关知识

1. 试验目的与适用范围

本方法适用于测定沥青路面施工过程中沥青混合料的矿料级配，供沥青路面施工质量评定使用。

2. 仪具与材料技术要求

（1）标准筛：方孔筛，在尺寸为 53.0 mm、37.5 mm、31.5 mm、26.5 mm、19.0 mm、16.0 mm、13.2 mm、9.5 mm、4.75 mm、2.36 mm、1.18 mm、0.6 mm、0.3 mm、0.15 mm、0.075 mm 的标准筛系列中，根据沥青混合料级配选用相应的筛号，标准筛必须有密封圈、盖和底，如图 7-20 所示。

（2）天平：分度值不大于 0.1 g。

（3）摇筛机，如图 7-21 所示。

图 7-20　标准筛

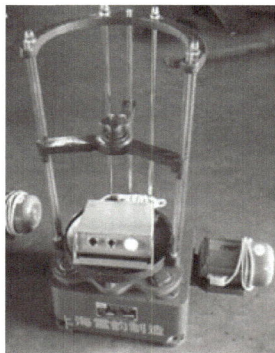

图 7-21　摇筛机

（4）烘箱：装有温度自动控制器。

（5）其他：样品盘、毛刷等。

3. 试验准备

（1）按照规定的沥青混合料取样方法从拌和厂选取代表性样品。

（2）将沥青混合料试样按任务 7.8 的试验方法抽提沥青后，将全部矿质混合料放入样品盘中置温度（105±5）℃烘干，并冷却至室温。

（3）按沥青混合料矿料级配设计要求，选用全部或部分需要筛孔的标准筛，作施工质量检验时，至少应包括 0.075 mm、2.36 mm、4.75 mm、集料公称最大粒径及集料最大粒径等 5 个筛孔，按大小顺序排列成套筛。

4. 试验步骤

（1）称量抽提后的全部矿料试样，精确至 0.1 g。

（2）将标准筛带筛底置摇筛机上，并将矿质混合料置于筛内，盖妥筛盖后，压紧摇筛机，开动摇筛机筛分 10 min。取下套筛后，按筛孔大小顺序，在一清洁的浅盘上，再逐个进行手筛，手筛时可用手轻轻拍击筛框并经常转动筛子，直至每分钟筛出量不超过筛上试样质量的 0.1%为止，不得用手将颗粒塞过筛孔。筛下的颗粒并入下一号筛，并和下一号筛中试样一起过筛。在筛分过程中，针对 0.075 mm 筛的矿料，根据需要可参照《公路工程集料试验规程》（JTG 3432—2024）采用水筛法，或者对同一种混合料适当进行几次干筛与湿筛的对比试验后，对 0.075 mm 通过率进行适当的换算或修正。

（3）称量各筛上筛余颗粒的质量，精确至 0.1 g。并将沾在滤纸、棉花上的矿粉及抽提液中的矿粉计入矿料中通过 0.075 mm 的矿粉含量。所有各筛的分计筛余量和底盘中剩余质量的总和与筛分前试样总质量相比，相差不得超过总质量的 1%。

5. 计算与评定

（1）试样的分计筛余百分率计算式为：

$$P_i = \frac{m_i}{m} \times 100\% \tag{7-40}$$

式中：P_i——第 i 级试样的分级筛余量。

　　　m_i——第 i 级筛上颗粒的质量，g。

　　　m——试样的质量，g。

（2）累计筛余百分率：该号筛上的分计筛余百分率与大于该号筛的各号筛上的分计筛余百分率之和，精确至 0.1%。

（3）通过筛分百分率：用 100 减去该号筛上的累计筛余百分率，精确至 0.1%。

（4）以筛孔尺寸为横坐标，各个筛孔的通过筛分百分率为纵坐标，绘制矿料组成级配曲线，评定该试样的颗粒组成。

（5）同一混合料至少取 2 个试样平行筛分试验 2 次，取平均值作为每号筛上的筛余量的试验结果，报告矿料级配通过百分率及级配曲线。

模块3　功能性材料性能检测

项目 8　墙体材料与屋面材料检测

项目概述

　　某高职院校拟新建一幢钢结构实训楼，建筑面积为 3 599.92 m²，占地面积为 2 306.08 m²，2 层楼，建筑高度为 9.45 m。墙体结构为 200 mm 厚页岩空心砖，局部为 100 mm 厚加气混凝土砌块，屋面防水采用自粘性防水卷材。

　　实训楼建设所需的墙面材料和屋面材料在施工进场前需要进行材料检测。要想做好这项工作，就需要先了解砌砖墙、砌块和屋面材料的基本知识，熟悉砖墙常用的技术指标，掌握砖墙和砌块相关试验检测的操作方法和结果处理方法。

项目学习导图

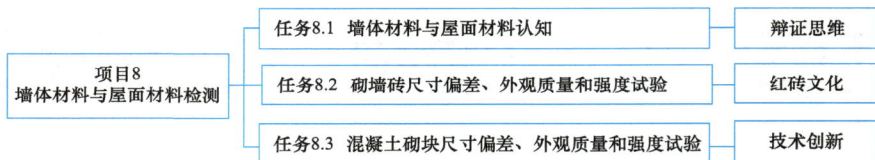

```
                        ┌── 任务8.1  墙体材料与屋面材料认知 ──── 辩证思维
项目8                    │
墙体材料与屋面材料检测 ──┼── 任务8.2  砌墙砖尺寸偏差、外观质量和强度试验 ── 红砖文化
                        │
                        └── 任务8.3  混凝土砌块尺寸偏差、外观质量和强度试验 ── 技术创新
```

项目学习目标

　　能阐述常见墙体和屋面材料的类型；能完成墙体材料和砌块材料相关的试验并对试验数据进行分析处理；提升精益求精的工程意识和增强民族文化自豪感。

项目学习评价

　　本项目学习评价总分为 100 分，学习完之后，请按照表 8-1 对本项目学习情况进行总评：

表 8-1　项目学习评价表

任务序号	学习任务名称	学习任务评价总得分	权重（%）	项目学习评价总分
	项目 8 墙体材料与屋面材料检测			
任务 8.1	墙体材料与屋面材料认知		30	
任务 8.2	砌墙砖尺寸偏差、外观质量和强度试验		35	
任务 8.3	混凝土砌块尺寸偏差、外观质量和强度试验		35	

思政贴士

　　闽南红砖指的是产于闽南的红砖。由红砖建成的建筑物，主要有三类，一是历史古街建筑；二是乡村民居建筑；三是名人富家宅院建筑。这些建筑都是漳州红砖传统建筑的经典体现，如芗城区的蔡竹禅故居、湘桥的古厝、龙海的杨厝、南靖的德远堂等。

任务 8.1　墙体材料与屋面材料认知

任务书

　　试验室工作人员已经完成了墙体材料相关性能检测试验的前期准备工作，挑选了接下来做试验的样品。为了培养新人，试验室主任准备将墙体材料检测工作交给几位毕业不久的某高职院校学生。小胡、小宋二人负责对墙体材料开展相关的力学和工艺性能检测试验，但由于在校期间对有关墙体材料的知识学习不够全面，几人都需要对墙体材料的有关内容进行再次认知学习。那么墙体材料的基本知识有哪些呢？

课前学习测验

　　1. 烧结普通砖的公称尺寸是（　　　）。
　　　A. 240 mm×115 mm×53 mm　　　　　　B. 240 mm×115 mm×50 mm
　　　C. 120 mm×115 mm×53 mm　　　　　　D. 120 mm×115 mm×50 mm
　　2. 烧结普通砖分（　　　）个强度等级。
　　　A. 3　　　　　　B. 4　　　　　　C. 5　　　　　　D. 6
　　3. 纸面石膏板是以（　　　）为主要原料，加入适量纤维类增强材料及少量外加剂，经加水搅拌成料浆，浇注在行进中的纸面上，成型后再覆以上层面纸，再经固化、切割、烘干、切边而成。
　　　A. 建筑石膏　　　B. 石灰　　　　C. 纸　　　　　D. 水泥
　　4. 砌筑砂浆掺入石灰膏而制得混合砂浆，其目的是改善和易性。　　　　　　（　　　）
　　5. 当砌体材料为粗糙多孔且吸水较大的块料时，应选用稠度较大的砂浆。　　（　　　）

课中任务准备

　　1. 阅读任务书，熟悉将要学习的主要内容。
　　2. 收集并查阅《砌墙砖试验方法》（GB/T 2542—2012）、《混凝土砌块和砖试验方法》（GB/T 4111—2013）、《烧结普通砖》（GB 5101—2017）、《烧结多孔砖和多孔砌块》（GB 13544—2011）、《烧结空心砖和空心砌块》（GB 13544—2014）、《蒸压灰砂实心砖和实心砌块》（GB/T 11945—2019）、《蒸压粉煤灰砖》（JC/T 239—2014）、《蒸压加气混凝土砌块》（GB/T 11968—2020）等规范标准。

课中任务实施

　　引导实施 1：常见的砌墙砖有哪些？

引导实施 2：烧结砖的种类有哪些？

引导实施 3：标准砖的尺寸是多少？

引导实施 4：多孔砖和空心砖的区别是什么？

引导实施 5：建筑工程中砖墙的选用有哪些要求？

引导实施 6：混凝土砌块相比于砖的优势在哪里？

引导实施 7：不同板材的适用范围是什么？

引导实施 8：屋面材料有哪些类型？

课后拓展思考

1. 为什么禁用黏土砖？

2. 砌块为什么适用范围比砖更广？

3. 查阅相关资料，列举出新型墙体材料。

课后自我反思

_____

_____

_____

任务学习评价

待以上学习任务全部完成后，由学生自己、学生之间、学校教师、企业导师根据学生课前、课中、课后学习完成情况对每个学生进行综合评价，并将结果填入表 A−1 中。

相关知识

1. 砌墙砖

砌墙砖按孔洞率分为实心砖（一般砖，孔洞率<15%）、多孔砖（孔洞率≥28%，孔的尺寸小而数量多）、空心砖（孔洞率≥40%，孔的尺寸大而数量少）。按制造工艺分为烧结砖、蒸养（压）砖、免烧（蒸）砖。

1）烧结砖

（1）烧结普通砖。

烧结普通砖有黏土砖（N）、页岩砖（Y）、煤矸石砖（M）、粉煤灰砖（F）、建筑渣土砖（Z）、淤泥砖（U）、污泥砖（W）、固体废弃物砖（G）。其中黏土砖应用较多。

黏土砖的表观密度一般在 $1\,600\sim1\,800\,kg/m^3$ 之间；吸水率一般为 6%～18%；导热系数约为 $0.55\,W/(m \cdot K)$。

①烧结普通砖的技术性能指标。

国家标准《烧结普通砖》（GB/T 5101—2017）中对烧结普通砖的尺寸偏差、外现质量、强度等级、抗风化性能等主要技术性能指标均作了具体规定。

（a）尺寸偏差与外观质量。

烧结普通砖的公称尺寸为 240 mm×115 mm×53 mm，若加上砌筑灰缝（厚约 10 mm），那么 4 块砖长、8 块砖宽或 16 块砖厚约 1 m，因此，每 1 m³ 砖砌体需砖 4×8×16=512 块。

砖的外观质量包括两条面高度差、弯曲程度、杂质凸出高度、缺棱掉角的三个破坏尺寸、裂缝长度等。

（b）强度等级。

烧结普通砖依照 10 块砖样的抗压强度平均值和强度标准值，分为 MU30、MU25、MU20、MU15、MU10 五个强度等级，见表 8-2。

表 8-2　烧结普通砖强度等级划分规定

强度等级	抗压强度平均值 $\overline{f}$ /MPa ≥	抗压强度标准值 f_k /MPa ≥
MU30	30.0	22.0
MU25	25.0	18.0
MU20	20.0	14.0
MU15	15.0	10.0
MU10	10.0	6.5

烧结普通砖的抗压强度标准值按式（8-1）～式（8-3）计算。

$$f_k = \overline{f} - 1.83s \tag{8-1}$$

$$\overline{f} = \frac{1}{10}\sum_{i=1}^{10} f_i \tag{8-2}$$

$$s = \sqrt{\frac{1}{9}\sum_{i=1}^{10}(f_i - \overline{f})^2} \tag{8-3}$$

式中，f_k——烧结普通砖抗压强度标准值，MPa，精确至 0.1 MPa；

$\overline{f}$——10 块试样的抗压强度平均值，MPa，精确至 0.1 MPa；

s——10 块试样的抗压强度标准差，MPa，精确至 0.01 MPa；

f_i——单块砖样的抗压强度测定值，MPa，精确至 0.01 MPa。

（c）抗风化性能。

砖的抗风化性能与砖的使用寿命紧密相关，抗风化性能越好的砖其使用寿命越长。砖的抗风化性能除与砖本身性质有关外，还与所处环境的风化指数有关。

风化指数是指日气温从正温降至负温或负温升至正温的每年平均天数与每年从霜冻之日起至霜冻消失之日止这一期间降雨总量［以毫米（mm）计］的平均值的乘积。

风化指数大于等于 127 00 的为严重风化区，风化指数小于 12 700 的为非严重风化区。具体详见国家标准《烧结普通砖》（GB/T 5101—2017）表 B.1。

（d）泛霜与石灰爆裂。

泛霜及石灰爆裂程度也应符合国家相关标准规定。泛霜是砖的原料中含有的可溶性盐类在砖使用过程中，随水分蒸发而在砖表面产生的盐析现象，常为白色粉末，严重者会导致砖体粉化剥落。石灰爆裂是由于砖内存在生石灰时，待砖砌筑后，生石灰吸水消解体积膨胀而使砖体开裂。

② 烧结普通砖的应用。

烧结普通砖具有一定的强度和较好的耐久性，可用于砌筑承重或非承重的内外墙、柱、拱、沟道及基础等。其中，优等品可用于清水墙建筑，合格品可用于混水墙建筑，中等泛霜的砖不能用于潮湿部位。

（2）烧结多孔砖和多孔砌块。

烧结多孔砖和多孔砌块是以黏土、页岩、煤矸石、粉煤灰、淤泥（江、河、湖等淤泥）及其他固体废弃物等为主要原料，经焙烧制成的主要用于建筑物承重部位的多孔砖和多孔砌块。以下简称为多孔砖和多孔砌块。

① 烧结多孔砖和多孔砌块的技术性能指标。

（a）分类。

多孔砖和多孔砌块按主要原料分为黏土多孔砖和黏土多孔砌块（N）、页岩多孔砖和页岩多孔砌块（Y）、煤矸石多孔砖和煤矸石多孔砌块（M）、粉煤灰多孔砖和粉煤灰多孔砌块（F）、淤泥多孔砖和淤泥多孔砌块（U）、固体废弃物多孔砖和固体废弃物多孔砌块（G）。

（b）外形。

多孔砖和多孔砌块的外形一般为直角六面体，在与砂浆的接合面上应设有增加结合力的粉刷槽和砌筑砂浆槽，如图 8-1 所示，并符合以下要求。

粉刷槽：混水墙用多孔砖，应在条面和顶面上设有均匀分布的粉刷槽或类似结构，深度不小于 2 mm。

砌筑砂浆槽：两个条面或顶面都有砌筑砂浆槽时，砌筑砂浆槽深应大于 15 mm 且小于 25 mm；只有一个条面或顶面有砌筑砂浆槽时，砌筑砂浆槽深应大于 30 mm 且小于 40 mm。砌筑砂浆槽宽应超过砂浆槽所在砌块面宽度的 50%。

（c）尺寸。

多孔砖和多孔砌块的长度、宽度、高度尺寸应符合下列要求。

多孔砖规格尺寸：290、240、190、180、140、115、90 mm。

多孔砌块规格尺寸：490、440、390、340、290、240、190、180、140、115、90 mm。

其他规格尺寸由供需双方协商确定。

（d）等级。

按国家标准《烧结多孔砖和多孔砌块》（GB 13544—2011）的规定，多孔砖和多孔砌块依照抗压强度分为 MU30、MU25、MU20、MU15、MU10 五个强度等级。多孔砖的密度等级分为 1000、1100、1200、1300 四个等级；多孔砌块的密度等级分为 900、1000、1100、1200 四个等级。

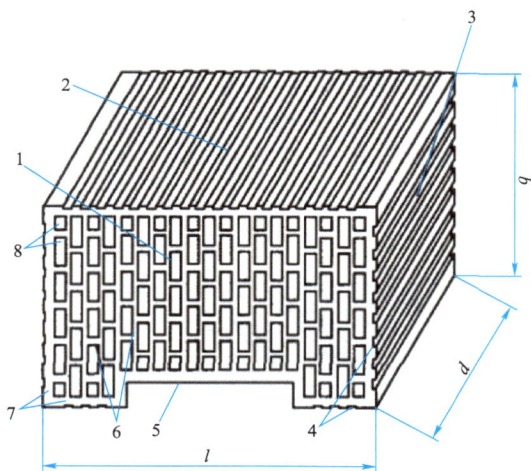

1—大面（坐浆面）；2—条面；3—顶面；4—粉刷沟槽；5—砂浆槽；6—肋；7—外壁；8—孔洞；

l—长度；b—宽度；d—高度。

图 8-1　烧结多孔砖

（e）产品标记。

多孔砖和多孔砌块的产品标记按产品名称、品种、规格、强度等级、密度等级和标准编号顺序编写。

标记示例：规格尺寸 290 mm×140 mm×90 mm、强度等级 MU25、密度 1200 级的黏土烧结多孔砖，其标记为：烧结多孔砖 N　290×140×90　MU25 1200　GB 13544—2011。

② 烧结多孔砖和多孔砌块的应用。

烧结多孔砖的孔洞率在 15% 以上，表观密度为 1 400 kg/m³ 左右。尽管多孔砖具有一定的孔洞率，会使砖的有效受压面积减小，但由于其制坯时所受压力较大，使砖的孔壁致密程度提高，且对原材料要求也较高，因此可补偿因有效面积减少而造成的强度缺失，故烧结多孔砖的强度仍较高，常用于砌筑 6 层以下的承重墙。

（3）烧结空心砖和空心砌块。

烧结空心砖和空心砌块主要是以黏土、页岩、煤矸石、粉煤灰、淤泥（江、河、湖等淤泥）、建筑渣土及其他固体废弃物为主要原料，经焙烧而成的主要用于建筑物非承重部位的空心砖和空心砌块以下简称为空心砖和空心砌块。

① 烧结空心砖和空心砌块的技术性能指标。

（a）分类。

空心砖和空心砌块按主要原料分为黏土空心砖和空心砌块（N）、页岩空心砖和空心砌块（Y）、煤矸石空心砖和空心砌块（M）、粉煤灰空心砖和空心砌块（F）、淤泥空心砖和空心砌块（U）、建筑渣土空心砖和空心砌块（Z）、其他固体废弃物空心砖和空心砌块（G）。

（b）外形。

空心砖和空心砌块的外形为直角六面体，如图 8-2 所示。混水墙用空心砖和空心砌块，应在大面和条面上设有均匀分布的粉刷槽或类似结构，深度不小于 2 mm。

（c）尺寸。

空心砖和空心砌块的长度、宽度、高度尺寸应符合下列要求：

长度规格尺寸：390、290、240、190、180（175）、140 mm。

宽度规格尺寸：190、180（175）、140、115 mm。

高度规格尺寸：180（175）、140、115、90 mm。

其他规格尺寸由供需双方协商确定。

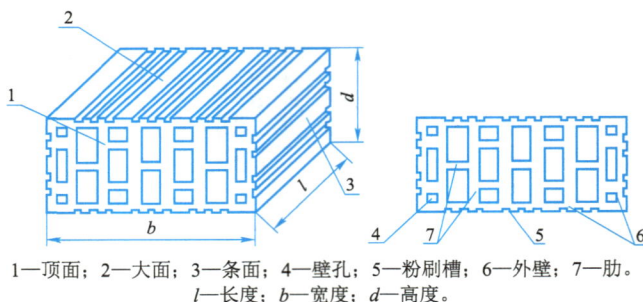

1—顶面；2—大面；3—条面；4—壁孔；5—粉刷槽；6—外壁；7—肋。
l—长度；b—宽度；d—高度。

图8-2 烧结空心砖和空心砌块

（d）等级。

依照国家标准《烧结空心砖和空心砌块》（GB/T 13544—2014）规定，空心砖和空心砌块按体积密度分成 800、900、1 000、1 100 四个密度等级；依照抗压强度分为 MU10.0、MU7.5、MU5.0、MU3.5 四个强度等级，见表8-3。

表8-3 烧结空心砖和空心砌块的强度等级

强度等级	抗压强度/MPa		
	抗压强度平均值 $\bar{f} \geqslant$	变异系数 $\delta \leqslant 0.21$	变异系数 $\delta > 0.21$
		强度标准值 $f_k \geqslant$	单块最小抗压强度值 $f_{min} \geqslant$
MU10.0	10.0	7.0	8.0
MU7.5	7.5	5.0	5.8
MU5.0	5.0	3.5	4.0
MU3.5	3.5	2.5	2.8

（e）产品标记。

空心砖和空心砌块的产品标记按产品名称、类别、规格（长度×宽度×高度）、密度等级、强度等级和标准编号顺序编写。

示例：规格尺寸 290 mm×190 mm×90 mm，密度等级 800，强度等级 MU7.5 的页岩空心砖，其标记为：烧结空心砖 Y（290×190×90） 800 MU7.5 GB 13545—2014。

②烧结空心砖和空心砌块的应用。

烧结空心砖，孔洞率一般在 40%以上，表现密度在 800～1 100 kg/m³ 之间，自重较轻，强度不高，因而多用作非承重墙，如多层建筑内隔墙或框架结构的填充墙等。

多孔砖、空心砖可节约黏土，节约能源，且砖的自重轻、热工性能好。使用多孔砖特别是空心砖和空心砌块，既可提高建筑施工效率、降低造价，还可减轻墙体自重、改善墙体的热工性能等。

2）蒸压砖和砌块

蒸压砖和砌块是以石灰和含硅材料（砂子、粉煤灰、煤矸石、炉渣和页岩等）为原料，加水拌和，经压制成型、蒸汽养护或蒸压养护而成的砖和砌块。

（1）蒸压灰砂实心砖和实心砌块。

蒸压灰砂砖和砌块包括蒸压灰砂实心砖、蒸压灰砂实心砌块、大型蒸压灰砂实心砌块，其中，空心率小于 15%、长度不小于 500 mm 或高度不小于 300 mm 的蒸压灰砂砌块简称为大型实心砌块。

蒸压灰砂实心砖（代号 LSSB）、蒸压灰砂实心砌块（代号 LSSU）、大型蒸压灰砂实心砌块（代号 LLSS），应考虑工程砌筑灰缝的宽度和厚度要求，由供需双方协商后，在订赁合约中确定其标示尺寸。

① 等级。

根据国家标准《蒸压灰砂实心砖和实心砌块》（GB/T 11945—2019）规定，蒸压灰砂实心砖和实心砌块按抗压强度分为 MU10、MU15、MU20、MU25、MU30 五个强度等级。

② 颜色。

颜色分为本色（N）和彩色（C）两类。

③ 标记。

产品按代号、颜色、等级、规格尺寸和标准编号的顺序进行标记。示例如下：

规格尺寸 240 mm×115 mm×53 mm，强度等级 MU15 的本色实心砖（标准砖），其标记为：LSSB–N　MU15　240×115×53　GB/T 11945—2019。

规格尺寸 295 mm×240 mm×195 mm，强度等级 MU20 的彩色实心砌块，其标记为：LSSU–C　MU20　295×240×195　GB/T 11945—2019。

规格尺寸 997 mm×200 mm×497 mm，强度等级 MU25 的本色大型实心砌块，其标记为：LLSS–N　MU25　997×200×497　GB/T 11945—2019。

④ 要求。

灰砂砖不应用于长期受热（高于 200 ℃），受急冷、急热交替作用或有酸性介质腐蚀的建筑部位。此外，砖中的氢氧化钙等组分会被流水冲失，因此灰砂砖不能用于有流水冲刷的部位。

当开孔方向与使用承载方向一致时，其孔洞率不宜超过 10%。

砌筑时灰砂砖的含水率会阻碍砖与砂浆的粘结，因此，应使砖的含水率控制在 7%～12%。砌筑砂浆宜用混合砂浆。

（2）蒸压粉煤灰砖。

蒸压粉煤灰砖是以粉煤灰、石灰为主要原料，掺加适量石膏和骨料经坯料制备、压制成型、常压或高压蒸汽养护而成的砖。

根据建材行业标准《蒸压粉煤灰砖》（JC/T 239—2014）规定，蒸压粉煤灰砖依照砖的抗压强度分为 MU30、MU25、MU20、MU15、MU10 五个强度等级。

粉煤灰砖是深灰色，表观密度为 $1\,550\,kg/m^3$ 左右。粉煤灰砖可用于工业与民用建筑的墙体和基础，若用于基础或易受冻融和干湿交替作用的建筑部位则必须使用一等品或优等品。粉煤灰砖不得用于长期受热（$200\,℃$ 以上），受急冷、急热和有酸性介质腐蚀的建筑部位。

（3）蒸压煤渣砖。

蒸压煤渣砖又名蒸压炉渣砖，是以煤燃烧后的炉渣为主要原料，加入适量石灰、石膏（或电石渣、粉煤灰）和水搅拌均匀，并经陈伏、轮碾、成型、蒸汽养护而成的砖。

炉渣砖呈黑灰色，表现密度一般为 $1\,500\sim1\,800\,kg/m^3$，吸水率 $6\%\sim18\%$。炉渣砖按抗压强度分为 MU20、MU15、MU10 三个强度等级。炉渣砖可用于一般工程的内墙和非承重外墙。其他使用要点与灰砂砖、粉煤灰砖相似。

2. 墙用砌块

砌块是用于砌筑的人造块材，外形多为直角六面体，也有各种异形的。

砌块按规格大小分为大砌块（主规格的高度大于 $980\,mm$ 的砌块）、中砌块（主规格的高度为 $380\sim980\,mm$ 的砌块）、小砌块（主规格的高度大于 $115\,mm$ 而又小于 $380\,mm$ 的砌块）。目前，我国对中小型砌块使用较多。

砌块按其空心率大小分为空心砌块和实心砌块两种。实心砌块空心率小于 25% 或无孔洞，空心砌块空心率大于等于 25%。

砌块按其所用原料及生产工艺分为混凝土小型空心砌块、粉煤灰硅酸盐中型砌块、蒸压加气混凝土砌块等。

1）混凝土小型空心砌块

混凝土小型空心砌块是由水泥和粗、细骨料加水搅拌，经装模、振动（或加压振动或冲压）成型，并经养护而成的砌块。其粗、细骨料可用一般碎石或卵石、砂子，也可用轻骨料（如陶粒、煤渣、煤矸石、火山渣、浮石等）及轻砂。

混凝土小型空心砌块分为承重砌块和非承重砌块两类。按其外观质量分为一等品和二等品两个产品等级；按砌块的抗压强度分为 MU15.0、10.0、7.5、5.0、3.5 五个等级；按相对含水率分为 M 和 P 两种级别，P 级无相对含水率要求；按其是否要求抗渗性指标分为 S 和 Q 二级，Q 级表示无抗渗要求。

混凝土砌块的导热系数随混凝土材料、孔型和空心率的不同而有所差异。一般水泥混凝土小型空心砌块的空心率为 50% 时，其导热系数约为 $0.26\,W/(m\cdot K)$。

混凝土小型空心砌块可用于低层和中层建筑的内墙和外墙。这种砌块在砌筑时一般不宜浇水，但气候干燥炎热时，可在砌筑前稍喷水潮湿。砌筑时尽量采用主规格砌块，并应先清除砌块表面的污物和砌块孔洞的底部毛边；采用反砌（即砌块底面朝上），砌块之间应对孔错缝砌筑。

2）粉煤灰硅酸盐中型砌块

粉煤灰硅酸盐砌块简称粉煤灰砌块。粉煤灰中型砌块是以粉煤灰、石灰、石膏和骨料等为原料，经加水搅拌、振动成型、蒸汽养护而制成的密实砌块。通常采用炉渣作为砌块的骨料。粉煤灰砌块原材料组分间的相互作用及蒸养后所形成的主要水化产物等与粉煤灰蒸养砖相似。

粉煤灰砌块主规格外形尺寸为 880 mm×380 mm×240 mm 及 880 mm×430 mm× 240 mm。砌块的强度等级按其立方体试件的抗压强度分为 10 级和 13 级两个强度等级；砌块按其外观质量、尺寸偏差和干缩性能分为一等品（B）和合格品（C）两个产品等级。粉煤灰硅酸盐砌块的表现密度为 1 300～1 550 kg/m³，导热系数为 0.465～0.582 W/（m·K）。

粉煤灰砌块可用于一般工业和民用建筑的墙体和基础，但不宜用于有酸性介质腐蚀的建筑部位，也不宜用于经常处于高温环境下的建筑。常温施工时，砌块应提前浇水潮湿；冬季施工时，砌块不得浇水潮湿。粉煤灰砌块的墙体内外表面宜作粉刷或其他饰面，以改善隔热、隔声性能并防止外墙渗漏，提高耐久性。

3）蒸压加气混凝土砌块

蒸压加气混凝土砌块是钙质材料、硅质材料及加气剂、少量调剂剂，经配料、搅拌、浇注成型，切割和蒸压养护而成的多孔轻质块体材料。原料中的钙质材料和硅质材料可分别采用石灰、水泥、矿渣、粉煤灰、砂等。依照所采用的原料不同，加气混凝土砌块有水泥–矿渣–砂、水泥–石灰–砂、水泥–石灰–粉煤灰 3 种。

砌块按尺寸偏差分为Ⅰ型和Ⅱ型。Ⅰ型适用于薄灰缝砌筑，Ⅱ型适用于厚灰缝砌筑。

砌块按抗压强度分为 A1.5、A2.0、A2.5、A3.5、A5.0 五个级别。强度级别 A1.5、A2.0 适用于建筑保温。

砌块按干密度分为 B03、B04、B05、B06、B07 五个级别；干密度级别 B03、B04 适用于建筑保温。

蒸压加气混凝土砌块常用规格尺寸见表 8–4，单位为 mm。

表 8–4　蒸压加气混凝土砌块规格

长度 L	宽度 B		高度 H
600	100　120　125		200　240　250　300
	150　180　200		
	240　250　300		

注：如需要其他规格，可由供需双方协商确定。

砌块具有轻质、保温隔热、隔声、耐火、可加工性能好等特点。加气混凝土砌块的表观密度小，一般仅为黏土砖的 1/3，作为墙体材料，可使建筑物自重减轻 2/5～1/2，从而降低造价；其导热系数为 0.1～0.18 W/（m·K），用作墙体材料可降低建筑物的采暖、制冷等使用能耗。

加气混凝土砌块可用于一般建筑物的墙体，可作多层建筑的承重墙和非承重外墙及内隔墙，也可用于屋面保温。加气混凝土砌块不得用于建筑物基础和处于浸水、高湿和有化学腐蚀的环境（如强酸、强碱或高浓度二氧化碳）中的建筑部位，也不能用于承重制品表面温度高于 80 ℃的建筑部位。

3. 墙用板材

1）石膏板

石膏板在我国轻质墙板的使用中占有较大比重，石膏板有纸面石膏板、无纸面纤维石膏板、装饰石膏板、石膏空心条板等多种。其中纸面石膏板又有普通纸面石膏板、耐水纸面石膏板、耐火纸面石膏板等3种。

纸面石膏板是以建筑石膏为主要原料，加入适量纤维类增强材料及少量外加剂，经加水搅拌成料浆，浇注在行进中的纸面上，成型后再覆以上层面纸，再经固化、切割、烘干、切边而成的墙体材料。

纸面石膏板与其他石膏制品一样具有质轻、表面平坦、易加工装配、施工简便等特点。此外，还具有隔声（12 mm 厚的板，隔声量为 28 dB，若与矿棉等组成复合板，隔声量可达 48 dB）、隔热［石膏板导热系数低，一般为 0.194～0.209 W/（m·K）］、防火等多种功能。

普通纸面石膏板可用于一般建筑的内隔墙和天花板。在厨房、厕所及空气相对湿度经常大于 70% 的潮湿环境中使用时，必须采取相应的防潮措施。

耐水纸面石膏板可用于相对湿度大于 75% 的浴室、厕所、盥洗室等潮湿环境下的吊顶和隔墙，如表面再做防水处理，成效会更好。

耐火纸面石膏板主要用于对防火有较高要求的房屋建筑中。

纸面石膏板可与石膏龙骨或轻钢龙骨共同组成隔墙。这类墙体不仅能大幅度减少建筑物自重，增加建筑物的使用面积，提高建筑物中房间布局的灵活性，还能增强建筑物的抗震性、缩短施工周期等。

2）纤维增强水泥平板

纤维增强水泥平板（TK 板）是以低碱水泥、中碱玻璃纤维和短石棉为原料，加水混合制浆，经圆网机抄取、制坯、蒸养而成的墙体材料。

TK 板具有质轻（表现密度为 1 750 kg/m³ 左右）、强度高（加压板抗折强度为 15 MPa；抗冲击强度≥0.25 J/cm²）、防火（6 mm 板双面复合墙耐火极限为 47 min）、防潮、不易变形和可锯、可钻、可钉、可表面装饰等优点。

TK 板适用于各类建筑物，特别是高层建筑中有防火、防潮要求的隔墙。

3）GRC 空心轻质墙板

GRC（玻璃纤维增强水泥）空心轻质墙板是以低碱水泥为胶结料、抗碱玻璃纤维网格布为增强材料、膨胀珍珠岩为骨料（也可用炉渣、粉煤灰等），并配以起泡剂和防水剂等，经配料、搅拌、浇注、成型、养护而成的墙体材料。

GRC 空心轻质墙板具有质轻（60 mm 厚板 35 kg/m²）、强度高（抗折荷载），60 mm 厚的板大于 1 400 N；120 mm 厚的板大于 2 500 N）、隔热［导热系数≤0.2 W/（m·K）、隔声（隔声指数为 30～45 dB］、不燃（耐火极限 1.3～3 h）及加工方便等优点。

GRC 空心轻质墙板主要用于工业和民用建筑的内隔墙。

4）预应力混凝土空心墙板

预应力混凝土空心墙板（简称预应力空心墙板）是以高强度低放松预应力钢绞线、高等级早强水泥及砂、石为原料，经张拉、搅拌、挤压、养护、放张、切割而成的墙体材料。使用时，可按要求配以泡沫聚苯乙烯保温层、外饰面层和防水层等。

预应力空心墙板可用作承重或非承重外墙板、内墙板、楼板、屋面板、雨罩和阳台板等。

5）钢丝网架水泥夹芯板

钢丝网架水泥夹芯板是用钢丝制成不同的三维空间结构承担荷载，选用发泡聚苯乙烯或半硬质岩棉板或玻纤板为保温芯材而制成的一类轻型复合板材。如泰柏板、GY 板、舒乐板、三维板等。

这类板的特点是耐久性好、施工速度较快、易于异形造型。

轻型复合板除上述的钢丝网架水泥夹芯板外，还有以各种高强度轻质薄板为外层、轻质绝热材料为芯材而组成的复合板。其外层板材可用彩色镀锌钢板、铝合金板、不锈钢板、高压水泥板、木质装饰板、塑料装饰板及其他无机材料、有机材料合成的板材；轻质绝热芯材可用阻燃型发泡聚苯乙烯、发泡聚氨酯、岩棉和玻璃棉等。这类板的共同特点是质轻、隔热、隔声性能好，且外形多变、色彩丰富。

4. 屋面材料

1）黏土瓦

黏土瓦是以黏土为主要原料，加适量水搅拌均匀后，经模压成型或挤出成型，再经干燥、焙烧而成的屋面材料。制瓦的黏土应杂质含量少、塑性好。

黏土瓦按颜色分有红瓦和青瓦两种；按用途分有平瓦和脊瓦两种，平瓦用于屋面，脊瓦用于屋脊。

平瓦的规格尺寸有Ⅰ、Ⅱ和Ⅲ 3 个型号，分别为 400 mm×240 mm、380 mm×225 mm 和 360 mm×220 mm。平瓦按尺寸偏差、外观质量和物理力学性能分优等品、一等品和合格品 3 个产品等级。单片平瓦最小抗折荷载不得小于 680 N，覆盖 1 m² 屋面的瓦吸水后重量不得超过 55 kg，抗冻性要求经 15 次冻融循环后无分层、开裂和剥落等损害，抗渗性要求不得显现水滴。脊瓦分为一等品和合格品两个产品等级，脊瓦的规格尺寸要求长度大于等于 300 mm、宽度大于等于 180 mm；单片脊瓦最小抗折荷重不得低于 680 N；抗冻性等要求同平瓦。

2）混凝土瓦

混凝土瓦的标准尺寸有 400 mm×240 mm 和 385 mm×235 mm 两种。单片瓦的抗折荷载不得低于 600 N，抗渗性、抗冻性应符合相关规范。

混凝土瓦耐久性好、成本低、但自重大于黏土瓦。在配料中加入耐碱颜料，可制成彩色瓦。

3）石棉水泥瓦

石棉水泥瓦是用水泥和温石棉为原料，经加水搅拌、压滤成型、养护而成的屋面材料。石棉水泥瓦分大波瓦、中波瓦、小波瓦和脊瓦 4 种。

石棉水泥瓦单张面积大，有效使用面积大，还具有防火、防腐、耐热、耐寒、质轻等特性，适用于简易工棚、仓库及临时设施等建筑物的屋面，也可用于装饰墙壁。但石棉纤维对人体健康有害，现多采用耐碱玻璃纤维和有机纤维生产水泥波瓦。

4）钢丝网水泥大波瓦

钢丝网水泥大波瓦是用一般水泥和砂子加水拌和后浇模，中间放置一层冷拔低碳钢丝网，成型后再经养护而成的大波形瓦。这种瓦的尺寸为 1 700 mm×830 mm×14 mm，块重较大（50±5 kg/块），适用作工厂散热车间、仓库及临时性建筑的屋面，有时也可用作这些建筑的围护结构。

5）聚氯乙烯波浪瓦

聚氯乙烯波浪瓦又称塑料瓦楞板，其是以聚氯乙烯树脂为主体，加入其他配合剂，经塑化、压延、压波而制成的波形瓦，其规格尺寸为 2 100 mm×（1 100～1 300）mm×（1.5～2）mm。这种瓦质轻、防水、耐腐、透光、有色泽，常用作车棚、凉棚、果棚等简易建筑的屋面，另外也可用作遮阳板。

6）玻璃钢波形瓦

玻璃钢波形瓦是用不饱和聚酯树脂和玻璃纤维为原料，经手工糊制而成的波形瓦，其尺寸为（1 800～3 000）mm×（700～800）mm×（0.5～1.5）mm。这种波形瓦质轻、强度大、耐冲击、耐高温、透光、有色泽，适用于建筑遮阳板及车站月台、凉棚等的屋面。

任务 8.2　砌墙砖尺寸偏差、外观质量和强度试验

📖 任务书

工地到了一批红砖，小王已经取好样品、进行了盲样管理。并第一时间把检测任务单下达给了小胡、小宋二人，要求其完成红砖尺寸偏差、外观质量和强度试验。小胡、小宋二人接到任务单以后，计划先完成尺寸偏差和外观质量试验，但是对该试验并不熟悉，二人立马找来试验规程开始认真学习。那么砌墙砖尺寸偏差、外观质量和强度试验的准备工作、操作步骤及数据处理的具体内容是怎样的呢？

📖 课前学习测验

1. 砖用卡尺的分度值为（　　　）。
   A. 0.1 mm　　　　　　　　　B. 0.5 mm
   C. 0.4 mm　　　　　　　　　D. 0.6 mm
2. 裂纹分为长度方向、宽度方向和水平方向 3 种，以（　　　）方向的投影长度表示。
   A. 被测　　　　　　　　　　B. 平行
   C. 直角　　　　　　　　　　D. 正常
3. 检验砖面色差时，装饰面朝上随机分两排并列，在自然光下距离砖样 2 m 处目测。（　　）
4. 砌墙砖抗折强度试验的试样数量为_____块。

📖 课中任务准备

1. 阅读任务书，熟悉将要学习的主要内容。
2. 收集并熟读《砌墙砖试验方法》（GB/T 2542—2012）等规范标准。
3. 准备好砌墙砖试样。
4. 调节好室温，并检查好设备备用。

课中任务实施

请按照要求完成砌墙砖尺寸偏差、外观质量和强度试验，并将原始数据等相关信息填入"砌墙砖尺寸偏差、外观质量试验记录表"和"砌墙砖强度试验记录表"中，再根据相关数据和信息，编制试验检测报告。

砌墙砖尺寸偏差、外观质量试验记录表

工程部位/用途		样品名称	
样品编号		样品描述	
试验依据		试验条件	
主要设备及编号			

试验室名称：　　　　　　　　　　　　　　　　　　　　委托单号：

序号	尺寸偏差				外观质量								
	长	宽	高		两条面高度差	弯曲	杂质突出高度	缺棱掉角的三个破坏尺寸	裂纹长度/mm		完整面	颜色	单项结论
							2, 3, 4 mm	5, 20, 30 mm	长度方向 50, 80, 100	宽度方向 30, 60, 80			
1													
2													
3													
4													
5													
6													
7													
8													
9													
10													
11													
12													
13													
14													
15													
16													
17													
18													
19													
20													
偏差													
极差													

备注：　　　　　　　　　　　不合格品数：

试验：　　　　　　　复核：　　　　　　　试验日期：

砌墙砖强度试验记录表

委托单位										
工程名称				委托编号			检验日期			
使用部位				强度等级			试件规格			
依据标准			主要设备							
试件编号	1	2	3	4	5	6	7	8	9	10
试件尺寸 长/mm										
试件尺寸 宽/mm										
试件尺寸 高/mm										
试件受压面/mm²										
破坏荷载/kN										
单块砖抗压强度/MPa										
单块砖抗折强度/MPa										
强度平均值/MPa	抗压强度平均值为：					抗折强度平均值为：				
强度标准值/MPa	抗压强度标准值为：					抗折强度标准值为：				
评定结果	该组砖抗压强度等级为：					该组砖抗压强度等级为：				
备注										

校核：　　　　　　　检测：　　　　　　　日期：　　年　月　日

📖 课后拓展思考

1. 砌墙砖的抗折强度和抗压强度哪个更重要？
2. 砌墙砖的抗折强度和抗压强度试验为什么要准备 10 块试样？

⬡ 课后自我反思

_____

_____

_____

📖 任务学习评价

待以上学习任务全部完成后，由学生自己、学生之间、学校教师、企业导师根据学生课前、课中、课后学习完成情况对每个学生进行综合评价，并将结果填入表 A-2 中。

📖 相关知识

1. 适用范围

本试验方法适用于砌墙砖尺寸偏差、外观质量、抗折强度、抗压强度的检验。

2. 尺寸偏差

1）量具

砖用卡尺：如图 8-3 所示，分度值为 0.5 mm。

2）测量方法

长度应在砖的两个大面的中间处分别测量 2 个尺寸；宽度应在砖的 2 个大面的中间处分别测量两个尺寸；高度应在 2 个条面的中间处分别测量 2 个尺寸，如图 8-4 所示。当被测处有缺损或凸出时，可在其旁边测量，但应选择不利的一侧。精确至 0.5 mm。

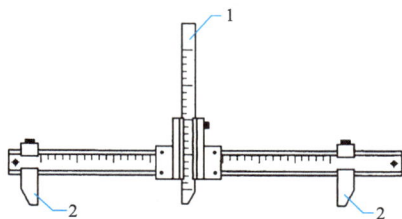

图 8-3　砖用卡尺

1—垂直尺；2—支脚。

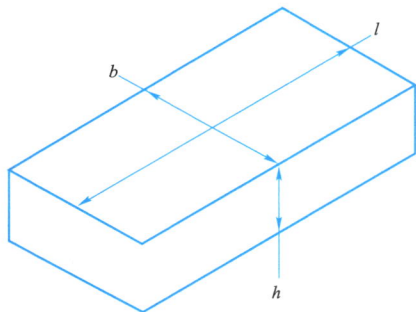

图 8-4　砌墙砖尺寸测量法

l—长度；b—宽度；h—高度。

3）结果表示

每一方向尺寸以 2 个测量值的算术平均值表示。

3. 外观质量检查

1）量具

（1）砖用卡尺：如图 8-3 所示，分度值为 0.5 mm。

（2）钢直尺：分度值不大于 1 mm。

2）测量方法

（1）缺损。

① 缺棱掉角在砖上造成的破损程度，以破损部分在长、宽、高 3 个棱边的投影尺寸来度量，称为破坏尺寸。如图 8-5 所示。

② 缺损造成的破坏面，是指缺损部分在条、顶面（空心砖为条、大面）的投影面积，如图 8-6 所示。空心砖内壁残缺及肋残缺尺寸，以长度方向的投影尺寸来度量。

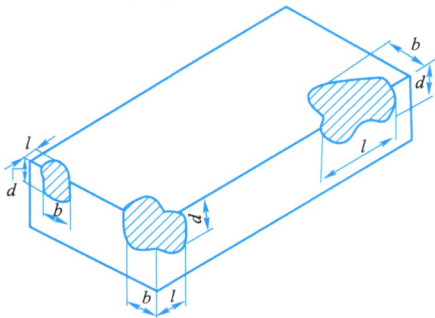

图 8-5　砌墙砖缺棱掉角破坏尺寸测量法

l—长度方向的投影尺寸；b—宽度方向的投影尺寸；
d—高度方向的投影尺寸。

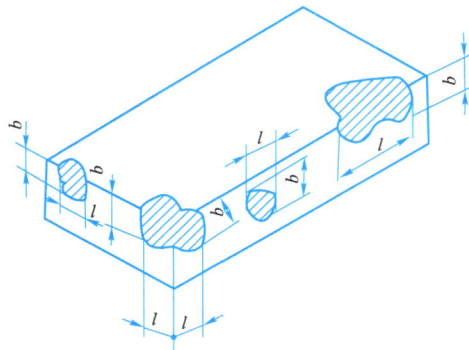

图 8-6　缺损在条、顶面上造成破坏面量法

l—长度方向的投影尺寸；b—宽度方向的投影尺寸。

（2）裂纹。

① 裂纹分为长度方向、宽度方向和水平方向 3 种，以被测方向的投影长度表示。如果裂纹从一个面延伸至其他面上，则累计其延伸的投影长度，如图 8-7 所示。

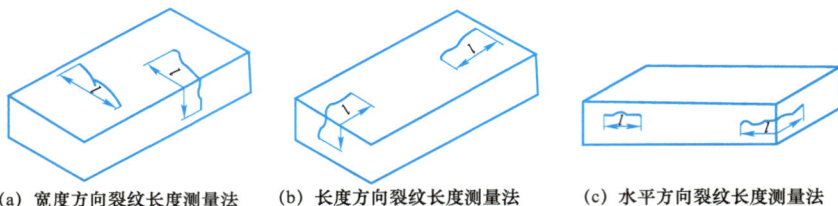

(a) 宽度方向裂纹长度测量法　(b) 长度方向裂纹长度测量法　(c) 水平方向裂纹长度测量法

图 8-7　砌墙砖裂纹长度测量法

② 多孔砖的孔洞与裂纹相通时，则将孔洞包括在裂纹内一并测量，如图 8-8 所示。

③ 裂纹长度以在 3 个方向上分别测得的最长裂纹作为测量结果。

（3）弯曲。

① 弯曲分别在大面和条面上测量，测量时将砖用卡尺的两支脚沿棱边两端放置，择其弯曲最大处将垂直尺推至砖面，如图 8-9 所示。但不应将因杂质或碰伤造成的凹处计算在内。

② 以弯曲中测得的较大者作为测量结果。

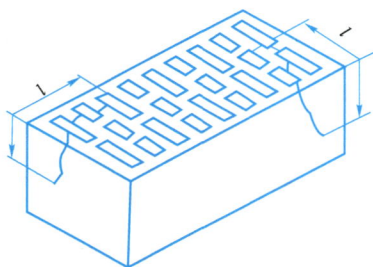

l—裂纹总长度。

图 8-8　多孔砖裂纹通过孔洞时长度测量法

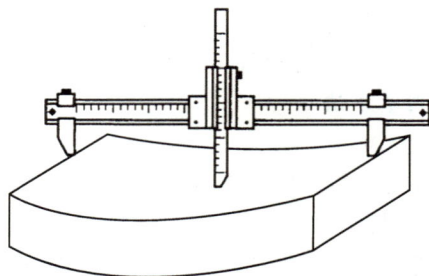

图 8-9　砌墙砖弯曲测量法

（4）杂质凸出高度。

杂质在砖面上造成的凸出高度，以杂质距砖面的最大距离表示。测量时将砖用卡尺的两支脚置于凸出两边的砖平面上，以垂直尺测量，如图 8-10 所示。

（5）色差。

装饰面朝上随机分两排并列，在自然光下距离砖样 2 m 处目测。

3）结果处理

外观测量结果以 mm 为单位，不足 1 mm 者，按 1 mm 计。

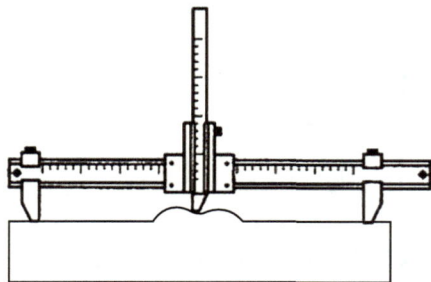

图 8-10　杂质凸出测量法

4. 抗折强度试验

1）仪器设备

（1）材料试验机：试验机的示值相对误差不大于±1%，其下加压板应为球铰支座，预期最大破坏荷载应在量程的 20%～80%之间。

（2）抗折夹具：抗折试验的加荷形式为三点加荷，其上压辊和下支辊的曲率半径为 15 mm，下支辊应有一个为铰接固定。

（3）钢直尺：分度值不大于 1 mm。

2）试样数量

试样数量为 10 块。

3）试样处理

试样应放在温度为（20±5）℃的水中浸泡 24 h 后取出，用湿布拭去其表面水分后进行抗折强度试验。

4）试验步骤

（1）按本节尺寸偏差中的测量方法测量试样的宽度和高度尺寸各 2 个，分别取算术平均值，精确至 1 mm。

（2）调整抗折夹具下支辊的跨距为砖规格长度减去 40 mm。但规格长度为 190 mm 的砖，其跨距为 160 mm。

（3）将试样大面平放在下支辊上，试样两端面与下支辊的距离应相同，当试样有裂缝或凹陷时，应使有裂缝或凹陷的大面朝下，以（50～150）N/s 的速度均匀加荷，直至试样断裂，记录最大破坏荷载 P。

5）结果计算与评定

（1）每块试样的抗折强度 R_c 按式（8-4）计算。

$$R_c = \frac{3PL}{2BH^2} \tag{8-4}$$

式中：R_c——抗折强度，MPa；

P——最大破坏荷载，N；

L——跨距，mm；

B——试样宽度，mm；

H——试样高度，mm。

（2）试验结果以试样抗折强度的算术平均值和单块最小值表示。

5. 抗压强度试验

1）仪器设备

（1）材料试验机：试验机的示值相对误差不超过±1%，其上、下加压板至少应有一个球铰支座，预期最大破坏荷载应在量程的 20%～80%之间。

（2）钢直尺：分度值不大于 1 mm。

（3）振动台、制样模具、搅拌机：应符合《切墙砖抗压强度试样制备设备通用要求》（GB/T 25044—2010）的要求。

（4）切割设备。

（5）抗压强度试验用净浆材料：应符合《切墙砖抗压强度试验用净浆材料》（GB/T 25183—2010）的要求。

2）试样数量

试样数量为 10 块。

3）试样制备

（1）一次成型制样。

一次成型制样适用于采用样品中间部位切割，交错叠加灌浆制成强度试验试样的方式。

① 将试样锯成两个半截砖，两个半截砖用于叠合部分的长度不得小于 100 mm，如图 8-11 所示。如果不足 100 mm，应另取备用试样补足。

② 将已切割开的半截砖放入室温的净水中浸 20～30 min 后取出，在铁丝网架上滴水 20～30 min，以断口相反方向装入制样模具中。用插板控制两个半砖间距不应大于 5 mm，砖大面与模具间距不应大于 3 mm，砖断面、顶面与模具间垫以橡胶垫或其他密封材料，模具内表面涂油或脱膜剂。制样模具及插板如图 8-12 所示。

③ 将净浆材料按照配制要求，置于搅拌机中搅拌均匀。

④ 将装好试样的模具置于振动台上，加入适量搅拌均匀的净浆材料，振动时间为 0.5～1 min，停止振动后静置至净浆材料达到初凝时间（约 15～19 min）后拆模。

（2）二次成型制样。

二次成型制样适用于采用整块样品上下表面灌浆制成强度试验试样的方式。

① 将整块试样放入室温的净水中浸 20～30 min 后取出，在铁丝网架上滴水 20～30 min。

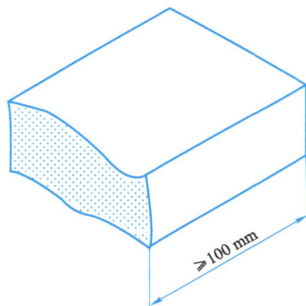

图 8-11　半截砖长度示意图　　　　图 8-12　一次成型制样模具及插板

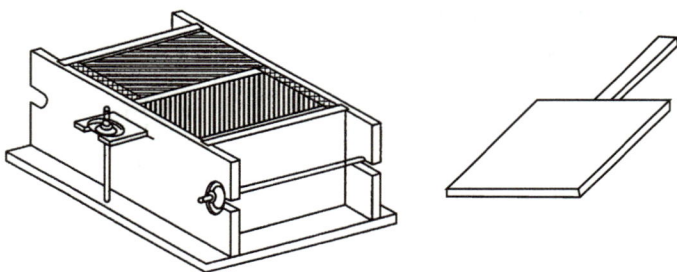

② 按照净浆材料配制要求，置于搅拌机中搅拌均匀。

③ 模具内表面涂油或脱膜剂，加入适量搅拌均匀的净浆材料，将整块试样的一个承压面与净浆接触，装入制样模具中，承压面找平层厚度不应大于 3 mm。接通振动台电源，振动0.5～1 min，停止振动，静置至净浆材料初凝（约 15～19 min）后拆模。按同样方法完成整块试样另一承压面的找平。二次成型制样模具如图 8-13 所示。

（3）非成型制样。

非成型制样适用于试样无需进行表面找平处理制样的方式。

① 将试样锯成两个半截砖，两个半截砖用于叠合部分的长度不得小于 100 mm。如果不足 100 mm，应另取备用试样补足。

② 两半截砖切断口相反叠放，叠合部分不得小于 100 mm，如图 8-14 所示，即为抗压强度试样。

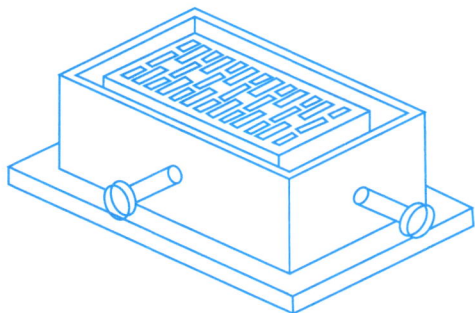

图 8-13　二次成型制样模具

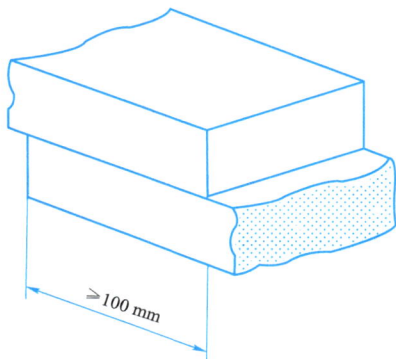

≥100 mm

图 8-14　半砖叠合示意图

4）试样养护

（1）一次成型制样、二次成型制样在不低于 10 ℃的不通风室内养护 4 h。

（2）非成型制样不需养护，试样直接以气干状态进行试验。

5）试验步骤

（1）测量每个试样连接面或受压面的长、宽尺寸各 2 个，分别取其平均值，精确至 1 mm。

（2）将试样平放在加压板的中央，垂直于受压面加荷，应均匀平稳，不得发生冲击或振动。加荷速度以（2～6）kN/s 为宜，直至试样破坏为止，记录最大破坏荷载 P。

6）结果计算与评定

（1）每块试样的抗压强度 R_p 按式（8-5）计算。

$$R_p = \frac{P}{L \times B} \tag{8-5}$$

式中：R_p——抗压强度，MPa；

　　　P——最大破坏荷载，N；

　　　L——受压面（连接面）的长度，mm；

　　　B——受压面（连接面）的宽度，mm。

（2）试验结果以试样抗压强度的算术平均值和标准值或单块最小值表示。

任务 8.3　混凝土砌块尺寸偏差、外观质量和强度试验

任务书

工地到了一批混凝土砌块，小王已经取好样品、进行了盲样管理。并第一时间把检测任务单下达给了小胡、小宋二人，要求其完成砌块尺寸偏差、外观质量和强度试验。小胡、小宋二人接到任务单以后，计划先完成尺寸偏差和外观质量试验，但是对该试验并不熟悉，二人立马找来试验规程开始认真学习。那么砌块尺寸偏差、外观质量和强度试验的准备工作、操作步骤及数据处理的具体内容是怎样的呢？

课前学习测验

1. 钢直尺和钢卷尺的分度值为（　　）。

A. 0.1 mm   B. 0.5 mm   C. 1 mm   D. 1.5 mm

2. 弯曲测量法的精确值为（　　　）。

A. 0.1 mm   B. 0.5 mm   C. 1 mm   D. 1.5 mm

3. 尺寸偏差以实际测量值与规定尺寸的差值表示，精确至 1 mm。　　　　　　（　　　）

4. 砌墙砖抗折强度试验试件数量为＿＿＿块。

📖 课中任务准备

1. 阅读任务书，熟悉将要学习的主要内容。

2. 收集并熟读《混凝土砌块和砖试验方法》（GB/T 4111—2013）等规范标准。

3. 准备好混凝土砌块试样、调节好室温，并检查好设备备用。

课中任务实施

　　请按照要求完成砌块尺寸偏差、外观质量和强度试验，并将原始数据等相关信息填入"混凝土砌块尺寸偏差、外观质量和强度试验检测记录表"中，再根据相关数据和信息，编制试验检测报告。

蒸压加气砌块尺寸偏差、外观质量试验检测记录表

检测单位名称：　　　　　　　　　　　　　　　　　　　　　记录编号：

项目			指标		实测数据								
			优等品（A）	合格品（B）	1	2	3	4	5	6	7	8	9
尺寸允许偏差/mm	长	L	±3	±4									
	宽	B	±1	±2									
	高	H	±1	±2									
缺棱掉角	最小尺寸不得大于/mm		0	30									
	最大尺寸不得大于/mm		0	70									
	大于以上尺寸的缺棱掉角个数，不得多于/个		0	2									
裂纹长度	贯穿一棱两面的裂纹长度不得大于裂纹所在的面的裂纹方向的尺寸总和的		0	1/3									
裂纹长度	任一面上的裂纹长度不得大于裂纹方向尺寸的		0	1/2									
	大于以上尺寸的裂纹条数，不多于/条		0	2									
平面弯曲			不允许										
表面疏松、层裂			不允许										
表面油污			不允许										
受压面积/mm²													
最大破坏荷载/N													
抗压强度/MPa													
抗折强度/MPa													

检测：　　　　　记录：　　　　　复核：　　　　　日期：　　年　　月　　日

📖 课后拓展思考

1. 砌块的抗折强度和抗压强度哪个更重要？
2. 砌块的抗折强度和抗压强度试验为什么要准备 5 块试件？

⬡ 课后自我反思

_____

_____

_____

📖 任务学习评价

待以上学习任务全部完成后，由学生自己、学生之间、学校教师、企业导师根据学生课前、课中、课后学习完成情况对每个学生进行综合评价，并将结果填入表 A-2 中。

📖 相关知识

1. 范围

本试验方法适用于混凝土小型空心砌块、混凝土实心砌块和混凝土多孔（空心）砖（以下统称块材）的尺寸偏差、外观质量、抗压强度、抗折强度的检验。

2. 尺寸偏差和外观质量

1）量具

钢直尺或钢卷尺：分度值 1 mm。

2）尺寸测量

（1）外形为完整直角六面体的块材，长度在条面的中间、宽度在顶面的中间、高度在顶面的中间测量。每项在对应两面各测一次，取平均值，精确至 1 mm。

（2）辅助砌块和异形砌块，长度、宽度和高度应测量块材相应位置的最大尺寸，精确至1 mm。特殊标注部位的尺寸也应测量，精确至 1 mm；块材外形非完全对称时，至少应在块材对立面的两个位置上进行全面的尺寸测量，并草绘或拍下测量位置的图片。

（3）带孔块材的壁、肋厚应在最小部位测量，选两处各测一次，取平均值，精确至 1 mm。在测量时不考虑凹槽、刻痕及其他类似结构。

3）外观质量

（1）弯曲。

将直尺贴靠坐浆面、铺浆面和条面，测量直尺与试件之间的最大间距，如图 8-15（a）所示，精确至 1 mm。

（2）缺棱掉角。

将直尺贴靠棱边，测量缺棱掉角在长、宽、高度三个方向的投影尺寸，如图 8-15（b）所示，精确至 1 mm。

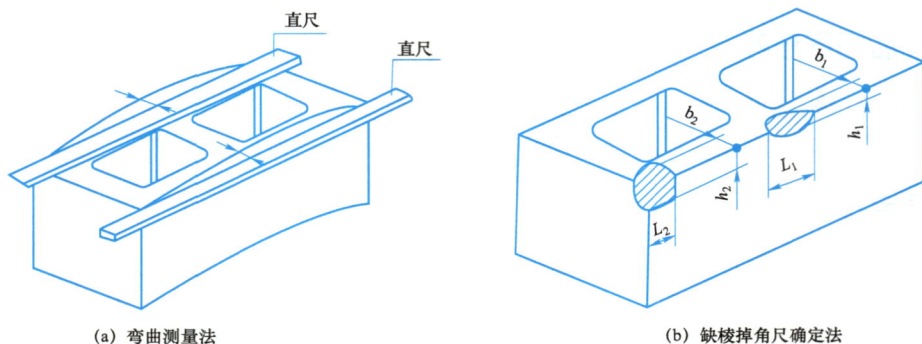

(a) 弯曲测量法   (b) 缺棱掉角尺确定法

图 8-15 砌块外观质量测量法

L—缺棱掉角在长度方向的投影尺寸；b—缺棱掉角在宽度方向的投影尺寸；h—缺棱掉角在高度方向的投影尺寸。

（3）裂纹。

用钢直尺测量裂纹在所在面上的最大投影尺寸（如图 8-16 中的 L_2 或 h_3），如裂纹由一个面延伸到另一个面时，则累计其延伸的投影尺寸（如图 8-16 中的 b_1+h_1），精确至 1 mm。

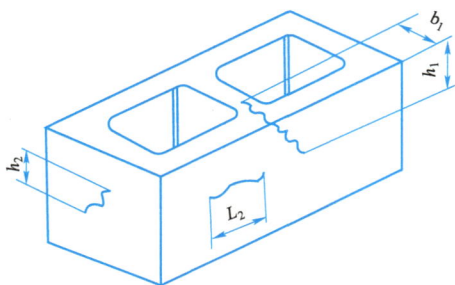

图 8-16 砌块裂纹长度测量法

L—裂纹在长度方向的投影尺寸；
b—裂纹在宽度方向的投影尺寸；
h—裂纹在高度方向的投影尺寸。

4）测量结果

（1）尺寸偏差以实际测量值与规定尺寸的差值表示，精确至 1 mm。

（2）弯曲、缺棱掉角和裂纹长度的测量结果以最大测量值表示，精确至 1 mm。

3. 抗压强度

（1）外形为完整直角六面体的块材，可裁切出完整直角六面体的辅助砌块和异形砌块，其抗压强度按《混凝土砌块和砖试验方法》（GB/T 4111—2013）附录 A 进行。

（2）无法裁切出完整直角六面体的异形砌块，根据块型特点，按《混凝土砌块和砖试验方法》（GB/T 4111—2013）附录 B 进行。

① 标识某一块型辅助砌块的抗压强度值时，应将相同配合比和生产工艺、养护龄期相差不超过 48 h 的辅助砌块与主块型砌块，分别同时按《混凝土砌块和砖试验方法》（GB/T 4111—2013）附录 B 进行试验得到取芯试件的强度平均值。

② 当辅助砌块取芯试件的强度平均值不小于主块型砌块的取芯试件的强度平均值的 80%（以主块型砌块的平均值为基准）时，可以用主块型砌块按《混凝土砌块和砖试验方法》（GB/T 4111—2013）附录 A 试验方法获得的抗压强度值，来标注辅助砌块的抗压强度值。

③ 水工护坡砌块、异形干垒挡土墙砌块的抗压强度宜按《混凝土砌块和砖试验方法》（GB/T 4111—2013）附录 B 进行。

4. 抗折强度

1）设备

（1）材料试验机。

试验机加荷速度应在 100～1 000 N/s 内可调。试验机的示值误差应不大于 1%，量程选择应能使试件的预期破坏荷载在量程的 20%～80% 之间。

（2）支撑棒和加压棒。

直径 35～40 mm，长度应满足大于试件抗折断面长度的要求，材料为钢质，数量为 3 根；加压棒应有铰支座。在每次使用前，应在工作台上用水平尺和直角靠尺校正，满足直线性的要求时方可使用。

支撑棒由安放在底板上的两根钢棒组成，其中至少有一根是可以自由滚动的，如图 8-17 所示。

2）试件

（1）本方法只适用于外形为完整直角六面体的块材，可裁切出完整直角六面体的辅助砌块和异形砌块。

（2）试件数量为 5 块。

（3）试样处理试件制备和养护，按《混凝土砌块和砖试验方法》（GB/T 4111—2013）A.3.3.1 和 A.4 的规定进行。

（4）按上述方法测量每个试件的高度和宽度，分别求出各个方向的平均值。混凝土空心砌块试件还需测量块两侧端头的最小肋厚，取平均值，精确到 1 mm。

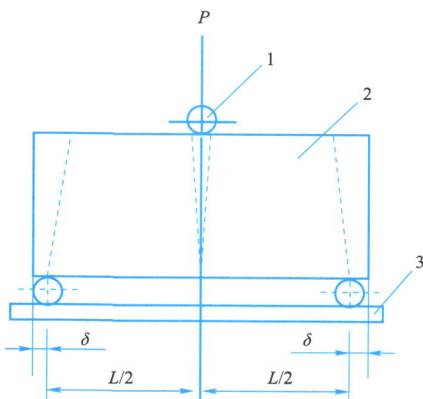

1—钢棒；2—试件；3—承压板。

δ 取值：混凝土空心砌块取 1/2 肋厚；

混凝土多孔（空心）砖取 10 mm。

图 8-17　抗折强度试验方法示意

3）试验步骤

（1）在块材试件的两大面上分别划出水平中心线，再在水平中心的中心点引垂线至上下底部（试件抹浆面）分别连接试件上、下底部中心点形成抹浆面的中心线。沿抹浆面中心线与块材底部（如图 8-17 所示）棱边向两边画出 L/2 的位置（支座点），L 为公称长度减一个公称肋厚。

（2）将试件置于材料试验机承压板上，调整位置使试件的上部中心线与试验机中心线重合，在试件的上部中心线处放置一根钢棒。可以用试验机自带抗折压头直接替代加压棒使用。试件底部放上两根钢棒分别对准试件的两个支座线，形成如图 8-17 所示的结构受力图，使其满足 δ 的取值要求。

（3）使加压棒的中线与试验机的压力中心重合，以 50 N/s 的速度加荷至试验机开始显示读数时就立即停止加荷。用量具在试件两侧测量图 8-17 中的 L 值、两侧的 δ 值及加压棒居中程度。L 值取试件两侧面测量值的平均值，精确至 1 mm。加压棒与试件长度方向中心线重叠误差应不大于 1 mm、两侧的 δ 值相差应不大于 1 mm，有一项超出要求，试验机需卸载、试件重新放置，直至满足要求。

（4）以（250±50）N/s 的速度加荷直至试件破坏。记录最大破坏荷载 P。

4）结果计算

每个试件的抗折强度按式（8-6）计算，精确至 0.01 MPa。抗折强度以 5 个试件抗折强度的算术平均值和单块最小值表示，精确至 0.1 MPa。

$$f_z = \frac{2PL}{2BH^2} \qquad\qquad (8-6)$$

式中：f_z——试件的抗折强度，MPa；

　　　P——破坏荷载，N；

　　　L——抗折两支撑钢棒轴心间距，mm；

　　　B——试件宽度，mm；

　　　H——试件高度，mm。

项目 9　防水材料性能检测

项目概述

　　某高职院校拟新建一幢钢结构实训楼，建筑面积为 3 599.92 m²，占地面积为 2 306.08 m²，2 层，建筑高度为 9.45 m。墙体结构为 200 mm 厚页岩空心砖，局部为 100 mm 厚加气混凝土砌块，屋面防水采用自粘性防水卷材。

项目学习导图

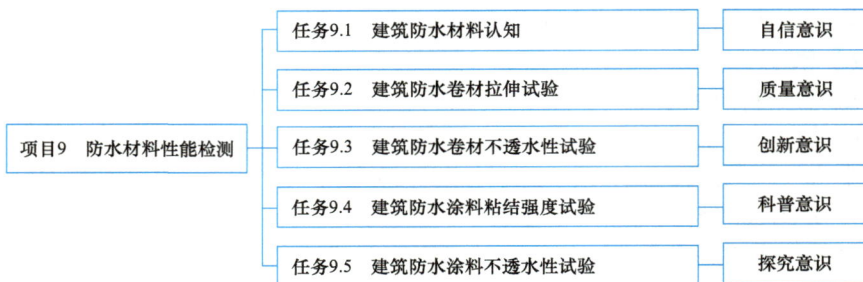

```
                          ┌─ 任务9.1  建筑防水材料认知 ────── 自信意识
                          │
                          ├─ 任务9.2  建筑防水卷材拉伸试验 ──── 质量意识
                          │
项目9  防水材料性能检测 ──┼─ 任务9.3  建筑防水卷材不透水性试验 ── 创新意识
                          │
                          ├─ 任务9.4  建筑防水涂料粘结强度试验 ── 科普意识
                          │
                          └─ 任务9.5  建筑防水涂料不透水性试验 ── 探究意识
```

项目学习目标

　　能阐述常见的防水材料类型；能独立完成防水材料试样的制备，并对试验数据进行分析处理。坚持人民安全至上的理念、坚持底线思维，养成质量安全意识。

项目学习评价

　　本项目学习评价总分为 100 分，学习完之后，请按照表 9-1 对本项目学习情况进行总评。

表 9-1　项目学习评价表

项目 9　防水材料性能检测				
任务序号	学习任务名称	学习任务评价总得分	权重（%）	项目学习评价总分
任务 9.1	建筑防水材料认知		20	
任务 9.2	建筑防水卷材拉伸试验		20	
任务 9.3	建筑防水卷材不透水性试验		20	
任务 9.4	建筑防水涂料粘结强度试验		20	
任务 9.5	建筑防水涂料不透水性试验		20	

思政贴士

约 8 000 年前，人类从洞穴里走出，建造了最原始最简陋的茅草屋，原木人字架，两脚落地，呈三角形，披以茅草，坡度大于 60°，这种形式叫作"天地根元造"，是坡屋面的原形。这一时期的防水材料主要以干燥的植物茅草为主，但作为最原始的防水材料，其只能在小跨度、大坡度的简陋房屋上使用，对大跨小坡的情况就无能为力了。另外，稻草与基层结合不好，抗风揭性不好，不是漏水就是被揭房盖，诗圣杜甫还为此赋诗一首《茅屋为秋风所破歌》。即便如此，茅草屋面的房屋形式不仅让先民走出洞穴，离开悬居，开启了人类的古代文明，更创造了防水史上的第一个高光时刻。

任务 9.1　建筑防水材料认知

任务书

试验室工作人员已经完成了防水卷材和防水涂料相关性能检测试验的前期准备工作，挑选了接下来做试验的样品。为了培养新人，试验室主任准备将防水材料检测试验工作交给几位毕业不久的某高职院校学生完成。小胡、小宋二人负责对防水卷材开展相关的力学和工艺性能检测试验，小王、小李二人负责对防水涂料开展相关的力学和工艺性能检测试验。但由于在校期间学习的防水材料相关知识不够全面，几人都需要对防水材料的有关内容进行再次认知学习。那么防水材料的基本知识有哪些呢？

课前学习测验

1. 关于防水卷材，以下说法错误的是（　　　）。

　　A. APP 改性沥青防水卷材具有更好的耐高温性能。

　　B. 改性沥青防水卷材按照材料的不同可以分为：SBS 改性沥青防水卷材和 APP 改性沥青防水卷材。

　　C. 沥青防水卷材属于抵挡防水材料，已渐被淘汰。

　　D. SBS 改性沥青防水卷材具有更好的耐高温性能。

2. 高聚物改性沥青防水卷材的构成不会包括（　　　）。

　　A. 聚酯布　　　　　B. 隔离材料　　　　C. 铝箔　　　　　　D. 沥青

3. 以下哪些是常见的合成树脂类高分子防水卷材。　　　　　　　　　　　　　　（　　　）

　　A. 三元乙丙橡胶防水卷材　　　　　　　B. 氯化聚乙烯防水卷材

　　C. 聚氯乙烯防水卷材　　　　　　　　　D. 聚乙烯防水卷材

4. SBS 改性沥青防水卷材适用于较低气温环境的建筑防水。　　　　　　　　　　（　　　）

5. 目前，应用比较广泛的两种新型建筑防水卷材是：高聚物改性沥青防水卷材和＿＿＿＿＿＿＿＿＿＿。

课中任务准备

1. 阅读任务书，熟悉将要学习的主要内容。

2. 收集并查阅《建筑防水卷材试验方法 第 8 部分：沥青防水卷材 拉伸性能》（GB/T 328.8—2007）、《建筑防水卷材试验方法 第 9 部分：高分子防水卷材 拉伸性能》（GB/T 328.9—2007）、《建筑防水卷材试验方法 第 10 部分：沥青和高分子防水卷材 不透水性》（GB/T 328.10—2007）、《水泥胶砂强度检验方法 ISO 法》（GB/T 17671—2021）、《聚合物水泥防水涂料》（GB/T 23445—2009）、《建筑防水涂料试验方法》（GB/T 16777—2008）等规范标准。

课中任务实施

引导实施 1：阐述防水材料的定义。

引导实施 2：按其采取的措施和手段不同，建筑防水材料可以分为哪几类？

引导实施 3：防水卷材和防水涂料的适用范围分别为？

引导实施 4：防水卷材主要分为哪几类？

引导实施 5：防水涂料主要分为哪几类？

引导实施 6：描述刚性防水材料的适用范围。

引导实施 7：建筑密封材料有哪些？

课后拓展思考

1. 防水卷材和防水涂料的防水原理是什么？

2. 刚性防水材料的优劣势？

3. 查阅资料，阐述防水涂料和防水卷材之间的主要区别。

课后自我反思

_____

_____

_____

任务学习评价

待以上学习任务全部完成后，由学生自己、学生之间、学校教师、企业导师根据学生课前、课中、课后学习完成情况对每个学生进行综合评价，并将结果填入表 A−1 中。

相关知识

强制性条文："屋面工程所采用的防水、保温隔热层材料应有产品合格证书和性能检测报告，材料的品种、规格、性能等应符合现行的国家产品和设计要求。"

1. 建筑防水材料的概念

建筑防水材料是使房屋建筑免受雨水、雪水、地下水及其他水分和盐分等侵蚀、渗透的材料，是建筑材料中具有防水、防渗、防漏等功能的材料。建筑防水是防止水在建筑物某些部位发生渗漏而从建筑材料上和构造上所采取的措施，是建筑物诸多使用功能中的一项最基本要求。防水材料的性能、品质及施工质量对建筑结构的安全和寿命十分重要，会直接影响建筑物的装饰效果、使用功能及人们的居住环境等。

2. 建筑防水材料的分类

依据材料不同又可分为刚性防水和柔性防水。

（1）刚性防水主要采用的是砂浆、混凝土、金属材料等刚性防水材料。

（2）柔性防水采用的是柔性防水材料，主要包括各种防水卷材、防水涂料、密封材料和堵漏灌浆材料等。柔性防水材料是建筑防水材料的主要产品，在建筑防水工程应用中占主导地位。

综合上述分类，我国建筑防水材料通常可分为四大类：防水卷材、防水涂料、密封材料和刚性防水材料。

自我国从 50 年代开始应用沥青油毡卷材以来，沥青类防水材料一直是我国建筑防水材料的主导产品，无论是品种、质量还是产量都得到了迅速的发展。就目前我国新型防水材料总体结构比例来看，沥青类防水材料仍是主要产品，占全部防水材料的 80%，高分子防水卷材占 10%左右，防水涂料和其他防水材料占 10%左右。

3. 防水卷材

防水卷材是由工厂生产的具有一定厚度的片状防水材料，因为其有相当的柔性，可以卷曲并按一定长度成卷出厂，故称之为卷材。

适用范围：防水卷材一般用于地下室基础防水、屋面防水。

性能特点：具有优良的耐老化、耐穿刺、耐腐蚀性能。因其可以直接接触紫外线辐射，耐高温、低温性能良好，故广泛用于屋面防水；又因其能耐各种酸碱的腐蚀，并具有优良的抗拉、抗震性能，所以广泛用于地下室基础防水。另外，因其抗撕抗拉能力也较强，故各种上人屋面一般优先采用。

分类：防水卷材分类如图 9-1 所示。

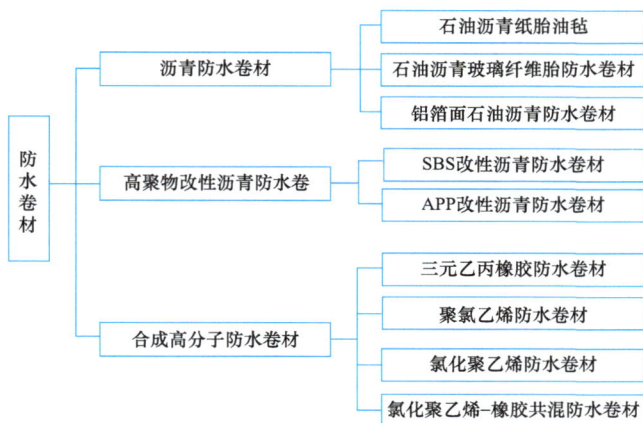

图 9-1　防水卷材分类

1）沥青防水卷材

沥青防水卷材是以玻纤布、聚酯布等为胎基，以沥青（或非高聚物材料改性沥青）为浸涂层，表面覆以聚乙烯膜、铝箔、细纱、页岩片等覆面材料，经浸渍或滚压而成的片状防水材料。

代表产品有石油沥青纸胎油毡、石油沥青玻璃纤维胎防水卷材和铝箔面石油沥青防水卷材等。

由于其抗拉、抗震强度和温度适应性已渐不能满足现代建筑的需要，属于低档防水材料，故已渐被淘汰。

（1）石油沥青纸胎油毡。

依据《石油沥青纸胎油毡》（GB/T 326—2007），石油沥青纸胎油毡的物理性能见表 9-2，示例如图 9-2 所示。

表 9-2　石油沥青纸胎油毡的物理性能

项　　目			指　　标		
			Ⅰ 型	Ⅱ 型	Ⅲ 型
单位面积浸涂材料总量/(g/m²)		≥	600	750	1 000
不透水性	压力/MPa	≥	0.02	0.02	0.10
	保持时间/min	≥	20	30	30
吸水率/%		≤	3.0	2.0	1.0
耐热度			（85±2）℃，2 h 涂盖层无滑动、流淌和集中性气泡		
拉力（纵向）/(N/50 mm)		≥	240	270	340
柔度			（18±2）℃，绕 ϕ20 mm 棒或弯板无裂纹		

注：● Ⅲ型产品物理性能要求为强制性的，其余为推荐性的。
　　● Ⅰ、Ⅱ型油毡适用于辅助防水、保护隔离层、临时性建筑防水、防潮和包装等。
　　● Ⅲ型油毡适用于屋面工程的多层防水。

（2）石油沥青玻璃纤维胎防水卷材。

依据《石油沥青玻璃纤维胎防水卷材》（GB/T 14686—2008），产品按单位面积质量分为 15、25 号；按上表面材料分为 PE 膜、砂面等；按力学性能分为 Ⅰ、Ⅱ 型。材料性能见表 9-3，示例如图 9-3 所示。

表 9-3　石油沥青玻璃纤维胎防水卷材的材料性能

序号	项　　目			指标	
				Ⅰ 型	Ⅱ 型
1	可溶物含量/(g/m²)	≥	15 号	700	
			25 号	1 200	
			试验现象	胎基不燃	
2	拉力/(N/50 mm)	≥	纵向	350	500
			横向	250	400
3	耐热性			85 ℃	
				无滑动、流淌、滴落	
4	低温柔性			10 ℃	5 ℃
				无裂缝	
5	不透水性			0.1 MPa，30 min 不透水	
6	钉杆撕裂强度/N		≥	40	50

续表

序号	项目			指标	
				Ⅰ型	Ⅱ型
7	热老化	外观		无裂纹、无起泡	
		拉力保持率/%	≥	85	
		质量损失率/%	≤	2.0	
		低温柔性		15 ℃	10 ℃
				无裂缝	

（3）铝箔面石油沥青防水卷材。

依据《铝箔面石油沥青防水卷材》（JC/T 504—2007），产品可分为 30、40 两个标号，物理性能见表 9-4，示例如图 9-4 所示。

表 9-4 铝箔面石油沥青防水卷材的物理性能

项目		指标	
		30 号	40 号
可溶物含量/(g/m²)	≥	1 550	2 050
拉力/(N/50 mm)	≥	450	500
柔度/℃		5	
		绕半径 35 mm 圆弧无裂纹	
耐热度		（90±2）℃，2 h 涂盖层无滑动，无起泡、流淌	
分层		（50±2）℃，7 d 无分层现象	

图 9-2 石油沥青纸胎油毡示例

图 9-3 石油沥青玻璃纤维胎防水卷材示例

图 9-4 铝箔面石油沥青防水卷材示例

2）高聚物改性沥青防水卷材

高聚物改性沥青防水卷材是以玻纤布、聚酯布等或两种复合材料为胎基，以高聚物改性沥青为浸涂层，表面覆以聚乙烯膜、铝箔、细纱、页岩片等覆面材料，经浸渍或滚压而成的片状防水材料。

高聚物改性沥青防水卷材有两大系列：弹性体系列、塑性体系列。弹性体系列的代表产品是 SBS 改性沥青防水卷材；塑性体系列的代表产品是 APP 改性沥青防水卷材。

与沥青防水卷材相比，高聚物改性沥青防水卷材的拉力强度、耐热度和低温柔性均有很大的提高，并有较高的不透水性和抗腐蚀性，加上价格适中，现已成为新型防水卷材的主导产品，也是我国目前大力推广应用的中高档的防水材料。

（1）SBS 改性沥青防水卷材。

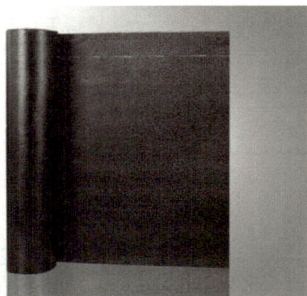

SBS 改性沥青防水卷材是以苯乙烯–丁二烯–苯乙烯（SBS）作改性剂的改性沥青做浸渍和涂盖材料，上表面覆以聚乙烯膜、细砂、矿物片（粒）料或铝箔、铜箔等隔离材料所制成的可以卷曲的片状防水卷材，如图 9–5 所示。材料的分类和性能应满足《弹性体改性沥青防水卷材》（GB 18242—2008）。

SBS 改性沥青防水卷材的优点是弹性大、抗拉强度和延伸率高、低温柔性好，产品在 –50 ℃下仍具有防水功能，聚酯胎产品在此系列产品中性能最优。特别适用于我国高寒地区和一些不稳定结构工程的防水。

（2）APP 改性沥青防水卷材。

APP 改性沥青防水卷材是以聚酯毡或玻纤毡为胎基，以无规聚丙烯（APP）或聚烯烃类聚合物（APAO、APO）作改性剂的改性沥青为浸涂层，两面覆以隔离材料制成的防水卷材，如图 9–6 所示，聚酯胎卷材厚度有 3 mm 和 4 mm 两种。与 SBS 改性沥青防水卷材相比，APP 改性沥青防水卷材具有更好的耐高温性能，更适宜用于炎热地区。APP 改性沥青防水卷材的分类和材料性能依据《塑性体改性沥青防水卷材》（GB 18243–2008）执行。

图 9–5　SBS 改性沥青防水卷材　　图 9–6　APP 改性沥青防水卷材

3）合成高分子防水卷材

合成高分子防水卷材，是以合成橡胶、合成树脂或两者共混体系为基料，加入适量的各种助剂、填充料等，经过混炼、塑炼、压延或挤出成型、硫化、定型等加工工艺制成的可卷曲的片状防水材料。

合成高分子防水卷材品种较多，一般基于原料组成及性能分为橡胶类、树脂类和橡塑共混。常见的有三元乙丙橡胶防水卷材、聚氯乙烯防水卷材、氯化聚乙烯防水卷材、氯化聚乙烯–橡胶共混防水卷材。

合成高分子防水卷材具有拉伸强度高、断裂伸长率大、抗撕裂强度高、耐高低温和耐老化性能好等优点，属新型高档防水卷材，但由于其是冷粘法施工，工艺不成熟，因而造成的渗漏水现象时有发生，另由于其造价昂贵，故仅在某些有特殊要求的工程中有所应用。

（1）三元乙丙橡胶防水卷材。

三元乙丙橡胶防水卷材是以三元乙丙橡胶为主体原料，掺入适量的丁基橡胶、硫化剂、软化剂、补强剂等，经密炼、拉片、过滤、压延或挤出成型、硫化等工序加工而成的柔性防水卷材。

其耐老化性能优异，使用寿命一般长达 40 余年；弹性和拉伸性能极佳，拉伸强度可达 7 MPa 以上，断裂伸长率可大于 450%，因此，对基层伸缩变形或开裂的适应性强；耐高低温性能优良，−45 ℃左右不脆裂，耐热温度达 160 ℃，既能在低温条件下进行施工作业，又能在严寒或酷热的条件下长期使用。如图 9−7 所示。

（2）氯化聚乙烯防水卷材。

氯化聚乙烯防水卷材是以氯化聚乙烯树脂为主要原料，加入适量的化学助剂和一定的填充材料，经一系列工序加工制成的柔性防水卷材，如图 9−8 所示。

产品按有无复合层分类，无复合层的为 N 类、用纤维单面复合的为 L 类、织物内增强的为 W 类；每类产品按理化性能分为 I 型和 II 型。产品的理化性能应满足《氯化聚乙烯防水卷材》（GB 12593—2003）的要求。

（3）聚氯乙烯防水卷材。

聚氯乙烯防水卷材是以聚氯乙烯树脂为主要原料，并加入一定量的改性剂、增塑性等助剂和填充剂，经混炼、造粒、挤出压延、冷却及分卷包装等工序制成的柔性防水卷材，如图 9−9 所示。

优点：抗渗性能好、抗撕裂强度高、低温柔性较好；虽综合防水性能略差，但其原料丰富，价格较为便宜；耐老化性能较好，屋面材料可使用 30 年以上，地下可达 50 年之久。

图 9−7 三元乙丙橡胶防水卷材　　**图 9−8 氯化聚乙烯防水卷材**

聚氯乙烯防水卷材按产品的组成分为均质卷材（代号 H）、带纤维背衬卷材（代号 L）、织物内增强卷材（代号 P）、玻璃纤维内增强卷材（代号 G）、玻璃纤维内增强带纤维背衬卷材（代号 GL）。材料性能指标应满足《聚氯乙烯（PVC）防水卷材》（GB 12952—2011）要求。

（4）氯化聚乙烯−橡胶共混防水卷材。

氯化聚乙烯−橡胶共混防水卷材是以氯化聚乙烯和橡胶共混为主体，加入适量软化剂、防老剂、稳定剂、硫化剂和填充剂，经过一系列工序加工制成的柔性防水卷材。如图 9−10 所示。

图9-9　聚氯乙烯防水卷材

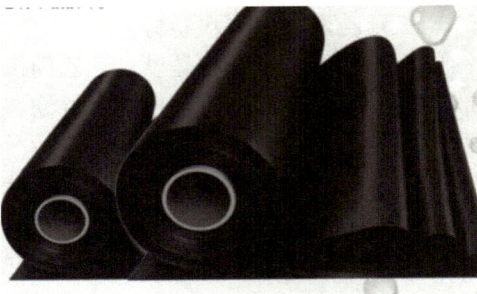

图9-10　氯化聚乙烯橡胶共混防水卷材

橡胶共混卷材的优点是既有氯化聚乙烯特有的高强度和优异的耐老化性能，又具有橡胶特有的高弹性、高延伸率和良好的低温柔性性能，产品尤其适用于寒冷地区或变形较大的屋面与地下工程。

4. 防水涂料

防水涂料（也称涂膜防水材料）是以液体高分子合成材料为主体，在常温下呈无定型状态，用涂布的方法涂刮在结构物表面，经溶剂或水分挥发，或各组分间发生化学反应，可形成一层具有不透水性、一定的耐候性和延伸性的致密薄膜的物质。

防水涂料按照使用部位可分为屋面防水涂料、地下防水涂料和道桥防水涂料；按照成型类别分为挥发型、反应型、和反应挥发型；按照主要成膜物质种类可分为丙烯酸类、聚氨酯类、有机硅类、改性沥青类和其他防水涂料。常用防水涂料的分类如图9-11所示。

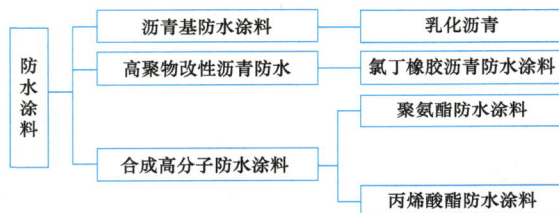

图9-11　常用防水涂料的分类

1）沥青基防水涂料

沥青基防水涂料是以沥青为基料配制的水乳型或溶剂型的防水涂料，代表产品主要是乳化沥青，如图9-12所示。

乳化沥青的主要原料是沥青和水，由于水代替了有机溶剂，所以对基层的含水率要求较低，能在潮湿基面上施工，可加快施工进度；缺点是柔韧性、抗裂性、强度和温度适应性都较低，使用寿命短，属低档防水涂料，应用较少。材料性能应满足《水乳型沥青防水涂料》（JC/T 408—2005）要求。

2）高聚物改性沥青防水涂料

高聚物改型沥青防水涂料是以石油沥青为基料，用合成聚合物对其进行改性，加入适量助剂配制成的水乳型或溶剂型的防水涂料，代表产品是氯丁橡胶沥青防水涂料，如图9-13所示。

氯丁橡胶沥青防水涂料是以石油沥青与氯丁橡胶为基料，用适量的溶剂，并配以助剂制成的一种防水涂料，属中低档防水涂料。

氯丁橡胶沥青防水涂料改变了传统沥青低温脆裂、高温流淌的特性，经过改性后，不但具有了氯丁橡胶弹性好、粘结力强、耐老化、防水防腐的优点，还集合了沥青防水的性能，组合成了强度高、成膜快、防水强、耐老化、有弹性、抗基层变形能力强、冷作施工方便且不污染环境的一种优质防水涂料。其材料性能应满足《水乳型沥青防水涂料》（JC/T 408—2005）要求。

图 9-12　乳化沥青

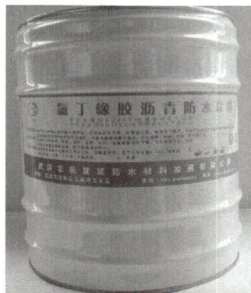

图 9-13　氯丁橡胶沥青防水涂料

3）合成高分子防水涂料

合成高分子防水涂料是以合成橡胶或合成树脂为原料，加入适量的活性剂、改性剂、增塑剂、防霉剂和填充料等辅助材料制成的单组分或双组分防水涂料，代表产品是聚氨酯防水涂料和丙烯酸酯防水涂料。

合成高分子材料由于本身性能优异，因而以其为原料制成的合成高分子涂料，具有高弹性和优良的防水性、耐久性、耐高低温性，属高档防水涂料。

（1）聚氨酯防水涂料。

聚氨酯防水涂料被称为"液态橡胶"，是以甲组分（聚氨酯预聚体）与乙组分（固化剂）按一定比例混合而成的双组分防水涂料，是目前国内应用较多的一种高档防水涂料。

目前国内多使用双组分聚氨酯防水涂料，而国外已由双组分发展到单组分。在美国，单组分聚氨酯防水涂料正在逐步取代双组分，并已形成了完整的应用系统。由于双组分涂料需在施工现场配料，配比不准和搅拌不匀都会造成防水质量事故的发生，故单组分聚氨酯防水涂料的应用推广在我国势在必行，并将成为聚氨酯防水涂料发展的必然趋势。聚氨酯防水涂料在室内外都可使用，涂膜坚韧，抗张拉强度高，延展性好，耐腐蚀，对结构膨胀和变形的抵抗力强，使用寿命长。涂刷完厚度较厚，约 3 mm，弹张力在 300%以上，不会因基材的开裂而开裂，因此其防水性能极好。缺点是气味大、不环保。产品如图 9-14 所示。

图 9-14　聚氨酯防水涂料

产品按组分分为单组分（S）型和多组分（M）两种。性能参数应满足《聚氨酯防水涂料》（GB/T 19250—2013）要求。

（2）丙烯酸酯防水涂料。

丙烯酸酯防水涂料是在丙烯酸酯共聚物或纯丙酸酯乳液中，加入适量优质填料、助剂配制而成的防水涂料，属于合成树脂类单组分防水涂料。纯液体，无毒、无害、不可燃，开盖

图 9-15　丙烯酸酯防水涂料

即用。是环保型涂料中应用最早和最广泛的防水涂料。这种材料的最大特点是其可以用水稀释，是一种水溶性材料，无色无味（可以根据需要添加着色剂以调节各种颜色），但结膜后会变得异常稠密。这种材料在结膜后具有相当大的弹性和延展性，易与墙面裂缝结合，形成坚固的防水层，这决定了其不会随着基层的沉降和错位而破裂，性能比较稳定，应用效果比较理想。该材料目前价格适中，是家庭装饰防水材料的首选。

丙烯酸酯防水涂料的材料性能应满足《聚合物乳液建筑防水涂料》（JC/T 864—2023）要求。

丙烯酸酯防水涂料适用范围：厨房、卫生间、墙面、楼地面的防水；用于地下室、屋面防水时应配合防水卷材使用。

丙烯酸酯防水涂料性能特点：不耐老化，抗拉、抗撕强度都无法和防水卷材相比，但由于防水涂料在施工固化前为无定形液体，对于任何形状复杂、管道纵横和变截面的基层均易于施工，特别是对于阴阳角、管道根、水落口和防水层收头等部位处理方便，可形成一层具有柔韧性、无接缝的整体涂膜防水层。

5. 密封材料

为提高建筑物整体的防水、抗渗性能，对于工程中出现的施工缝、构件连接缝、变形缝等各种接缝，必须填充具有一定的弹性、粘结性，能够使接缝保持水密、气密性能的材料，这就是密封材料。

密封材料分为具有一定形状和尺寸的定型密封材料和各种膏糊状的不定型密封材料两种，如图 9-16 所示。密封材料应有较好的粘结性、弹性和耐老化性，长期经受拉伸、收缩和振动疲劳后，仍能保持其良好的防水效果。

（1）密封材料必须满足以下 3 个基本要求。

① 具有优良的粘结性、施工性及抗下垂性。

② 具有良好的弹塑性和一定的随动性。

③ 具有较好的耐候性及耐水性。

（2）适用范围：一般用于接缝，或配合卷材防水层做收头处理。

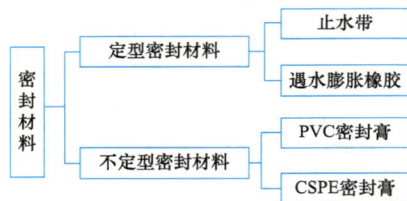

图 9-16　密封材料分类

1）定型密封材料

定型密封材料是指根据密封工程的要求制成带、条、垫形状的密封材料，专门处理建筑物或地下构筑物的各种接缝（如伸缩缝、施工缝和变形缝）。代表产品是止水带、遇水膨胀橡胶。

（1）止水带。

止水带一般分为塑料止水带、橡胶止水带和复合止水带 3 种。产品如图 9-17（a）所示。产品的参数和性能应满足《高分子防水材料 第 2 部分：止水带》（GB/T 18173.2—2014）要求。

（2）遇水膨胀橡胶。

遇水膨胀橡胶是以改性橡胶为基本材料制成的新型防水材料。其具有一般橡胶防水制品的优良弹性和延伸性，可起到弹性密封的止水作用；同时当结构变形超过材料的弹性复原率时，其还具有遇水膨胀的特性，在膨胀倍率范围内能起到以水止水的作用。

遇水膨胀止水带在遇水后会逐渐膨胀，最后会缓慢堵塞遍布的毛细孔隙，与混凝土界面的接触更加紧密，从而产生较大的抗水压力，形成不透水的可塑性胶体。这种产品具有膨胀倍率高，移动补充性能强的特点。置于施工缝浇缝后，具有较强的平衡自愈功能，可自行封堵因沉降而出现的新的微小缝隙；对于已完工的工程，如缝隙渗漏水，可用止水条重新堵漏。施工费用低且施工工艺简单，耐腐蚀性极佳。产品如图 9-17（b）所示。产品的参数和性能应满足《高分子防水材料　第 3 部分：遇水膨胀橡胶》（GB/T 18173.3—2014）要求。

（a）止水带　　　　　　　　　　　　　　　（b）遇水膨胀橡胶止水带

图 9-17　定型密封材料

2）不定型材料

不定型材料是指膏糊状材料，如腻子、塑料密封膏、弹性或弹塑形密封膏或嵌缝膏。代表产品是聚氯乙烯密封膏（PVC 密封膏）、氯磺化聚乙烯密封膏（CSPE 密封膏）、硅酮建筑密封膏。

（1）聚氯乙烯密封膏。

聚氯乙烯密封膏是以聚氯乙烯树脂为基料，加以适量的改性材料及其他添加剂配制而成的建筑防水接缝材料，按施工工艺可分为热塑型（通常指 PVC 胶泥）和热熔型（通常指塑料油膏）两类。

聚氯乙烯密封膏具有良好的弹性、延伸性及耐老化性，与混凝土基面有较好的粘结性，能适应屋面振动、沉降、伸缩等引起的变形要求。

（2）氯磺化聚乙烯密封膏。

氯磺化聚乙烯密封膏是以氯磺化聚乙烯为主剂，加适量硫化剂、促进剂、软化剂、填充剂，经混炼、研磨等工序加工制成的膏状物质。氯磺化聚乙烯密封膏具有优良的弹性、粘结性和较高的内聚力，耐老化、耐候性能突出，使用寿命长，在-20～100 ℃下仍能保持柔韧性，并可配制成各种颜色。一般适用于基层伸缩变形部位的密封，并可用于相容卷材冷粘法施工时的搭接缝和收头密封，及门窗四周和安装工程中的嵌缝处理。

（3）硅酮建筑密封膏。

硅酮建筑密封膏是以聚硅氧烷为主要成分的单组分和双组分室温固化型弹性建筑密封材料。硅酮建筑密封膏属高档密封膏，其具有优异的耐热性、耐寒性、耐候性、耐水性和耐伸缩疲劳性，并与各种材料有着较好的粘结性。

6. 刚性防水材料

刚性防水材料是指以水泥、砂、石为原料或掺入少量外加剂（防水剂）、高分子聚合物等材料，通过调整配合比，抑制或减少孔隙率，改变孔隙特征，增加各原材料界面间的密实性等方法，配制成的具有一定抗渗能力的水泥砂浆、混凝土类防水材料。

（1）适用范围。

刚性防水材料一般用于蓄水种植屋面防水、水池内外防水、外墙面防水和动静水压作用较大的混凝土地下室。

（2）性能特点。

一般配合柔性防水材料使用，达到刚柔相济的效果，实现优势互补。刚柔并用的做法在建筑防水工程中也占有较大的比重。

（3）优缺点。

刚性防水材料有较高的抗压强度，且具有一定的抗渗能力，即可防水，又可兼作承重结构和围护结构；抗冻、抗老化性能优越，使用寿命可长达20年；发生渗漏时，易于查找渗漏点，便于修补；大多原材料为无机材料，不燃烧，无毒、无味、有一定的透气性；造价低，施工简便，工艺成熟，基层潮湿时刚性防水仍可施工。

刚性防水材料的最大缺点是抗拉强度低，抗变形能力差，常由于干缩、地基沉降、基层振动变形、温差等因素发生开裂；此外这类材料自重较大，会增加结构荷载。

刚性防水材料主要分为防水混凝土、防水砂浆和金属屋面防水材料，具体如图9-18所示。

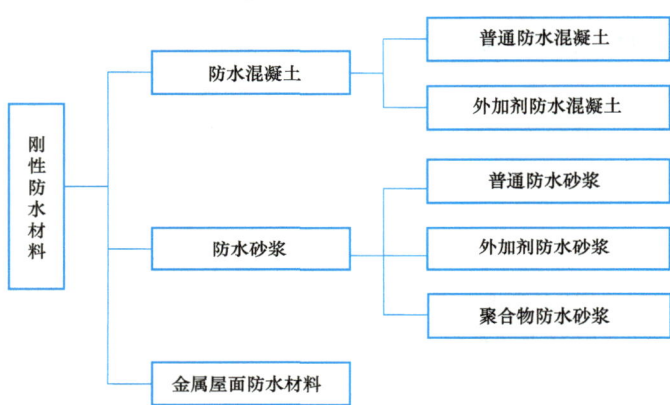

图9-18　刚性防水材料的分类

1）防水混凝土

防水混凝土是通过调整混凝土配合比或掺外加剂、掺合料等措施，来提高混凝土本身的密实性和抗渗性，使其具有一定防水能力（能满足抗渗等级要求）的整体式混凝土结构，同时它还能承重。可分为普通防水混凝土和外加剂防水混凝土两大类。

普通防水混凝土是通过调整配合比的方法来提高自身的密实性和抗渗性；外加剂防水混凝土是在混凝土拌合物中渗入适量的不同类型的减水剂、引气剂等外加剂，以提高其抗渗性能。

防水混凝土具有取材容易、施工简便、工期短、造价低、耐久性好等优点，因此，在地下工程防水中广泛应用

2）防水砂浆

防水砂浆可分为普通防水砂浆、外加剂防水砂浆和聚合物防水砂浆3种。普通防水砂浆是通过调整配合比的方法来提高抗渗性能；外加剂防水砂浆是在水泥砂浆中掺入占水泥重量3%～5%的无机盐或金属皂类防水剂来提高抗渗性能；聚合物防水砂浆是通过在水泥砂浆中掺入一定量的聚合物（如有机硅、氯丁胶乳、丙烯酸酯乳液等），使砂浆具有良好的抗渗、抗裂与防水性能。

3）金属屋面防水材料

广义上说，金属屋面系统是采用金属板作为建筑屋面的所有屋面构造层的组合，包括底层板、隔声层、保温层、防潮层等。运用时，设计师需要确定屋面系统的各项性能要求，

包括结构、防水、保温、隔声等方面，这些性能要求可通过设置相应的构造层解决。

狭义上说，金属屋面系统是指金属屋面板和其必要的连接构件组成的满足屋面结构、防水、外观等功能的单层金属屋面板系统。

目前，铝镁锰屋面板环保美观，安装方便快捷，使用寿命长，具有耐腐蚀、重量轻、强度大、易加工成型等诸多优点，广泛应用于机场航站楼、车站及大型交通枢纽、会议及展览中心、体育馆、大型购物中心、民用住宅等建筑。

铝镁锰屋面系统优势：① 安全稳固的系统结构；② 防雷特性；③ 屋面防护系统；④ 完整的附件系统。

铝镁锰屋面板表面可进行涂漆处理，其中以 PVDF（氟碳涂层）涂漆的抗老化性能最为优良，能极大的延迟屋面板在太阳光紫外线作用下的老化，其是目前已知的抗紫外线最强的有机合成物。

任务 9.2　建筑防水卷材拉伸试验

📖 任务书

工地刚到了一批 SBS 改性沥青防水卷材，小王已经取好样品、进行了盲样管理。并第一时间把检测任务单下达给了小胡、小宋二人，要求其完成防水卷材拉伸试验和防水卷材不透水性试验。小胡、小宋二人接到任务单以后，计划先完成拉伸试验，但是对该试验并不熟悉，二人立马找来试验规程开始认真学习。那么防水卷材拉伸试验的准备工作、操作步骤和数据处理的具体内容是怎样的呢？

📖 课前学习测验

1. 防水卷材拉伸试验应选取（　　）个试件。

    A. 2　　　　　　　　B. 3　　　　　　　　C. 4　　　　　　　　D. 5

2. 防水卷材拉伸试验需记录（　　）。

    A. 拉力　　　　　　　　　　　　　B. 夹具间的距离

    C. 速度　　　　　　　　　　　　　D. 变形

3. 对于复合增强的卷材，若其应力应变图上有两个或更多的峰值，则拉力和延伸率应记录两个最大值。　　　　　　　　　　　　　　　　　　　　　　　　　　　　　　（　　　）

4. 进行防水卷材拉伸试验时，选用的仪器是_____。

📖 课中任务准备

1. 阅读任务书，熟悉将要学习的主要内容。

2. 收集并熟读《建筑防水卷材试验方法　第 8 部分：沥青防水卷材　拉伸性能》（GB/T 328.8—2007）和《建筑防水卷材试验方法　第 9 部分：高分子防水卷材　拉伸性能》（GB/T 328.9—2007）等规范标准。

3. 准备好卷材试样、调节好室温，并检查好设备备用。

课中任务实施

请按照要求完成拉伸试验，并将原始数据等相关信息填入"防水卷材拉伸试验检测记录表"中，再根据相关数据和信息，编制试验检测报告。

建筑防水卷材
拉伸性能试验

防水卷材拉伸试验检测记录表

检测单位名称： 　　　　　　　　　　　　　　记录编号：

工程名称	
工程部位/用途	
样品信息	

试验检测日期		试验条件	
检测依据		判定依据	

主要设备名称及编号	

试样宽度/mm		夹具距离/mm	

		试件编号	1	2	3	4	5	平均值
拉伸性能	纵向 拉力	最大拉力/(N/50 mm)						
		次高峰拉力/(N/50 mm)						
	纵向 延伸率	最大拉力时标距间距离/mm						
		第二峰时标距间距离/mm						
		沥青断裂时标距间距离/mm						
		最大拉力时延伸率/%						
		第二峰时延伸率/%						
		沥青断裂时延伸率/%						
	试验现象（拉伸过程中，试件中部有无沥青涂盖层开裂或与胎基分离现象）							
	横向 拉力	最大拉力/(N/50 mm)						
		次高峰拉力/(N/50 mm)						
	横向 延伸率	最大拉力时标距间距离/mm						
		第二峰时标距间距离/mm						
		沥青断裂标距间距离/mm						
		最大拉力时延伸率/%						
		第二峰时延伸率/%						
		沥青断裂延伸率/%						
	试验现象（拉伸过程中，试件中部有无沥青涂盖层开裂或与胎基分离现象）							

附加声明：

检测： 　　　记录： 　　　复核： 　　　日期： 　年 　月 　日

📖 **课后拓展思考**

1. 本次试验选取的是 SBS 改性沥青防水卷材试件，那么对于合成高分子防水卷材，试验结果会有不同吗？

2. 防水卷材拉伸试验机的数据测控系统有哪些要求？

⬡ **课后自我反思**

_____

_____

_____

📖 **任务学习评价**

待以上学习任务全部完成后，由学生自己、学生之间、学校教师、企业导师根据学生课前、课中、课后学习完成情况对每个学生进行综合评价，并将结果填入表 A–2 中。

📖 **相关知识**

1. 适用范围

本方法适用于沥青防水卷材拉伸性能的测定。

2. 主要仪器设备

（1）拉伸试验机：有连续记录力和对应距离的装置，有足够的量程（至少 2 000 N）和夹具移动速度（100±10）mm/min，夹具宽度不小于 50 mm。

拉伸试验机的夹具能随着试件拉力的增加而保持或增加夹具的夹持力，对于厚度不超过 3 mm 的产品能夹住试件使其在夹具中的滑移不超过 1 mm，更厚的产品不超过 2 mm。这种夹持方法不应使试件在夹具内外产生过早的破坏。为防止试件在夹具中的滑移超过极限值，允许使用冷却的夹具，同时实际的试件伸长量用引伸计测量。

（2）其他工具：钢尺、剪刀。

3. 试样制备

（1）拉伸试验应制备两组试件，一组纵向 5 个试件，一组横向 5 个试件。

（2）试件在试样上距边缘 100 mm 以上范围内任意裁取，用模板，或用裁刀；矩形试件宽（50±0.5）mm，长（200 mm+2×夹持长度），长度方向为试验方向。

（3）表面的非持久层应去除。

（4）试验前，试件在（23±2）℃和相对湿度（30～70）%的条件下至少放置 20 h。

4. 试验步骤

（1）将试件紧紧夹在拉伸试验机的夹具中，注意试件长度方向的中线要与试验机夹具中心在一条线上。夹具间距离为（200±2）mm，为防止试件从夹具中滑移，应作标记。

（2）当用引伸计时，试验前应设置标距间距离为（180±2）mm。为防止试件产生任何松弛，推荐加载不超过 5 N 的力。

311

（3）试验在（23±2）℃环境下进行，夹具移动的恒定速度为（100±10）mm/min。

（4）连续记录拉力和对应的夹具（或引伸计）间距离。

5. 试验结果处理

（1）根据记录得到的拉力和距离，用最大拉力和对应的由夹具（或引伸计）间距离与起始距离的百分率计算延伸率。

（2）去除任何在夹具 10 mm 以内断裂或在试验机夹具中滑移超过极限值的试件的试验结果，用备用件重测。

（3）最大拉力单位为 N/50 mm，对应的延伸率用百分率表示，作为试件同一方向结果。

（4）分别记录每个方向 5 个试件的拉力值和延伸率，计算平均值。

（5）拉力的平均值修约到 5 N，延伸率的平均值修约到 1%；同时对于复合增强的卷材，若其应力应变图上有两个或更多的峰值，则拉力和延伸率应记录两个最大值。

任务 9.3 建筑防水卷材不透水性试验

📖 任务书

完成了建筑防水卷材拉伸试验后，小胡、小宋需要选取同样一批卷材完成防水卷材的不透水性试验。

📖 课前学习测验

1. 以下（   ）是做防水卷材不透水性试验的注意事项。

A. 温度：试验前，试件在（23±5）℃放置至少 6 h，水温为（20±5）℃。

B. 压板：N 类（无胎基）卷材采用十字开缝板，PY（有胎基）类采用七孔板，试验时间为 2 h，将防粘材料揭去，覆盖滤纸以防粘结。

C. 试件：在卷材宽度方向均匀裁取，最外一个距卷材边缘 100 mm，试件的纵向与产品的纵向平行并标记，至少选取 3 个试件。

D. 防水卷材不透水性试验过程对温度没有要求。

2. N 类（无胎基）卷材采用十字开缝板，PY（有胎基）类采用七孔板。　　（   ）

3. 自粘聚合物改性沥青防水卷材不透水性试验试验采用的试验仪器是_____。

📖 课中任务准备

1. 阅读任务书，熟悉将要学习的主要内容。

2. 收集并熟读《建筑防水卷材试验方法 第 10 部位：沥青和高分子卷材 不透水性》（GB/T 328.10—2007）和《自粘高聚物改性沥青防水卷材》（GB/T 23441—2009）等规范标准。

3. 准备好卷材试件、调节好室温，并检查好设备备用。

课中任务实施

请按照要求完成不透水性试验，并将原始数据等相关信息填入"防水卷材不

建筑防水卷材
不透水性试验

透水性试验检测记录表"中，再根据相关数据和信息，编制试验检测报告。

防水卷材不透水性试验检测记录表

检测单位名称：　　　　　　　　　　　　　　　　　　记录编号：

工程名称				
工程部位/用途				
样品信息				
试验检测日期			试验条件	
检测依据			判定依据	
主要设备名称及编号				
试验方法			类型	
试样序号	1	2		3
试样直径/mm				
规定水压/MPa				
试样持压时间/min				
试样渗透情况				
试验结果				

附加声明：

检测：　　　　记录：　　　　复核：　　　　日期：　　年　　月　　日

课后拓展思考

1. 不透水性试验为什么要选取 3 个试件？
2. 七孔板和十字开缝板的用途有什么区别？

课后自我反思

_____

_____

_____

任务学习评价

待以上学习任务全部完成后，由学生自己、学生之间、学校教师、企业导师根据学生课前、课中、课后学习完成情况对每个学生进行综合评价，并将结果填入表 A–2 中。

📖 相关知识

1. 适用范围

本试验适用于自粘聚合物改性沥青防水卷材、高聚物改性沥青防水卷材、沥青和高分子防水卷材等的不透水性试验。

2. 主要仪器设备

（1）不透水仪，如图 9-19 所示。

（2）七孔板或十字开缝板，如图 9-20 所示。

图 9-19　不透水仪示意图

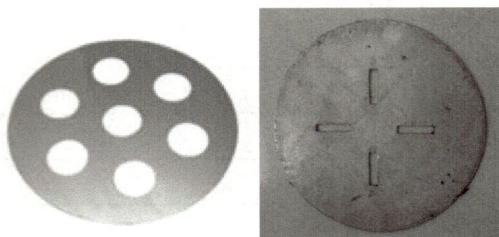

图 9-20　七孔板和十字开缝板

3. 试验原理

对于沥青、塑料、橡胶有关范畴的卷材，在标准中给出两种试验方法的实验步骤。

方法 A：试验适用于卷材低压力的使用场合，如：屋面、基层、隔汽层。试件满足直到 60 kPa 压力 24 h。

方法 B：试验适用于卷材高压力的使用场合，如：特殊屋面、隧道、水池。试件采用有四个规定形状尺寸狭缝的圆盘保持规定水压 24 h，或采用 7 孔圆盘保持规定水压 30 min，观测试件是否保持不渗水。

4. 试件制备

制备：试件在卷材宽度方向均匀裁取，最外一个距卷材边缘 100 mm。

试件尺寸：方法 A 要求圆形试件，直径为（200±2）mm。方法 B 要求试件直径不小于盘外径（约 130 mm）。

试验条件：试验前试件在（23±5）℃放置至少 6h。试验在（23±5）℃进行，产生争议时，在（23±2）℃相对湿度（50±5）%进行。

5. 试验步骤：

方法 A 步骤：将试件放置在设备上，旋紧翼型螺母固定夹环。打开阀让水进入，同时打开阀排出空气，直至水出来关闭阀，说明设备已水满。

调整试件上表面所要求的压力。

保持压力（24±1）h。

检查试件，观察上面滤纸有无变色。

方法 B 步骤：在装置中充水直到满出，彻底排出水管中空气。

试件的上表面朝下放置在透水盘上，盖上规定的开缝盘（或 7 孔圆盆），其中一个缝的方向与卷材纵向平行。放上封盖，慢慢夹紧直到试件夹紧在盘上，用布或压缩空气干燥试件的非迎水面，慢慢加压到规定的压力。

达到规定压力后，保持压力（24±1）h［7 孔盘保持规定压力（30±2）min］。注意在试验时观察试件的不透水性（水压突然下降或试件的非迎水面有水）。

6. 结果表示

方法 A：试件有明显的水渗到上面的滤纸产生变色，认为试验不符合。所有试件通过认为卷材不透水。

方法 B：所有试件在规定的时间不透水认为不透水性试验通过。

任务 9.4　建筑防水涂料粘结强度试验

任务书

在完成建筑防水卷材的拉伸试验及不透水性试验后，小胡、小宋二人想起之前学过的防水材料除了卷材之外还有涂料，那么防水涂料又有哪些性能会影响防水效果？在老师的指导下，小胡、小宋开始了聚合物水泥防水涂料粘结强度的试验。

课前学习测验

1. 在做聚合物水泥防水涂料粘结强度试验时，选用的水泥砂浆基板的尺寸是（　　　）。
   A. 70 mm×70 mm×20 mm　　　　　　B. 80 mm×80 mm×20 mm
   C. 70 mm×70 mm×10 mm　　　　　　D. 80 mm×80 mm×10 mm
2. 在做聚合物水泥防水涂料粘结强度试验时，试件制备最少需要（　　　）个。
   A. 3　　　　　B. 4　　　　　C. 5　　　　　D. 6
3. 拉伸试验机的组成包括（　　　）。
   A. 上夹具　　　　B. 下夹具　　　　C. 垫板　　　　D. 量程
4. 在做无处理粘结强度试验时，将制备的试验沿试件上粘结的上夹具周边用刀切割至基板，用下夹具和垫板将试件安装在拉伸试验机上进行拉伸试验，拉伸速度为（5±1）mm/min。

（　　　）

课中任务准备

1. 阅读任务书，熟悉将要学习的主要内容。
2. 收集并查阅《水泥胶砂强度试验方法》（GB/T 17671—2021）、《聚合物水泥防水涂料》（GB/T 23445—2009）、《建筑防水涂料试验方法》（GB/T 16777—2008）等规范标准。
3. 准备并检查好所需的仪器设备。
4. 备好已制备好的试样。

课中任务实施

请按照要求完成聚合物水泥防水涂料粘结强度试验，并将试验数据等相关信息填入"聚合物水泥防水涂料粘结强度试验检测记录表"中，编制试验检测报告。

聚合物水泥防水涂料粘结强度试验检测记录表

检测单位名称：　　　　　　　　　　　　　　　　　记录编号：

工程名称			
工程部位/用途			
样品信息			
试验检测日期		试验条件	
检测依据		判定依据	
主要设备名称及编号			
类型	Ⅰ型	Ⅱ型	Ⅲ型
无处理/MPa			
潮湿处理/MPa			
碱处理/MPa			
浸水处理/MPa			

附加声明：

检测：　　　　记录：　　　　复核：　　　　日期：　年　月　日

课后拓展思考

1. 聚合物水泥防水涂料粘结强度试验为什么要做 4 组试件？
2. 聚合物水泥防水涂料Ⅰ型、Ⅱ型、Ⅲ型粘结强度试验的结果为什么不一样？

课后自我反思

任务学习评价

待以上学习任务全部完成后，由学生自己、学生之间、学校教师、企业导师根据学生课前、课中、课后学习完成情况对每个学生进行综合评价，并将结果填入表 A–2 中。

相关知识

1. 适用范围
本试验适用于聚合物水泥防水涂料粘结强度的检验。

2. 仪器设备
（1）拉力试验机：量程 5 000 N，示值精度不低于 1%，拉伸速度可调至（5±1）mm/min。
（2）拉伸试验用夹具：由上夹具、下夹具和垫板组成。
（3）水泥标准养护箱：控温范围（20±1）℃，相对湿度不小于 90%。

（4）70 mm×70 mm×20 mm 金属模具成型基板，如图 9-21 所示。

图 9-21　金属模具成型基板

3. 试样准备

1）水泥砂浆基板的制备

任务 2.5"1）胶砂的制备"的试验方法配制水泥砂浆，用内部尺寸 70 mm×70 mm×20 mm 的金属模具成型基板，在水泥标准养护箱中静置 24 h 后脱模，然后将基板在（20±2）℃的水中养护 6 d，再用 60 号碳化硅砂轮或类似的磨具湿磨基板成型时的下表面，除去浮浆。然后在标准状态下静置 7 d 备用。

2）无处理、碱处理和浸水处理试件的制备

将在标准条件下静置后的样品按生产厂家指定的比例分别称取适量液体和固体组分，混合后机械搅拌 5 min，静置 1～3 min，以减少气泡。然后分别涂覆在水泥砂浆基板研磨面上，使涂层厚度为 1.5 mm，然后用刮刀修平表面。于标准条件下养护 96 h，然后在（40±2）℃干燥箱中放置 48 h，取出后，在标准试验条件下至少放置 4 h。每种试验条件分别制备 5 个试件。

3）潮湿基层试件的制备

将基板在（23±2）℃的清水中浸泡 24 h，立即用清洁干布拭去基板粘结面的附着水，按上述方法直接在粘结面上涂覆试料，于标准条件下养护 96 h，然后在（40±2）℃干燥箱中放置 48 h，取出后，在标准试验条件下至少放置 4 h。每种试验条件分别制备 5 个试件。

4）碱处理和浸水处理试件的封边

碱处理和浸水处理的试件应在养护后［于标准条件下养护 96 h，然后在（40±2）℃干燥箱中放置 48 h，取出后，在标准试验条件下至少放置 4 h］，在试件的 4 个侧面及涂布面的边缘约 5 mm 部分涂覆环氧树脂。

4. 试验步骤

1）无处理粘结强度

将制备的试件水平放置，在涂覆面上均匀涂覆高强度胶粘剂，将拉伸用上夹具小心放置其上，轻轻滑动，使粘结密实，在上面放置质量为 1 kg 的重物，除去周边溢出的胶粘剂。在标准试验条件下放置 24 h。沿试件上粘结的上夹具周边用刀切割至基板，用下夹具和垫板将试件安装在拉伸试验机上，进行拉伸试验，拉伸速度为（5±1）mm/min，测定最大拉伸荷载 F。

按式（9-1）计算粘结强度 σ。

$$\sigma = F/1\ 600 \qquad\qquad (9-1)$$

式中：σ——粘结强度，MPa；

　　　F——最大拉伸荷载，N。

试验结果取 5 个试件的平均值，精确至 0.1 MPa。

2）潮湿基层粘结强度

将制备的潮湿基层试件按"无处理粘结强度"的规定测定粘结强度。

3）碱处理粘结强度

将制备的碱处理试件在规定的碱溶液中浸泡 7 d。取出后用水充分冲洗，擦干后放入（60±2）℃的烘箱中烘 18 h，取出后在标准试验条件下至少放置 2 h。然后按"无处理粘结强度"的规定测定粘结强度。

4）浸水处理粘结强度

将制备的浸水处理试件水平放置在水槽的砂上，加入（23±2）℃的水，至水面距试件基板上表面约 5 mm，静置 7 d 后取出试件，以试件的侧面朝下，在（60±2）℃的恒温箱中干燥 18 h，取出后在标准试验条件下至少放置 2 h。然后按"无处理粘结强度"的规定测定粘结强度。

5. 结果评定

聚合物水泥防水涂料按表 9-5 进行评定。

表 9-5　聚合物水泥防水涂料物理力学性能

序号	试验项目			技术指标		
				Ⅰ型	Ⅱ型	Ⅲ型
1	固体含量/%		≥	70	70	70
2	拉伸强度	无处理/MPa	≥	1.2	1.8	1.8
		加热处理后保持率/%	≥	80	80	80
		碱处理后保持率/%	≥	60	70	70
		浸水处理后保持率/%	≥	60	70	70
		紫外线处理后保持率/%	≥	80	—	—
3	断裂伸长率	无处理/%	≥	200	80	30
		加热处理/%	≥	150	65	20
		碱处理/%	≥	150	65	20
		浸水处理/%	≥	150	65	20
		紫外线处理/%	≥	150	—	—
4	低温柔性（ϕ10 mm 棒）			−10 ℃ 无裂纹	—	—
5	粘结强度	无处理/MPa	≥	0.5	0.7	1.0
		潮湿基层/MPa	≥	0.5	0.7	1.0
		碱处理/MPa	≥	0.5	0.7	1.0
		浸水处理/MPa	≥	0.5	0.7	1.0
6	不透水性（0.3 MPa，30 min）			不透水	不透水	不透水
7	抗渗性（砂浆背水面）/MPa			—	0.6	0.8

任务 9.5　建筑防水涂料不透水性试验

任务书

在完成建筑防水涂料粘结强度试验后，联想起建筑防水卷材做过的不透水性试验，小王和小张二人打算按照防水卷材的规格和要求完成防水涂料的不透水性试验。那么，防水涂料不透水性试验和前面做过的防水卷材不透水性试验有什么不一样呢？让我们也一起来学一学吧！

课前学习测验

1. 不透水仪的测试范围是_____。
2. 在做建筑防水涂料的不透水性检验时，按规定裁取的试件尺寸是 150 mm×150 mm。

（　　）

3. 在做建筑防水涂料的不透水性检验时，应检查涂膜外观，试件表面应光滑平整、无明显气泡。

（　　）

课中任务准备

1. 阅读任务书，熟悉将要学习的主要内容。
2. 收集并查阅《建筑防水涂料试验方法》（GB/T 16777—2008）、《聚合物乳液建筑防水涂料》（JC/T 864—2023）等规范标准。
3. 准备并检查好所需的仪器设备。
4. 制备建筑防水涂料不透水性试验所需试样。
5. 调节好试验环境温度。

课中任务实施

请按照要求完成建筑防水涂料不透水性试验，并将试验数据等相关信息填入"防水涂料不透水性试验检测记录表"中，再根据表中的相关数据和信息，编制试验检测报告。

防水涂料不透水性试验检测记录表

检测单位名称：　　　　　　　　　　　　　　　　　　　　记录编号：

工程名称			
工程部位/用途			
样品信息			
试验检测日期		试验条件	
检测依据		判定依据	
主要设备名称及编号			
状态调节时间	月　日　时至　月　日　时在温度　℃湿度　%下放置		
试件数量/个		试件尺寸/mm	
试验压力/MPa		保持时间/min	
压板类型	□七孔板　　　　□十字开缝板		
检测参数	检测数据		
试件编号	1	2	3
不透水性	□	□	□
备注	1. "√"：试件不透水、无渗漏；"×"：试件透水、渗漏。 2. 所有试件在规定时间不透水认为不透水试验通过。		

附加声明：

检测：　　　　　记录：　　　　　复核：　　　　　日期：　　年　　月　　日

📖 **课后拓展思考**

1. 建筑防水涂料不透性试验的环境温度和湿度要求有哪些？
2. 如何选择七孔板和十字开缝板？

⬡ **课后自我反思**

_____

_____

_____

📖 **任务学习评价**

待以上学习任务全部完成后，由学生自己、学生之间、学校教师、企业导师根据学生课前、课中、课后学习完成情况对每个学生进行综合评价，并将结果填入表 A−2 中。

📖 **相关知识**

1. 试验目的与适用范围
本试验适用于聚合物乳液建筑防水涂料和聚合物水泥防水涂料的不透水性检验。

2. 主要仪器设备
不透水仪：测试范围为 0.1～0.3 MPa。

3. 试样准备
（1）将静置后的样品搅拌均匀，在不混入气泡的情况下倒入任务 9.4 规定的模具中涂覆。为方便脱模，在涂覆前模具表面可用硅油或液体蜡进行处理，试件制备时分两次涂覆，两次涂覆间隔 24 h，在 24 h 以内使涂覆厚度达到 1.2～1.5 mm，制备好的试件在标准试验条件下养护 96 h，脱模后再放入（40±2）℃干燥中烘干 48 h，取出后在标准试验条件下放置 4 h 以上。

（2）检查涂膜外观，试件表面应光滑平整、无明显气泡。

4. 试验步骤
（1）裁取 3 个约 150 mm×150 mm 试件，在标准试验条件［温度（23±2）℃，相对温度（50±10）%］下放置 2 h，试验在（23±5）℃进行，将装置中充水直到满出，彻底排出装置中空气。

（2）将试件放置在透水盘上，再在试件上加一相同尺寸的金属网，盖上 7 孔圆盘，慢慢夹紧直至试件夹紧在盘上，用布或压缩空气干燥试件的非迎水面，慢慢加压到规定的压力 0.3 MPa。达到规定压力后，保持压力（30±2）min。试验时观察试件的透水情况（水压突然下降或试件的非迎水面有水）。

5. 结果评定
所有试件在规定时间应无透水现象。

项目 10　装饰材料性能检测

◆ 项目概述

　　某实训楼,建筑面积为 3 599.92 m²,占地面积为 2 306.08 m²,2 层楼,建筑高度为 9.45 m。墙体结构为 200 mm 厚页岩空心砖,局部为 100 mm 厚加气混凝土砌块,屋面防水采用自粘性防水卷材,内装饰地面砖采用 600 mm×600 mm 瓷砖,室外地面为天然石材,墙面有局部装饰木材。

◆ 项目学习导图

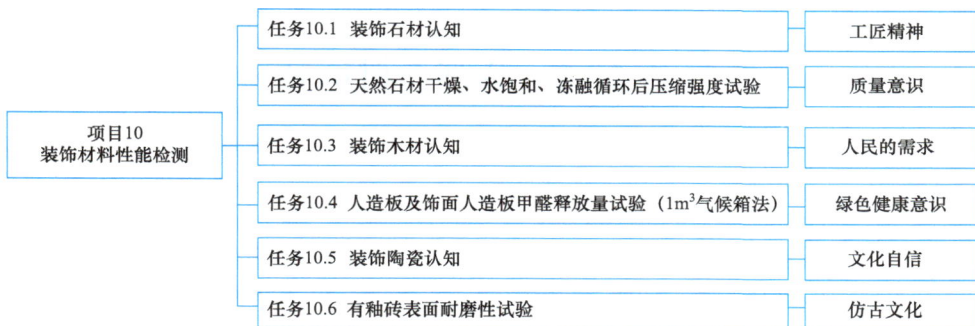

	任务10.1　装饰石材认知	工匠精神
	任务10.2　天然石材干燥、水饱和、冻融循环后压缩强度试验	质量意识
项目 10 装饰材料性能检测	任务10.3　装饰木材认知	人民的需求
	任务10.4　人造板及饰面人造板甲醛释放量试验（1m³气候箱法）	绿色健康意识
	任务10.5　装饰陶瓷认知	文化自信
	任务10.6　有釉砖表面耐磨性试验	仿古文化

📖 项目学习目标

　　能够认识常见的装饰材料,熟知几种常见装饰材料的主要技术性质及物理性能要求;能独立完成装饰材料试样的制备,并对试验数据进行分析处理;能充分领悟思政教育元素内涵,养成质量安全意识。

📖 项目学习评价

　　本项目学习评价总分为 100 分,学习完之后,请按照表 10-1 对本项目学习情况进行总评:

表 10-1　项目学习评价表

项目 10　装饰材料性能检测				
任务序号	学习任务名称	学习任务评价总得分	权重（%）	项目学习评价总分
任务 10.1	装饰石材认知		20	
任务 10.2	天然石材干燥、水饱和、冻融循环后压缩强度试验		15	

续表

任务序号	学习任务名称	学习任务评价总得分	权重（%）	项目学习评价总分
任务 10.3	装饰木材认知		20	
任务 10.4	人造板及饰面人造板甲醛释放量试验（1 m³ 气候箱法）		15	
任务 10.5	装饰陶瓷认知		20	
任务 10.6	有釉砖表面耐磨性试验		10	

📖 思政贴士

在中国的建筑与装饰行业中，石材一直被视为高品质、高档次的建筑材料。其中，山东白锈石因其独特的材质和优良的加工性能而备受欢迎。白锈石呈白色带有金色锈点，加工工艺有荔枝面、火烧面、光面等。山东白锈石是一种强度高、耐磨性和耐腐蚀性好的石材，并具有质地细腻、光泽度好、加工性能优良等特点。在建筑装饰行业中，山东白锈石被广泛应用于地面、墙面、柱子等处。

任务 10.1　装饰石材认知

📖 任务书

试验室工作人员挑选了几种天然石材样品，根据试验计划拟进行天然石材干燥、水饱和、冻融循环后压缩强度试验。小胡、小宋二人已完成了防水卷材检测试验工作，为了培养新人，试验室主任准备将装饰石材相关检测工作也交给他们完成。但由于大学期间学习的装饰石材知识不够全面，很多知识点也已更新，为更好地完成后面的试验，需要对装饰石材的有关内容进行再次认知学习。那么装饰石材的基本知识有哪些呢？

📖 课前学习测验

1. 石材的耐水性以（　　）表示。
   A. 亲水性　　　　B. 含水率　　　　C. 吸水率　　　　D. 软化系数
2. 天然大理石主要成分以（　　）为主，约占 50% 以上。
   A. 碳酸镁　　　　B. 碳酸钙　　　　C. 氧化镁　　　　D. 氧化钙
3. （　　）又称水成岩，是地表的各类岩石经自然界的风化、搬运、沉积并重新成岩而形成的岩石。
   A. 岩浆岩　　　　B. 沉积岩　　　　C. 变质岩　　　　D. 花岗岩
4. 以下选项中，属于变质岩的是（　　）。
   A. 花岗岩　　　　B. 石灰岩　　　　C. 页岩　　　　D. 石英岩
5. （　　）又称火成岩，是地壳内的熔融岩浆在地下或喷出地面后冷凝而成的岩石。
   A. 岩浆岩　　　　B. 沉积岩　　　　C. 变质岩　　　　D. 花岗岩

6. 天然花岗石由于抗风化性能较差，在建筑装饰中主要用于室内饰面。　　　（　　）

7. 在装饰工程中常用到的天然石材主要有天然大理石和天然花岗石两大类。　（　　）

课中任务准备

1. 阅读任务书，熟悉将要学习的主要内容。

2. 收集并查阅《天然大理石建筑板材》（GB/T 19766—2016）、《天然花岗石建筑板材》（GB/T 18601—2009）等规范标准。

课中任务实施

引导实施 1：阐述装饰石材的定义。

引导实施 2：什么是天然石材？

引导实施 3：什么是人造石材？

引导实施 4：天然石材的种类有哪些？

引导实施 5：简述天然石材的优缺点及特点？

引导实施 6：简述人造石材的优缺点及特点？

引导实施 7：简述天然石材和人造石材的选用要求及适用范围？

课后拓展思考

1. 天然大理石和天然花岗石的主要区别是什么？

2. 人造石材为什么能普及？

3. 用作室外墙柱装饰的色彩绚丽的大理石，特别是红色的大理石，为何过一段时间后会逐渐变色、褪色？

课后自我反思

_____

_____

_____

任务学习评价

待以上学习任务全部完成后，由学生自己、学生之间、学校教师、企业导师根据学生课前、课中、课后学习完成情况对每个学生进行综合评价，并将结果填入表 A–1 中。

相关知识

1. 装饰石材的定义

装饰石材是用于建筑物表面，起装饰和保护作用的石材。装饰石材包括天然石材和人造石材两大类。

2. 天然石材的种类

将开采得到的天然岩石，不经加工或仅经过形状、尺寸和表面处理等简单物理加工，而制成的块状建筑材料即为天然石材。天然石材包括岩浆岩、沉积岩和变质岩，如图 10-1 所示。

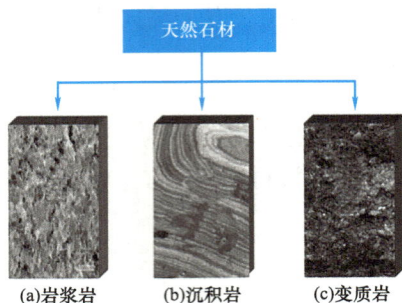

(a)岩浆岩　　(b)沉积岩　　(c)变质岩

图 10-1　天然石材分类

1）岩浆岩

岩浆岩又称火成岩，是地壳内的熔融岩浆在地下或喷出地面后冷凝而成的岩石。根据形成条件，岩浆岩可分为深成岩、喷出岩、火山岩。建筑工程中常用的岩浆岩如图 10-2 所示。

(a) 花岗岩　　(b) 玄武岩　　(c) 凝灰岩

图 10-2　岩浆岩

2）沉积岩

沉积岩又称水成岩，是地表的各类岩石经自然界的风化、搬运、沉积并重新成岩而形成的岩石。建筑工程中常用的沉积岩如图 10-3 所示。

(a) 石岗岩　　(b) 砂岩　　(c) 页岩

图 10-3　沉积岩

3）变质岩

变质岩是地壳中原有的各类岩石由于地层压力或温度作用，在固体状态下发生再结晶作用，使其矿物成分、结构构造乃至化学成分发生部分或全部改变而形成的新岩石。建筑工程中常用的变质岩如图 10-4 所示。

(a) 石英岩　　(b) 大理岩　　(c) 片麻岩

图 10-4　变质岩

3. 天然石材的主要技术性质

1）表观密度

（1）重石：表观密度大于 1 800 kg/m³，主要用于建筑基础、房屋外墙、地面或路面、挡土墙、桥梁及水工构筑物等。

（2）轻石：表观密度小于 1 800 kg/m³，主要用作墙体材料，如采暖房屋外墙等。

2）抗压强度

抗压强度是天然石材最重要的力学指标，是以边长 70 mm 的立方体试件，用标准试验方法测得。根据《砌体结构设计规范》（GB 50003—2011）中的规定，天然石材按抗压强度分为 MU100、MU80、MU60、MU50、MU40、MU30、MU20 七个强度等级。

3）吸水性

石材吸水性的大小用吸水率表示，其大小主要与石材的化学成分、孔隙率大小、孔隙特征等因素有关。酸性岩石比碱性岩石的吸水性强。石材吸水后，会降低矿物的粘结力，破坏岩石结构，从而降低石材的强度和耐水性。

4）抗冻性

石材的抗冻性用冻融循环次数表示，一般有 F10、F15、F25、F100、F200。

致密石材的吸水率小、抗冻性好，故吸水率小于 0.5% 的石材，可不进行抗冻试验。

5）耐水性

石材的耐水性以软化系数表示。软化系数大于 0.90 的为高耐水性，在 0.75～0.90 之间的为中耐水性，在 0.60～0.75 之间的为低耐水性。

软化系数小于 0.80 的岩石，不允许用于重要建筑物。

4. 常用天然石材

在装饰工程中常用到的天然石材主要有天然大理石和天然花岗石两大类，如图 10-5 所示。

(a) 天然大理石　　　　　(b) 天然花岗石

图 10-5　天然石材

1）天然大理石

天然大理石是地壳中原有的岩石经过地壳内的高温高压作用形成的变质岩，属于中硬石材，主要由方解石、白云石和蛇纹石组成。其主要成分以碳酸钙为主，约占 50% 以上。天然饰面装饰石材中应用最多的大理石，因云南大理盛产而得名。

（1）分类。

天然大理石按矿物组成分为方解石大理石、白云石大理石、蛇纹石大理石；按形状分为毛光板、普型板、圆弧板、异型板；按表面加工程度分为镜面板、粗面板。

（2）等级。

天然大理石按加工质量和外观质量可分为 A、B、C 三级。

（3）标记顺序。

名称、类别、等级、标准编号。

（4）技术要求。

① 外观质量。

（a）同一批天然大理石板材的色调应基本调和，花纹应基本一致。

（b）天然大理石板材正面的外观缺陷应符合表 10-2 的规定。

表 10-2　天然大理石板材外观缺陷要求

缺陷名称	规定内容	技术指标		
		A	B	C
裂纹	长度≥10 mm 的条数/条	0		
缺棱 a	长度≤8 mm，宽度≤1.5 mm（长度≤4 mm，宽度≤1 mm 不计），每米长允许个数/个	0	1	2
缺角 a	沿板材边长顺延方向，长度≤3 mm，宽度≤3 mm（长度≤2 mm，宽度≤2 mm 不计），每块板允许个数/个			
色斑	面积≤6 cm² （面积<2 cm² 不计），每块板允许个数/个			
砂眼	直径<2 mm		不明显	有，不影响装饰效果

a　对毛光板不做要求。

（c）天然大理石板材允许粘接和修补，粘接和修补后应不影响板材的装饰效果，不降低板材的物理性能。

② 物理性能。

天然大理石板材的物理性能应符合表 10-3 的规定，工程对板材物理性能指标有特殊要求的，按工程要求执行。

表 10-3　天然大理石板材物理性能要求

项　目		技术指标		
		方解石大理石	白云石大理石	蛇纹石大理石
体积密度/(g/cm³)	≥	2.60	2.80	2.56
吸水率/%	≤	0.50	0.50	0.60
压缩强度/MPa ≥	干燥	52	52	70
	水饱和			
弯曲强度/MPa ≥	干燥	7.0	7.0	7.0
	水饱和			
耐磨性 a/(1/cm³)	≥	10	10	10

a　仅适用于地面、楼梯踏步、台面等易磨损部位的大理石石材。

（5）特点。

① 颜色绚丽、纹理多姿。纯的大理石为白色，我国称之汉白玉。

② 硬度中等，耐磨性次于花岗石。

③ 耐酸性差，酸性介质会使大理石表面受到腐蚀。

④ 容易打磨刨光。

⑤ 耐久性次于花岗石。

（6）适用范围。

常用于宾馆、展览馆、影剧院、商场、机场、车站等公共建筑的室内地面、墙面、柱面、栏杆、窗台板、服务台面等部位。

2）天然花岗石

天然花岗石是火成岩，也叫酸性结晶深成岩，是火成岩中分布最广的一种岩石，属于硬石材，由长石、石英和云母组成，其成分以二氧化硅为主，约占 60%～75%。

（1）分类。

天然花岗石按形状分为毛光板、普型板、圆弧板、异型板；按表面加工程度分为镜面板、细面板、粗面板；按用途分为一般用途和功能用途。

（2）等级。

天然花岗石按加工质量和外观质量可分为 A、B、C 三级。

（3）标记顺序。

名称、类别、规格尺寸、等级、标准编号。

（4）技术要求。

① 外观质量。

（a）同一批天然花岗石板材的色调应基本调和，花纹应基本一致。

（b）天然花岗石板材正面的外观缺陷应符合表 10-4 规定，毛光板外观缺陷不包括缺棱和掉角。

表 10-4 天然花岗石板材外观缺陷要求

缺陷名称	规定内容	技术指标		
		A	B	C
缺棱	长度≤10 mm，宽度≤1.2 mm（长度＜5 mm，宽度＜1.0 mm不计），周边每米长允许个数（个）	0	1	2
缺角	沿板材边长，长度≤3 mm，宽度≤3 mm（长度≤2 mm，宽度≤2 mm 不计），每块板允许个数（个）			
裂纹	长度不超过两端顺延至板边总长度的 1/10（长度＜20 mm 不计），每块板允许条数（条）			
色斑	面积≤15 mm×30 mm（面积＜10 mm×10 mm 不计），每块板允许个数（个）		2	3
色线	长度不超过两端顺延至板边总长度的 1/10（长度＜40 mm 不计），每块板允许条数（条）			

注：干挂板材不允许有裂纹存在。

② 物理性能。

天然花岗石板材的物理性能应符合表 10-5 的规定，工程对石材物理性能指标有特殊要求的，按工程要求执行。

表 10–5　天然花岗石板材物理性能要求

项　目			技术指标	
			一般用途	功能用途
体积密度/(g/cm³)		≥	2.56	2.56
吸水率/%		≤	0.60	0.40
压缩强度/MPa	≥	干燥	100	131
		水饱和		
弯曲强度/MPa	≥	干燥	8.0	8.3
		水饱和		
耐磨性 a(1/cm³)		≥	25	25

a　使用在地面、楼梯踏步、台面等严重踩踏或磨损部位的花岗石石材应检验此项。

（5）特点。

① 装饰性好，通常为肉红色、灰色或灰、红相间的颜色，色彩斑斓、华丽庄重。

② 坚硬密实，耐磨性好。

③ 耐久性好，孔隙率小，吸水率小，耐风化。

④ 具有高抗酸腐蚀性。

⑤ 耐火性差。

（6）适用范围。

天然花岗石常用于室外地面、台阶、基座、墙面、柱面、纪念碑等。

5. 人造石材

人造石材是以水泥或不饱和聚酯为胶粘剂，配以天然大理石或方解石、白云石、硅砂、玻璃粉等无机粉料，以及适当的阻燃剂、稳定剂、颜料等，经配料、混合、浇注、振动、压缩、挤压等方法成型固化制成的一种人工材料。

1）水泥型人造石材

水泥型人造石材是以水泥为胶凝材料，砂为细骨料，碎大理石、碎花岗石、工业废渣等为粗骨料，按比例经配料、搅拌、成型、研磨、抛光等工序制成的人造石材。

特点：水泥型人造石材的物理力学性能和表面的花纹色泽等装饰性能比天然石材稍差，但具有生产工艺简单、投资少、利润高、成本回收快等特点，常见的有水磨石、花阶砖等。

2）聚酯型人造石材

聚酯型人造石材以不饱和聚酯为粘结剂，与石英砂、大理石渣、方解石粉、玻璃粉等无机物料搅拌混合、浇筑成型，经固化、脱模、烘干、抛光等工序制成的人造石材。

特点：聚酯型人造石材重量轻、强度高、厚度薄、耐腐蚀性好、抗污染，并有较好的可加工性，易于成型，施工方便，但价格相对较高。

3）复合型人造石材

复合型人造石材是用水泥等无机胶凝材料将碎石、石粉等集料胶结成型并硬化，再将硬化体浸渍于无机高分子材料（树脂）中，使其在一定条件下集合而成的人造石材。

特点：复合型人造石材色彩丰富、结构紧实、抗压耐用、不吸水、干缩小，是目前普遍使用的人造石材。

4）烧结型人造石材

烧结型人造石材是将斜长石、石英、辉石、石粉及赤铁矿粉和高岭土等混合，一般用 40% 的黏土和 60% 的矿粉制成泥浆后，采用注浆法制成坯料，再用半干压法成型，经 1 000 ℃左右的高温焙烧而制成的人造石材。

特点：烧结型人造石材装饰性好、性能稳定，但需经高温焙烧，因而能耗大、造价高。

5）微晶玻璃型人造石材

微晶玻璃型人造石材又称微晶板、微晶石，是矿物粉料经高温焙烧而成，由玻璃相和结晶相构成的复相人造石材。

特点：微晶玻璃型人造石材具有大理石的柔和光泽，色差小、颜色多、装饰效果好、强度高、硬度高、吸水率极小，耐磨、抗冻、耐污、耐风化、耐酸碱、耐腐蚀，热稳定性好。

人造石材常用于室内外墙面、地面、柱面、橱柜台面等。

任务 10.2　天然石材干燥、水饱和、冻融循环后压缩强度试验

📖 任务书

按照石材样品清单，工地购置了一批天然大理石，小王已经随机取好样品，进行了盲样管理。并第一时间把检测任务单下达给了小胡、小宋二人，要求其完成大理石干燥、水饱和、冻融循环后压缩强度试验。小胡、小宋二人接到任务单以后，计划按顺序完成干燥压缩强度、水饱和压缩强度和冻融循环压缩强度试验，但是对该试验并不熟悉，于是二人立马找来试验规程开始认真学习。那么大理石干燥、水饱和、冻融循环后压缩强度试验的准备工作、操作步骤及数据处理的具体内容是怎样的呢？

📖 课前学习测验

1. 天然石材冻融循环后压缩强度试验，冷冻时试样间距离不小于（　　），试样与箱壁距离不小于 20 mm。

　　A. 5 mm　　　　　　B. 10 mm　　　　　　C. 15 mm　　　　　　D. 20 mm

2. 天然石材冻融循环后压缩强度试验，试样反复冻融（　　）后，用拧干的湿毛巾将试样表面水分擦去，观察并记录表面出现的外观变化，然后立即进行试验。

　　A. 25　　　　　　　B. 50　　　　　　　C. 100　　　　　　　D. 150

3. 天然石材水饱和压缩强度试验，试样置于恒温水箱中，试样间隔不小于（　　），试样底部垫圆柱状支撑。

　　A. 10 mm　　　　　　B. 15 mm　　　　　　C. 20 mm　　　　　　D. 25 mm

4. 天然石材冻融循环后压缩强度试验，试样浸泡后立即放入（　　）的冷冻箱内冷冻 6 h。

　　A.（−10±1）℃　　　　　　　　　　　B.（−10±2）℃

　　C.（−20±1）℃　　　　　　　　　　　D.（−20±2）℃

5. 天然石材干燥压缩强度试验，试样在（65±5）℃的鼓风干燥箱内干燥（　　　），然后放入干燥器中冷却至室温。

  A. 12 h   B. 24 h   C. 36 h   D. 48 h

6. 天然石材干燥压缩强度试验，以（　　　）的加载速率恒定施加荷载至试样破坏，记录试样破坏时的最大荷载值和破坏状态。

  A.（1±0.5）MPa/s   B.（2±0.5）MPa/s

  C.（3±0.5）MPa/s   D.（4±0.5）MPa/s

7. 天然石材压缩强度试验，在同批料中制备具有典型特征的试样，每种试验条件下的试样为一组，每组（　　　）块。

  A. 4   B. 5   C. 6   D. 7

8. 天然石材水饱和压缩强度试验，试样在清水中浸泡（48±2）h后取出，用干毛巾擦去试样表面水分后，应立即进行试验。   （　　　）

9. 天然石材压缩强度试验，以每组试样压缩强度的算术平均值作为该条件下的压缩强度，数值修约到5 MPa。   （　　　）

10. 天然石材压缩强度试验，有层理的试样应标明层理方向。   （　　　）

📖 课中任务准备

1. 阅读任务书，熟悉将要学习的主要内容。

2. 收集并熟读《天然石材试验方法 第1部分：干燥、水饱和、冻融循环后压缩强度试验》（GB/T 9966.1—2020）等规范标准。

3. 准备好石材试样。

4. 调节好容器温度，并检查好设备备用。

课中任务实施

引导实施1：天然石材干燥、水饱和、冻融循环后压缩强度试验所需的仪器设备的要求有哪些？

引导实施2：试样的尺寸、规格、数量有哪些要求？

引导实施3：阐述试验操作流程。

引导实施4：试验结果处理的精确度要求是什么？

📖 课后拓展思考

1. 本次试验选取的是天然大理石试件，那么对于花岗石试验结果会有不同吗？

2. 为什么要试验不同情况下天然石材的压缩强度？

⬡ 课后自我反思

_____

_____

_____

任务学习评价

待以上学习任务全部完成后，由学生自己、学生之间、学校教师、企业导师根据学生课前、课中、课后学习完成情况对每个学生进行综合评价，并将结果填入表 A-2 中。

相关知识

1. 适用范围

本方法适用于天然石材干燥、水饱和、冻融循环后静态单轴压缩强度的测定。

2. 主要仪器设备

（1）试验机：具有球形支座并能满足试验要求，示值相对误差不超过±1%。试样破坏荷载应在示值的 20%～90%范围内。

（2）游标卡尺：分度值不大于 0.1 mm。

（3）万能角度尺：分度值为 2'。

（4）鼓风干燥箱：温度可控制在（65±5）℃范围内。

（5）冷冻箱：温度可控制在（−20±2）℃范围内。

（6）恒温水箱：可保持水温在（20±2）℃，最大水深 105 mm 且至少能容纳 2 组试验样品，底部垫有不污染石材的圆柱状支撑物。

（7）干燥器。

3. 试样制备

（1）在同批料中制备具有典型特征的试样，每种试验条件下的试样为一组，每组 5 块。

（2）试样规格通常为边长 50 mm 的正方体或 $\phi50\,mm \times 50\,mm$ 的圆柱体，尺寸偏差±1.0 mm；若试样中最大颗粒粒径超过 5 mm，试样规格应为边长 70 mm 的正方体或 $\phi70\,mm \times 70\,mm$ 的圆柱体，尺寸偏差±1.0 mm；如试样中最大颗粒粒径超过 7 mm，每组试样的数量应增加一倍。若同时进行干燥、水饱和、冻融循环后压缩强度试验则需制备 3 组试样。

（3）有层理的试样应标明层理方向。通常沿着垂直层理的方向（图 10-6）进行试验，当石材应用方向是平行层理或使用在承重、承载水压等场合时，压缩强度选择最弱的方向进行试验，即进行平行层理方向的试验，如图 10-7 所示，并且制备相应数量的试样。

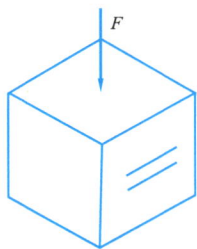

图 10-6　垂直层理试验示意图　　　　图 10-7　平行层理试验示意图

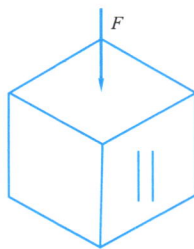

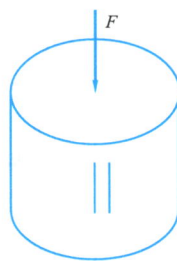

（4）试样两个受力面应平行、平整、光滑，必要时应进行机械研磨，其他 4 个侧面为金刚石锯片切割面。试样相邻面夹角应为（90±0.5）°。

（5）试样上不应有裂纹、缺棱和缺角等影响试验的缺陷。

4. 试验步骤

1）干燥压缩强度

（1）将试样在（65±5）℃的鼓风干燥箱内干燥 48 h，然后放入干燥器中冷却至室温。

（2）用游标卡尺分别测量试样两受力面中线上的边长或相互垂直的直径，并计算每个受力面的面积，以两个受力面面积的平均值作为试样受力面面积，边长或直径测量值精度不低于 0.1 mm。

（3）擦干净试验机上下压板表面，清除试样两个受力面上的尘粒。将试样放置于材料试验机下压板的中心部位，调整球形支座角度，使上压板均匀接触到试样上受力面。以（1±0.5）MPa/s 的加载速率恒定施加荷载至试样破坏，记录试样破坏时的最大荷载值和破坏状态。

2）水饱和压缩强度

（1）将试样置于恒温水箱中，试样间隔不小于 15 mm，试样底部垫圆柱状支撑。加入（20±10）℃的自来水到试样高度的一半，静置 1 h；然后继续加水到试样高度的四分之三，静置 1 h；继续加满水，水面应超过试样高度（25±5）mm。试样在清水中浸泡（48±2）h 后取出，用拧干的湿毛巾擦去试样表面水分后，应立即进行试验。

（2）测量尺寸和计算受力面面积。

（3）加载破坏试验。

3）冻融循环后压缩强度

（1）将试样置于恒温水箱中，试样间隔不小于 15 mm，试样底部垫圆柱状支撑。加入（20±10）℃的自来水到试样高度的一半，静置 1 h；然后继续加水到试样高度的四分之三，静置 1 h；继续加满水，水面应超过试样高度（25±5）mm。试样在清水中浸泡（48±2）h 后取出。

（2）将试样立即放入（-20±2）℃的冷冻箱内冷冻 6 h，试样间距离不小于 10 mm，试样与箱壁距离不小于 20 mm。取出后再将其放入恒温水箱中熔化 6 h，恒温水箱温度应保持在（20±2）℃。如此反复冻融 50 次后，用拧干的湿毛巾将试样表面水分擦去，观察并记录表面出现的外观变化，然后立即进行试验。

（3）试验如采用自动化控制冻融试验机时，应每隔 14 个循环后将试样上下翻转一次。冻融试验过程中如遇到非正常中断时，试样应浸泡在（20±5）℃清水中。

（4）测量尺寸和计算受力面面积。

（5）加载破坏试验。

5. 试验结果处理

压缩强度按式（10-1）计算。

$$P = \frac{F}{S} \tag{10-1}$$

式中：P——压缩强度，MPa；

　　　F——试样最大荷载，N；

　　　S——试样受力面面积，mm^2。

以每组试样压缩强度的算术平均值作为该条件下的压缩强度，数值修约到 1 MPa。

任务 10.3　装饰木材认知

📖 任务书

在完成了天然石材干燥、水饱和、冻融循环后压缩强度试验后，小胡、小宋二人又接到一个新任务，要完成人造板及饰面人造板甲醛释放量试验（$1\,m^3$ 气候箱法），由于小胡、小宋二人对木材的学习不够深入，在正式做试验之前，需要重新温习与木材相关的知识点。

📖 课前学习测验

1.（　　）又叫密度板，是将树皮、刨花、树枝等废料经破碎、浸泡、研磨成木浆，再经加压成型、干燥处理而成的板材。

　　A. 胶合板　　　　　　　　　　B. 纤维板

　　C. 刨花板　　　　　　　　　　D. 细木工板

2.（　　）是原木经锯解加工而成的木材，宽度为厚度的 3 倍或 3 倍以上。

　　A. 原条　　　　　　　　　　　B. 原木

　　C. 板材　　　　　　　　　　　D. 方才

3.（　　）又名原木地板，是未经拼接、覆贴的单块木材直接加工而成的地板。

　　A. 实木地板　　　　　　　　　B. 复合实木地板

　　C. 强化地板　　　　　　　　　D. 木地板

4. 下列选项中，不属于木材特点的是（　　）。

　　A. 耐久性好　　　　　　　　　B. 加工性能良好

　　C. 各向异性　　　　　　　　　D. 胀缩变形小

5. 细木工板又称大芯板，怕潮湿，施工中应注意避免用于厨卫。（　　）

📖 课中任务准备

1. 阅读任务书，熟悉将要学习的主要内容。

2. 收集并熟读《人造板及饰面人造板理化性能试验方法》（GB/T 17657—2022）、《实木地板　第 1 部分：技术要求》（GB/T 15036.1—2018）、《实木复合地板》（GB/T 18103—2022）、《浸渍纸层压木质地板》（GB/T 18102—2022）等规范标准。

课中任务实施

引导实施 1：阐述木材的优缺点。

引导实施 2：木材的主要技术性质有哪些？

引导实施 3：常用木材制品类型有哪些？

课后拓展思考

1. 人造板板的甲醛含量普遍比较高，为什么还要大量推广使用？

2. 纤维板、细木工板、刨花板和胶合板有什么区别？

课后自我反思

_____

_____

_____

任务学习评价

待以上学习任务全部完成后，由学生自己、学生之间、学校教师、企业导师根据学生课前、课中、课后学习完成情况对每个学生进行综合评价，并将结果填入表 A-1 中。

相关知识

1. 木材的分类

1）按树种分类

按树种不同，木材可分为针叶树和阔叶树两大类。

（1）针叶树。

特点：树叶细长如针，多为常绿树，树干通直高大，易得大材，文理平顺，材质均匀，表观密度较小，胀缩变形较小。因木质较软易于加工，故又称为"软木材"。

应用：常用作承重构件和装饰材料，如门窗、地面用材等。

树种：松树、柏树、杉树等。

（2）阔叶树。

特点：树叶宽大，叶脉成网状，绝大部分为落叶树，树干通直部分较短，不易得大材，表现密度大，易胀缩、翘曲、开裂。材质较硬，不易加工，故又称为"硬木材"。

应用：常用于内部装饰和次要的承重构件等。

树种：榆树、桦树、水曲柳等。

2）按用途和加工程度分类

按用途和加工程度，木材可分为原条、原木、板材、方材四大类，如图 10-8 所示。

| (a) 原条 | (b) 原木 | (c) 板木 | (d) 方材 |

图 10-8   木材的分类

（1）原条。

定义：已除去皮、根、树梢、枝杈，但尚未按一定尺寸加工成规定尺寸和形状的木料。

应用：常用于脚手架、建筑用材、家具等。

（2）原木。

定义：由原条按规定直径和长度加工而成的木料。

应用：直接在建筑工程中作屋架、檩条、椽木、水桩、搁栅、楼梯等；或者用于胶合板等一般加工用材。

（3）板材。

定义：原木经锯解加工而成的木材，宽度为厚度的 3 倍或 3 倍以上。

应用：建筑物、桥梁、家具、船只、车辆、包装箱等。

（4）方材。

定义：原木经锯解加工而成的木材，宽度不足厚度的 3 倍。

应用：建筑物、桥梁、家具、船只、车辆、包装箱等。

2. 木材的主要技术性质

1）含水率

木材的含水率是木材所含水的质量占干燥木材质量的百分比。含水率的大小对木材的湿胀干缩和强度影响很大。

（1）新砍伐的树木含水率为 70%～80%；

（2）风干木材的含水率为 15%～25%；

（3）室内干燥的木材含水率为 8%～15%。

在一定温度和湿度条件下，当木材中的水分与空气中的水分不再进行交换而达到稳定状态时，木材中的含水率为平衡含水率。

2）湿胀干缩

湿胀干缩是指木材在含水率增加时体积膨胀、减少时体积收缩的现象。湿胀会造成木材凸起；干缩则会使木材翘曲开裂，结构构件连接处出现接榫松弛、拼缝不严的现象。为了避免这种不良现象，木材在加工前必须进行干燥处理，使木材的含水率比使用地区的平衡含水率低 2%～3%。

3）强度

木材在构造上有顺纹和横纹之分，这决定了其强度也会呈现出明显的各向异性，即有顺纹强度和横纹强度的差异。通常顺纹的抗压、抗拉强度要比相应的横纹强度大得多。

3. 常用木材制品

常用的木材制品分类如图 10-9 所示。

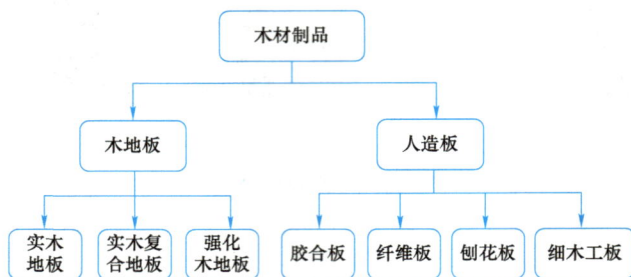

图 10-9

1）木地板

（1）实木地板。

实木地板又名原木地板，是未经拼接、覆贴的单块木材直接加工而成的地板。

① 分类。

实木地板按表面形态分为平面实木地板和非平面实木地板；按表面有无涂饰分为涂饰实木地板和未涂饰实木地板；按表面涂饰类型分为漆式实木地板和油饰实木地板；按加工工艺分为普通实木地板和仿古实木地板。

② 等级。

平面实木地板按外观质量、理化性能分为优等品和合格品，非平面实木地板不分等级。

③ 外观质量。

外观质量应符合表 10-6 要求，有特殊要求的可按双方协议执行。

表 10-6　实木地板外观质量要求

名称	正面		背面
	优等品	合格品	
活节	直径≤15 mm 不计，15 mm<直径<50 mm，地板长度≤760 mm，≤1 个；760 mm<地板长度≤1 200 mm，≤3 个；地板长度>1 200 mm，≤5 个	直径≤50 mm，个数不限	不限
死节	应修补，直径≤5 mm，地板长度≤760 mm，≤1 个；760 mm<地板长度≤1 200 mm，≤3 个；地板长度>1 200 mm，≤5 个	应修补，直径≤10 mm，地板长度≤760 mm，≤2 个；地板长度>760 mm，≤5 个	应修补，不限尺寸或数量
蛀孔	应修补，直径≤1 mm，地板长度≤760 mm，≤3 个；地板长度>760 mm，≤5 个	应修补，直径≤2 mm，地板长度≤760 mm，≤5 个；地板长度>760 mm，≤10 个	应修补，直径≤3 mm，个数≤15 个

续表

名称	正面		背面
	优等品	合格品	
表面裂纹	应修补，裂长≤长度的 15%，裂宽≤0.50 mm，条数≤2 条	应修补，裂长≤长度的20%。裂宽≤1.0 mm，条数≤3 条	应修补，裂长≤长度的20%，裂宽≤2.0 mm，条数≤3 条
树脂囊	不得有	长度≤10 mm，宽度≤2 mm，≤2 个	不限
髓斑	不得有	不限	不限
腐朽	不得有		腐朽面积≤20%，不剥落，也不能捻成粉末
缺棱	不得有		长度≤地板长度的30%。宽度≤地板宽度的20%
加工波纹	不得有	不明显	不限
榫舌残缺	不得有	缺样长度≤地板总长度的 15%，且缺榫宽度不超过榫舌宽度的 1/3	
漆膜划痕	不得有	不明显	—
漆膜鼓泡	不得有		—
漏漆	不得有		—
漆膜皱皮	不得有		—
漆膜上针孔	不得有	直径≤0.5 mm，≤3 个	—
漆膜粒子	长度≤760 mm，≤1 个；长度>760 mm，≤2 个	长度≤760 mm，≤3 个；长度>760 mm，≤5 个	

注 1：在自然光或光照度 300 lx～600 lx 范围内的近似自然光（如 40 W 日光灯）下，视距为 700～1 000 mm 内，目测不能清晰地观察到的缺陷即为不明显。
注 2：非平面地板的活节、死节、蛀孔、表面裂纹、加工波纹不作要求。

④ 理化性能。

理化性能应符合表 10-7 要求，有特殊要求的可按双方协议执行。

表 10-7　实木地板理化性能要求

检验项目	单位	优等品	合格品
含水率	%	6.0≤含水率≤我国各使用地区的木材平衡含水率	
		同批地板试样间平均含水率最大值与最小值之差不得超过 3.0，且同一板内含水率最大值与最小值之差不得超过 2.5	
漆膜表面耐磨	—	≤0.08 g/100 r，且漆膜未磨透	≤0.12 g/100 r，且漆膜未磨透
漆膜附着力	级	≤1	≤3

续表

检验项目		单位	优等品	合格品
漆膜硬度		—	≥H	
漆膜表面耐污染		—	无污染痕迹	
重金属含量 （限色漆）	可溶性铅	mg/kg	≤30	
	可溶性镉	mg/kg	≤25	
	可溶性铬	mg/kg	≤20	
	可溶性汞	mg/kg	≤20	

⑤ 特点。

实木地板具有木材自然生长的纹理，是热的不良导体，能起到冬暖夏凉的作用，脚感舒适，使用安全，是卧室、客厅、书房等地面装修的理想材料。

（2）实木复合地板。

实木复合地板是以实木拼板或单板（含重组装饰单板）为面板，以实木拼板、单板或胶合板为芯层或底层，经不同组合层压而成的地板，图10-10为三层实木复合地板结构图。以面板树种来确定地板名称（面板为不同树种的拼花地板除外）。

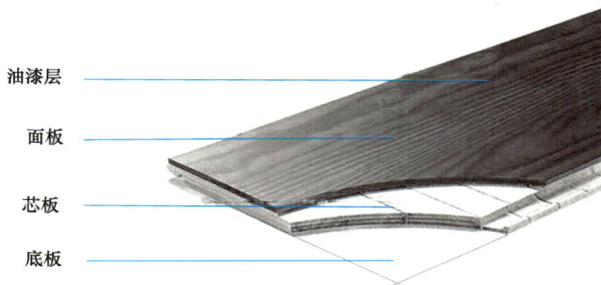

油漆层
面板
芯板
底板

图10-10　三层实木复合地板结构图

① 分类。

实木复合地板按面板材料分为以天然整张单板为面板的实木复合地板、以天然拼接（含拼花）单板为面板的实木复合地板、以重组装饰单板为面板的实木复合地板和以调色单板为面板的实木复合地板；

按结构分为两层实木复合地板、三层实木复合地板和多层实木复合地板；

按涂饰方式分为油饰面实木复合地板、油漆饰面实木复合地板和未涂饰实木复合地板；

按表面形状分为平面实木复合地板和非平面实木复合地板。

② 等级。

实木复合地板根据产品的外观质量分为优等品和合格品。

③ 外观质量。

平面实木复合地板外观质量应符合表10-8的要求。其中，以重组装饰单板为面板的实木复合地板的正面外观质量应符合《重组装饰单板》（GB/T 28999—2012）中5.1的规定。

非平面实木复合地板外观质量应符合《仿古木质地板》（LY/T 1859—2020）的相关规定。

表 10-8　平面实木复合地板外观质量要求

名称	项目	正面		背面
		优等品	合格品	
死节 [a]	面板厚度小于 2 mm 时最大单个长径/mm	≤2	≤20	≤50
	面板厚度不小于 2 mm 时最大单个长径/mm		≤40	
孔洞（含蛀孔）[a]	最大单个长径/mm	不允许	≤20	≤50
浅色夹皮	最大单个长度/mm	≤20	≤50	不限
	最大单个宽度/mm	≤2	≤10	
深色夹皮	最大单个长度/mm	不允许	≤20	不限
	最大单个宽度/mm		≤2	
树脂囊和树脂（胶）道	最大单个长度/mm	不允许	≤30	不限
	最大单个宽度/mm		<10	
腐朽	—	不允许		允许有初腐
真菌变色	—	不允许	不明显	不限
裂缝		不允许		不限
拼接离缝	最大单个宽度/mm	≤0.1	≤0.5	—
	最大单个长度不超过相应边长的百分比/%	5	20	
面板拼接 [b]	—	拼接单元的边角不破损		—
面板叠层	—	不允许		—
鼓泡、分层		不允许		
凹陷、压痕、鼓包	—	不允许	不明显	不限
补条、补片	—	不允许		不限
毛刺沟痕	—	不允许		不限
透胶、板面污染	—	不允许	不明显	不限
砂透	不超过板面积/%	不允许		10
波纹	—	不允许	不明显	—
刀痕、划痕	—	不允许		不限
边、角缺损	长边	—	不允许	长边缺损不超过板长的 30%，且宽不超过 5 mm，厚度不超过板厚的 1/3
	短边	—	不允许	短边缺损不超过板宽的 20%，且宽不超过 5 mm，厚度不超过板厚的 1/3
榫舌缺损	不超过板长/%	不允许	15	—

续表

名称	项目	正面		背面
		优等品	合格品	
漆膜鼓泡 c	最大单个直径不大于 0.5 mm	不允许	每块板不超过 3 个	—
针孔 c	最大单个直径不大于 0.5 mm	不允许	每块板不超过 3 个	—
皱皮 c	不超过板面积/%	不允许	5	—
粒子 c	—	不允许	不明显	—
漏漆 c	—	不允许		—

注：目测不能清晰地观察到的缺陷为不明显。

a 死节应修补，背面及合格品正面的孔洞（含蛀孔）应修补。

b 仅拼花实木复合地板检查面板拼接。

c 未涂饰成油饰面实木复合地板不检查地板表面涂饰指标。

④ 理化性能。

天然整张单板为面板、天然拼接（含拼花）单板为面板的平面实木复合地板理化性能应符合表 10-9 的规定。

非平面实木复合地板甲醛释放量、锁合力应符合表 10-9 的规定，其他理化性能应符合《仿古木质地板》（LY/T 1859—2020）的规定。

表 10-9　平面实木复合地板理化性能要求

检验项目	单位	要　　求
浸渍剥离	—	任一边的任一胶层开胶的累计长度不超过该胶层长度的 1/3
静曲强度 a	MPa	平均值：≥30.0；最小值：≥24.0
弹性模量 a	MPa	≥4 000
含水率 b	—	≥5.0%，且小于等于使用地木材平衡含水率
漆膜附着力 c	—	≤2 级
漆膜表面耐磨 c	g/100 r	≤0.15，且漆膜未磨透
漆膜硬度 c	—	≥2 H
表面耐污染 b	—	≥4 级
甲醛释放量	mg/m³	甲醛释放量应符合 GB 18580 要求，分级按 GB/T 39600 规定执行
锁合力 d	N/mm	≥2.5（侧边拼接） ≥2.5（端头拼接）
总挥发性有机化合物（TVOC）	—	供需双方商定

a 当使用悬浮式铺装时，面板与底层纹理垂直的两层实木复合地板和背面开横向槽的实木复合地板不测静曲强度和弹性模量。

b 使用地木材平衡含水率按《实木地板　第 1 部分：技术要求》（GB/T 15036.1—2018）附录 A 规定执行。

c 未涂饰实木复合地板和油饰面实木复合地板不测漆膜附着力、漆膜表面耐磨、漆膜硬度和表面耐污染。

d 仅锁扣实木复合地板检验锁合力，企口实木复合地板不检验锁合力。

⑤ 特点。实木复合地板在一定程度上克服了实木地板湿胀干缩的缺点，干缩湿胀率小，具有较好的尺寸稳定性，并保留了实木地板的自然木纹和舒适的脚感。

（3）强化木地板。

强化木地板又称浸渍纸层压木质地板，是用一层或多层专用纸浸渍热固性氨基树脂，铺装在刨花板、高密度纤维板等人造板基材表面，背面加平衡层、正面加耐磨层，经热压、成型的地板，如图 10-11 所示。

图 10-11　强化木地板

① 分类。

浸渍纸层压木质地板按用途分为商用Ⅰ级浸渍纸层压木质地板、商用Ⅱ级浸渍纸层压木质地板、家用Ⅰ级浸渍纸层压木质地板和家用Ⅱ级浸渍纸层压木质地板；

按地板基材分为以刨花板为基材的浸渍纸层压木质地板和以高密度纤维板为基材的浸渍纸层压木质地板；

按装饰层分为单层浸渍装饰纸层压木质地板和热固性树脂浸渍纸高压装饰层积板层压木质地板；

按表面的模压形状分为平面浸渍纸层压木质地板和非平面浸渍纸层压木质地板；

按是否适用于地面辐射供暖场所分为非地采暖用浸渍纸层压木质地板和地采暖用浸渍纸层压木质地板。

② 等级。

强化木地板根据产品的外观质量、理化性能分为优等品和合格品。

③ 外观质量。

平面浸渍纸层压木质地板的各等级外观质量应符合表 10-10 的规定。

非平面浸渍纸层压木质地板的各等级外观质量应符合《仿古木质地板》（LY/T 1859—2020）的规定。

④ 理化性能。

平面浸渍纸层压木质地板的理化性能应符合表 10-11 的规定。

非平面浸渍纸层压木质地板甲醛释放量应符合表 10-11 的规定，其他理化性能应符合《仿古木质地板》（LY/T 1859—2020）的规定。

表 10-10　平面浸渍纸层压木质地板各等级外观质量要求

缺陷名称	正面		背面
	优等品	合格品	
榫舌缺损	不允许	长度≤5 mm，允许 2 个/块	
干、湿花	不允许	总面积不超过板面的 3%	允许
表面划痕	不允许		不允许露出基材
颜色不匹配	明显的不允许		允许
光泽不匹配	明显的不允许		允许
污斑	不允许		允许

续表

缺陷名称	正面		背面
	优等品	合格品	
鼓泡	不允许		≤10 mm², 允许 1 个/块
鼓包	不允许		≤10 mm², 允许 1 个/块
纸张撕裂	不允许		≤100 mm², 允许 1 处/块
局部缺纸	不允许		≤20 mm, 允许 1 处/块
崩边	明显的不允许		长度≤10 mm 且宽度≤3 mm, 允许
表面压痕	不允许		
透底	不允许		
表面龟裂	不允许		
分层	不允许		
边角缺损	不允许		

注：正常视力在视距为 0.5 m 时能清晰观察到缺陷为明显。

表 10-11　平面浸渍纸层压木质地板理化性能要求

检验项目		单位	指标			
			家用级		商用级	
			Ⅱ级	Ⅰ级	Ⅱ级	Ⅰ级
密度		g/cm³	≥0.82			
含水率		%	3.0～10.0			
吸水厚度膨胀率	t_s≥9 mm	%	≤15.0		≤12.0	≤8.0
	t_s<9 mm		≤17.0		≤14.0	≤12.0
内结合强度		MPa	≥1.0			
表面胶合强度		MPa	≥1.0		≥1.2	≥1.5
表面耐划痕		—	4.0 N 表面装饰花纹未划破			
表面耐冷热循环		—	无龟裂、无鼓泡			
尺寸稳定性		mm	≤0.9			
表面耐磨		t	≥4 000	≥6 000	≥9 000	≥12 000
表面耐香烟灼烧		—	无黑斑、无裂纹、无鼓泡			
表面耐干热		—	不低于 4 级			
表面耐污染		—	无污染、无腐蚀			
表面耐龟裂		—	5 级			
锁合力		N/mm	—		≥2.5（侧边拼接） ≥2.5（端头拼接）	
抗冲击		mm	≤10.0			
耐光色牢度		—	大于等于灰色样卡 4 级			
表面耐水蒸气		—	无突起、无龟裂			
甲醛释放量		mg/m³	甲醛释放量应符合 GB 18580 要求 甲醛释放量分级按 GB/T 39600 规定执行			

注 1：非锁扣拼接的浸渍纸层压木质地板不检验锁合力。
注 2：表面耐干热 4 级为在某一角度看光泽和/或颜色有轻微变化，5 级为无明显变化。
注 3：表面耐龟裂 5 级为用 6 倍放大镜观察表面无裂纹。

⑤ 特点。

浸渍纸层压木质地板耐磨、稳定性好，容易护理，性价比较高，色彩、花样丰富，防火性能好。

2）人造板

树木对于自然界生态平衡的保护具有非常重要的作用。为了保护和扩大现有森林面积，必须综合利用木材。充分利用木材加工后的边角废料及废木材，加工制成各种人造板材是综合利用木材的主要途径。常用的人造板材有胶合板、纤维板、刨花板和细木工板。

（1）胶合板。

胶合板是将原木沿年轮方向旋切成大张单板，经干燥、涂胶后按相邻单板层木纹方向相互垂直的原则组坯、胶合而成的板材。

① 分类。胶合板按使用环境分为干燥条件下使用的胶合板、潮湿条件下使用的胶合板和室外条件下使用的胶合板；按表面加工状况分为未砂光板和砂光板。

② 等级。胶合板按成品板面板上可见的材质缺陷及加工缺陷的数量和范围分为优等品、一等品和合格品。

③ 特点。胶合板幅面较大、平整易加工，材质均匀、不翘不裂、收缩性小，尤其是板面具有美丽的木纹，自然、真实，是较好的装饰板材之一。

④ 应用。胶合板适用于建筑室内的墙面装饰，设计和施工时若采取一定手法则可获得线条明朗、凹凸有致的效果。其广泛应用于天花板、隔墙、墙裙等建筑部位。

（2）纤维板。

纤维板又叫密度板，是将树皮、刨花、树枝等废料经破碎、浸泡、研磨成木浆，再经加压成型、干燥处理而成的板材。

① 分类。纤维板按密度大小可分为硬质纤维板、半硬质纤维板和软质纤维板，如图 10-12 所示。

图 10-12　纤维板的分类

② 特点。纤维板构造均匀，而且完全克服了木材的各种弊病，不易胀缩、翘曲和开裂，各个方向强度一致并有一定的绝缘性。

③ 应用。硬质纤维板可以代替木材，用于室内墙面、天花板、地板、家具等；半硬质纤维板多用作宾馆等室内顶棚材料；软质纤维板可用作保温、吸声材料。

（3）刨花板。

刨花板也叫颗粒板，是将木材或非木材植物纤维原料加工成刨花（或碎料），施加胶粘剂（和其他添加剂），组坯成型并经热压而成的一类人造板材。

① 分类。刨花板按功能分为阻燃刨花板、防虫害刨花板和抗真菌刨花板等。

② 特点。刨花板表观密度小、性质均匀、花纹美丽，但容易吸湿，强度不高。

③ 应用。刨花板可用作保温、隔音或室内装饰材料。

（4）细木工板

细木工板又称大芯板，是由木条沿顺纹方向组成板芯，两面与单板或胶合板组坯胶合而成的一种人造板材，如图 10-13 所示。

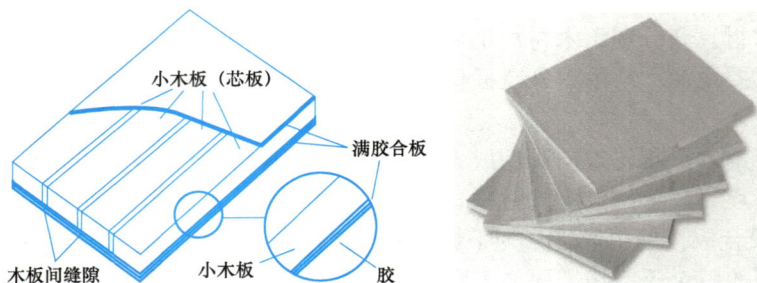

图 10-13　细木工板

① 分类。细木工板按板芯拼接状况分为胶拼细木工板和不胶拼细木工板；按表面加工状况分为单面砂光细木工板、双面砂光细木工板和不砂光细木工板；按层数分为三层细木工板、五层细木工板和多层细木工板。

② 等级。在规格尺寸及偏差和其他理化性能达到标准要求的情况下，细木工板按外观质量分为优等品、一等品和合格品。

③ 特点。细木工板具有天然木材纹理，美观性强，强度高，握螺钉力好，不易变形，还具有吸声、绝热等特性。

④ 应用。细木工板适合做高档柜类、门窗、隔断、填充墙、暖气罩、窗帘盒等。因其比实木板材稳定性强，但怕潮湿，故施工中应注意避免用于厨卫。

任务 10.4　人造板及饰面人造板甲醛释放量试验（1 m³气候箱法）

📖 任务书

在学完装饰木材认知后，小胡、小宋二人想起木材特别是人造木材的甲醛含量超标会影响身体健康，于是在老师的指导下，他们开始了人造板及饰面人造板甲醛释放量试验。

📖 课前学习测验

1. 人造板及饰面人造板甲醛释放量试验（1 m³气候箱法）中，碘标准溶液浓度为（　　）。
   A. 0.05 mol/L　　　B. 1 mol/L　　　C. 0.5 mol/L　　　D. 0.1 mol/L

2. 人造板及饰面人造板甲醛释放量试验（1 m³气候箱法）中，氢氧化钠浓度为（　　）。
   A. 0.5%　　　B. 1%　　　C. 1.5%　　　D. 2%

3. 人造板及饰面人造板甲醛释放量试验（1 m³气候箱法），室内保持相对湿度（50

±5）%，温度（23±1）℃，而且空气置换率至少（　　）。

  A. 1 次/s   B. 1 次/min   C. 1 次/h   D. 1 次/d

  4. 人造板及饰面人造板甲醛释放量试验（$1\,m^3$ 气候箱法）中，硫酸浓度为（　　）。

  A. 0.1 mol/L B. 0.5 mol/L C. 1 mol/L D. 2 mol/L

  5. 人造板及饰面人造板甲醛释放量试验（$1\,m^3$ 气候箱法），当达到稳定状态，甲醛释放量是最后 4 次测定的浓度的平均值。（　　）

📖 课中任务准备

  1. 阅读任务书，熟悉将要学习的主要内容。

  2. 收集并查阅《人造板及饰面人造板理化性能试验方法》（GB/T 17657—2022）等规范标准。

  3. 准备并检查好所需的仪器设备。

  4. 备好已制备好的试样。

课中任务实施

  请按照要求完成人造板及饰面人造板甲醛释放量试验（$1\,m^3$ 气候箱法），并将原始数据等相关信息填入"人造板及饰面人造板甲醛释放量试验检测记录表"中，再根据相关数据和信息，编制试验检测报告。

人造板及饰面人造板甲醛释放量试验检测记录表

检测单位名称：   记录编号：

工程名称					
工程部位/用途					
样品信息					
试验检测日期		试验条件			
检测依据		判定依据			
主要设备名称及编号					
试验方法	标准限量	使用范围	限量标志	实测释放量	单项评定
气候箱法	≤0.12 mg/m³	可直接用于室内			

附加声明：

检测：   记录：   复核：   日期： 年 月 日

📖 课后拓展思考

  1. 为什么选取 $1\,m^3$ 气候箱做甲醛释放量试验？

  2. 学完本任务对于选择人造木材有什么启示？

课后自我反思

_____

_____

_____

任务学习评价

待以上学习任务全部完成后，由学生自己、学生之间、学校教师、企业导师根据学生课前、课中、课后学习完成情况对每个学生进行综合评价，并将结果填入表 A-2 中。

相关知识

1. 试验原理

将规定表面积的样品放入规定温度、相对湿度、空气流速和空气置换率的气候箱内，样品释放的甲醛与箱内空气混合。在规定的各个时间段，以水作为吸收液，吸收规定体积混合空气中甲醛，直至箱内混合空气中甲醛浓度达到稳定状态。测定吸收液中的甲醛量及抽取空气体积，计算出每立方米空气中的甲醛量，以毫克每立方米（mg/m^3）表示。

2. 仪器设备

（1）$1 m^3$ 气候箱：气候箱参数、技术要求应满足《甲醛检测用 $1 m^3$ 气候箱》（LY/T 1612—2023 的规定。甲醛背景浓度（含置换空气）不应超过 $0.006 mg/m^3$。

（2）空气抽样系统：包括抽样管（如硅胶管）、2 个 100 mL 的吸收瓶、硅胶干燥器、大气采样器（含气泵、气体流量计、时间控制器）、温度计。

（3）恒温恒湿室：室内保持相对湿度（50±5）%，温度（23±1）℃，而且空气置换率至少 1 次/h。

（4）水槽：可保持温度（60±1）℃。

（5）分光光度计：可以在波长 412 nm 处测量吸光度。推荐使用光程为 50 mm 的比色皿。

（6）天平：分度值 0.01 g，分度值 0.000 1 g。

（7）器皿与容器，包括：

——碘价瓶，500 mL；

——单标线移液管，0.1 mL，2.0 mL，25 mL，50 mL，100 mL；或自动数字式移液管；

——棕色酸式滴定管，50 mL；

——棕色碱式滴定管，50 mL；

——量筒，10 mL，50 mL，100 mL，250 mL，500 mL；

——表面皿，直径 12～15 cm；

——白色容量瓶，100 mL，1 000 mL，2 000 mL；

——棕色容量瓶，1 000 mL；

——带塞三角烧瓶，50 mL，100 mL；

——烧杯，100 mL，250 mL，500 mL，1 000 mL；

——棕色细口瓶，1 000 mL；

——滴瓶，60 mL；

——玻璃研钵，直径 10～12 cm。

——小口塑料瓶：500 mL，1 000 mL。

3. 试剂和溶液

（1）水，至少为符合《分析实验室用水规格和试验方法》（GB/T 6682—2008）规定的三级纯度蒸馏水或去离子水的要求。

（2）有证碘标准溶液，$c(I_2)$=0.05 mol/L。

（3）有证硫代硫酸钠标准溶液，$c(Na_2S_2O_3)$= 0.1 mol/L。

（4）氢氧化钠（NaOH），分析纯。

（5）氢氧化钠溶液（1 mol/L）：

称取 40 g（精确至 0.001 g）氢氧化钠，溶于 600 mL 新煮沸而后冷却的蒸馏水中，待全部溶解后加蒸馏水定容至 1 000 mL，储于小口塑料瓶中。

（6）硫酸（H_2SO_4），ρ=1.84 g/mL，分析纯。

（7）硫酸溶液（1 mol/L）：

量取约 54 mL 硫酸，在搅拌下缓缓倒入适量水中，搅匀，冷却后，以水稀释并完全转移至 1 000 mL 的容量瓶中，以水稀释到刻度，摇匀。

（8）可溶性淀粉，分析纯。

（9）淀粉指示剂（1%）：

称取 1 g 可溶性淀粉，加入 10 mL 蒸馏水中，搅拌下注入 90 mL 沸水中，再微沸 2 min，放置待用。使用前配制。

（10）乙酰丙酮（$CH_3COCH_2COCH_3$），分析纯。

（11）乙酰丙酮溶液（$CH_3COCH_2COCH_3$，体积分数 0.4%）：

用移液管吸取 4 mL 乙酰丙酮置于 1 000 mL 棕色容量瓶中，再用水稀释至刻度，摇匀，避光保存。

（12）乙酸铵（CH_3COONH_4），分析纯。

（13）乙酸铵溶液（CH_3COONH_4，质量分数 20%）：

称取 200 g（精确至 0.01 g）乙酸铵于 500 mL 烧杯中，加水完全溶解后，完全转至 1 000 mL 棕色容量瓶中，再用水稀释至刻度，摇匀，避光保存。

（14）甲醛溶液（HCHO），质量分数 35%~40%。

（15）甲醛标准溶液：

移取约 2 ml 甲醛溶液于 1 000 mL 容量瓶中，再用水稀释至刻度，摇匀。准确移取 20 mL 该溶液于 100 mL 带塞三角烧瓶中，再加入 25 mL 碘标准溶液、10 ml 氢氧化钠标准溶液混匀，在暗处静置 15 min，加入 15 mL 硫酸溶液，以 0.1 mol/L 硫代硫酸钠溶液滴定近终点，再加入几滴 1%淀粉指示剂，继续滴定无色，同时以 20mL 水代替甲醛溶液进行空白试验。平行标定 4 次，数据处理按《化学试剂 标准滴定溶液的制备》（GB/T 601—2016）规定。甲标准溶液浓度按式（10-2）计算。

$$c_1=(V_0-V)\times15\times c_2\times1\,000/20 \tag{10-2}$$

式中：c_1——甲醛质量浓度，mg/L；

c_2——硫代硫酸钠溶液的浓度，mol/L；

V_0——滴定蒸馏水所用的硫代硫酸钠标准溶液的体积，mL；

V——滴定甲醛溶液所用的硫代硫酸钠标准溶液的体积，mL；

15——甲醛（1/2 CH_2O）摩尔质量，g/mol。

注：1 mL 0.1 mol/L 硫代硫酸钠相当于 1 mL 0.05 mol/L 的碘溶液和 1.5 mg 的甲醛。

（16）有证甲醛标准溶液。

（17）甲醛标准工作溶液（3mg/L）。

准确移取适量体积甲醛标准溶液于 1 000 mL 容量瓶中，用水稀释至刻度，摇匀，使该甲醛标准工作溶液的浓度为 3 mg/L。

4. 试件准备

1）试件尺寸

试件表面积为 1m²，通常试件尺寸为长 $l=$（500±5）mm；宽 $b=$（500±5）mm。

当试件长、宽小于所需尺寸，允许采用不影响测定结果的方法拼合。

试件带榫舌的突出部分应去掉。

2）试件平衡处理

试件在（23±1）℃、相对湿度（50±5）%条件下放置（15±2）d，试件之间距离至少 25 mm，使空气在所有试件表面上自由循环。恒温恒湿室内空气置换率至少每小时 1 次，室内空气中甲醛质量浓度不能超过 0.10 mg/m³。

注：如果使用空气净化装置来保持背景质量浓度低于 0.10 mg/m³，也可以使用通风能力较低的恒温恒湿室。

3）试件封边

试件平衡处理后，采用不含甲醛的铝箔胶带封边，未封边的长度 l 与试件表面积的比例为：$l/A=1.5$ m/m²。对于尺寸为 0.5 m×0.5 m×板厚的试件，试验需 2 块试件，每块试件未封边长度为 $l=0.5$ m²×1.5 m/m²=0.75 m。

注：因为 $l/A=1.5$ m/m² 为固定比例，未封边边部表面积相对于试件表面积的百分比取决于试件的厚度，见下列示例：

板厚度	未封边边部表面积百分比
10 mm	1.5%
19 mm	2.8%
32 mm	4.8%

地板只测量暴露面。采用不含甲醛的铝箔胶带将 2 块试件背靠背封起来，或者用铝箔胶带将试件的一面密封起来，所有侧边均用铝箔胶带密封。

5. 试验步骤

1）试验条件

在试验过程中，气候箱内保持下列条件：

（1）温度：（23±0.5）℃。

（2）相对湿度：（50±3）%。

（3）承载率：（1.0±0.02）m²/m³。

（4）空气置换率：（1.0±0.05）h⁻¹。

（5）试件表面空气流速：0.1～0.3 m/s。

（6）进入气候箱空气背景质量浓度不应超过 0.006 mg/m³。

2）试件放置

试件完成平衡处理后，在 1 h 内放入气候箱。试件应垂直放置于气候箱的中心位置，其表面与空气流动的方向平行，试件之间距离不小于 200 mm。

3）甲醛采集

先将空气抽样系统与气候箱的空气出口相连接，连接管线长度尽可能短，如图 10-14 所示。2 个串联吸收瓶中各加入 25 mL 水，启动采样器，以 2 L/min 速度采样，采样体积至少为 120 L，记录采样时的环境温度、大气压力。采样结束后将 2 个吸收瓶的溶液充分混合作为吸收液待测。

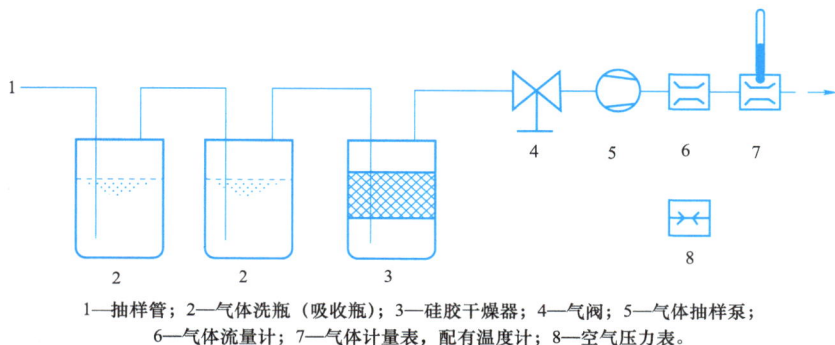

1—抽样管；2—气体洗瓶（吸收瓶）；3—硅胶干燥器；4—气阀；5—气体抽样泵；
6—气体流量计；7—气体计量表，配有温度计；8—空气压力表。

图 10-14　取样装置示例

4）甲醛质量浓度测定

① 测定原理

在乙酰丙酮和乙酸铵混合溶液中，甲醛和乙酰丙酮反应生成二乙酰基二氢二甲基吡啶（DDL），DDL 在 412 nm 波长处吸光度最大。该反应对甲醛具有高度特异性。

② 测定程序

准确吸取 10 mL 吸收液于 50 mL 带塞三角烧瓶中，再吸取 10 mL 乙酰丙酮溶液和 10 mL 乙酸铵溶液到该烧瓶中。具塞，摇匀，放入（60±1）℃的水槽中加热 10min，然后避光处室温下存放约 1 h。以 50 mm 光程的比色皿，在分光光度计上 412 nm 处，以蒸馏水作为对比溶液，调零，然后测定吸收液的吸光度 A_s。同时用蒸馏水代替吸收液，采用相同方法作空白试验，确定空白值 A_b。

如使用 10 mm 光程比色皿，应证明其最小检出限（最低定量限）符合 0.005 mg/m³。

③ 测试期限

在测试的第 1 天，不需要取样，然后从第 2 天至第 5 天，每天取样 2 次。每次取样的时间间隔应超过 3 h。在经过前 3 天后，如果达到稳定状态，可停止取样。因此，当最后 4 次测定的甲醛浓度的平均值与最大值或最小值之间的偏差值低于 5%或低于 0.005 mg/m³，此时可定义为达到稳定状态。具体如下：

平均值：$c = (c_n+c_{n-1}+c_{n-2}+c_{n-3})/4$；

偏差值：d =最大绝对值$[(c-c_n),(c-c_{n-1}),(c-c_{n-2}),(c-c_{n-3})]$；

达到稳定状态：$d\times100/c < 5\%$ 或 $d < 0.005$ mg/m³。

其中，c_n 是最后一次浓度测定值，c_{n-1} 是倒数第二次浓度测定值，依次类推。

在节假日（如周末），可取消取样，但是稳定状态的判定应往后推延，直至完成最后 4 次测定。

如果在前 5 天没有达到稳定状态，自第 5 天开始，每天采样 1 次，直到达到稳定状态，如在 28d 内未达到稳定状态，则终止试验与采样。

> **注：**实际操作中，由于甲醛释放的不可逆性，因此真正的稳定状态难以达到。本试验的稳定状态条件为基于试验目的的相对稳定状态。

6）标准曲线绘制

甲醛标准工作溶液的浓度为 3mg/L。把 0 mL、5 mL、10 mL、20 mL、50 mL 和 100 mL 的甲醛标准工作溶液分别移加到 100 mL 容量瓶中，并用蒸馏水稀释到刻度。然后分别取出 10mL 溶液，按照规定的方法测量吸光度。根据甲醛质量浓度（0～3mg/L）和对应吸光度绘制标准曲线，如图 10-15 所示。标准曲线相关系数 $\gamma^2\geq0.999\ 5$，斜率保留 4 位有效数字。标准曲线至少每月检查一次。

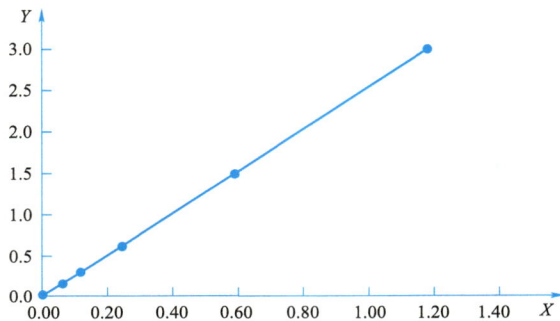

图 10-15　标准曲线示例

X—吸光度 A_s-A_b；Y—甲醛标准工作溶液稀释后的质量浓度（mg/L）。

6. 吸收液中甲醛含量

吸收液中甲醛含量按式（10-3）计算。

$$G=f\times(A_s-A_b)\times V_{sol} \qquad (10-3)$$

式中：G——甲醛含量，mg；

f——标准曲线的斜率，mg/mL；

A_s——吸收液的吸光度；

A_b——蒸馏水的吸光度；

V_{sol}——吸收液体积，mL。

7. 甲醛释放量计算

试件的甲醛释放量按式（10-4）计算，精确至 0.001 mg/m³。

$$c=G/V_{air} \qquad (10-4)$$

式中：c——甲醛释放量，mg/mL；

G——吸收液中甲醛含量，mg；

V_{air}——抽取的空气体积（校准到标准温度 23 ℃、标准大气压时的体积），m³。

8. 稳定状态下甲醛释放量

当达到稳定状态，甲醛释放量是最后 4 次测定的浓度的平均值。

如果测试在 28 d 内没有达到稳定状态，最后 4 次测定的浓度的平均值可以记录为"临时甲醛释放量"，随附说明"未达到稳定状态"。

9. 结果表示

甲醛释放量以稳定状态下甲醛释放量结果表示，精确至 0.001 mg/m³，并在测定值后用括号表示达到稳定状态释放量的测试时间（以小时为单位）。以最后一次测试时间为稳定状态释放量的测试时间。

任务 10.5　装饰陶瓷认知

任务书

生活中常见的地面砖、墙面砖、陶瓷杯、瓷碗等都属于陶瓷制品，那么这些生活用品的制作过程和特点有哪些不一样呢？让我们一起来学习吧！

课前学习测验

1. 陶瓷锦砖又称陶瓷马赛克。（　　）

2. 陶瓷墙地砖质地密实、强度高，热稳定性、耐磨性及抗冻性均良好，满足外墙和地面装饰的要求。（　　）

3. 劈离砖由于成型时为双砖背联坯体，烧成后再劈离开两块砖，故又称劈裂砖。（　　）

4. 釉面砖具有防水、防潮、耐污、耐腐蚀、易清洗的特点，有一定的抗急冷急热性能。（　　）

课中任务准备

1. 阅读任务书，熟悉将要学习的主要内容。

2. 收集并查阅《陶瓷砖试验方法　第 7 部分：有釉砖表面耐磨性的测定》（GB/T 3810.7—2016）等规范标准。

课中任务实施

引导实施 1：阐述陶瓷的定义。

引导实施 2：常用的装饰陶瓷制品有哪些？

引导实施 3：列举新型陶瓷制品。

课后拓展思考

1. 釉面砖的适用范围是什么？

2. 瓷砖相比于石材的优势在哪里？

课后自我反思

_____

_____

_____

任务学习评价

待以上学习任务全部完成后，由学生自己、学生之间、学校教师、企业导师根据学生课前、课中、课后学习完成情况对每个学生进行综合评价，并将结果填入表 A-1 中。

相关知识

1. 陶瓷的概念

陶瓷是由各种天然矿物经过原料处理、配料、制坯、干燥和焙烧而制成的无机非金属材料，其主要原料为黏土。

陶瓷制品按原料和焙烧温度不同分为陶器、瓷器和炻器，如图 10-16 所示。

(a) 陶器　　　　　　　　(b) 瓷器　　　　　　　　(c) 炻器

图 10-16　陶瓷制品

陶器是以陶土、泥沙为主要原料，配以少量的瓷土或熟料等，经高温烧制而成的陶瓷制品。陶器烧结程度相对较低，为多孔结构，通常吸水率较大、强度较低、抗冻性较差、断面粗糙无光、不透明，分无釉和施釉两种，适于室内使用。

瓷器是用瓷土、长石、石英等天然原料制得坯胎，经高温烧制获得的陶瓷制品。瓷器烧结程度高，结构致密、断面细致并有光泽，强度高、坚硬耐磨，基本上不吸水，有一定的半透明性，敲击声清脆。

炻器是介于陶器和瓷器之间的制品，也称半瓷。炻器原料常为含较多伊利石类黏土，坯体易于致密烧结，吸水率一般在 6% 以下，不透明，无釉，也不透水。炻质制品质地致密坚硬，跟瓷器相似，多为棕色、黄褐色或灰蓝色。

2. 常用装饰陶瓷制品

1）釉面砖

釉面砖又称釉面内墙砖，是以耐火黏土为主要原料，加叶蜡石、高岭土等掺料和助熔剂研磨成浆体，经榨泥、烘干、通过模具制成薄片坯体后再经烘干、素烧、施釉等工序制成陶瓷制品。釉面砖色泽柔和、表面光亮，色彩和图案丰富生动，同时具有防水、防潮、耐污、耐腐蚀、易清洗的特点，有一定的抗急冷急热性能。常用于试验室、精密仪器车间、游泳池、厨房、浴室、卫生间等场所的室内墙面和台面。

2）陶瓷墙地砖

陶瓷墙地砖为陶瓷外墙面砖和室内外陶瓷铺地砖的统称。陶瓷墙地砖质地密实、强度高，热稳定性、耐磨性及抗冻性良好，可满足外墙和地面的使用要求，因此广泛用于各类建筑物的外墙装饰、柱面装饰和地面装饰。

3）新型墙地砖

（1）劈离砖。

劈离砖是以软质黏土、页岩、耐火土和熟料为主要原料，加入色料等，经配料、混合细碎、脱水练泥、真空挤压成型、干燥、高温焙烧而成的陶瓷制品。由于其成型时为双砖背联坯体，烧成后再劈离开两块砖，故又称劈裂砖。劈离砖色彩多样、纹理独特，表面形式有细质的、粗质的，有上釉的，也有无釉的。

劈离砖兼有普通黏土砖和彩釉砖的特性，坯体密实、抗压强度高、吸水率小、耐酸碱、防滑防腐、表面硬度大、性能稳定，砖背面呈楔形凹槽，铺贴时与砂浆层胶结坚固。

劈离砖主要用于建筑内外墙装饰，常作车站、机场、餐厅等室内地面的铺贴材料，厚型砖也可用作甬道、花园、广场等露天地面的铺地用砖。

（2）玻化墙地砖。

玻化墙地砖又称彩胎砖或抛光砖，是以优质瓷土为原料，高温焙烧而成的一种不上釉瓷质饰面砖。玻化墙地砖有银灰、斑点绿、珍珠白、黄、浅蓝、纯黑等多种色调，砖面可以呈现不同的纹理、斑点使其酷似天然石材。其吸水率小于 1%，抗折强度大于 27 MPa，耐磨性和耐久性好。适用于各类大中型商业建筑、观演建筑的室内外墙面和地面装饰，也适用于民用住宅的室内地面装饰。

（3）渗花砖。

渗花砖利用呈色较强的可溶性无机化工原料，采用丝网印刷方法将预先设计好的图案印刷到瓷质砖坯体上，依靠坯体对渗花釉的吸附作用和助溶剂对坯体的润湿作用，渗入到坯体 2 mm 以上，经过高温烧成后，坯体与这些可溶性无机盐发生化学反应而着色，抛光后可呈现清晰的彩色图案。渗花砖强度高，吸水率低，具有良好的耐久性，用于铺地可经长期磨损不脱落、不褪色。适用于商业建筑、写字楼、饭店、娱乐场所、车站等室内外地面及墙面装饰。

（4）仿古砖。

仿古砖是一种复古风格的瓷砖，属于釉面砖。其强度高，具有极强的耐磨性，并兼具了防水、防滑、耐腐蚀的特性。仿古砖通过样式、颜色、图案，营造出怀旧的氛围，用独特的古典韵味吸引着人们的目光，体现岁月的沧桑，历史的厚重。适用于各类公共建筑及住宅的室内外地面和墙面装饰。

4）陶瓷锦砖

陶瓷锦砖又称陶瓷马赛克，是一种将边长不大于 50 mm 的片状瓷片铺贴在牛皮纸上形成的色彩丰富、图案多样的装饰砖。陶瓷锦砖质地坚实、色彩鲜艳，可拼出风景、动物、花草及各种抽象图案，施工方便。

在室内装饰中，通常用于浴厕、厨房、阳台、客厅等处的地面或墙面装饰；在室外建筑装饰中，常用于墙面、地面装饰。

任务 10.6　有釉砖表面耐磨性试验

📖 任务书

房屋装修中有釉砖的使用范围特别广，那么有釉砖表面的釉质层的耐磨性是否能达到要求呢？在试验室主任的指导下，小胡、小宋开始了有釉砖表面耐磨性试验。

📖 课前学习测验

1. 砖釉面耐磨性的测定，要求用 11 块试样，其中（　　）块试样经试验供目视评价用。

A. 7　　　　　　　　B. 8　　　　　　　　C. 9　　　　　　　　D. 10

2. 砖釉面耐磨性的测定，达到预调转数后，取下试样，在流动水下冲洗，并在（　　）的干燥箱内烘干。

A.（100±5）℃　　　　　　　　　　B.（100±10）℃

C.（110±5）℃　　　　　　　　　　D.（110±10）℃

3. 砖釉面耐磨性的测定，不同的转数研磨后砖釉面的差别，至少需要（　　）种观察意见。

A. 2　　　　　　　　B. 3　　　　　　　　C. 4　　　　　　　　D. 5

4. 砖釉面耐磨性的测定，通过 12 000 转试验后必须做耐污性试验。　　　　　（　　）

5. 砖釉面耐磨性的测定，当可见磨损在较高一级转数和低一级转数比较靠近时，重复试验检查结果，如果结果不同，取两个级别中较高一级作为结果进行分级。　　　（　　）

6. 砖釉面耐磨性的测定，可见磨损的研磨转数＞12 000，评定耐磨性为 4 级。　　（　　）

📖 课中任务准备

1. 阅读任务书，熟悉将要学习的主要内容。

2. 收集并查阅《陶瓷砖试验方法　第 7 部分：有釉砖表面耐磨性的测定》（GB/T 3810.7—2016）。

3. 准备并检查好所需的仪器设备。

4. 备好已制备好的试样。

课中任务实施

请按照要求完成有釉砖表面耐磨性试验，并将试验数据等相关信息填入"有釉砖表面耐磨性试验检测记录表"中，并根据相关数据和信息，编制试验检测报告。

有釉砖表面耐磨性试验检测记录表

检测单位名称：

记录编号：

样品名称		样品编号	
规格型号		样品状态	
检测项目		检测日期	

有釉砖表面耐磨性的测定

检测依据									评定依据		检测环境		主要仪器	

研磨到预调转数后，用流动的清水冲洗并在（110±5）℃下烘干，然后观察研磨后釉面磨损情况（与未磨试样比较）

研磨 6 000 转后耐污染性试验，在（110±5）℃下烘干后观察砖面的变化

试样编号	100 转	150 转	600 转	750 转	1 500 转	2 100 转	6 000 转	12 000 转	污染剂	清洗程序 A	清洗程序 B	清洗程序 C	清洗程序 D	耐磨性级别
1									[按下列清洗程序清洗， 1. 膏状物（甘油突酸二辛酸+铬绿）； 2. 碘酒； 3. 橄榄油					
2														
3														
4														
5														
6														
7														
8														

检测：　　　　　　　计算：　　　　　　　复核：　　　　　　　日期：　　　年　　月　　日

📖 课后拓展思考

1. 有釉砖和无釉砖耐磨性试验测定的区别主要有哪些？
2. 学完本任务对于选择釉面砖有什么启示？

⬡ 课后自我反思

_____

_____

_____

📖 任务学习评价

待以上学习任务全部完成后，由学生自己、学生之间、学校教师、企业导师根据学生课前、课中、课后学习完成情况对每个学生进行综合评价，并将结果填入表 A–2 中。

📖 相关知识

1. 试验原理

砖釉面耐磨性的测定，是通过在釉面上放置研磨介质并旋转，然后对已磨损试样与未磨损试样进行观察对比，评价陶瓷砖耐磨性的方法。

2. 研磨介质

每块试样的研磨介质为：

直径为 5 mm 的钢球 70.0 g；直径为 3 mm 的钢球 52.5 g；

直径为 2 mm 的钢球 43.75 g；直径为 1 mm 的钢球 8.75 g；

符合 ISO 8684–1 中规定的粒度为 F80 的刚玉磨料 3.0 g；

去离子水或蒸馏水 20 mL。

3. 仪器设备

（1）耐磨试验机。

耐磨试验机（图 10–17）由内装电机驱动水平支承盘的钢壳组成，试样最小尺寸为 100 mm×100 mm。支承盘中心与每个试样中心距离为 195 mm。相邻两个试样夹具的间距相等，支承盘以 300 r/min 的转速运转，随之产生 22.5 mm 的偏心距（e）。因此，每块试样做直径为 45 mm 的圆周运动，试样由带橡胶密封的金属夹具（图 10–18）固定。夹具的内径是 83 mm，提供的试验面积约为 54 cm^2。橡胶的厚度是 9 mm，夹具内空间高度是 25.5 mm。试验机达到预调转数后，自动停机。支承试样的夹具在工作时用盖子盖上。

与该试验机试验结果相同的其他设备也可使用。

（2）目视评价用装置。

箱内用色温为 6 000～6 500 K 的荧光灯垂直置于观察砖的表面上，照度约为 300 lx，箱体尺寸为 61 cm×61 cm×61 cm，箱内刷有自然灰色，观察时应避免光源直接照射。如图 10–19 所示。

单位：mm

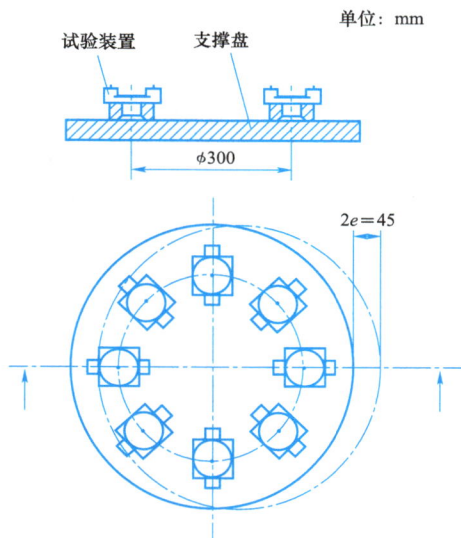

图 10-17　耐磨试验机

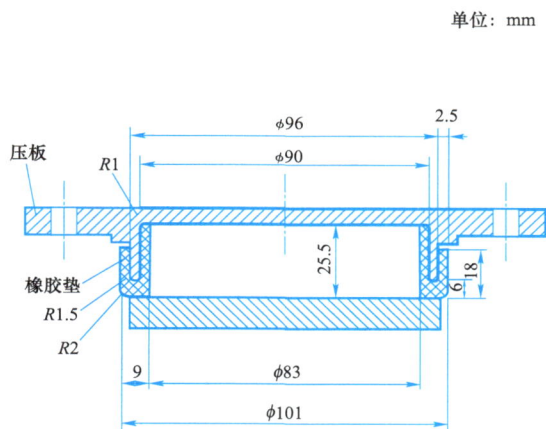

图 10-18　试样夹具

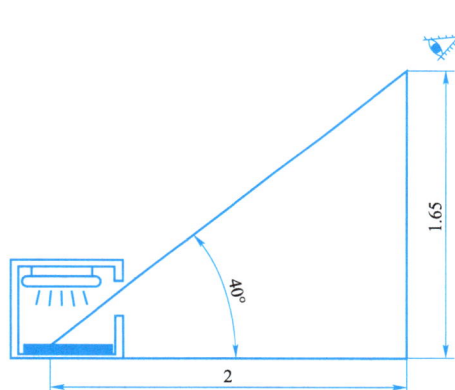

图 10-19　目测评价用装置

（3）干燥箱：工作温度（110±5）℃。

（4）天平：要求做磨耗时使用。

4. 试样

1）试样的种类

试样应具有代表性，对于不同颜色或表面有装饰效果的陶瓷砖，取样时应注意能包括所有特色的部分。

试样的尺寸一般为 100 mm×100 mm，使用较小尺寸的试样时，要先把它们粘紧固定在一适宜的支承材料上，窄小接缝的边界影响可忽略不计。

2）试样的数量

试验要求用 11 块试样，其中 8 块试样经试验供目视评价用。每个研磨阶段要求取下一块试样后用 3 块试样与已磨损的样品对比，观察可见磨损痕迹。

3）准备

样品釉面应清洗并干燥。

5. 试验步骤

（1）将试样釉面朝上夹紧在金属夹具下，从夹具上方的加料孔中加入研磨介质，盖上盖子防止研磨介质损失，试样的预调转数为 100、150、600、750、1 500、2 100、6 000 和 12 000 转。达到预调转数后，取下试样，在流动水下冲洗，并在（110±5）℃的干燥箱内烘干。

（2）如果试样被铁锈污染，可用体积分数为 10% 的盐酸擦洗，然后立即用流动水冲洗、干燥。将试样放入观察箱中，一块已磨试样周围放置三块同型号未磨试样，在 300 lx 照度下，距离 2 m，高 1.65 m，用眼睛（平时戴眼镜的可戴眼镜）观察对比未磨和已磨试样的砖釉面的差别。

> **注意：** 不同的转数研磨后砖釉面的差别，至少需要 3 种观察意见。

（3）在观察箱内目视比较（图 10-19），当可见磨损在较高一级转数和低一级转数比较靠近时，重复试验检查结果，如果结果不同，取两个级别中较低一级作为结果进行分级。

（4）已通过 12 000 转数级的陶瓷砖紧接着根据《陶瓷砖试验方法　第 14 部分：耐污染性的测定》（GB/T 3810.14—2016）的规定做耐污染试验。试验完毕，钢球用流动水冲洗，再用含甲醇的酒精清洗，然后彻底干燥，以防生锈。如果有协议要求做釉面磨耗试验，则应在试验前先称 3 块试样的干质量，而后在 6 000 转数下研磨。已通过 1 500、2 100 和 6 000 转数级的陶瓷砖，进而根据《陶瓷砖试验方法　第 14 部分：耐污染性的测定》（GB/T 3810.14—2016）的规定做耐污染性试验。

（5）其他有关的性能测试可根据协议在试验过程中实施，如颜色和光泽的变化。协议中规定的条款不能作为砖的分级依据。

6. 结果分级

试样根据表 10-12 进行分级，共分 5 级。陶瓷砖也要通过《陶瓷砖试验方法　第 14 部分：耐污染性的测定》（GB/T 3810.14—2016）做磨损釉面的耐污染试验，但对此标准进行如下修正。

（1）只用一块磨损砖（大于 12 000 转），仔细区别，确保污染的分级准确（例如在做耐污染试验前，切下部分磨损的砖）。

（2）如果没有按 A、B 和 C 步骤进行清洗，必须按《陶瓷砖试验方法　第 14 部分：耐污染性的测定》（GB/T 3810.14—2016）中规定的 D 步骤进行清洗。

如果试样在 12 000 转数下未见磨损痕迹，但按《陶瓷砖试验方法　第 14 部分：耐污染性的测定》（GB/T 3810.14—2016）中列出的任何一种方法（A、B、C 或 D），污染都不能擦掉，则耐磨性定为 4 级。

表 10-12　有釉陶瓷砖耐磨性分级

可见磨损的研磨转数	级别
100	0
150	1
600	2
750，1 500	3
2 100，6 000，12 000	4
>12 000ᵃ	5

ᵃ 通过 12 000 转试验后必须根据《陶瓷砖试验方法　第 14 部分：耐污染性的测定》（GB/T 3810.14—2016）做耐污染性试验。

附录 A 任务学习评价表

A.1 任务学习评价表（理论）

理论类任务学习评价表见表 A-1。

表 A-1 任务学习评价表（理论）

任务名称							
班级			组号				
姓名			学号				
评价项目	评价标准	分值	自我评价（20%）	学生互评（20%）	教师评价（30%）	导师评价（30%）	
课前线上预学情况	线上预学完成度	10					
	线上预学测验效果	10					
课中表现情况	学习目标达成度	20					
	参与互动次数（5分/次）	10					
	遵守课堂纪律	10					
	团队分工合作	10					
课后拓展与反思情况	完成课后拓展思考	10					
	课后反思具有有效性	20					
各类评价得分							
评价总得分							

A.2 任务学习评价表（实训）

实训类任务学习评价表见表 A-2。

表 A-2 任务学习评价表（实训）

任务名称						
班级			组号			
姓名			学号			
评价项目	评价标准	分值	自我评价（20%）	学生互评（20%）	教师评价（30%）	导师评价（30%）
课前线上预学情况	线上预学完成度	10				
	线上预学测验效果	10				
课中表现情况	规范取还仪器设备	10				
	操作过程规范正确	10				
	数据完整规范	10				
	按时提交成果	10				
	团队分工合作	10				
	遵守实训纪律	10				
课后拓展与反思情况	完成课后拓展思考	10				
	课后反思具有有效性	10				
各类评价得分						
评价总得分						

附录 B　综合实训案例

案例 1　房建 C30 混凝土配合比设计

案例具体内容请扫描二维码获取。

房建 C30 混凝土配合比设计

案例 2　SMA-13 沥青玛蹄脂目标配合比设计

案例具体内容请扫描二维码获取。

SMA-13 沥青玛蹄脂目标配合比设计

案例 3　SMA-13 沥青玛蹄脂生产配合比设计

案例具体内容请扫描二维码获取。

SMA-13 沥青玛蹄脂生产配合比设计

参 考 文 献

[1] 中国建筑材料联合会. 建设用砂：GB/T 14684—2022[S]. 北京：中国标准出版社，2022.
[2] 中国建筑材料联合会. 建设用卵石、碎石：GB/T 14685—2022[S]. 北京：中国标准出版社，2022.
[3] 中国建筑科学研究院,北京中关村开发建设股份有限公司.混凝土质量控制标准：GB 50164—2011[S]. 北京：中国建筑工业出版社，2012.
[4] 中华人民共和国建设部. 普通混凝土用砂、石质量及检验方法标准：JGJ 52—2006[S]. 北京：中国建筑工业出版社，2007.
[5] 全国统计方法应用标准化技术委员会. 数值修约规则与极限数值的表示和判定：GB/T 8170—20086[S]. 北京：中国标准出版社，2009.
[6] 中华人民共和国工业和信息化部. 通用硅酸盐水泥：GB 175—2023[S]. 北京：中国标准出版社，2023.
[7] 全国包装标准化技术委员会. 水泥包装袋：GB/T 9774—2020[S]. 北京：中国标准出版社，2020.
[8] 全国水泥标准化技术委员会. 水泥取样方法：GB/T 12573—2008[S]. 北京：中国标准出版社，2009.
[9] 全国水泥标准化技术委员会. 水泥细度检验方法 筛析法：GB/T 1345—2005[S]. 北京：中国标准出版社，2005.
[10] 全国水泥标准化委员会. 水泥密度测定方法：GB/T 208—2014[S]. 北京：中国标准出版社，2014.
[11] 全国水泥标准化技术委员会. 水泥比表面积测定方法 勃氏法：GB/T 8074—2008[S]. 北京：中国标准出版社，2008.
[12] 全国水泥标准化技术委员会. 水泥标准稠度用水量、凝结时间、安定性检验方法：GB/T 1346—2011[S]. 北京：中国标准出版社，2012.
[13] 全国水泥标准化技术委员会. 水泥胶砂强度检验方法(ISO 法)：GB/T 17671—2021[S]. 北京：中国标准出版社，2021.
[14] 全国水泥标准化技术委员会. 水泥胶砂流动度测定方法：GB/T 2419—2005[S]. 北京：中国标准出版社，2021.
[15] 全国石油产品和润滑剂标准化技术委员会石油沥青分技术委员会. 建筑石油沥青：GB/T 494—2010[S]. 北京：中国标准出版社，2011.
[16] 全国石油产品和润滑剂标准化技术委员会石油沥青分技术委员会. 沥青取样法：GB/T 11147—2010[S]. 北京：中国标准出版社，2011.
[17] 交通运输部公路科学研究院. 公路工程沥青及沥青混合料试验规程：JTG E20—2011[S].

北京：人民交通出版社，2011.

[18] 全国石油产品和润滑剂标准化技术委员会石油沥青分技术委员会. 沥青针入度测定法：GB/T 4509—2010[S]. 北京：中国标准出版社，2011.

[19] 全国石油产品和润滑剂标准化技术委员会石油沥青分技术委员会. 沥青软化点测定法(环球法)：GB/T 4507—2014[S]. 北京：中国标准出版社，2014.

[20] 全国石油产品和润滑剂标准化技术委员会石油沥青分技术委员会. 沥青延度测定法：GB/T 4508—2010[S]. 北京：中国标准出版社，2011.

[21] 交通部公路科学研究所. 公路沥青路面施工技术规范：JTG F40—2004[S]. 北京：人民交通出版社，2005.

[22] 全国钢标准化技术委员会. 碳素结构钢：CB/T 700—2006[S]. 北京：中国标准出版社，2007.

[23] 全国钢标准化技术委员会. 优质碳素结构钢：GB/T 699—2015[S]. 北京：中国标准出版社，2016.

[24] 全国钢标准化技术委员会.低合金高强度结构钢：GB/T 1591—2018[S]. 北京：中国质检出版社，2018.

[25] 全国钢标准化技术委员会. 桥梁用结构钢：GB/T 714—2015[S]. 北京：中国标准出版社，2016.

[26] 中华人民共和国工业和信息化部. 钢筋混凝土用钢 第 1 部分：热轧光圆钢筋：GB 1499.1—2024[S]. 北京：中国标准出版社，2024.

[27] 中华人民共和国工业和信息化部. 钢筋混凝土用钢 第 2 部分：热轧带肋钢筋：GB 1499.2—2024[S]. 北京：中国标准出版社，2024.

[28] 全国钢标准化技术委员会. 金属材料 拉伸试验 第 1 部分：室温试验方法：GB/T 228.1—2021[S]. 北京：中国标准出版社，2021.

[29] 全国钢标准化技术委员会. 金属材料 弯曲试验方法：GB/T 232—2024[S]. 北京：中国标准出版社，2024.

[30] 陕西省建筑科学研究院. 钢筋焊接接头试验方法标准：JGJ/T 27—2014[S]. 北京：中国建筑工业出版社，2014.

[31] 中华人民共和国工业和信息化部. 冶金技术标准的数值修约与检测数值的判定：YB/T 081—2013[S]. 北京：冶金工业出版社，2013.

[32] 全国钢标准化技术委员会. 钢筋混凝土用钢 第 3 部分：钢筋焊接网：GB/T 1499.3—2022[S]. 北京：中国标准出版社，2022.

[33] 全国钢标准化技术委员会. 钢筋混凝土用余热处理钢筋：GB/T 13014—2013[S]. 北京：中国标准出版社，2014.

[34] 中华人民共和国工业和信息化部. 冷轧带肋钢筋：GB 13788—2024[S]. 北京：中国标准出版社，2024.

[35] 中国建筑科学研究院，江西省建工集团公司. 冷拔低碳钢丝应用技术规程：JGJ 19—2010[S]. 北京：中国建筑工业出版社，2010.

[36] 陕西省建筑科学研究院，浙江八达建设集团有限公司. 砌筑砂浆配合比设计规程：JGJ/T 98—2010[S]. 北京：中国建筑工业出版社，2011.

需要时可沿此线裁成活页

[37] 住房和城乡建设部建筑制品与构配件产品标准化技术委员会. 建筑用砌筑和抹灰干混砂浆：JG/T 291—2011[S]. 北京：中国标准出版社，2011.

[38] 全国水泥制品标准化技术委员会. 混凝土小型空心砌块和混凝土砖砌筑砂浆：JC/T 860—2008[S]. 北京：中国建材工业出版社，2008.

[39] 全国混凝土标准化技术委员会. 预拌砂浆：GB/T 25181—2019[S]. 北京：中国标准出版社，2019.

[40] 陕西省建筑科学研究院，正泰集团有限公司. 抹灰砂浆技术规程：JGJ/T 220—2010[S]. 北京：中国建筑工业出版社，2011.

[41] 全国水泥制品标准化技术委员会. 聚合物水泥防水砂浆：JC/T 984—2011[S]. 北京：中国建材工业出版社，2012.

[42] 全国绝热材料标准化技术委员会. 建筑保温砂浆：GB/T 20473—2021[S]. 北京：中国标准出版社，2021.

[43] 陕西省建筑科学研究院，山河建设集团有限公司. 建筑砂浆基本性能试验方法标准：JGJ/T 70—2009[S]. 北京：中国建筑工业出版社，2009.

[44] 中国建筑科学研究院，宿迁华夏建设（集团）工程有限公司. 普通混凝土拌合物性能试验方法标准：GB/T 50080—2016[S]. 北京：中国建筑工业出版社，2017.

[45] 中国建筑科学研究院有限公司. 混凝土物理力学性能试验方法标准：GB/T 50081—2019[S]. 北京：中国建筑工业出版社，2019.

[46] 中国建筑科学研究院有限公司，中国铁道科学研究院集团有限公司，中国水利水电科学研究院，等. 混凝土长期性能和耐久性能试验方法标准：GB/T 50082—2024[S]. 北京：中国建筑工业出版社，2024.

[47] 中国建筑科学研究院. 混凝土强度检验评定标准：GB/T 50107—2010[S]. 北京：中国建筑工业出版社，2010.

[48] 中国建筑科学研究院，北京中关村开发建设股份有限公司. 混凝土质量控制标准：GB 50164—2011[S]. 北京：中国建筑工业出版社，2012.

[49] 中国建筑科学研究院. 普通混凝土配合比设计规程：JGJ 55—2011[S]. 北京：中国建筑工业出版社，2011.

[50] 全国水泥标准化委员会. 水泥密度测定方法：GB/T 208—2014[S]. 北京：中国标准出版社，2014.

[51] 中国建筑科学研究院. 混凝土结构设计标准：GB/T 50010—2010，2024 年版[S]. 北京：中国建筑工业出版社，2011.

[52] 中交路桥技术有限公司. 公路沥青路面设计规范：JTG D50—2017[S]. 北京：人民交通出版社，2017.

[53] 交通部公路科学研究所. 公路沥青路面施工技术规范：JTG F40—2004[S]. 北京：人民交通出版社，2005.

[54] 北京市市政工程设计研究总院有限公司. 城市道路工程设计规范：CJJ 37—2012，2016 年版[S]. 北京：中国建筑工业出版社，2012.

[55] 武汉市市政建设集团有限公司，浙江湖州市建工集团有限公司. 城镇桥梁沥青混凝土桥面铺装施工技术标准：CJJ/T 279—2018[S]. 北京：中国建筑工业出版社，2018.

[56] 中华人民共和国住房和城乡建设部. 再生沥青混凝土：GB/T 25033—2010[S]. 北京：中国标准出版社，2011.

[57] 河南省公路工程局集团有限公司，安阳建工(集团)有限责任公司. 城市道路彩色沥青混凝土路面技术规程：CJJ/T 218—2014[S]. 北京：中国建筑工业出版社，2015.

[58] 英达热再生有限公司. 城市道路沥青路面就地热再生技术规程：T/CECS 502—2018[S]. 北京：中国计划出版社，2018.

[59] 全国墙体屋面及道路用建筑材料标准化技术委员会. 砌墙砖试验方法：GB/T 2542—2012[S]. 北京：中国标准出版社，2013.

[60] 全国墙体屋面及道路用建筑材料标准化技术委员会. 混凝土砌块和砖试验方法：GB/T 4111—2013[S]. 北京：中国标准出版社，2014.

[61] 全国墙体屋面及道路用建筑材料标准化技术委员会. 烧结普通砖：GB/T 5101—2017[S]. 北京：中国标准出版社，2014.

[62] 全国墙体屋面及道路用建筑材料标准化技术委员会. 烧结多孔砖和多孔砌块：GB/T 13544—2011[S]. 北京：中国标准出版社，2012.

[63] 全国墙体屋面及道路用建筑材料标准化技术委员会. 烧结空心砖和空心砌块：GB/T 13544—2014[S]. 北京：中国标准出版社，2015.

[64] 全国墙体屋面及道路用建筑材料标准化技术委员会. 蒸压灰砂实心砖和实心砌块：GB/T 11945—2019[S]. 北京：中国标准出版社，2019.

[65] 全国墙体屋面及道路用建筑材料标准化技术委员会. 蒸压粉煤灰砖：JC/T 239—2014[S]. 北京：中国建材工业出版社，2015.

[66] 全国水泥制品标准化技术委员会. 蒸压加气混凝土砌块：GB/T 11968—2020[S]. 北京：中国标准出版社，2020.

[67] 全国轻质与装饰装修建筑材料标准化技术委员会. 建筑防水卷材试验方法 第8部分：沥青防水卷材 拉伸性能：GB/T 328.8—2007[S]. 北京：中国标准出版社，2007.

[68] 全国轻质与装饰装修建筑材料标准化技术委员会. 建筑防水卷材试验方法 第9部分：高分子防水卷材 拉伸性能：GB/T 328.9—2007[S]. 北京：中国标准出版社，2007.

[69] 全国轻质与装饰装修建筑材料标准化技术委员会. 建筑防水卷材试验方法 第10部分：沥青和高分子防水卷材 不透水性：GB/T 328.10—2007[S]. 北京：中国标准出版社，2007.

[70] 全国轻质与装饰装修建筑材料标准化技术委员会. 聚合物水泥防水涂料：GB/T 23445—2009[S]. 北京：中国标准出版社，2010.

[71] 全国轻质与装饰装修建筑材料标准化技术委员会. 建筑防水涂料试验方法：GB/T 16777—2008[S]. 北京：中国标准出版社，2009.

[72] 全国轻质与装饰装修建筑材料标准化技术委员会. 石油沥青玻璃纤维胎防水卷材：GB/T 14686—2008[S]. 北京：中国标准出版社，2008.

[73] 全国轻质与装饰装修建筑材料标准化技术委员会. 石油沥青纸胎油毡：GB/T 326—2007[S]. 北京：中国标准出版社，2008.

[74] 全国轻质与装饰装修建筑材料标委会. 铝箔面石油沥青防水卷材：JC/T 504—2007[S]. 北京：中国建筑工业出版社，2008.

[75] 全国轻质与装饰装修建筑材料标委会. 自粘聚合物改性沥青防水卷材：GB 23441—

需要时可沿此线裁成活页

2009[S]. 北京：中国标准出版社，2010.

[76] 全国轻质与装饰装修建筑材料标准化技术委员会. 聚合物乳液建筑防水涂料：JC/T 864—2023[S]. 北京：中国建材工业出版社，2023.

[77] 全国石材标准化技术委员会. 天然大理石建筑板材：GB/T 19766—2016[S]. 北京：中国标准出版社，2017.

[78] 全国石材标准化技术委员会. 天然花岗石建筑板材：GB/T 18601—2009[S]. 北京：中国标准出版社，2010.

[79] 中国建筑东北设计研究院有限公司. 砌体结构设计规范：GB 50003—2011[S]. 北京：中国建筑工业出版社，2012.

[80] 全国石材标准化技术委员会. 天然石材试验方法 第 1 部分：干燥、水饱和、冻融循环后压缩强度试验：GB/T 9966.1—2020[S]. 北京：中国标准出版社，2020.

[81] 全国人造板标准化技术委员会. 人造板及饰面人造板理化性能试验方法：GB/T 17657—2022[S]. 北京：中国标准出版社，2022.

[82] 全国木材标准化技术委员会. 实木地板 第 1 部分：技术要求：GB/T 15036.1—2018[S]. 北京：中国标准出版社，2018.

[83] 全国人造板标准化技术委员会. 实木复合地板：GB/T 18103—2022[S]. 北京：中国标准出版社，2022.

[84] 全国人造板标准化技术委员会. 浸渍纸层压木质地板：GB/T 18102—2020[S]. 北京：中国标准出版社，2020.

[85] 全国建筑卫生陶瓷标准化技术委员会. 陶瓷砖试验方法 第 7 部分：有釉砖表面耐磨性的测定：GB/T 3810.7—2016[S]. 北京：中国标准出版社，2017.